Statutory Plan
法定蓝图

天津滨海新区控制性详细规划全覆盖
Full Coverage of Regulatory Plan in Binhai New Area, Tianjin

《天津滨海新区规划设计丛书》编委会 编

霍 兵 主编

江苏凤凰科学技术出版社

《天津滨海新区规划设计丛书》编委会

主　任

霍　兵

副主任

黄晶涛、马胜利、肖连望、郭富良、马静波、韩向阳、张洪伟

编委会委员

郭志刚、孔继伟、张连荣、翟国强、陈永生、白艳霞、陈进红、戴　雷、
张立国、李　彤、赵春水、叶　炜、张　垚、卢　嘉、邵　勇、王　滨、
高　蕊、马　强、刘鹏飞

成员单位

天津市滨海新区规划和国土资源管理局

天津经济技术开发区建设和交通局

天津港保税区（空港经济区）规划和国土资源管理局

天津滨海高新技术产业开发区规划处

天津东疆保税港区建设交通和环境市容局

中新天津生态城建设局

天津滨海新区中心商务区建设交通局

天津滨海新区临港经济区建设交通和环境市容局

天津市城市规划设计研究院

天津市渤海城市规划设计研究院

天津市滨海新区城市建设档案馆

天津市迪赛建设工程设计服务有限公司

本书主编

霍　兵

本书副主编

黄晶涛、肖连望、郭志刚、李　彤

本书编辑组

卢　嘉、陈雄涛、李长华、高　蕊、刘鹏飞、王　静、贾馥冬、周怡舟、
冯春燕、刘子铭、赵秋璐

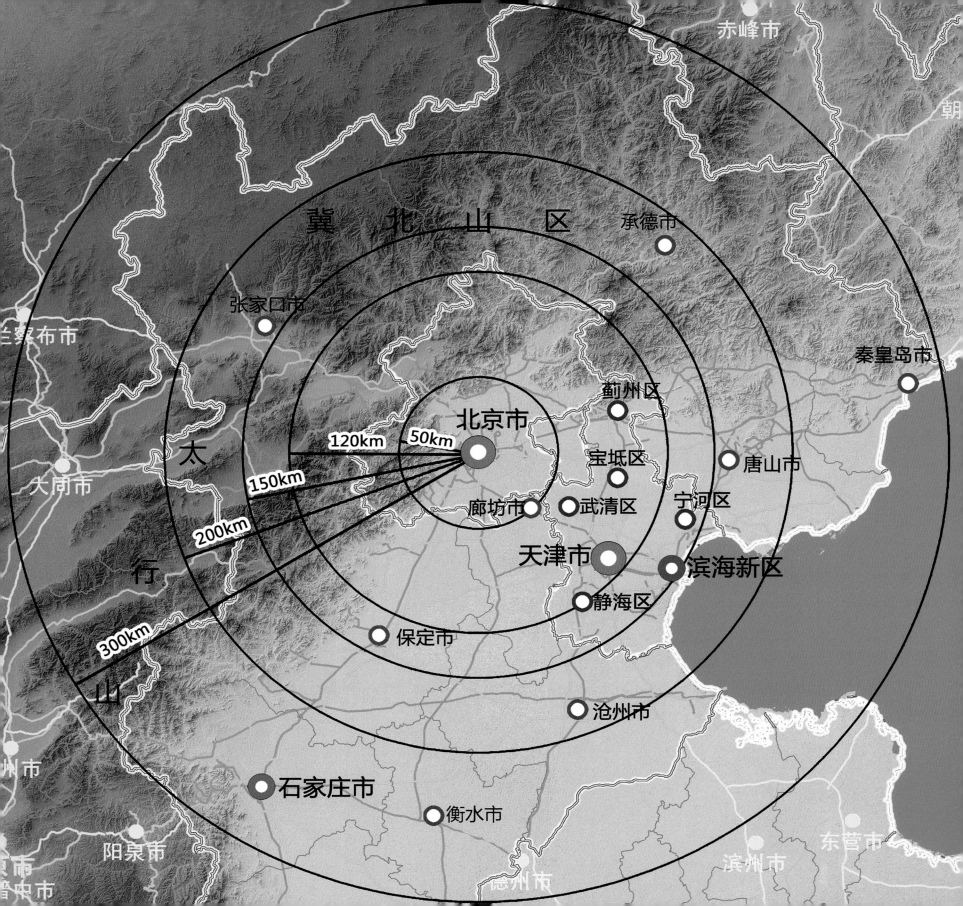

赤峰市

冀　北　山　区

承德市

张家口市

秦皇岛市

太

蓟州区

北京市

120km　50km

宝坻区

唐山市

150km

宁河区

行

200km

廊坊市

武清区

天津市

滨海新区

300km

静海区

保定市

山

沧州市

石家庄市

衡水市

大同市

兰察布市

阳泉市

德州市

滨州市

东营市

序
Preface

　　2006 年 5 月，国务院下发《关于推进天津滨海新区开发开放有关问题的意见》（国发〔2006〕20 号），滨海新区正式被纳入国家发展战略，成为综合配套改革试验区。按照党中央、国务院的部署，在国家各部委的大力支持下，天津市委市政府举全市之力建设滨海新区。经过艰苦的奋斗和不懈的努力，滨海新区的开发开放取得了令人瞩目的成绩。今天的滨海新区与十年前相比有了天翻地覆的变化，经济总量和八大支柱产业规模不断壮大，改革创新不断取得新进展，城市功能和生态环境质量不断改善，社会事业不断进步，居民生活水平不断提高，科学发展的滨海新区正在形成。

　　回顾和总结十年来的成功经验，其中最重要的就是坚持高水平规划引领。我们深刻地体会到，规划是指南针，是城市发展建设的龙头。要高度重视规划工作，树立国际一流的标准，运用先进的规划理念和方法，与实际情况相结合，探索具有中国特色的城镇化道路，使滨海新区社会经济发展和城乡规划建设达到高水平。为了纪念滨海新区被纳入国家发展战略十周年，滨海新区规划和国土资源管理局组织编写了这套《天津滨海新区规划设计丛书》，内容包括滨海新区总体规划、规划设计国际征集、城市设计探索、控制性详细规划全覆盖、于家堡金融区规划设计、滨海新区文化中心规划设计、城市社区规划设计、保障房规划设计、城市道路交通基础设施和建设成就等，共十册。这是一种非常有意义的纪念方式，目的是总结新区十年来在城市规划设计方面的成功经验，寻找差距和不足，树立新的目标，实现更好的发展。

　　未来五到十年，是滨海新区实现国家定位的关键时期。在新的历史时期，在"一带一路"、京津冀协同发展国家战略及自贸区的背景下，在我国经济发展进入新常态的情形下，滨海新区作为国家级新区和综合配套改革试验区，要在深化改革开放方面进行先行先试探索，期待用高水平的规划引导经济社会发展和城市规划建设，实现转型升级，为其他国家级新区和我国新型城镇化提供可推广、可复制的经验，为全面建成小康社会、实现中华民族的伟大复兴做出应有的贡献。

天津市委常委
滨海新区区委书记

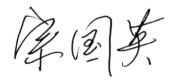

2016 年 2 月

滨海新区用地规划图

前 言
Foreword

　　天津市委市政府历来高度重视滨海新区城市规划工作。2007 年，天津市第九次党代会提出：全面提升城市规划水平，使新区的规划设计达到国际一流水平。2008 年，天津市政府设立重点规划指挥部，开展 119 项规划编制工作，其中新区 38 项，内容包括滨海新区空间发展战略和城市总体规划、中新天津生态城等功能区规划、于家堡金融区等重点地区规划，占全市任务的三分之一。在天津市空间发展战略的指导下，滨海新区空间发展战略规划和城市总体规划明确了新区发展的空间格局，满足了新区快速建设的迫切需求，为建立完善的新区规划体系奠定了基础。

　　天津市规划局多年来一直将滨海新区规划工作作为重点。1986 年，天津城市总体规划提出"工业东移"的发展战略，大力发展滨海地区。1994 年，开始组织编制滨海新区总体规划。1996 年，成立滨海新区规划分局，配合滨海新区领导小组办公室和管委会做好新区规划工作，为新区的规划打下良好的基础，并培养锻炼一支务实的规划管理人员队伍。2009 年滨海新区政府成立后，按照市委市政府的要求，天津市规划局率先将除城市总体规划和分区规划之外的规划审批权和行政许可权依法下放给滨海新区政府；同时，与滨海新区政府共同组织新区各委局、各功能区管委会，再次设立新区规划提升指挥部，统筹编制 50 余项规划，进一步完善规划体系，提高规划设计水平。市委市政府和新区区委区政府主要领导对新区规划工作不断提出要求，通过设立规划指挥部和开展专题会等方式对新区重大规划给予审查。市规划局各位局领导和各部门积极支持新区工作，市有关部门也对新区规划工作给予指导支持，以保证新区各项规划建设的高水平。

　　滨海新区区委区政府十分重视规划工作。滨海新区行政体制改革后，以原市规划局滨海分局和市国土房屋管理局滨海分局为班底组建了新区规划和国土资源管理局。五年来，在新区区委区政府的正确领导下，新区规划和国土资源管理局认真贯彻落实中央和市委市政府、区委区政府的工作部署，以规划为龙头，不断提高规划设计和管理水平；通过实施全区控规全覆盖，实现新区各功能区统一的规划管理；通过推广城市设计和城市设计规范化法定化改革，不断提高规划管理水平，较好地完成本职工作。在滨海新区被纳入国家发展战略十周年之际，新区规划和国土资源管理局组织编写这套《天津滨海新区规划设计丛书》，对过去的工作进行总结，非常有意义；希望以此为契机，再接再厉，进一步提高规划设计和管理水平，为新区在新的历史时期再次腾飞作出更大的贡献。

天津市规划局局长　　　　天津市滨海新区区长

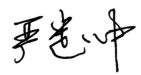 

2016 年 3 月

滨海新区城市规划的十年历程
Ten Years Development Course of Binhai Urban Planning

白驹过隙，在持续的艰苦奋斗和改革创新中，滨海新区迎来了被纳入国家发展战略后的第一个十年。作为中国经济增长的第三极，在快速城市化的进程中，滨海新区的城市规划建设以改革创新为引领，尝试在一些关键环节先行先试，成绩斐然。组织编写这套《天津滨海新区规划设计丛书》，对过去十年的工作进行回顾总结，是纪念新区十周年一种很有意义的方式，希望为国内外城市提供经验借鉴，也为新区未来发展和规划的进一步提升夯实基础。这里，我们把滨海新区的历史沿革、开发开放的基本情况以及在城市规划编制、管理方面的主要思路和做法介绍给大家，作为丛书的背景资料，方便读者更好地阅读。

一、滨海新区十年来的发展变化

1. 滨海新区重要的战略地位

滨海新区位于天津东部、渤海之滨，是北京的出海口，战略位置十分重要。历史上，在明万历年间，塘沽已成为沿海军事重镇。到清末，随着京杭大运河淤积，南北漕运改为海运，塘沽逐步成为河、海联运的中转站和货物集散地。大沽炮台是我国近代史上重要的海防屏障。

1860年第二次鸦片战争，八国联军从北塘登陆，中国的大门向西方打开。天津被迫开埠，海河两岸修建起八国租界。塘沽成为当时军工和民族工业发展的一个重要基地。光绪十一年(1885年)，清政府在大沽创建"北洋水师大沽船坞"。光绪十四年(1888年)，开滦矿务局唐(山)胥(各庄)铁路延长至塘沽。1914年，实业家范旭东在塘沽创办久大精盐厂和中国第一个纯碱厂——永利碱厂，使这里成为中国民族化工业的发源地。抗战爆发后，日本侵略者出于掠夺的目的于1939年在海河口开建人工海港。

新中国成立后，天津市获得新生。1951年，天津港正式开港。凭借良好的工业传统，在第一个"五年计划"期间，我国许多自主生产的工业产品，如第一台电视机、第一辆自行车、第一辆汽车等，都在天津诞生，天津逐步从商贸城市转型为生产型城市。1978年改革开放，天津迎来了新的机遇。1986年城市总体规划确定了"一条扁担挑两头"的城市布局，在塘沽城区东北部盐场选址规划建设天津经济技术开发区（Tianjin Economic–Technological Development Area—TEDA）——泰达，一批外向型工业兴起，开发区成为天津走向世界的一个窗口。1986年，被称为"中国改革开放总设计师"的邓小平高瞻远瞩地指出："你们在港口和市区之间有这么多荒地，这是个很大的优势，我看你们潜力很大"，并欣然题词："开发区大有希望"。

1992年小平同志南行后，中国的改革开放进入新的历史时期。1994年，天津市委市政府加大实施"工业东移"战略，提出：用十年的时间基本建成滨海新区，把饱受发展限制的天津老城区的工业转移至地域广阔的滨海新区，转型升级。1999年，时任中央总书记的江泽民充分肯定了滨海新区的发展："滨海新区的战略布局思路正确，肯定大有希望。"经过十多年的努力奋斗，进入21世纪以来，天津滨海新区已经具备了一定的发展基础，取得了一定的成绩，为被纳入国家发展战略奠定了坚实的基础。

2. 中国经济增长的第三极

2005年10月，党的十六届五中全会在《中共中央关于制定国民经济和社会发展第十一个五年规划的建议》中提出：继续发挥经济特区、上海浦东新区的作用，推进天津滨海新区等条件较好地区的开发开放，带动区域经济发展。2006年，滨海新区被纳入国家"十一五"规划。2006年6月，国务院下发《关于推进天津滨海新区开发开放有关问题的意见》（国发〔2006〕20号），滨海新区被正式纳入国家发展战略，成为综合配套改革试验区。

20世纪80年代深圳经济特区设立的目的是在改革开放

的初期，打开一扇看世界的窗。20世纪90年代上海浦东新区的设立正处于我国改革开放取得重大成绩的历史时期，其目的是扩大开放、深化改革。21世纪天津滨海新区设立的目的是在我国初步建成小康社会的条件下，按照科学发展观的要求，做进一步深化改革的试验区、先行区。国务院对滨海新区的定位是：依托京津冀、服务环渤海、辐射"三北"、面向东北亚，努力建设成为我国北方对外开放的门户、高水平的现代制造业和研发转化基地、北方国际航运中心和国际物流中心，逐步成为经济繁荣、社会和谐、环境优美的宜居生态型新城区。

滨海新区距北京只有1小时车程，有北方最大的港口天津港。有国外记者预测，"未来20年，滨海新区将成为中国经济增长的第三极——中国经济增长的新引擎"。这片有着深厚历史积淀和基础、充满活力和激情的盐田滩涂将成为新一代领导人政治理论和政策举措的示范窗口和试验田，要通过"科学发展"建设一个"和谐社会"，以带动北方经济的振兴。与此同时，滨海新区也处于金融改革、技术创新、环境保护和城市规划建设等政策试验的最前沿。

3. 滨海新区十年来取得的成绩

按照党中央、国务院的部署，天津市委市政府举全市之力建设滨海新区。经过不懈的努力，滨海新区开发开放取得了令人瞩目的成绩，以行政体制改革引领的综合配套改革不断推进，经济高速增长，产业转型升级，今天的滨海新区与十年前相比有了沧海桑田般的变化。

2015 年，滨海新区国内生产总值达到 9300 万亿左右，是 2006 年的 5 倍，占天津全市比重 56%。航空航天等八大支柱产业初步形成，空中客车 A-320 客机组装厂、新一代运载火箭、天河一号超级计算机等国际一流的产业生产研发基地建成运营。1000 万吨炼油和 120 万吨乙烯厂建成投产。丰田、长城汽车年产量提高至 100 万辆，三星等手机生产商生产手机 1 亿部。天津港吞吐量达到 5.4 亿吨，集装箱 1400 万标箱，邮轮母港的客流量超过 40 万人次，天津滨海国际机场年吞吐量突破 1400 万人次。京津塘城际高速铁路延伸线、津秦客运专线投入运营。滨海新区作为高水平的现代制造业和研发转化基地、北方国际航运中心和国际物流中心的功能正在逐步形成。

十年来，滨海新区的城市规划建设也取得了令人瞩目的成绩，城市建成区面积扩大了 130 平方千米，人口增加了 130 万。完善的城市道路交通、市政基础设施骨架和生态廊道初步建立，产业布局得以优化，特别是各具特色的功能区竞相发展，一个既符合新区地域特点又适应国际城市发展趋势、富有竞争优势、多组团网络化的城市区域格局正在形成。中心商务区于家堡金融区海河两岸、开发区现代产业服务区 (MSD)、中新天津生态城以及空港商务区、高新区渤龙湖地区、东疆港、北塘等区域的规划建设都体现了国际水准，滨海新区现代化港口城市的轮廓和面貌初露端倪。

二、滨海新区十年城市规划编制的经验总结

回顾十年来滨海新区取得的成绩，城市规划发挥了重要的引领作用，许多领导、国内外专家学者和外省市的同行到新区考察时都对新区的城市规划予以肯定。作为中国经济增长的第三极，新区以深圳特区和浦东新区为榜样，力争城市规划建设达到更高水平。要实现这一目标，规划设计必须具有超前性，且树立国际一流的标准。在快速发展的情形下，做到规划先行，切实提高规划设计水平，不是一件容易的事情。归纳起来，我们主要有以下几方面的做法。

1. 高度重视城市规划工作，花大力气开展规划编制，持之以恒，建立完善的规划体系

城市规划要发挥引导作用，首先必须有完整的规划体系。天津市委市政府历来高度重视城市规划工作。2006 年，滨海新区被纳入国家发展战略，市政府立即组织开展了城市总体规划、功能区分区规划、重点地区城市设计等规划编制工作。但是，要在短时间内建立完善的规划体系，提高规划设计水平，特别是像滨海新区这样的新区，在"等规划如等米下锅"的情形下，必须采取非常规的措施。

2007 年，天津市第九次党代会提出了全面提升规划水平的要求。2008 年，天津全市成立了重点规划指挥部，开展了 119 项规划编制工作，其中新区 38 项，占全市任务的 1/3。重点规划指挥部采用市主要领导亲自抓、规划局和政

府相关部门集中办公的形式，新区和各区县成立重点规划编制分指挥部。为解决当地规划设计力量不足的问题，我们进一步开放规划设计市场，吸引国内外高水平的规划设计单位参与天津的规划编制。规划编制内容充分考虑城市长远发展，完善规划体系，同时以近五年建设项目策划为重点。新区 38 项规划内容包括滨海新区空间发展战略规划和城市总体规划、中新天津生态城、南港工业区等分区规划，于家堡金融区、响螺湾商务区和开发区现代产业服务区（MSD）等重点地区，涵盖总体规划、分区规划、城市设计、控制性详细规划等层面。改变过去习惯的先编制上位规划、再顺次编制下位规划的做法，改串联为并联，压缩规划编制审批的时间，促进上下层规划的互动。起初，大家对重点规划指挥部这种形式有怀疑和议论。实际上，规划编制有时需要特殊的组织形式，如编制城市总体规划一般的做法都需要采取立领导小组、集中规划编制组等形式。重点规划指挥部这种集中突击式的规划编制是规划编制各种组织形式中的一种。实践证明，它对于一个城市在短时期内规划体系完善和水平的提高十分有效。

经过大干 150 天的努力和"五加二、白加黑"的奋战，38 项规划成果编制完成。在天津市空间发展战略的指导下，滨海新区空间发展战略规划和城市总体规划明确了新区发展大的空间格局。在总体规划、分区规划和城市设计指导下，近期重点建设区的控制性详细规划先行批复，满足了新区实施国家战略伊始加速建设的迫切要求。可以说，重点规划指挥部 38 项规划的编制完成保证了当前的建设，更重要的是

夯实了新区城市规划体系的根基。

除城市总体规划外，控制性详细规划不可或缺。控制性详细规划作为对城市总体规划、分区规划和专项规划的深化和落实，是规划管理的法规性文件和土地出让的依据，在规划体系中起着承上启下的关键作用。2007 年以前，滨海新区控制性详细规划仅完成了建成区的 30%。控规覆盖率低必然造成规划的被动。因此，我们将新区控规全覆盖作为一项重点工作。经过近一年的扎实准备，2008 年初，滨海新区和市规划局统一组织开展了滨海新区控规全覆盖工作，规划依照统一的技术标准、统一的成果形式和统一的审查程序进行。按照全覆盖和无缝拼接的原则，将滨海新区 2270 平方千米的土地划分为 38 个分区 250 个规划单元，同时编制。要实现控规全覆盖，工作量巨大，按照国家指导标准，仅规划编制经费就需巨额投入，因此有人对这项工作持怀疑态度。新区管委会高度重视，利用国家开发银行的技术援助贷款，解决了规划编制经费问题。新区规划分局统筹全区控规编制，各功能区管委会和塘沽、汉沽、大港政府认真组织实施。除天津规划院、渤海规划院之外，国内十多家规划设计单位也参与了控规编制。这项工作也被列入 2008 年重点规划指挥部的任务并延续下来。到 2009 年底，历时两年多的奋斗，新区控规全覆盖基本编制完成，经过专家审议、征求部门意见以及向社会公示等程序后，2010 年 3 月，新区政府第七次常务会审议通过并下发执行。滨海新区历史上第一次实现了控规全覆盖，实现了每一寸土地上都有规划，使规划成为经济发展和城市建设的先行官，从此再没有出现招商和项目

建设等无规划的情况。控规全覆盖奠定了滨海新区完整规划体系的牢固底盘。

当然，完善的城市规划体系不是一次设立重点规划指挥部、一次控规全覆盖就可以全方位建立的。所以，2010年4月，在滨海新区政府成立后，按照市委市政府要求，滨海新区人民政府和市规划局组织新区规划和国土资源管理局与新区各委局、各功能区管委会，再次设立新区规划提升指挥部，统筹编制新区总体规划提升在内的50余项各层次规划，进一步完善规划体系，提高规划设计水平。另外，除了设立重点规划指挥部和控规全覆盖这种特殊的组织形式外，新区政府在每年年度预算中都设立了规划业务经费，确定一定数量的指令性任务，有计划地长期开展规划编制和研究工作，持之以恒，这一点也很重要。

十年后的今天，经过两次设立重点规划指挥部、控规全覆盖和多年持续的努力，滨海新区建立了包括总体规划和详细规划两大阶段，涉及空间发展战略、总体规划、分区规划、专项规划、控制性详细规划、城市设计和城市设计导则等七个层面的完善的规划体系。这个规划体系是一个庞大的体系，由数百项规划组成，各层次、各片区规划具有各自的作用，不可或缺。空间发展战略和总体规划明确了新区的空间布局和总体发展方向；分区规划明确了各功能区主导产业和空间布局特色；专项规划明确了各项道路交通、市政和社会事业发展布局。控制性详细规划做到全覆盖，确保每

一寸土地都有规划，实现全区一张图管理。城市设计细化了城市功能和空间形象特色，重点地区城市设计及导则保证了城市环境品质的提升。我们深刻地体会到，一个完善的规划体系，不仅是资金投入的累积，更是各级领导干部、专家学者、技术人员和广大群众的时间、精力、心血和智慧的结晶。建立一套完善的规划体系不容易，保证规划体系的高品质更加重要，要在维护规划稳定和延续的基础上，紧跟时代的步伐，使规划具有先进性，这是城市规划的历史使命。

2. 坚持继承发展和改革创新，保证规划的延续性和时代感

城市空间战略和总体规划是对未来发展的预测和布局，关系城市未来几十年、上百年发展的方向和品质，必须符合城市发展的客观规律，具有科学性和稳定性。同时，21世纪科学技术日新月异，不断进步，所以，城市规划也要有一定弹性，以适应发展的变化，并正确认识城市规划不变与变的辩证关系。多年来，继承发展和改革创新并重是天津及滨海新区城市规划的主要特征和成功经验。

早在1986年经国务院批准的第一个天津市城市总体规划中，天津市提出了"工业战略东移"的总体思路，确定了"一条扁担挑两头"的城市总体格局。这个规划符合港口城市由内河港向海口港转移和大工业沿海布置发展的客观规律和天津城市的实际情况。30年来，天津几版城市总体规划

修编一直坚持城市大的格局不变，城市总体规划一直突出天津港口和滨海新区的重要性，保持规划的延续性，这是天津城市规划非常重要的传统。正是因为多年来坚持了这样一个符合城市发展规律和城市实际情况的总体规划，没有"翻烧饼"，才为多年后天津的再次腾飞和滨海新区的开发开放奠定了坚实的基础。

当今世界日新月异，在保持规划传统和延续性的同时，我们也更加注重城市规划的改革创新和时代性。2008年，考虑到滨海新区开发开放和落实国家对天津城市定位等实际情况，市委市政府组织编制天津市空间发展战略，在2006年国务院批准的新一版城市总体规划布局的基础上，以问题为导向，确定了"双城双港、相向拓展、一轴两带、南北生态"的格局，突出了滨海新区和港口的重要作用，同时着力解决港城矛盾，这是对天津历版城市总体规划布局的继承和发展。在天津市空间发展战略的指导下，结合新区的实际情况和历史沿革，在上版新区总体规划以塘沽、汉沽、大港老城区为主的"一轴一带三区"布局结构的基础上，考虑众多新兴产业功能区作为新区发展主体的实际，滨海新区确定了"一城双港、九区支撑、龙头带动"的空间发展战略。在空间战略的指导下，新区的城市总体规划充分考虑历史演变和生态本底，依托天津港和天津国际机场核心资源，强调功能区与城区协调发展和生态环境保护，规划形成"一城双港三片区"的空间格局，确定了"东港口、西高新、南重化、北

旅游、中服务"的产业发展布局，改变了过去开发区、保税区、塘沽区、汉沽区、大港区各自为政、小而全的做法，强调统筹协调和相互配合。规划明确了各功能区的功能和产业特色，以产业族群和产业链延伸发展，避免重复建设和恶性竞争。规划明确提出：原塘沽区、汉沽区、大港区与城区临近的石化产业，包括新上石化项目，统一向南港工业区集中，真正改变了多少年来财政分灶吃饭体制所造成的一直难以克服的城市环境保护和城市安全的难题，使滨海新区走上健康发展的轨道。

改革开放30年来，城市规划改革创新的重点仍然是转换传统计划经济的思维，真正适应社会主义市场经济和政府职能转变要求，改变规划计划式的编制方式和内容。目前城市空间发展战略虽然还不是法定规划，但与城市总体规划相比，更加注重以问题为导向，明确城市总体长远发展的结构和布局，统筹功能更强。天津市人大在国内率先将天津空间发展战略升级为地方性法规，具有重要的示范作用。在空间发展战略的指导下，城市总体规划的编制也要改变传统上以10～20年规划期经济规模、人口规模和人均建设用地指标为终点式的规划和每5～10年修编一次的做法，避免"规划修编一次、城市摊大一次"，造成"城市摊大饼发展"的局面。滨海新区空间发展战略重点研究区域统筹发展、港城协调发展、海空两港及重大交通体系、产业布局、生态保护、海岸线使用、填海造陆和盐田资源利用等重大问题，统一思

想认识，提出发展策略。新区城市总体规划按照城市空间发展战略，以 50 年远景规划为出发点，确定整体空间骨架，预测不同阶段的城市规模和形态，通过滚动编制近期建设规划，引导和控制近期发展，适应发展的不确定性，真正做到"一张蓝图干到底"。

改革开放 30 年以来，我国的城市建设取得了巨大的成绩，但如何克服"城市千城一面"的问题，避免城市病，提高规划设计和管理水平一直是一个重要课题。我们把城市设计作为提升规划设计水平和管理水平的主要抓手。在城市总体规划编制过程中，邀请清华大学开展了新区总体城市设计研究，探讨新区的总体空间形态和城市特色。在功能区规划中，首先通过城市设计方案确定功能区的总体布局和形态，然后再编制分区规划和控制性详细规划。自 2006 年以来，我们共开展了 100 余项城市设计。其中，新区核心区实现了城市设计全覆盖，于家堡金融区、响螺湾商务区、开发区现代产业服务区（MSD）、空港经济区核心区、滨海高新区渤龙湖总部区、北塘特色旅游区、东疆港配套服务区等 20 余个城市重点地区，以及海河两岸和历史街区都编制了高水平的城市设计，各具特色。鉴于目前城市设计在我国还不是法定规划，作为国家综合配套改革试验区，我们开展了城市设计规范化和法定化专题研究和改革试点，在城市设计的基础上，编制城市设计导则，作为区域规划管理和建筑设计审批的依据。城市设计导则不仅规定开发地块的开发强度、建

筑高度和密度等，而且确定建筑的体量位置、贴线率、建筑风格、色彩等要求，包括地下空间设计的指引，直至街道景观家具的设置等内容。于家堡金融区、北塘、渤龙湖、空港核心区等新区重点区域均完成了城市设计导则的编制，并已付诸实施，效果明显。实践证明，与控制性详细规划相比，城市设计导则在规划管理上可更准确地指导建筑设计，保证规划、建筑设计和景观设计的统一，塑造高水准的城市形象和建成环境。

规划的改革创新是个持续的过程。控规最早是借鉴美国区划和中国香港法定图则，结合我国实际情况在深圳、上海等地先行先试的。我们在实践中一直在对控规进行完善。针对大城市地区城乡统筹发展的趋势，滨海新区控规从传统的城市规划范围拓展到整个新区 2270 平方千米的范围，实现了控制性详细规划城乡全覆盖。250 个规划单元分为城区和生态区两类，按照不同的标准分别编制。生态区以农村地区的生产和生态环境保护为主，同时认真规划和严格控制"六线"，包括道路红线、轨道黑线、绿化绿线、市政黄线、河流蓝线以及文物保护紫线，一方面保证城市交通基础设施建设的控制预留，另一方面避免对土地不合理地随意切割，达到合理利用土地和保护生态资源的目的。同时，可以避免深圳由于当年只对围网内特区城市规划区进行控制，造成外围村庄无序发展，形成今天难以解决的城中村问题。另外，规划近、远期结合，考虑到新区处于快速发展期，有一定的不

确定性，因此，将控规成果按照编制深度分成两个层面，即控制性详细规划和土地细分导则，重点地区还将同步编制城市设计导则，按照"一控规、两导则"来实施规划管理，规划具有一定弹性，重点对保障城市公共利益、涉及国计民生的公共设施进行预留控制，包括教育、文化、体育、医疗卫生、社会福利、社区服务、菜市场等，保证规划布局均衡便捷、建设标准与配套水平适度超前。

3. 树立正确的指导思想，采纳先进的理念，开放规划设计市场，加强自身队伍建设，确保规划编制的高起点、高水平

如果建筑设计的最高境界是技术与艺术的完美结合，那么城市规划则被赋予更多的责任和期许。城市规划不仅仅是制度体系，其本身的内容和水平更加重要。规划不仅仅要指引城市发展建设，营造优美的人居环境，还试图要解决城市许多的经济、社会和环境问题，避免交通拥堵、环境污染、住房短缺等城市病。现代城市规划100多年的发展历程，涵盖了世界各国、众多城市为理想愿景奋斗的历史、成功的经验、失败的教训，为我们提供了丰富的案例。经过100多年从理论到实践的循环往复和螺旋上升，城市规划发展成为经济、社会、环境多学科融合的学科，涌现出多种多样的理论和方法。但是，面对中国改革开放和快速城市化，目前仍然没有成熟的理论方法和模式可以套用。因此，要使规划编制达到高水平，必须加强理论研究和理论的指引，树立正确的指导思想，总结国内外案例的经验教训，应用先进的规划理念和方法，探索适合自身特点的城市发展道路，避免规划灾难。在新区的规划编制过程中，我们始终努力开拓国际视野，加强理论研究，坚持高起步、高标准，以滨海新区的规划设计达到国际一流水平为努力的方向和目标。

新区总体规划编制伊始，我们邀请中国城市规划设计研究院、清华大学开展了深圳特区和浦东新区规划借鉴、京津冀产业协同和新区总体城市设计等专题研究，向周干峙院士、建设部唐凯总规划师等知名专家咨询，以期站在巨人的肩膀上，登高望远，看清自身发展的道路和方向，少走弯路。21世纪，在经济全球化和信息化高度发达的情形下，当代世界城市发展已经呈现出多中心网络化的趋势。滨海新区城市总体规划，借鉴荷兰兰斯塔特（Randstad）、美国旧金山硅谷湾区（Bay Area）、深圳市域等国内外同类城市区域的成功经验，在继承城市历史沿革的同时，结合新区多个特色功能区快速发展的实际情况，应用国际上城市区域（City Region）等最新理论，形成滨海新区多中心组团式的城市区域总体规划结构，改变了传统的城镇体系规划和以中心城市为主的等级结构，适应了产业创新发展的要求，呼应了城市生态保护的形势，顺应了未来城市发展的方向，符合滨海新区的实际。规划产业、功能和空间各具特色的功能区作为城市组团，由生态廊道分隔，以快速轨道交

通串联，形成城市网络，实现区域功能共享，避免各自独立发展所带来的重复建设问题。多组团城市区域布局改变了单中心聚集、"摊大饼"式蔓延发展模式，也可避免出现深圳当年对全区域缺失规划控制的问题。深圳最初的规划以关内300平方千米为主，"带状组团式布局"的城市总体规划是一个高水平的规划，但由于忽略了关外1600平方千米的土地，造成了外围"城中村"蔓延发展，后期改造难度很大。

生态城市和绿色发展理念是新区城市总体规划的一个突出特征。通过对城市未来50年甚至更长远发展的考虑，确定了城市增长边界，与此同时，划定了城市永久的生态保护控制范围，新区的生态用地规模确保在总用地的50%以上。根据新区河湖水系丰富和土地盐碱的特征，规划开挖部分河道水面、连通水系，存蓄雨洪水，实现湿地恢复，并通过水流起到排碱和改良土壤、改善植被的作用。在绿色交通方面，除以大运量快速轨道交通串联各功能区组团外，各组团内规划电车与快速轨道交通换乘，如开发区和中新天津生态城，提高公交覆盖率，增加绿色出行比重，形成公交都市。同时，组团内产业和生活均衡布局，减少不必要的出行。在资源利用方面，开发再生水和海水利用，实现非常规水源约占比50%以上。结合海水淡化，大力发展热电联产，实现淡水、盐、热、电的综合产出。鼓励开发利用地热、风能及太阳能等清洁能源。自2008年以来，中新天津生态城的规划建设已经提供了在盐碱地上建设生态城市可推广、可复制的成功经验。

有历史学家说，城市是人类历史上最伟大的发明，是人类文明集中的诞生地。在21世纪信息化高度发达的今天，城市的聚集功能依然非常重要，特别是高度密集的城市中心。陆家嘴金融区、罗湖和福田中心区，对上海浦东新区和深圳特区的快速发展起到了至关重要的作用。被纳入国家发展战略伊始，滨海新区就开始研究如何选址和规划建设新区的核心——中心商务区。这是一个急迫需要确定的课题，而困难在于滨海新区并不是一张白纸，实际上是一个经过100多年发展的老区。经过深入的前期研究和多方案比选，最终确定在海河下游沿岸规划建设新区的中心。这片区域由码头、仓库、油库、工厂、村庄、荒地和一部分质量不高的多层住宅组成，包括于家堡、响螺湾、天津碱厂等区域，毗邻开发区现代产业服务区（MSD）。在如此衰败的区域中规划高水平的中心商务区，在真正建成前会一直有怀疑和议论，就像十多年前我们规划把海河建设成为世界名河所受到的非议一样，是很正常的事情。规划需要远见卓识，更需要深入的工作。滨海新区中心商务区规划明确了在区域中的功能定位，明确了与天津老城区城市中心的关系。通过对国内外有关城市中心商务区的经验比较，确定了新区中心商务区的规划范围和建设规模。大家发现，于家堡金融区半岛与伦敦泰晤士河畔的道克兰金融区形态上很相似，这冥冥之中揭示了滨河城市发展的共同规律。为提升新区中心商务区海河两岸和于家堡金融区规划设计水平，我们邀请国内顶级专家吴良镛、齐康、彭一刚、邹德慈四位院

个规划编制和管理过程中，一贯坚持以"政府组织、专家领衔、部门合作、公众参与、科学决策"的原则指导具体规划工作，将达成"学术共识、社会共识、领导共识"三个共识作为工作的基本要求，保证规划科学和民主真正得到落实。将公众参与作为法定程序，按照"审批前公示、审批后公告"的原则，新区各项规划在编制过程均利用报刊、网站、规划展览馆等方式，对公众进行公示，听取公众意见。2009 年，在天津市空间发展战略向市民征求意见中，我们将滨海新区空间发展战略、城市总体规划以及于家堡金融区、响螺湾商务区和中新天津生态城规划在《天津日报》上进行了公示。2010 年，在控规全覆盖编制中，每个控规单元的规划都严格按照审查程序经控规技术组审核、部门审核、专家审议等程序，以报纸、网络、公示牌等形式，向社会公示，公开征询市民意见，由设计单位对市民意见进行整理，并反馈采纳情况。一些重要的道路交通市政基础设施规划和实施方案按有关要求同样进行公示。2011 年我们在《滨海时报》及相关网站上，就新区轨道网规划进行公开征求意见，针对收到的 200 余条意见，进行认真整理，根据意见对规划方案进行深化完善，并再次公告。2015 年，在国家批准新区地铁近期建设规划后，我们将近期实施地铁线的更准确的定线规划再次在政务网公示，广泛征求市民的意见，让大家了解和参与到城市规划和建设中，传承"人民城市人民建"的优良传统。

三、滨海新区十年城市规划管理体制改革的经验总结

城市规划不仅是一套规范的技术体系，也是一套严密的管理体系。城市规划建设要达到高水平，规划管理体制上也必须相适应。与国内许多新区一样，滨海新区设立之初不是完整的行政区，是由塘沽、汉沽、大港三个行政区和东丽、津南部分区域构成，面积达 2270 平方千米，在这个范围内，还有由天津港务局演变来的天津港集团公司、大港油田管理局演变而来的中国石油大港油田公司、中海油渤海公司等正局级大型国有企业，以及新设立的天津经济技术开发区、天津港保税区等。国务院《关于推进天津滨海新区开发开放有关问题的意见》提出：滨海新区要进行行政体制改革，建立"统一、协调、精简、高效、廉洁"的管理体制，这是非常重要的改革内容，对国内众多新区具有示范意义。十年来，结合行政管理体制的改革，新区的规划管理体制也一直在调整优化中。

1. 结合新区不断进行的行政管理体制改革，完善新区的规划管理体制

1994 年，天津市委市政府提出"用十年时间基本建成滨海新区"的战略，成立了滨海新区领导小组。1995 年设立领导小组专职办公室，协调新区的规划和基础设施建设。2000 年，在领导小组办公室的基础上成立了滨海新区工委和管委会，作为市委市政府的派出机构，主要职能是加强领

导、统筹规划、组织推动、综合协调、增强合力、加快发展。2006年滨海新区被纳入国家发展战略后，一直在探讨行政管理体制的改革。十年来，滨海新区的行政管理体制经历了2009年和2013年两次大的改革，从新区工委管委会加3个行政区政府和3大功能区管委会，到滨海新区政府加3个城区管委会和9大功能区管委会，再到完整的滨海新区政府加7大功能区管委19街镇政府。在这一演变过程中，规划管理体制经历2009年的改革整合，目前相对比较稳定，但面临的改革任务仍然很艰巨。

天津市规划局（天津市土地局）早在1996年即成立滨海新区分局，长期从事新区的规划工作，为新区统一规划打下了良好的基础，也培养锻炼了一支务实的规划管理队伍，成为新区规划管理力量的班底。在新区领导小组办公室和管委会期间，规划分局与管委会下设的3局2室配合密切。随着天津市机构改革，2007年，市编办下达市规划局滨海新区规划分局三定方案，为滨海新区管委会和市规划局双重领导，以市局为主。2009年底滨海新区行政体制改革后，以原市规划局滨海分局和市国土房屋管理局滨海分局为班底组建了新区规划国土资源局。按照市委批准的三定方案，新区规划国土资源局受新区政府和市局双重领导，以新区为主，市规划局领导兼任新区规划国土局局长。这次改革，撤销了原塘沽、汉沽、大港三个行政区的规划局和市国土房管局直属的塘沽、汉沽、大港土地分局，

整合为新区规划国土资源局三个直属分局。同时，考虑到功能区在新区加快发展中的重要作用和天津市人大颁布的《开发区条例》等法规，新区各功能区的规划仍然由功能区管理。

滨海新区政府成立后，天津市规划局率先将除城市总体规划和分区规划之外的规划审批权和行政许可权下放给滨海新区政府。市委市政府主要领导不断对新区规划工作提出要求，分管副市长通过规划指挥部和专题会等形式对新区重大规划给予审查指导。市规划局各部门和各位局领导积极支持新区工作，市有关部门也都对新区规划工作给予指导和支持。按照新区政府的统一部署，新区规划国土局向功能区放权，具体项目审批都由各功能区办理。当然，放权不等于放任不管。除业务上积极给予指导外，新区规划国土局对功能区招商引资中遇到的规划问题给予尽可能的支持。同时，对功能区进行监管，包括控制性详细规划实施、建筑设计项目的审批等，如果存在问题，则严格要求予以纠正。

目前，现行的规划管理体制适应了新区当前行政管理的特点，但与国家提出的规划应向开发区放权的要求还存在着差距，而有些功能区扩展比较快，还存在规划管理人员不足、管理区域分散的问题。随着新区社会经济的发展和行政管理体制的进一步改革，最终还是应该建立新区规划国土房管局、功能区规划国土房管局和街镇规划国土房管所三级全覆盖、衔接完整的规划行政管理体制。

2. 以规划编制和审批为抓手，实现全区统一规划管理

滨海新区作为一个面积达 2270 平方千米的新区，市委市政府要求新区做到规划、土地、财政、人事、产业、社会管理等方面的"六统一"，统一的规划是非常重要的环节。如何对功能区简政放权、扁平化管理的同时实现全区的统一和统筹管理，一直是新区政府面对的一个主要课题。我们通过实施全区统一的规划编制和审批，实现了新区统一规划管理的目标。同时，保留功能区对具体项目的规划审批和行政许可，提高行政效率。

滨海新区被纳入国家发展战略后，市委市政府组织新区管委会、各功能区管委会共同统一编制新区空间发展战略和城市总体规划是第一要务，起到了统一思想、统一重大项目和产业布局、统一重大交通和基础设施布局以及统一保护生态格局的重要作用。作为国家级新区，各个产业功能区是新区发展的主力军，经济总量大，水平高，规划的引导作用更重要。因此，市政府要求，在新区总体规划指导下，各功能区都要编制分区规划。分区规划经新区政府同意后，报市政府常务会议批准。目前，新区的每个功能区都有经过市政府批准的分区规划，而且各具产业特色和空间特色，如中心商务区以商务和金融创新功能为主，中新天津生态城以生态、创意和旅游产业为主，东疆保税港区以融资租赁等涉外开放创新为主，开发区以电子信息和汽车产业为主，保税区以航空航天产业为主，高新区以新技术产业为主，临港工业区以重型装备制造为主，南港工业区以石化产业为主。分区规划的编制一方面使总体规划提出的功能定位、产业布局得到落实，另一方面切实指导各功能区开发建设，避免招商引资过程中的恶性竞争和产业雷同等问题，推动了功能区的快速发展，为滨海新区实现功能定位和经济快速发展奠定了坚实的基础。

虽然有了城市总体规划和功能区分区规划，但规划实施管理的具体依据是控制性详细规划。在 2007 年以前，滨海新区的塘沽、汉沽、大港 3 个行政区和开发、保税、高新 3 大功能区各自组织编制自身区域的控制性详细规划，各自审批，缺乏协调和衔接，经常造成矛盾，突出表现在规划布局和道路交通、市政设施等方面。2008 年，我们组织开展了新区控规全覆盖工作，目的是解决控规覆盖率低的问题，适应发展的要求，更重要的是解决各功能区及原塘沽、汉沽、大港 3 个行政区规划各自为政这一关键问题。通过控规全覆盖的统一编制和审批，实现新区统一的规划管理。虽然控规全覆盖任务浩大，但经过 3 年的艰苦奋斗，2010 年初滨海新区政府成立后，编制完成并按程序批复，恰如其时，实现了新区控规的统一管理。事实证明，在控规统一编制、审批及日后管理的前提下，可以把具体项目的规划审批权放给各个功能区，既提高了行政许可效率，也保证了全区规划的完整统一。

3. 深化改革，强化服务，提高规划管理的效率

在实现规划统一管理、提高城市规划管理水平的同时，不断提高工作效率和行政许可审批效率一直是我国城市规划管理普遍面临的突出问题，也是一个长期的课题。这不仅涉及政府各个部门，还涵盖整个社会服务能力和水平的提高。作为政府机关，城市规划管理部门要强化服务意识和宗旨，简化程序，提高效率。同样，深化改革是有效的措施。

2010 年，随着控规下发执行，新区政府同时下发了《滨海新区控制性规划调整管理暂行办法》，明确规定控规调整的主体、调整程序和审批程序，保证规划的严肃性和权威性。在管理办法实施过程中发现，由于新区范围大，发展速度快，在招商引资过程中会出现许多新情况。如果所有控规调整不论大小都报原审批单位、新区政府审批，那么会产生大量的程序问题，效率比较低。因此，根据各功能区的意见，2011 年 11 月新区政府转发了新区规国局拟定的《滨海新区控制性详细规划调整管理办法》，将控规调整细分为局部调整、一般调整和重大调整 3 类。局部调整主要包括工业用地、仓储用地、公益性用地规划指标微调等，由各功能区管委会审批，报新区规国局备案。一般调整主要指在控规单元内不改变主导属性、开发总量、绿地总量等情况下的调整，由新区规国局审批。重大调整是指改变控规主导属性、开发总量、重大基础设施调整以及居住用地容积率提高等，报区政府审批。事实证明，新的做法是比较成功的，既保证了控规的严肃性和统一性，也提高了规划调整审批的效率。

2014 年 5 月，新区深化行政审批制度改革，成立审批局，政府 18 个审批部门的审批职能集合成一个局，"一颗印章管审批"，降低门槛，提高效率，方便企业，激发了社会活力。新区规国局组成 50 余人的审批处入驻审批局，改变过去多年来"前店后厂"式的审批方式，真正做到现场审批。一年多来的实践证明，集中审批确实大大提高了审批效率，审批处的干部和办公人员付出了辛勤的劳动，规划工作的长期积累为其提供了保障。运行中虽然还存在一定的问题和困难，这恰恰说明行政审批制度改革对规划工作提出了更高的要求，并指明了下一步规划编制、管理和许可改革的方向。

四、滨海新区城市规划的未来展望

回顾过去十年滨海新区城市规划的历程，一幕幕难忘的经历浮现脑海，"五加二、白加黑"的热情和挑灯夜战的场景历历在目。这套城市规划丛书，由滨海新区城市规划亲历者们组织编写，真实地记载了滨海新区十年来城市规划故事的全貌。丛书内容包括滨海新区城市总体规划、规划设计国际征集、城市设计探索、控制性详细规划全覆盖、于家堡金融区规划设计、滨海新区文化中心规划设计、城市社区规划设计、保障房规划设计、城市道路交通基础设施和建设成就

等，共十册，比较全面地涵盖了滨海新区规划的主要方面和改革创新的重点内容，希望为全国其他新区提供借鉴，也欢迎大家批评指正。

　　总体来看，经过十年的努力奋斗，滨海新区城市规划建设取得了显著的成绩。但是，与国内外先进城市相比，滨海新区目前仍然处在发展的初期，未来的任务还很艰巨，还有许多课题需要解决，如人口增长相比经济增速缓慢，城市功能还不够完善，港城矛盾问题依然十分突出，化工产业布局调整还没有到位，轨道交通建设刚刚起步，绿化和生态环境建设任务依然艰巨，城乡规划管理水平亟待提高。"十三五"期间，在我国经济新常态情形下，要实现由速度向质量的转变，滨海新区正处在关键时期。未来5年，新区核心区、海河两岸环境景观要得到根本转变，城市功能进一步提升，公共交通体系初步建成，居住和建筑质量不断提高，环境质量和水平显著改善，新区实现从工地向宜居城区的转变。要达成这样的目标，任务艰巨，唯有改革创新。滨海新区的最大优势就是改革创新，作为国家综合配套改革试验区，城市规划改革创新的使命要时刻牢记，城市规划设计师和管理者必须有这样的胸襟、情怀和理想，要不断深化改革，不停探索，勇于先行先试，积累成功经验，为全面建成小康社会、实现中华民族的伟大复兴做出贡献。

　　自2014年底，在京津冀协同发展和"一带一路"国家战略及自贸区的背景下，天津市委市政府进一步强化规划编制工作，突出规划的引领作用，再次成立重点规划指挥部。这是在新的历史时期，我国经济发展进入新常态的情形下的一次重点规划编制，期待用高水平的规划引导经济社会转型升级，包括城市规划建设。我们将继续发挥规划引领、改革创新的优良传统，立足当前、着眼长远，全面提升规划设计水平，使滨海新区整体规划设计真正达到国内领先和国际一流水平，为促进滨海新区产业发展、提升载体功能、建设宜居生态城区、实现国家定位提供坚实的规划保障。

天津市规划局副局长、滨海新区规划和国土资源管理局局长

2016年2月

目 录

第二部分　控规全覆盖成果

第三部分　实施、管理与反思

* 本书所涉及各项目内容均为阶段成果，如与实际建设不符，以实际建设为准。

滨海新区控制性详细规划全覆盖编制和实施管理综述
Summarization of Edition and Implementation of Full Coverage of Regulatory Plan in Binhai New Area

霍　兵　郭志刚　卢　嘉

现代城市规划自诞生 100 多年来，形成了完善的规划编制、规划行政、规划实施和规划法律体系，它与传统城市规划最大的不同点之一是以开发控制（Development Control）为主的规划实施。新中国成立后，在我国现代城市规划近半个多世纪的发展历程中，最大的变革之一就是从计划经济指导的修建性建设规划调整为以开发控制为主的控制性详细规划（简称"控规"），开发控制成为规划依法行政的重要手段和形式，具有里程碑式的意义。

滨海新区过去十年内进行了城乡规划管理多方面的改革创新，其中开展控制性详细规划全覆盖编制和实施管理是一项非常重要的内容。经过三年的艰苦努力，基本完成了新区 2270 km² 范围控规的编制工作，2010 年新区政府正式批准执行，同步建立了控规管理信息系统和日常维护系统，明确了滨海新区控制性详细规划调整管理的规定。控制性详细规划全覆盖在新区开发开放过程中发挥了重要的作用，成绩斐然，是滨海新区城市规划工作的一大亮点。十年后，我们对新区控制性详细规划全覆盖编制和实施情况进行回顾和总结，一方面，为下一步修编完善滨海新区控规做好

铺垫，同时，为推进新区规划管理体制新一轮改革创新做好准备，也为全国规划体制改革、修改完善控制性详细规划技术和法规体系提供经验参考。

一、滨海新区为什么要搞控制性详细规划全覆盖

（一）对控制性详细规划的认识

1. 开发控制是现代城市规划的主要目的和手段

现代城市规划自产生发展一百多年来，在世界各国内普遍形成了完整的规划制度体系，包括规划行政体系、规划编制体系、规划实施体系（或称开发控制）和规划法律体系等四个基本方面。开发控制（Development Control），即规划实施体系，是依据已经编制批准的规划对城市开发建设项目进行审批和行政许可的政府行政行为，是现代城市规划面临大规模开发建设实施管理的重要手段。规划编制是城市规划的核心，规划编制的内容是实施规划管理的基本依据。目前，世界各国的规划编制体系基本上都形成了城市总体规划和详细规划两个层面。战略性的城市总体规划是制订城市发展目标、土地利用、交通管理、环境保护和基础设

施等方面的发展准则和空间策略，为城市各分区和各系统的实施性规划提供指导框架，不足以成为开发控制的直接依据。因此，以总体规划为依据，针对城市中各个分区，制订详细规划，作为开发控制的法定依据，这个是基本的做法。美国的区划（Zoning）、德国的分区建造规划（B-Plan）、英国的地区发展框架（Local Development Framework）中"开发控制"的相关内容、日本的土地利用分区（Land Use District）和分区规划（District Plan）、新加坡的开发指导规划（Development Guide Plan）、我国香港的分区计划大纲图（Outline Zoning Plan），以及我国的控制性详细规划都是开发控制的法定依据。

2. 我国控制性详细规划的产生和发展

新中国成立后，我国城市规划以学习效仿苏联为主，虽然包含西方现代城市规划的一些概念和理念，但根本上是计划经济式城市规划，主要包含城市总体规划和修建性详细规划两个阶段。城市建设要按照城市总体规划和政府投资计划进行，经过立项审批等程序后，建设项目编制修建性详细规划，规划经批准后作为具体单体建筑审批的依据。改革开放后，城市逐步成为经济发展的中心，城市规划逐步得到恢复和加强。为适应市场经济体制改革，随着投资多元化和土地使用制度改革、房地产的发展，规划编制、规划实施和规划法律体系也进行了改革创新。许多改革创新，包括控制性详细规划，是借鉴国外的先进经验、从下自上进行的。1982 年，上海虹桥开发区规划，为满足参与建设外资的要求，借鉴国际惯例，编制了土地出让规划，采用 8 项指标对用地进行控制，作为土地出让依据。随后在全国率先开展了控制性详细规划试点和研究。其后，许多城市进行了相应的探索。1988 年，温州组织编制旧城

区控制性详细规划。1991 年，建设部在《城市规划编制办法》中列入了控制性详细规划，并明确了其编制要求。1995 年，建设部制订了《城市规划编制办法实施细则》，规范了控制性详细规划的具体编制内容和要求，使其逐步走上了规范化的道路。控制性详细规划逐渐在国内广泛开展，成为我国城市规划依法依规审批的主要手段，意义重大。

3. 控制性详细规划是我国城市规划依法行政的必然方向

控制性详细规划是对城市总体规划、分区规划和专项规划的深化和落实，控规依法审批后，成为规范城市开发行为并保证规划管理权威的法规性文件。天津市早在 2006 年颁布的《城乡规划条例》中规定，控制性详细规划（简称控规）是城市规划管理基本依据，没有控规不能审批具体项目，没有控规土地不能出让。自 2008 年 1 月 1 日起施行的新修订的《城乡规划法》，对控规的编制、审批、修改程序及其在规划管理中的地位做出了明确规定，在我国从国家层面上首次以法律条文的形式确定了控制性详细规划作为规划管理基本依据的法律地位。编制和实施控制性详细规划，成为城市规划管理部门必须履行的法律义务。2010 年住房和城乡建设部以部长令颁布《城市、镇控制性详细规划编制审批办法》，再次明确：控制性详细规划是城乡规划主管部门作出规划行政许可、实施规划管理的依据。国有土地使用权的划拨、出让应当符合控制性详细规划。可以说，控规是城乡规划管理依法行政的基础和必然方向。

（二）滨海新区为什么要搞控制性详细规划全覆盖

1. 2006 年滨海新区控制性详细规划的状况

2006 年以前，滨海新区控制性详细规划分别由新区各

组成部分，即塘沽、汉沽、大港三个行政区和开发区、保税区、高新区等功能区根据各自开发建设和土地出让等需要自行编制，自行审批。天津港集团公司的前身是天津市港口管理局，2004 年完成改制，2006 年之前天津港范围内的规划编制和规划审批由天津港自己办理。大港油田在改制前城市规划管理也是由油田自己负责。由于缺乏组织推动，新区整个范围内控制性详细规划的编制仅完成了建成区的30%，且缺乏协调和衔接，特别是各区结合部经常出现用地不和谐、道路"揣袖"等情况。除开发区东区外，控规编制的整体水平也不高。

2. 提高控规覆盖率，是满足新区快速发展的要求

2006 年，滨海新区被纳入国家发展战略后，新区规划工作面临着严峻急迫的形式以及一系列挑战和问题。最突出的是新建功能区面临等规划启动建设的局面。我们首先组织相关功能区管委会和有关部门开展了城市设计方案国际征集，推动功能区分区规划和起步区规划、专项规划的编制，在分区规划完成编制和报批的同时，编制完成了起步区的控规，满足功能区基础设施建设、招商引资和管理的需要，也作为新区控规全覆盖的试点。提高控规覆盖率，能够满足新区快速发展的要求，能够保证各功能区之间规划和道路交通基础设施的相互衔接，保证依规划进行审批管理，避免无序建设的混乱。规划必须要控制住关系新区整体和长远发展的交通、市政和生态绿化廊道，特别是像铁路、高速公路、轨道、快速路和高压走廊等，避免被新建设侵占和日后的大拆大建。

3. 实现城市规划的统一管理

2006 年，在滨海新区工委管委会的管理体制下，如何统一规划和实施统一的规划管理，建立新区一盘棋的观念，是摆在我们面前更加重要和急迫的课题。与国内许多新区一样，滨海新区设立之初不是完整的行政区，是由塘沽、汉沽、大港三个行政区和东丽、津南部分区域构成，面积达 2270km²，在这个范围内，还有由天津港务局演变来的天津港集团公司、大港油田管理局演变而来的中国石油大港油田公司、中海油渤海公司等正局级大型国有企业，以及新设立的天津经济技术开发区、天津港保税区等。国务院《关于推进天津滨海新区开发开放有关问题的意见》提出：滨海新区要进行行政体制改革，建立"统一、协调、精简、高效、廉洁"管理体制，国家也一直强调对规划和土地的集中统一管理，不得向开发区放权。集中统一规划管理是新区非常重要的改革内容。早在 20 世纪 90 年代，天津市人大通过《天津经济技术开发区管理条例》《天津港保税区管理条例》，将城市规划等政府职能授权给开发区和保税区管委会。天津市政府分别于 2007 年、2008 年颁布《天津东疆保税港区管理规定》《中新天津生态城管理规定》，将城市规划等政府职能授权给天津东疆保税港区管委会和中新天津生态城管委会。根据新区的实际情况，经过认真分析思考，我们认识到统一控规编制和审批管理是新区实现统一规划管理切合实际的重要抓手。具体项目依据控规审批，审批职能仍然在功能区。这样，既可以保证新区全区规划的统一，又可以提高审批效率，满足新区和各功能区加快发展的要求。

4. 城乡统筹，考虑长远发展和生态保护

滨海新区 2270 km² 控规全覆盖，不仅包括建成区、未来规划的城乡建设用地，还包括广大农村地区。这样做出于

以下几方面的考虑：一是城乡统筹，努力实现城市和农村协同发展，实现规划统筹编制；二是对城市大型道路交通市政走廊和生态廊道的长远控制，集约节约利用土地，保护耕地；三是考虑城市规划与土地利用规划的更紧密结合。国土部在 2000 年左右提出，为深化落实土地利用总体规划，也准备要开始编制与城市控制性详细规划类似的土地利用控制性详细规划。

基于以上考虑，借鉴 1999 年完成的天津市中心城区 370 km² 控规全覆盖编制的成功经验，我们下决心开展滨海新区控规全覆盖编制工作。

二、滨海新区控制性详细规划全覆盖的编制

（一）为了不可能完成的任务——控规全覆盖前期准备

滨海新区控规全覆盖是一项浩大、复杂的系统工程，如此大范围集中统一开展控规全覆盖工作在全国尚属首次，没有成熟经验可借鉴。要在短时间内编制完成 2270 km² 的控规，好像一项不可能完成的任务。要完成这不可能完成的任务，必须付出超常规的努力。要解决好思想认识、组织领导、技术队伍、技术标准、编制经费、规划审批等一系列问题。因此，我们进行了近一年紧张的准备，并通过试点进行探索。

1. 统一思想认识，达成共识和合力

要完成滨海新区控规全覆盖这一艰巨的任务，首先是统一思想认识，回答"需要不需要全覆盖""能不能做到全覆盖""全覆盖水平质量能否保证"等大家关心的问题。提出滨海新区陆域 2270 km² 控规全覆盖的思路后，新区工

委管委会领导高度重视和赞同，市领导、市规划局领导也表示了支持和关心，塘沽、汉沽、大港三个行政区的领导、开发区、保税区、高新区等功能区的领导，包括东丽、津南区域的领导都表示赞同，这表明规划编制的必要性和急迫性，大家对统一规划前所未有地达成了共识。当时，天津市规划局滨海规划分局只有 14 位工作人员，日常工作繁忙，因此少数同志对控规全覆盖产生畏难情绪和怀疑，认为这是一项"不可能完成的任务"。我们认真进行研究讨论，分析 1999 年天津中心市区一年完成 370 km² 控规全覆盖编制的成功经验，一个一个剖析解决存在的问题，在工作过程中树立起大家的信心。"水平质量能否保证"成为最后大家关心的核心问题。客观讲，在短时间内完成如此大量的规划编制，水平可能做不到最好，但如果前期准备充分，技术标准和审查严格，规划的基本质量是有保障的。而且，全覆盖计划完成的时间是三年，也是比较实事求是的。随着工作的推进，大家的思想认识不断提升，形成了强大的合力，人心齐，泰山移。

2. 明确工作目标，制订翔实具体的工作方案

要做到控规全覆盖，面临着许多问题和困难，为解决这些问题，需要创新工作思路和方法。工作之初，我们在充分调研的基础上，制定了详细的工作方案，明确工作组织、各部门职责、时间计划、资金筹措、技术标准、审查程序等。

控规编制工作坚持"政府组织、专家领衔、部门合作、公众参与、科学决策"的原则，为加强规划编制的组织领导，保证控规编制的统一、协调和高标准，成立滨海新区控规编制领导小组、专家委员会及技术综合组，同时，充分发挥各行政区、功能区以及各专业部门的优势，形成条块结合、

上下联动的工作局面。整体组织工作由新区工委管委会总负责，市规划局、市相关委局和新区相关部门配合，滨海规划分局具体组织实施，天津市规划院作为技术支持。

规划编制范围是滨海新区城市规划区全区域，包括陆域和部分海域。计划分三个阶段完成，2008 年底计划完成 300 km² 近期开发建设地区控规编制工作；2009 年 6 月完成滨海新区城市总体规划确定的 510 km² 城镇建设用地控规全覆盖；2009 年底完成新区 1100 km² 建设用地控规全覆盖，主要包括海港、空港、油田以及生态区等规划控制重点地区。工作方案明确控规全覆盖的工作由前期准备、专题研究、方案编制、论证、公示和报批、成果印刷、建立控规管理数据库等阶段组成。

规划编制工作的总体思路：一是统一组织，统一标准，分区、分步实施；二是根据滨海新区城市总体规划的要求，进一步明确城市功能和人口分布；三是以城市基础设施、环境建设、城市安全等公益性公共设施为重点，合理安排和预留各项设施用地，做好主要公共设施与配套服务设施、道路与交通设施、城市特色与环境景观的控制，注重历史街区的保护，全面改善和提高城市综合环境质量，为构建和谐社会提供用地和空间保障；四是增强规划的弹性。在规划单元中设定一定比例的"城市发展预留地"，主要用于以后新增城市公益性配套设施的选址。

工作方案经过多次研究修改，反复征求各行政区和功能区意见，经滨海新区管委会和市规划局审查同意后，在滨海新区控规动员会上下发执行。

3. 统一技术标准和编制规程，开展试点

为确保控规全覆盖成果的标准统一，我们在全覆盖工作全面开展前，首先制订了统一的技术标准，进行了专题研究，并规范了规划编制的标准和工作程序，完成了滨海新区控规编制要求、城市规划区划分及编码规则、居住用地规划编制技术要求、产业用地规划编制技术要求、"六线"控制要求、现状调查技术要求、规划用地分类和代码、停车设施配建标准和计算机数据文件技术要求等 11 个专项技术要求，进行了总体规划人口用地等指标分解、生态绿地系统空间管制、公共服务设施布点、市政廊道和设施布局、交通场站设施布局等五个系统性专题研究。经过专家评审后，有针对性地选择了六个不同类型的地区作为试点，按照技术要求进行了编制，对技术要求进行了实战检验。之后，进一步修订技术要求，作为全面铺开后工作的依据。

滨海新区控制性详细规划规范性文件汇编及专项规划汇编

4. 解决规划编制经费和编制队伍问题

滨海新区面积 2270 km²，按照国家城市规划编制收费指导标准，即使将城市建设用地和广大农业用地分别按照不同的标准测算，给予一定的优惠，控规全覆盖仍然需要2.3亿元的规划编制经费，这超出了当时新区管委会财政的支付能力。我们经过反复研究，最终决定规划经费采用功能区、行政区负责各自规划编制经费、新区管委会给行政区一定补贴并负责综合汇总、前期研究经费的办法，包括天津港、大港油田等国有大型企业共同分担。考虑功能区财政相对富裕，各功能区委托编制各自的控规，各家的控规编制经费由各功能区自己负责筹集。塘沽、汉沽、大港三个行政区、包括东丽、津南两个区，委托编制各自的控规，各家负责筹集控规编制经费的大部分，由新区给予适当补贴。系统性专项规划、专题研究和规划汇总等工作采用指令性任务方式，由新区规划分局指定市规划院滨海分院完成。即使这样，也需要1个亿的规划编制经费。滨海新区管委会经济发展局和财务中心的领导拓展思路，千方百计想办法。最后，规划经费申请到国家开发银行技术援助贷款1亿元。贷款做规划在全国应该也是首次，这是减轻财政负担，保证规划顺利编制实施的有效方法。最终，实际借贷3000多万元，连本付息共计4000余万元。新区以这部分资金带动全区各单位的投入，完成了总值2.3亿元的控规全覆盖工作。

要完成如此规模的控规编制，单纯依靠天津自己的规划设计队伍是不够的。我们遵循开放规划市场、公平竞争的原则，考核设计单位资质、技术实力以及在滨海新区开展项目的情况，进行筛选，各功能区、行政区通过"竞争式谈判"的方式确定编制单位。最终，天津市规划设计院、渤海规划设计院、天津大学设计院、同济大学设计院、江苏省规划设计院、青岛规划设计院等国内十余家设计院参

与了控规全覆盖的编制，从技术力量上保证了控规全覆盖工作的完成。

（二）控规全覆盖的编制和审查审批过程

滨海新区控规编制和审查成批历时三年多，可以大致分为四个阶段。

1. 准备阶段（2006年9月至2007年12月）

从2006年9月提出新区控规全覆盖的思路开始，我们就进入紧张的准备阶段。经过深入研究，制订比较完善的工作方案，经新区管委会和市规划局同意，明确和开展了控规编制技术要求的制订工作。根据开发建设的急迫程度，我们选择滨海高新区起步区、空港经济区空客A320区域、东疆保税港区一期封关区域、东疆保税港区配套文化娱乐区、天津港集装箱物流中心和东丽军粮城物流区作为试点，开展规划编制，同时对技术要求进行验证。

滨海新区控制性详细规划编制动员大会

经过一系列审查程序后，2007年12月，六个试点项目的控制性详细规划得到市政府批复，技术要求也得到进一步完善。

2. 编制阶段（2008年1月至2008年12月）

经过近一年准备后，2007年11月滨海新区工委管委会

组织召开滨海新区控制性详细规划编制动员大会，市委、市政府和市规划局等领导出席，各行政区、功能区、国有大企业、相关部门、电力、供水等单位、参编规划设计单位等 120 余人参加。会议对工作进行动员部署，国家开发银行与新区管委会签订技术援助贷款协议，有关单位进行表态发言。动员大会标志着新区控规全覆盖工作正式启动，进入紧张的规划编制阶段。

2008 年 6 月，天津市成立重点规划指挥部，集中编制 119 项规划。新区成立重点规划编制分指挥部，纳入市重点规划指挥部规划任务 38 项，包括新区空间发展战略、城市总体规划、功能区分区规划、专项规划、总体城市设计和重点地区城市设计等，新区控规全覆盖整体作为一项工作纳入。经过大干 150 天、"五加二、白加黑"的奋战，2008 年底新区控规编制大部分任务完成。

3. 整合提升阶段（2009 年 1 月至 2009 年 10 月）

随着指挥部项目中城市总体规划、分区规划以及专项规划的完成，编制完成的控规成果与新区城市总体规划、分区规划以及城市设计等一系列规划衔接，同步整合、完善、提升。为满足新区发展的要求，对新区西片区、北塘分区等区域的控规，经过一系列技术审核审查、专家审查、公示等程序，于 2009 年 10 月由滨海新区管委会和天津市规划局联合审批。

4. 报批阶段（2009 年 11 月至 2010 年 3 月）

2009 年底新区所有控规基本编制完成，经过一系列技术审核、专家评议、征求部门意见以及向社会公示等程序。这时，滨海新区实施行政体制改革，撤销塘沽、汉沽、大港三个行政区，组建成立滨海新区人民政府，控规依法由新区政府审批。2010 年 3 月滨海新区核心片区、北片区和南片区控规经滨海新区政府第七次常务会审议通过，4 月正式下发批复。2010 年 6 月滨海新区规划和国土资源局将控规成

果印刷完成，下发相关部门和单位。规划印制成果上报新区政府和市规划局备案。以此为标志，历时三年的控规全覆盖工作顺利完成。

（三）滨海新区控规全覆盖的技术特点

滨海新区控规全覆盖是新区历史上第一次按照统一的技术标准、统一的成果形式和统一的审查程序进行的，有以下几个方面的技术特点。

1. 统一划分控规单元，实现控规全覆盖无缝拼接，不同类型的单元控制内容各有侧重

本次控规从传统的城市建设用地拓展到城乡非建设用地，除包括新区陆地面积 2270 km² 外，还包括现状和规划填海造陆部分。按照全覆盖和无缝拼接的原则，将整个规划

单元划分图

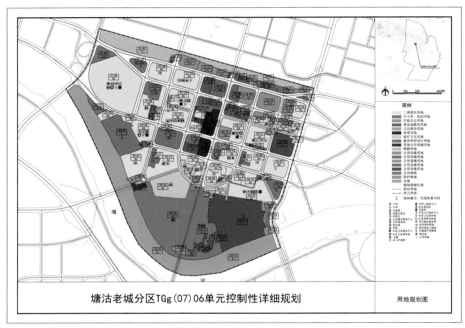

塘沽老城分区TGg（07）06单元控制性详细规划

用地规划图

塘沽老城分区 TGg（07）06 单元控制性详细规划

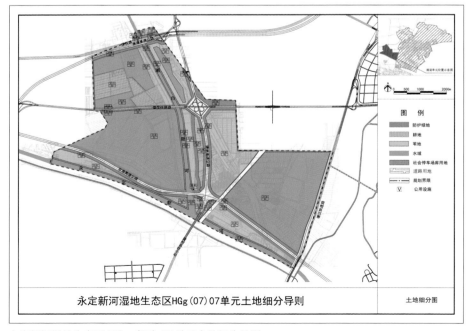

永定新河湿地生态区HGg（07）07单元土地细分导则

土地细分图

永定新河湿地生态区 HGg（07）07 单元土地细分导则

范围划分为核心、北部、西部和南部 4 个片区、38 个分区、250 个规划单元，实现规划编制单元的全覆盖，并无缝衔接。为了保证各单元之间的紧密对接，前期工作中对道路交通、市政、绿化、主廊道等"六线"进行了定线。针对建设用地和生态用地差异比较大的情况，250 个规划单元分成建设用地和生态用地两类，建设用地单元 3 ~ 5 km²，生态用地单元 10 km² 左右。非建设用地单元按照不同的技术要求进行控规编制，重点控制道路红线、绿化绿线、河流蓝线、市政黄线、铁路黑线等"五线"，按要求落实到控规中。

2. 完善城市服务配套设施，推进新区和谐发展

新区正处于快速发展期，要完善公共服务设施，吸引外来人口落户。完善公共服务设施不同区域应强调不同的内容和重点，老城区和新城区、生活区和工业区，情况不同。老城区以填平补齐、提升改造为重点，进一步完善社会服务、公共服务等配套设施，逐步优化老城区环境；新城区重点强调高水平建设，适度超前配置各类公共设施和基础设施，确保新区发展具备足够的适应性。同时，为从容面对新区未来发展的诸多不确定性因素，创造性地提出"公益性公共设施预留地"，为未来公共设施、市政设施和交通设施等内容的发展预留出用地。

首先，完善公共服务设施体系，促进新区和谐发展。本次控规进一步完善了三级公共设施体系，在实现新区对区域的辐射带动能力的同时，更为关注新区的民计民生问题。在天津市公共服务设施配建标准的基础上，增加了托老所、社区文化活动站等五类配套设施，使新区的生活配套设施达到 9 大类、44 小类，配套水平与经营多年的中心城区持平并适度超前。按这一标准配套建设，新区居民从居住地任意一点出发步行 300 ~ 500 m 可解决子女入托、上小学、求医问药、菜篮子米袋子、休闲健身、文化娱乐等基本生活需求，促进新区的和谐发展。

公共服务设施配套示意图

其次，在城市园林绿化方面，全面落实"51310"城市生态绿地布局标准，实现新区居民由任意点出发，500 m 内有 1000 km² 以上街旁绿地；1 km 内有 5000 m² 以上大型绿地；3 km 内有 20 ha 以上片区级公园；10 km 内有郊野公园，形成方便居民使用的绿地公园网络。

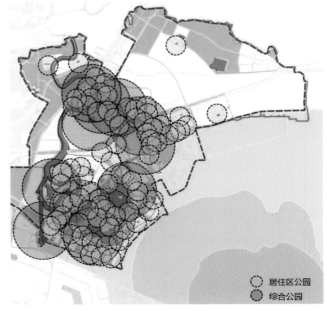

城市生态绿地布局示意图

第三，市政基础设施超前预留，保障新区良性发展。本次控规落实了上位规划确定的各类市政场站点设施用地，使新区的集中供水普及率达100%，污水处理率达95%，污水回用率达90%，城市再生水利用率达35%，集中供热普及率100%、电网可靠性达99.99%以上，城镇气化率达100%，垃圾无害化率达100%。在此基础上，按照20～25%的增量超前预留市政基础设施，从容应对未来的发展变化。

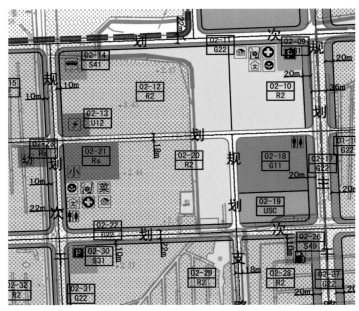

基础设施配置示意图

3. 落实生态绿化系统，推进生态城市建设和科学发展

本次控规以建成生态城市、"绿色滨海"为目标，形成多级绿化系统、完善的园林景观体系和生物多样性系统，综合经济发展、社会进步和生态环境建设，使新区步入全面、协调和可持续发展的轨道。

首先，控制保护新区生态绿地系统，为达成生态城市目标提供绿色空间保障。在区域层面，本次控规首次将非建设用地纳入控规编制范畴，将上位规划提出的"两片、三廊、四带"新区生态格局具体落实，连通新区水系，涵养生态湿地，稳固生态格局，划定生态廊道、水源保护地、基本农田、耕地、候鸟迁徙地、贝壳堤等生态敏感区域保护范围。

其次，统筹交通和市政廊道与生态建设，促进新区集约发展。本次控规以确保新区生态环境为前提，尽可能地将新区内的城市轨道交通市域线（快线）和市政电力廊道在生态用地内进行合理归并和调配。一方面使新区的建设用地更为规整，土地利用更加集约；另一方面通过基础设施廊道清晰地界定城市建设用地和生态用地的边界，使生态用地得到切实保护。生态区以保护生态环境为前提，合理布局基础设施，集中预留部分发展用地，保护与开发并举，减少对生态区的影响。

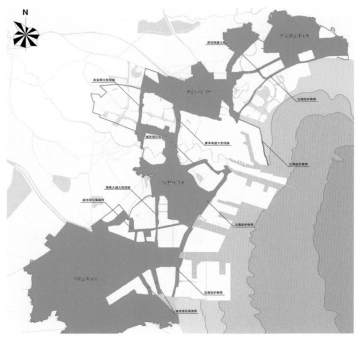

淀海新区绿地系统规划图

4. 创新工作方法，采用"总－分－总－分"方式，确保控规成果的系统性与科学性

在综合考虑控规编制条件和预期目标的基础上，我们采用"总－分－总－分"的方式，以确保控规成果的系统性和科学性。第一个"总"，即总体把控。鉴于新区控规覆盖面广、基础性工作欠缺的特点，我们相继完成了以控规编制技术要求、"六线"规定为代表的11个专项规划和以人口指标分解、生态绿地系统为代表的5个系统性专题研究，总体把控系统性内容。第一个"分"，即分单元编制。以总体规划空间格局及系统性专项规划、专题研究为依据，分250个规划控制单元开展控规的编制工作。第二个"总"，即汇总整理。在分单元编制的基础上，按照总体规划确定的"一城三片区"的空间结构进行了汇总整理，及时发现分单元编制过程中系统性考虑不足的欠缺。第二个"分"，即分单元调整。结合修订汇总中发现的系统性问题，对规划单元成果进行了修改完善，确保系统性内容能够在具体的规划成果中得到落实。

通过这样上下反复的汇总审查，保证各单元控规之间协调统一，除保证道路交通、市政和绿廊道的对接外，还统筹邻近单元用地功能和环境景观的协调，保证与上位城市总体规划的一致。控规准备阶段是按照2005年新区总体规划确定的390万人口进行分解的，在各单元控规编制中具体落实，经初步汇总各控规单元规划数据，新区控规规划人口总数达到500多万。2008年，新区新的总体规划确定2020年规划人口600万，这一规模的确定与新区被纳入国家发展战略后的经济快速发展有关，也与控规编制初步完成汇总后明确了城市发展空间有关，起到了规划编制上下互动的良好作用。

5. 规划成果"一控规一导则"，适应城市高速发展时期不确定因素比较多的实际情况

考虑到新区处于高速发展期，有许多不确定性，而且控规全覆盖编制是短时间内编制完成的，许多地区是第一次编制规划，有许多需要完善深化的地方，为了规划保持一定弹性，减少控规不必要的调整，本次控规将控规成果按照编制深度分成控制性详细规划和土地细分导则两个层面，采用了"一控规一导则"。所谓"1+1"的成果形式，即每个控规单元的成果包括一本控规和一本土地细分导则。控规一般是以城市次干道围合成的街坊为最小单位，明确土地的规划主导属性，重点控制保证基本城市功能和健康发展的四大核心内容，即：公益性公共设施、市政工程设施、道路交通设施和生态绿地；土地细分导则以地块为最小单位，明确土地的规划属性，与开发建设紧密衔接，重点控制用地性质、容积率等指标。控规是正式批准的成果，对外公开；土地细分导则以规划管理内部使用为主。针对两个层面控制深度的不同，可以制定各自相应的调整程序。随着城市设计的普及，一些重点地区同步单独编制了城市设计导则，按照"一控规、两导则"进行规划管理。

6. 规划编制和规划管理相互协调和有效衔接

控规由规划设计人员编制，经批准后，由规划管理人员依据它进行管理。为了避免规划编制和规划管理经常出现的"两张皮"情况，保证规划编制和规划管理相互协调和有效衔接，新区所有的规划管理人员直接参与控规编制的全过程，从规划准备阶段开始，到规划编制和审批完成，规划管理人员和编制人员密切配合，提高控规的时效性，使控规真正成为规划管理很好用的依据。

新区正处于快速发展期，规划审批量和土地出让量大，各方面都在加紧建设，日新月异。规划编制人员应该及时

掌握情况的发展变化。但是，在以往的工作中，由于规划设计人员并不参与规划管理，往往不掌握新区内的项目审批和土地出让实时的具体情况，导致编制的规划与实际已经审批的规划和已经出让土地的规划设计条件有不一致的地方。严格依照控规进行审批和行政许可，就需要对不一致的控规进行修改和调整，这会影响项目后续规划审批的进程。本次新区控规全覆盖编制过程中，规划管理人员直接参与控规编制的全过程，发现问题及时修改调整，极大地缩短了编制反复的时间，提高了准确率。2010 年新区规划和国土局组建后，在控规的最后审查过程中，发挥"规土合一"的优势，对控规与已经出让的土地一致性进行了核查，使控规真正成为土地出让的依据。

7. 同步建立控规信息管理系统

为实现控规管理的数字化、信息化，实现控规数据动态维护管理，在新区控规全覆盖工作准备阶段，就确定了建立新区控规信息系统的方案，制定了规划编制统一的数据格式标准。2011 年，在控规全覆盖成果标准化、统一格式的前提下，基于 CAD 与 GIS 并行的综合分析平台搭建完成，建立了滨海新区控规成果数据库，并以此为平台整合控规信息管理系统，实现控规一张图管理，可实现对控规成果数据的调入查询和地块精确定位、属性数据查询。属性数据包括用地性质、容积率、建筑密度等控制指标。同时，为实现控规调整数据动态更新，还制定了控规数据更新的模式和技术要求，方便控规更新数据及时录入系统。新区控规 GIS 系统的搭建，促进了控规管理的规范化、制度化。结合新区发展的实际变化和规划管理的需求，控规动态维护工作同时全面展开。

（四）滨海新区控规全覆盖编制取得的成绩和存在问题

滨海新区控规全覆盖编制工作是新区历史上第一次按照统一的技术标准、统一的成果形式和统一的审查程序进行的规划编制活动，历时三年多，完成了滨海新区 4 个片区、38 个规划分区、250 个规划编制单元的控规编制工作，为滨海新区统一管理提供了依据，为城市建设、招商引资和项目落地提供了条件，为新区经济发展、社会进步和环境保护提供了规划保障，在新区的整体发展中发挥了十分重要的作用，具有划时代的意义。

滨海新区控制性详细规划全覆盖工作顺利完成，离不开天津市委、市政府高度重视，离不开新区区委区政府、市规划局的坚强领导，是各行政区、功能区、各单位共同努力的结果，更是在新区控规编制工作管理工作第一线的规划管理人员、规划设计人员默默奉献、辛勤劳动的结果。在新区人的共同努力下，完成了这一项"不可能完成的任务"，展现出滨海新区中国经济增长第三极的风采。

由于理论水平有限和经验不足，以及时间紧等各种因素的限制，新区控规全覆盖工作中还有一些不完善、疏漏之处。我们及时回顾总结，希望在以后的工作中不断完善。

1. 控规全覆盖基本完成，还有部分区域控规没有覆盖

经批准的控规，基本覆盖了滨海新区海滨大道以西的陆域，以及海滨大道以东的天津港全部、临港经济区北区和中区、南港工业区一期、滨海旅游区的部分区域，临港经济区南区、滨海旅游区的二期拓展区、南港工业区二期拓展区由于计划的填海造陆工程还未实施或完成，规划不是太确定，因此控规没有编制，只是根据总规，与邻近控规

单元在对外交通、市政设施方面进行了衔接。另外，中部新城（塘沽盐场）和大港油田的总体规划和相关研究正在编制中，因此，控规没有编制完成。

2. 控规编制与道路和轨道定线结合，但深度还不够

这次庞大的控规编制工作之所以能够有序进行，归功于前期的充分准备，详细的工作方案、统一技术标准等，其中一项非常重要的前期工作是高快速路、铁路、主干道和轨道线的定线。道路交通和市政管线是城市的骨架和血管，各单元控规编制必须以此为基础，要保证其畅通无阻。除塘、汉、大老城区和开发区之外，新区道路没有系统的定线，因此全新区范围的定线工作量大，难度也很大，特别是地铁轨道交通，由于当时轨道线网规划刚开始，深度不够，但如果本次控规不控制，近期城市建设非常快，未来问题会很多。经过规划人员的努力，全新区高快速路、铁路、主干道和轨道线的定线先期完成，确保了控规编制工作的开展，也保证了各种定线在控规单元中得到落实。

近年来，新区高速铁路、公路和道路交通建设取得很大进展，可以看到控规发挥的作用。随着近期轨道交通的启动建设，这一点更加明显。但是，由于当时的条件限制，定线不可能非常准确。2010年以来，我们安排进行了包括次干道在内的道路正式定线工作，发现与控规一些部位出现细微的不一致，需要在下一次控规修编时解决。

3. 农村地区的控规深度不够

在本轮控规全覆盖中，涉农街镇基本上纳入生态单元，规划重点是控制道路交通、市政和绿化廊道以及大型市政设施布局等内容，规划充分考虑了与现有村庄的关系。但是，由于土地利用总体规划中将所有村庄用地集中到镇区，实施城镇化，村庄规划都不保留，所以控规没有对村庄进行深入规划，对现状村庄仅标出了建设用地范围，村庄建设缺少规划依据。对于镇区，均按照城区标准和模式进行编制，但对现状人口、经济情况、镇区特点和特色没有进行深入了解，编制的控规同城市一样，缺乏特色。由于广大农村和生态地区的控规编制是个全新的课题，没有成熟的经验和完善的基础资料，虽然最初对北三河周边农田的生态系统进行了试点研究，但由于各种原因，没有在全部农村地区推广，这需要结合土地利用总体规划的改革来进行。

三、滨海新区控制性详细规划全覆盖的实施

（一）控规全覆盖规划的实施和调整管理

1. 滨海新区控制性详细规划的实施

早在2006年的《天津市城乡规划条例》中就规定，控制性详细规划是城市规划管理基本依据，这是我们开展滨海新区控规全覆盖的法律基础和依据。新区被纳入国家战略伊始，对于新规划建设区域，我们要求严格执行条例要求，先编制批准控规，再启动建设，没有控规土地不能出让，没有控规不能审批具体项目。我们选择滨海高新区起步区等近期急需开发建设的六个区域作为试点，2007年12月，六个试点项目的控制性详细规划得到市政府批复，开始实施。同时，我们下发文件，要求建成区新建项目和土地出让规划设计条件要与正在编制的控规结合。2008年，新修订的《城乡规划法》颁布实施，在国家层面明确了控制性详细规划是城市规划管理基本依据。为满足发展的需求，2009年10月，由滨海新区管委会和天津

市规划局联合对新区西片区、北塘分区等区域控规完成审批。2010 年 4 月滨海新区政府批复了核心片区、北片区和南片区控规，至此新区有了完整的控规，所有土地出让、规划许可一律按照控规执行。除天津中心城区外，滨海新区成为在国内最早严格执行《城乡规划法》关于控规的有关要求、完全按照控规进行土地出让、规划审批和行政许可的地区之一。

2. 制定《滨海新区控制性详细规划调整管理暂行办法》，依法依规调整控规，提高效率

考虑到滨海新区正处于快速发展期，有许多不确定因素，同时由于控规全覆盖工作时间短，有不完善的地方，为避免后期不必要的调整，预留了规划弹性。即便如此，控规批准实施后，仍然会有比较多的规划调整。

为规范滨海新区控制性详细规划调整程序，依据按照国家和天津市有关规定，我们借鉴了上海浦东新区、深圳等地区控规调整的经验和做法，在 2010 年 4 月批准执行控规全覆盖成果后，2010 年 5 月滨海新区政府及时出台了《滨海新区控制性详细规划调整管理暂行办法》。通过一年时间试行后，经过认真分析总结，不断完善，2011 年修订为《滨海新区控制性详细规划调整管理办法》（简称《管理办法》）。它的实施对于规范控规调整程序，提高规划管理科学性、严肃性，同时提高控规调整审批效率起到了重要作用。按照《管理办法》，控规调整分为重大、一般和局部三类。对控规确定的街坊主导属性有重大调整的、公益性用地调整为非公益性用地、居住用地提高容积率等等属重大调整，由相关管委会提出调整申请，报滨海新区人民政府同意后，组织编制控规调整方案，调整方案经专家审查、部门审查、公示后，由

滨海新区人民政府审批。工业、仓储用地控规调整，以及公益性用地增加、城市支路调整等属局部调整，由功能区规划管理部门组织编制控规调整方案，由功能区管委会批准，报新区规划和国土资源管理局备案。其余控规调整属一般调整，各管委会组织编制控规调整论证报告和调整方案，经专家审查、部门审查、公示，报新区规划和国土资源管理局批准。通过对不同调整类型进行细分，简化了控规调整程序，缩短了调整时间，较好地适应了新区经济快速发展的需求。

（二）控规全覆盖规划动态维护

滨海新区控规全覆盖编制成果来之不易，而日常的管理和动态维护更重要。因此，在控规全覆盖成果完成后，我们委托天津市城市规划院同步搭建了控规 GIS 系统平台，完成了控规管理信息系统。以后的调整内容均需制订 GIS 数据，审批后更新控规数据库，数据更新时间在审批后不超过七天，保证控规数据库中数据动态调整、实时更新。

（三）控规全覆盖实施年度评估

控规的实施评估能够对控规的编制情况进行总结，对实施的效果进行反馈，对规划管理非常重要。从 2011 年开始，市规划院滨海分院负责新区控规每年一次的实施评估工作。每年年初，市规划院开始对上一年的控规调整情况进行分析，按照区域、类型统计调整量，并分析调整原因，编写评估报告，上报滨海新区规划和国土资源管理管理局。据统计，从 2010 年 4 月滨海新区控规全覆盖批准实施至 2014 年底，新区和各功能区共开展各类控规调整 292 个，其中重大调整 51 个，其他调整 241 个。总体看，控规的调整都有合适的理由，都按照规定的程序进行，调整数量和规模也在合理范围内。

（四）控规实施中的经验和存在的问题

滨海新区控规全覆盖2010年经新区政府批准后，在5年的实施管理中，我们每年组织对控规实施情况进行总结和评估，通过评估，发现一些问题和不足。

1. 控规中更多考虑城市规划的内容，对土地权属等情况考虑较少

土地产权是市场经济非常重要的内容，是现代城市规划必须重点考虑的问题。由于对此认识还不深，土地权属情况资料不齐，所以，新区控规全覆盖更多强调对道路、管线、公益性设施以及土地使用的控制，对土地产权问题考虑的很少，造成部分区域规划和土地两层皮。道路定线、绿带设置、配套设施均按照国家、天津市相关标准进行控制，技术上是合理的，但在实施过程中经常出现由于拆迁问题，导致道路线型的变化，学校、医院等公益性配套设施位置的调整，影响规划的实施。同时，在后期规划管理中，也会遇到现状权属单位申请改扩建，由于产权边界与控规的地块边界不符，即使相差无几，也需要调整控规的情况。

2. 控规全覆盖中的控制指标对老区发展考虑不足

从控规实施情况看，滨海新区新开发建设区域，比如北塘片区、轻纺片区、生态城以及汉沽东扩区等，控规实施情况较好，基本按照控规要求开展土地出让、项目审批。但对于老城区，如塘沽老城区、汉沽新开路两侧等地区，控规实施程度低，而且经常会随着项目策划的内容进行调整，说明规划的深度和详细程度还不够，对老城区更新发展的特殊性考虑不足。土地出让必须遵循控制性详细规划的指标，老城改造，涉及土地收储、经济平衡测算、周边现状条件等诸多因素，对于如何确定老城区开发地块的容积率等指标，

如果地块策划方案和经济测算没有编制或编制的深度不够，控规指标很难提的具体，这样加大了依照控规实施的难度。

3. 控规成果精细化程度不够，对区域特点、道路和绿线宽度等精细化设计考虑不足

虽然滨海新区普遍开展了城市设计，城市设计覆盖率比较高，但是，由于一些城市设计深度不够，没有详细的城市设计导则为基础，控规与城市设计的结合只是表面的一些概念和思路，而控规编制依然是按照国家、天津市的传统的、"一刀切"的规范标准进行，导致控规和城市设计实际是两张皮，从建成效果看，通常呈现的是道路和绿带过宽、建筑界面不连续的景象，效果不好。如中部新城起步区，控规意图是按照"小街廓、密路网"的模式布局，形成亲切宜人的居住环境，但在具体控规编制时，虽然增加了路网密度，但依然按照习惯分成主次干道和支路等级，而且还按照道路等级设置相应宽度的绿带，实施建设时再加上建筑退线，最后形成"宽马路，小街坊"的奇特景象。因此，要结合城市设计水平的提高，细化控规编制技术规定，对不同区域采用不同的标准，保证控规的精细化和高品质。

四、滨海新区控规下一步工作的重点和方向

（一）控制性详细规划需要思考和解决的问题

1. 控规编制和管理者要转变思想观念，深化改革创新

控制性详细规划是我国改革开放以来在实践中借鉴国外区划法等法定规划形成的规划控制和管理方法，在适应城市快速发展的过程中发挥了巨大作用，但其缺陷同样明显。由于太侧重容积率等经济指标，缺乏对城市景观环境的得力控制，造成城市建成环境的混乱和建成环境水平的普遍低下。

我们可以把我国的控制性详细规划与国外的法定规划相比较，会发现有太多的不足和问题。国外的法定规划经过多年的演变，已经比较完善，首先它是一项专门的法律制度，重点考虑城市整体利益和私人权益的平衡，土地房屋产权制度是基点。同时，逐步包括了部分城市设计的控制内容，如建筑平面布局、建筑高度、屋顶形式、室外空间、街墙界面、整体材质色彩等，细致具体，目的是保证城市空间的品质，同时也保证了利益相关者的财产价值。我们的控规太简单，缺乏对房地产权制度的设计和考虑，考虑的主要内容还是容积率、高度、密度等单纯技术数据，而这些数据缺少城市设计的内涵和设计引导。而且控规编制和审查随意性大，规划设计人员有很大的自主权力，包括地块划分，确定地块的容积率等关键的指标，都缺少规则和明确的城市设计，控规实施后反而造成城市空间环境的混乱。

因此，不管是控规的编制者，还是控规的管理者，都要转变思想观念，要从控规作为法定规划和深化市场经济体制改革、产权制度改革入手，深入学习思考，结合城市设计法定化，对我国现行的控制性详细规划体系进行彻底的改革创新。

2. 城市设计法定化与控规改革相配合

城市设计法定化和控规编制管理方法的改革需要相互配合，推动城市设计法定化，同时深化控规改革，对提高我国整体城市规划建设管理水平意义重大。

现代城市设计 20 世纪 50 年代在美国产生的主要原因就是因为区划过于简单的管理方式造成城市品质的下降。在城市设计兴起的同时，美国各地的区划也相应地进行改革。1961 年，纽约对区划法进行全面的修改，增加了城市设计导引原则和设计标准等全新内容，增加了设计评审过程，使区划成为实施城市建设与规划设计管理的更有效的工具。考虑到历史街区保护的特殊性，出现了特别区（Special District）和美观区划（Aesthetic Zoning）。另外，为克服早期区划技术控制缺乏弹性和适应性的弱点，出现了单元区划（Planned Unit Planning）、奖励区划（Incentive Zoning）、开发权转移（Transferred Development Rights，TDR）等控制引导措施。美国城市设计和区划相互影响演变的历史表明了城市设计与规划控制密不可分的关系。

目前，国内城市设计法定化在积极推动中，如果不改变传统的控制性详细规划，城市设计也无法发挥更大的作用。控规的改革不仅是技术手段方法的改革，而是城市规划彻底革除计划经济烙印，进一步发挥市场配置作用的改革。比如，对于城市外围居住社区，控规和城市设计导则要有较大改变，要结合土地使用制度深化改革，学习美国土地细分（Subdivision）和单元区划等做法，放松控制，规划指标可以只控制住房户数或套数，取消容积率、建筑密度、高度等指标，取消禁止建设别墅的限制，除明确公共设施、道路交通等用地外，可以适当增加社会和谐等方面的控制，如不同收入阶层、不同种族的融合等。为住房供给侧改革，包括定制模式住宅等多样性住宅的开发建设，提供规划支持。

3. 城市设计与控规紧密结合，完善 "一控规两导则"体系，提高规划管理水平

滨海新区在探索控规变革的过程中，按照"分层编制"的思想，将传统控规按照控制对象和控制程度不同划分为

"控规"和"土地细分导则"两个层级，形成"一控规一导则"。控制性详细规划以"规划单元"为单位，对建设用地的主导性质、开发强度和建设规模进行总量控制，对公共设施、居住区级的配套服务设施、基础设施、城市安全设施和绿地以及空间环境等制定控制要求。土地细分导则以"地块"为单位，通过具体地块的用地性质、开发强度指标、"五线"等的规定，对各项公益性公共设施、交通市政基础设施、公共绿地等进行落实，形成对地块开发规模和基础设施支撑的二维控制。

随着 2008 年城市设计的普遍开展，为突出城市设计的作用，新区在一般地区编制"一控规一导则"时，将城市设计成果纳入控规，并且在核提规划设计条件中增加城市设计有关要求内容。重点地区编制城市设计导则，同时控规严格按照城市设计导则编制，保证控规、城市设计导则在土地利用等方面完全一致，不是两张皮，建立控规和城市设计共同发挥作用的"一控规两导则"规划编制和管理体系。控规是土地出让和规划管理的基本依据，土地细分导则作为规划部门内部管理使用，城市设计导则与土地细分导则地块层面相对应，主要通过空间形态、街道立面、开敞空间和建筑群体的控制，指导建筑设计方案编制和审批，塑造城市优良的三维空间环境和形象，促进城市有序发展和品质提升。通过控制性详细规划、土地细分导则、城市设计导则有机结合，协同运作，发挥各自不同的作用，能够有效化解单纯依据控规进行规划管理过于简单化的问题，提高规划管理的水平。

（二）滨海新区控规下一步工作的重点和方向

滨海新区控规全覆盖实施已经历时五年多，控规成果为新区规划管理、城市建设做出了突出的贡献，同时，我们通过规划实施的评估和反思，不断总结经验和不足，明确下一步的工作重点和方向。

1. 深化改革，进一步提高控规编制和管理水平

结合国家"一带一路"战略、京津冀协同发展、自贸区建设等多重发展机遇，为进一步落实国家对滨海新区的功能定位，提升滨海新区的城市功能、城市承载力和抗风险能力，新区正在深化改革创新，力争实现转型升级发展。我们将重点从城市规划新一轮改革创新开始，突出控规作为法定规划的作用，结合城市设计的提升，提高控规编制管理水平。尝试分区控制，推广"窄街道、密路网"布局，研究容积率、建筑高度的确定方法，合理确定地块建筑密度、绿地率，促进地下空间开发利用，完善公共服务配套设施，适应电子商务的发展需求，完善道路交通和市政工程，解决城市道路交通拥挤、环境污染等问题，进一步强化城市生态、安全等等方面内容，全面提升控规规划工作水平。

2. 开展控规修编前期准备

控规全覆盖成果已实施满五年，滨海新区总体规划、土地利用总体规划正在修编，天津市规划局发文执行国家新的用地分类标准，控规全覆盖成果是否需全面修编是我们面临的一个重要问题。考虑到控规全覆盖成果全面修编需要大量人力、物力、财力，2016 年，我们重点开展控规全面修编必要性论证和前期研究，同时开展控规深化改革研究，开展规划编制标准、方法等技术方面的研究，为下一步控规修编工作做好铺垫。

3. 修订滨海新区控规管理办法

结合新区现行行政管理体制的完善和下一步的改革创

新，我们要进行规划体制的改革创新，包括完善相关的法律法规体系。新区政府 2011 年下发执行的《天津市滨海新区控制性详细规划调整管理办法》，对控规调整流程进行了简化，提高了审批效率，对促进滨海新区城市建设起到了重要作用。目前，与国家和天津市现行控规编制管理的文件存在一些不一致的地方，下一步我们将总结新区的经验，深化改革创新。首先，修订完善新区的控制性详细规划调整管理办法和调整程序。其次，参考国内外先进经验，如美国区划法律体系等，结合我国的法律实际，加强控规法制化研究，研究探讨我国或天津市制订有关控制性详细规划单独法律的必要性和可行性，逐步建立专门的委员会，专业的法院和律师，形成控制性详细规划完善的法律法规体系，为天津和国家控规相关法律法规的完善积累经验。

4. 提高规划公共参与度

在新区即将开展的控规修编中，我们计划采用多种方法增强规划编制过程中公众的参与程度，增加控规的公开性和透明度，充分发挥社会公众、专家、行业主管部门的作用，加强控规方案的可实施性。控规成果经批准后，成为法律正式发布、出版、上线，实施和调整的全过程公开，让社会监督。同时，充分发挥滨海新区规划和国土资源局的部门职能优势，加快滨海新区地理信息大数据平台的建设，将土地权属、房产信息等与规划数据进行功能整合，运用数据模型等信息化手段，辅助控规成果编制和规划决策。

城市规划是城市发展的蓝图（Blueprint）。城市规划包括城市总体规划、城市设计和控制性详细规划等。由于控制性详细规划是开发控制的法定依据，因此又可称作法定规划（Statutory Plan）。可以说，控制性详细规划是法定蓝图。

本书较全面地回顾总结了滨海新区十年来控制性详细规划编制管理的历程，汇集了相关的资料。由于理论水平和经验不足，本书有一些不完善及疏漏之处，欢迎同行和社会各界人士批评指正。

第一部分　编制与审批

Part 1 Compilation and Approval

第一章 控规全覆盖的背景和意义

2006 年，滨海新区被纳入国家发展战略，新区规划工作面临的形势严峻紧迫，任务繁重复杂。2006 年以前，滨海新区陆域 2270 km² 的空间范围，由塘沽、汉沽、大港三个行政区和东丽、津南部分区域构成，其中还包括天津港集团公司、中国石油大港油田公司、中海油渤海公司等正局级大型国有企业，以及天津经济技术开发区、天津港保税区等功能区，尚不是一个完整的行政区。新区的控制性详细规划分别由上述行政区和功能区根据各自开发建设和土地出让等需要自行编制、审批，除天津经济技术开发区外，控规编制的整体水平不高，且仅完成了建成区 30% 的控规编制工作，很多新建的功能区出现了"等规划启动建设"的紧迫形势。

为落实国务院在《关于推进天津滨海新区开发开放有关问题的意见》中提出的滨海新区建立"统一、协调、精简、高效、廉洁"管理体制的总体要求，实现城市规划的统一管理，统筹城乡发展，在满足新区快速发展的需求的同时保护生态环境，我们从 2006 年 9 月开始，历时三年，分为四个阶段（包括：准备、编制、整合、报批），完成了新区控规的全覆盖工作，作为规划管理的统一依据，为新区的又好又快发展提供了规划保障。

第一节　编制背景

控制性详细规划是对城市总体规划的深化和落实，是规划管理的基本法定依据，是土地出让的前提和条件，同时也是统一规划管理的重要手段。虽然前文对新区控规全覆盖的情况进行了介绍，但要全面了解滨海新区控规全覆盖的编制背景，还需要对滨海新区有一个更全面的了解。

一、滨海新区概况

滨海新区地处华北平原东北部，海河流域下游，天津市区东部。新区管辖塘沽、汉沽、大港行政区和东丽、津南部分地区，辖区陆域面积 2270 km²。在这个范围内，还有由天津港务局演变来的天津港集团公司、大港油田管理局演变而来的中国石油大港油田公司、中海油渤海公司等正局级大型国有企业，以及天津经济技术开发区、天津港保税区等。滨海新区塘沽城区与天津市中心城区相距 40 km，距北京 170 km，距唐山 110 km，距黄骅 100 km。

滨海新区位于京津冀 T 字形城市带的交汇点，环渤海经济圈的中心地区，东临渤海，隔海与日本、朝鲜半岛相望。滨海新区不仅是天津及北京的海上门户和中国华北、西北、蒙古等广大地区的主要出海口，同时也是东北亚地区欧亚大陆桥铁路运输距离最短的桥头堡。2015 年，滨海新区常住人口 300 万人，国民生产总值 9370 亿元，建成区面积约 480 km²。

二、滨海新区发展历程

1984 年三四月间，中共中央书记处和国务院召开沿海部分城市座谈会，建议开放包括天津在内的十四个沿海港口城市，并在这些开放城市建立经济技术开发区，主要搞一些技术先进的工业项目，量力而行，做到开发一片，收效一片。为贯彻沿海部分城市座谈会精神，天津市委于 1984 年 4 月 13 日至 15 日召开常委扩大会议，决定以建立经济技术开发区为先导，进一步推进天津对外开放，相继起草了《关于天津市贯彻沿海部分城市座谈会精神和进一步实行对外开放的报告》《天津经济技术开发区方案》两个文件，报天津市委、市政府审议通过。经过反复分析论证，市委最终确定塘沽盐场三分场作为天津经济技术开发区的选址。在 1985 年 4 月市十届人大三次会议上，市长李瑞环作的《政府工作报告》明确指出："城市布局的构思，概括起来就是'一条扁担挑两头'，整个城市以海河为轴线，改造老市区，作为城市的中心，工业发展重点东移，大力发展滨海地区。"

1986 年 8 月，国务院对《天津市城市总体规划方案（1986–2000 年）》的批复，肯定了城市整体布局的构思，要求大力发展滨海地区。全市工业发展的重点东移，着重把以塘沽为中心的滨海地区建设好。1986 年 8 月，中共中央政治局常委、中央顾问委员会主任邓小平视察天津时指出："你们在港口和城市之间有这么多荒地，这是个很大的优势，我看你们潜力很大。可以胆子大点，发展快点。"1991年5月12日，国务院批准设立天津港保税区。1992年10月12日，中共中央总书记江泽民在党的十四大报告中要求："加速环渤海湾地区开放和开发。"1994年3月，市十二届人大二次会议通过"用十年左右时间基本建成滨海新区"的决议，正式拉开滨海新区开发建设的序幕。2002年，滨海新区经济建设和各项事业取得突破性进展。国内生产总值和外贸出口占全市比重分别达到40.2%和62%，提前一年完成"十年基本建成滨海新区"的阶段性目标。

2006年5月26日，国务院下发《关于推进天津滨海新区开发开放有关问题的意见》（国发〔2006〕20号），正式将滨海新区纳入国家发展战略。将新区定位为：依托京津冀、服务环渤海、辐射"三北"、面向东北亚，建设成为北方对外开放的门户、高水平的现代制造业和研发转化基地、北方国际航运中心和国际物流中心，逐步建设经济繁荣、社会和谐、环境优美的宜居生态型新城区。以此为标志，滨海新区由地区发展战略上升为国家总体发展战略，成为继深圳特区、上海浦东新区之后，带动区域发展的新的经济增长极。

三、滨海新区规划编制和管理体制的发展过程

滨海新区的规划编制和管理工作是随着新区的发展而不断调整的，随着新区被纳入国家发展战略而全面提升。

不同的时期、不同的定位对规划有不同的要求。滨海新区发展的过程是整体发展思路不断创新，管理体制不断改革的过程。控规全覆盖工作启动前，滨海新区的规划编制和规划管理大致经历了三个阶段。

（一）1994年以前是滨海新区成立前的研究、策划阶段

1994年前，滨海新区规划管理的主要问题体现在如下三个方面，一是滨海新区不是一个完整的行政区——是由三个完整的行政区和两个行政区的部分地域及四个不同类型的功能区组成，行政区和功能区之间争抢项目，跨区域的重大项目建设缺乏协调，规划管理各自为政；二是滨海新区没有一个完整的城市总体规划——1994年开始的天津市城市总体规划修编工作，于1996年完成阶段成果，1997年上报市政府，1998年上报市人大和建设部，1999年国务院正式批复，批复的规划对滨海地区的要求主要集中在塘沽、汉沽、大港三个城区的空间范围内，缺乏对滨海地区的整体统筹和引导，是一种拼盘式的规划；三是行政区与功能区的发展条件和经济实力存在较大差异——开发区、保税区、天津港的发展速度和经济实力明显高于其他地区。

这一时期，滨海地区的规划工作在市规划局的业务领导下，对各行政区规划局或具有管理职能的功能区规划工作进行指导。滨海地区各行政区、功能区规划工作机构按照全市总体规划的要求，组织编制各区的城市总体规划，

报市政府审批。建设项目的规划管理由各行政区、功能区规划工作机构办理。超出行政区或功能区权限的重大项目、跨区域的道路、管线项目由市规划管理部门办理。

（二）1994 年至 2005 年是十年初步建成滨海新区和探索新的更高目标阶段

1994 年 2 月 12 日，市委、市政府成立滨海新区领导小组，市长李盛霖任组长，副市长叶迪生任常务副组长，副市长王德惠、市政府副秘书长辛鸿铎任副组长。

1994 年 7 月，滨海新区总体规划工作全面展开。编制初期规划面积 350 km²，由空间互不联系的若干区域组成。范围包括天津港、天津开发区、天津港保税区、塘沽区、汉沽区、大港区的城区和部分街乡以及海河下游工业区。1995 年 9 月方案初稿编制完成。这是滨海新区首次作为一个整体地域单元编制统一的规划。规划对新区的发展建设起到良好的指导作用，并在实施过程中不断修改、补充和完善。

1996 年，为适应滨海新区发展建设的需要，市规划局、市土地局在全市率先成立派出机构——滨海规划土地管理分局，在市局领导下，负责滨海新区规划、土地、土地市场的统一管理和监督检查；组织推动滨海新区总体规划、专项规划和土地使用制度改革的实施，负责跨区域及结合部规划、土地管理工作的综合协调；负责滨海新区各区规划和国土资源局（处）职能权限外的各类建设项目规划成果的审批，办理规划、土地相关手续。各行政区、独立功能区、天津港、大港油田等规划工作机构业务上受分局指导。

1998 年，《开展滨海新区城市总体规划（1994-2010 年）》修编工作，规划年限为 1999 年至 2010 年。2000 年，滨海新区工委管委会成立。2001 年 6 月 27 日，滨海新区工委召开扩大会议，审议通过《滨海新区城市总体规划修编》。2002 年 6 月 10 日，市政府下发《关于滨海新区城市总体规划的批复》（津政函〔2002〕56 号），原则同意修编后的《天津市滨海新区城市总体规划（1999-2010 年）》。

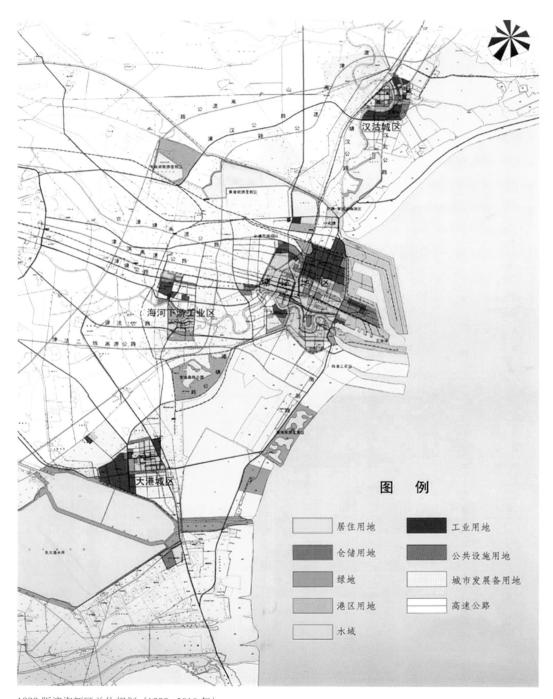

图　例

居住用地　　　　　工业用地

仓储用地　　　　　公共设施用地

绿地　　　　　　　城市发展备用地

港区用地　　　　　高速公路

水域

1999 版滨海新区总体规划（1999—2010 年）

规划提出滨海新区城市性质是：现代化的工业基地、现代物流中心和国际港口大都市标志区。滨海新区规划依托中心城区发展，以塘沽地区（包括塘沽城区、天津经济技术开发区、天津港、天津港保税区）为中心，向汉沽城区、大港城区和海河下游工业区辐射，形成"一心三点"组合型城市布局结构。以 1 个中心城区、3 个外围城区、3 个中心城镇、14 个一般建制镇构成滨海新区城镇体系。

此次规划主要对塘沽地区、大港城区、汉沽城区、油田生活区、海河下游工业区等城市建设区进行了各类用地的安排和布局，规划总用地 350 km²，有效指导了滨海新区重点地区的开发建设，并奠定了滨海新区多中心发展的空间架构。这一版规划，是滨海新区第一次，也是唯一一次获得市政府正式批复的城市总体规划。

这一时期，在《滨海新区城市总体规划（1999—2010 年）》指导下，编制塘沽分区规划等六项规划以及中心渔港总体规划、海河下游地区总体规划、新区综合交通规划、市政基础设施规划等，新区规划体系逐步完善。加强了新区的统一规划，逐步调整新区整体布局，投资环境进一步改善和提高，整体景观越来越好，城市亮点日趋增多。

（三）2005 年至 2007 年是新区纳入国家发展战略前后，规划编制阶段

滨海新区实现阶段性目标后，面对发展的新形势、新要求，《滨海新区城市总体规划（1999—2010 年）》显然不能适应发展的需求，结合当时天津市城市总体规划修改，市政府要求编制新一轮《滨海新区城市总体规划（2005—2020 年）》。规划着重考虑新区在区域经济中如何发挥更大作用。

2005 年 10 月，中共中央要求滨海新区要牢牢把握难得的发展机遇，坚持把科学发展观落实到开发建设的整个过程和各个方面，不断增强创新能力、服务能力和国际竞争力，把滨海新区建设成为依托京津冀、服务环渤海、辐射"三北"、面向东北亚的现代化新区。

2006 年 2 月，市政府第 67 次常务会议审议并原则通过《滨海新区城市总体规划（2005—2020 年）》。在新区总体规划指导下，塘沽区、汉沽区、大港区启动总体规划修编工作。

2005 版滨海新区总体规划（2005—2020 年）

规划确定滨海新区功能定位是：依托京津冀、服务环渤海、辐射"三北"、面向东北亚，努力建设成为我国北方对外开放的门户、高水平的现代制造业和研发转化基地、北方国际航运中心和国际物流中心，逐步成为经济繁荣、社会和谐、环境优美的宜居生态型新城区。

规划提出在滨海新区范围内构建"一轴、一带、三城区、七功能区"的城市空间结构。一轴指沿海河和京津塘高速公路的城市发展主轴；一带指沿海城市发展带；三城区指塘沽城区、汉沽城区和大港城区；七功能区指引导产业集聚的七个产业功能区，包括先进制造业产业区、滨海化工区、滨海高新技术产业园区、滨海中心商务商业区、海港物流区、临空产业区（航空城）和海滨休闲旅游区。

规划首次突出滨海新区在国家、区域等层面的地位，明确城区规划、交通与基础设施规划、生态环境保护规划和产业发展规划四个重点内容，同时对城市安全问题和京津冀区域协调发展问题进行重点研究。规划采取灵活有弹性、适应未来发展多种可能性的规划对策，着重新区整体的、长远的空间发展，并纳入了微观的、近期的规划内容。

本次规划在落实国家战略、探索发展路径、创新空间布局以及构建生态格局等方面进行了重要突破，奠定了"一轴一带"新区发展的格局。规划在滨海新区落位重大项目、拉开城市骨架等方面发挥了重要的指导作用。2006 年 3 月，十届全国人大四次会议通过了《国民经济与社会发展第十一个五年规划纲要》，滨海新区被纳入国家发展战略。

2006 年 5 月，国务院下发《关于推进天津滨海新区开发开放有关问题的意见》（国发〔2006〕20 号），明确了滨海新区的功能定位。

2007 年 5 月 29 日至 6 月 2 日召开的天津市委第九次党代会，明确提出要进一步提升规划水平的要求。

2007 年 11 月 23 日，滨海新区工委管委会组织召开滨海新区控制性详细规划编制动员大会，标志着新区控规全覆盖工作正式启动。

四、控制性详细规划全覆盖工作的缘起

滨海新区控制性详细规划全覆盖缘于新区纳入国家发展战略，缘于国务院 20 号文件要求新区形成统一、协调、精简、高效的管理体制，基于天津在控规编制方面良好的基础。

天津虽然不是最早发明控制性详细规划的城市，但应该是最早全面推广的城市之一。早在 1999 年，天津市便用一年左右的时间，完成了中心城区 370 km² 的控规全覆盖编制工作，并依据控规作为规划管理的基本依据。2006 年，天津市颁布的《城乡规划条例》中规定，控规是城市规划管理基本依据，没有控规不能审批具体项目，没有控规土地不能出让。

2006 年前，滨海新区各行政区和功能区均按照建设需要，自行编制和审批控规，导致区与区之间缺乏有效衔接，经常会出现道路"揣袖"现象。此外，滨海新区控规覆盖率较低，完成控规编制的区域仅占城区面积的 30% 左右，城区外围以及结合部地区由于没有控规作为指导，道路和市政管廊等基础设施随意选线建设，城市土地分割严重，对新区城市拓展和建设造成一定影响。

2006 年，滨海新区纳入国家发展战略，在滨海新区工委管委会的管理体制下，如何统一规划和实施统一的规划管理，建立新区一盘棋的观念，是摆在我们面前更加重要和急迫的课题。与国内许多新区一样，滨海新区设立之初不是完整的行政区，是由塘沽、汉沽、大港三个行政区和东丽、津南部分区域构成，面积达 2270 km²，在这个范围内，还有由天津港务局演变来的天津港集团公司、大港油田管理局演变而来的中国石油大港油田公司、中海油渤海公司等正局级大型国有企业，以及新设立的天津经济技术开发区、东疆保税港区、空港经济区等。国务院《关于推进天津滨海新区开发开放有关问题的意见》提出：滨海新区要进行行政体制改革，建立"统一、协调、精简、高效、廉洁"管理体制，国家也一直强调对规划和土地的集中统一管理，不得向开发区放权。集中统一规划管理是新区非常重要的改革内容。早在 20 世纪 90 年代，天津市人大通过《天津经济技术开发区管理条例》《天津港保税区管理条例》，将城市规划等政府职能授权给开发区和保税区管委会。根据新区的实际情况，经过认真分析思考，我们认识到统一控规编制和审批管理是新区实现统一规划管理切合实际的重要抓手。

2006 年底，我们提出依据《天津市城市规划条例》，为加强规划统一管理，由滨海委和市规划局统一组织，各区具体负责，计划用两年时间，实现滨海新区控规全覆盖。方案得到滨海委、市规划局和市政府认可。

经过一年的准备，2007 年底，滨海新区管委会和市规划局共同召开了新区控制性详细规划编制工作动员会，市委、市政府和市规划局等领导出席，各行政区、功能区、国有大企业、相关部门、电力、供水等单位、参编规划设计单位等 120 余人参加。会议对工作进行动员部署，国家开发银行与新区管委会签订技术援助贷款协议，有关单位进行表态发言，标志着滨海新区控规全覆盖工作全面展开。

五、控规全覆盖工作启动后滨海新区规划编制和管理体制的发展

2008 年 7 月开始，根据市委市政府的决策部署，天津市成立重点规划指挥部，组织开展全市空间发展战略为主的 119 项市重点规划设计的编制和提升工作，其中滨海新区 38 项，包括空间发展战略、总体规划、分区规划、专项规划、控制性详细规划和城市设计六个层面，新区控规全覆盖作为一项重点也纳入其中。

天津市空间发展战略提出"双城双港、相向拓展、一轴两带、南北生态"的发展战略，滨海新区空间发展战略相应提出了"一核双港、九区支撑、龙头带动"的发展战略。

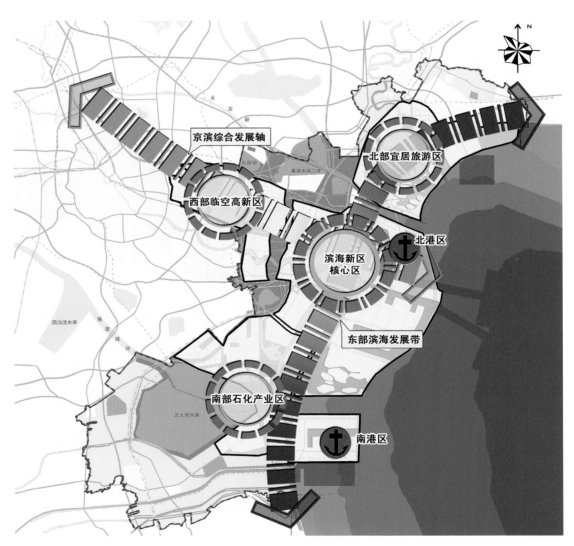

天津滨海新区空间发展战略规划"一城、双港、三片区"空间结构图

　　2009 年，《滨海新区城市总体规划（2009-2020 年）》经滨海新区开发发放领导小组审议通过，并向人大和政协进行了汇报，经新区工委管委会审议，专家评审后，上报市政府审批。

2009 版滨海新区总体规划（2009-2020 年）

规划定位为：依托京津冀、服务环渤海、辐射"三北"、面向东北亚，努力建设成为我国北方对外开放的门户、高水平的现代制造业和研发转化基地、北方国际航运中心和国际物流中心，逐步成为经济繁荣、社会和谐、环境优美的宜居生态型新城区。规划预测至 2020 年，滨海新区常住人口规模的高限值规划控制在 600 万人左右，城市化率达到 100%，城镇建设用地规模控制在 720 km²，地区生产总值达到 15 000 亿元左右。

结合新区轴带发展格局，按照强化优势、突出特色、产业集聚、城市宜居的原则，统筹产业和生活、统筹交通和市政、统筹城区与功能区，实现中服务、南重化、北旅游、西高新发展方向与格局。形成"一城、双港、三片区"的城市空间布局结构。

滨海新区控规全覆盖工作与《滨海新区空间发展战略规划》和 2009 版《滨海新区城市总体规划（2009—2020 年）》紧密结合。

2010 年 1 月，经党中央国务院批准，滨海新区政府成立，标志着滨海新区行政管理体制改革全面启动，着手探索建立协调统一的管理体制、经济职能与社会职能相对分开的管理模式、精简高效的行政管理机构、新区事新区办的运行机制和一级政府分类服务的服务体系。

2010 年 3 月，滨海新区核心片区、北片区和南片区控规经滨海新区政府第七次常务会审议通过，4 月正式下发批复。滨海新区有史以来第一次实现了控规的全覆盖，为新区的快速发展和统一管理提供了规划保障。

2013 年滨海新区开始了新一轮的行政体制改革，撤销塘汉大三区的工委和管委会，将功能区整合为 7 个，形成 19 个街镇。

第二节　重大意义

滨海新区控制性详细规划全覆盖意义十分重大，这不仅满足新区被纳入国家发展战略后快速发展的要求，避免出现项目等规划落地的被动局面，更好地发挥了规划的引导作用，而且成为实现新区统一规划管理的重要抓手。同时，实现控规全覆盖，对完善新区规划体系、提升规划水平、统筹城乡发展也非常重要。

一、提高控规覆盖率，满足新区快速发展的需要

2006 年滨海新区被纳入国家发展战略后，新区规划工作面临着严峻急迫的形式、挑战和一系列问题。最突出的是新建功能区面临等规划启动建设的局面。2006 年底，我们组织滨海高新区、空港经济区、东疆港区、滨海旅游区、

中心商务区等相关功能区管委会和有关部门开展了城市设计方案国际征集，推动功能区分区规划和起步区规划、专项规划的编制，在分区规划完成编制和报批的同时，编制完成了起步区的控规，满足功能区基础设施建设、招商引资和管理的需要，也作为新区控规全覆盖的试点。

在控规全覆盖准备工作的同时，完成了试点控规的编制。2007年12月，在新区控规动员会后不久，市政府批准了滨海新区第一批重点地区的控规，包括空客A320等，经过2008年一年多的努力，新区控规全覆盖基本完成。2009年10月，滨海委与市规划局联合批复了新区西片区和北塘分区控规试点。2009年10月，新区开展行政体制改革，2010年1月新区政府成立，随即审查批复了新区核心区、北片区、南片区控规，实现了新区控规全覆盖，再没有出现项目等规划的情形，而且规划发挥了引导作用，保证了规划的延续性。

二、真正实现城市规划的统一管理

滨海新区2270km^2，不是传统的单一城市，而是一个城市区域，其中包含行政、功能区等主体，虽然编制了统一的城市总体规划，各行政区总体规划、功能区分区规划要经过经市政府审批，但是由于新区总体规划尺度太大，无法做到比较深的程度，各行政、功能的规划以自己内部为主，因此无法形成真正统一的规划。控规全覆盖推动了新区全范围的道路定线和市政、生态的系统性规划，使规划更加深入细致，要考虑各方面的衔接，真正做到了

全区规划的统一。

滨海新区作为国家级新区，特点之一是有众多的各种类型开发区，如经济技术经济区、保税区、高新技术产业园区等。我们统称为"功能区"。国务院20号文件也提出滨海新区要建设各具特色的功能区。2006年以后，又出现了一系列的功能区，如东疆港保税港区、中心渔港、生态城、滨海旅游区、临港经济区、中心商务区等。天津市政府分别于2007年、2008年颁布《天津东疆保税港区管理规定》《中新天津生态城管理规定》，将城市规划等政府职能授权给天津东疆保税港区管委会和中新天津生态城管委会。功能区是新区加快发展的主力军，新区实现控规全覆盖的统一编制和审批，保证了规划的统一，而具体项目依据控规审批，审批职能仍然在功能区。规划控制住关系新区整体和长远发展的交通、市政和生态绿化廊道，特别是像铁路、高速公路、轨道、快速路和高压走廊等，避免被新建设侵占和日后的大拆大建。通过提高控规覆盖率，保证各功能区之间规划和道路交通基础设施的相互衔接，保证依规划进行审批管理，避免无序建设的混乱。这样，既可以保证新区全区规划的统一，同时，又可以提高审批效率，满足新区和各功能区加快发展的要求。这是其他规划手段无法做到的。

三、完善新区规划编制体系，提高城市规划水平

完善新区规划编制体系、提高城市规划水平，要适应国家发展战略的要求，新区的城市规划必须建立起完善的规

划体系，使规划达到高水平。在总体规划阶段和详细规划阶段的基础上，结合新区实际，完成了具备自己特色的规划体系。总体阶段包括空间发展战略、城市总体规划、功能区分区规划、专项规划和街镇规划；详细规划阶段包括控制性详细规划、城市设计和城市设计导则。控制性详细规划是对城市总体规划、分区规划等上位规划的落实，控规全覆盖在整体规划体系中起到承上启下的重要支撑作用，而且对提高规划水平非常有帮助。

2007 年，我们开展控规全覆盖时，以 2005 年版新区总体规划确定的 300 万人为依据，经过分单元的编制和汇总整理，得到 450 万的人口规模，与 2008 年编制的新区城市总体规划确定的到 2020 年新区达到 600 万人口的规模相当。这说明，通过城市总体规划自上而下，与控规全覆盖自下而上的相互验证的过程，提高了规划的科学性。

城市设计是提高城市规划水平的重要手段，由于做到了控规全覆盖，因此各种类型的城市设计都可以与控规相互补充完善，控规全覆盖保证城市设计之间的相互协调，编制完成的城市设计可以通过控规进行落实，也提高了控规的水平。

四、城乡统筹，考虑长远发展和生态保护

滨海新区 2270 km² 控规全覆盖，不仅包括建成区、未来规划的城乡建设用地，还包括广大农村地区。这样做出于以下几方面的考虑：一是城乡统筹，努力实现城市和农村协同发展，实现规划统筹编制；二是对城市大型道路交通市政走廊和生态廊道的长远控制。集约节约利用土地，保护耕地。传统的城市规划以城市建设用地为主，对规划范围外考虑得不够深入，如电力选线等，造成土地分割、生态破坏。三是考虑城市规划与土地利用规划的更紧密结合。传统的城市规划与土地利用规划在用地分类上缺乏衔接，国土部在 2000 年左右提出，为深化落实土地利用总体规划，也准备开始编制与城市控制性详细规划类似的土地利用控制性详细规划。

第二章　控规全覆盖的前期准备

新区控规全覆盖工作是一项浩大的系统工程，在当时很多人看来是一项不可能完成的任务，不仅在天津市乃至是全国都是绝无仅有的。为了使该项工作能够科学、有效地进行，我们用了将近一年的时间进行了周密细致的前期准备工作，制订了完善的工作方案，形成了完整的组织架构，夯实了基础工作。

第一节　制订完善的工作方案

一、工作方案的编制和审定

2006 年底确定开展新区控规全覆盖后，我们着手制订完善的工作方案，参考中心城区控规编制的经验，经过多轮修改，征求塘汉大和功能区的意见，经市规划局同意，报滨海新区工委管委会同意，开始实施。从 2007 年开始，开展了前期准备，进行了控规试点的编制，逐步解决好控规编制经费等难题。2007 年 11 月，召开了新区控规编制动员会，工作方案最终定稿，下发执行。

二、工作方案的制订原则和主要内容

（一）制订原则

以贯彻科学发展观，处理好近期建设与长远发展、经济建设与自然资源保护的关系，促进城市经济、环境、社会的协调发展，落实和深化天津市城市总体规划和滨海新区城市总体规划为原则，按照统一组织、分区分步实施的总体思路制定工作方案。

（二）主要内容

工作方案主要包括控规全覆盖工作的必要性论证、前期准备、专题研究、方案编制、论证、公示和报批、成果印刷、建立控规管理数据库、时间安排、编制经费等方面的内容。

前期准备主要包括划分控规单元，收集现状资料，制订控规编制规范与标准，对参编人员进行动员和培训，落实控规编制经费等；专题研究主要针对影响控规编制的若干专项规划开展研究，与新区战略和总规等上位规划做好衔接，确保控规编制的系统性；方案编制主要是在划定控规编制单元的基础上，明确不同类型单元的规划编制内容和深度；方案的论证、公示和报批工作主要明确相关的审查程序；成果制作和建立规划管理信息系统主要明确规划方案经市政府审批后，成果制作、印刷和信息系统的要求；时间安排主要明确了分三个阶段完成控规全覆盖工作的时间节点。第一阶段：2007 年底计划完成 300 km² 近期开发建设地区控规编制工作，以满足近期重点项目建设需要；第二阶段：2008 年 6 月完成新区 510 km² 城镇建设用地控规全覆盖；第三阶段：2008 年底完成新区 1100 km² 建设用地控规全覆盖。

三、规划编制经费

考虑到滨海新区控规全覆盖是一项庞大的系统工程，需要人力、物力、财力的支持，不提前做好规划编制经费的预算，并落实先期的启动经费，则无法顺利完成这项工程。控规的组织编制是政府行为，规划编制经费应该是地方财政部门筹措，并纳入地方财政预算。我们初步测算，滨海新区全覆盖总面积约 2300 km²，其中建设用地约 1100 km²，其余为村庄及生态用地，按照建设部的规划取费指导意见，参照当时市场的收费标准，控规编制收费标准为每 25 ～ 35 万元／km²，其中城市中心区 35 万元／km²，一般地区每 25 万元／km²，考虑到我们已经开展了一部分前期工作，如道路定线、市政工程规划等，生态区控规相对简单，为此，通过竞争性谈判，进一步压低费用，最终按照建设用地每 15 万元／km²，生态区 4 万元／km²，按照上述标准测算，滨海新区控规全覆盖编制需要经费约 2.3 亿元。

当时，滨海新区还不是一级政府，仅是管委会，没有财政来源，即使按照最低收费标准也远远超出当时的财政能力。为此，我们进行了反复研究，最后决定规划经费采用指令性任务和委托相结合的方式进行，系统性专项规划和专题研究的采用指令性任务方式完成。规划编制经费对塘沽、汉沽、大港三个城区给予一半的资金补贴，各功能区由于财政独立、相对富裕，控规经费由各功能区负责筹集。按照这种方式分配规划经费，新区级财政需要筹集经费约 1 亿元，即使 1 亿元也超出了新区财政能力。为了能够尽快开展控规全覆盖工作，滨海新区工委领导、经发局、招标中心领导千方百计想办法，积极与国家开发银行沟通，从当时国家开发银行为支持新区建设拟投入 500 亿元的贷款中，列支 1 亿元技术援助贷款，作为新区控规全覆盖的规划经费，使规划编制经费得到落实。滨海新区利用银行贷款编制规划也是一种创新的做法，事实证明是一个成功的范例。

第二节　形成完整的组织架构

按照工作方案，为确保工作落在实处，新区控规以"政府组织、专家领衔、部门合作、公众参与、科学决策"为原则，形成了滨海新区控规编制领导小组、控规编制工作组、专家委员会及技术综合组完整的组织架构，为做好控规的编制工作奠定组织基础。

领导小组由天津市市委常委、滨海新区管委会苟利军主任和天津市政府陈质枫副市长任组长，滨海新区管委会王二林常务副主任和天津市规划局任雨来局长任副组长，滨海新区管委会各位副主任、滨海新区各行政区区长、开发区和保税区管委会主任、天津港集团公司总裁、天津市海洋局局长、滨海新区规划分局、滨海新区土地分局、滨海新区环保分局以及滨海委有关局主要负责人为领导小组成员。主要负责协调规划编制过程中的重大问题，对控规方案进行审查。各级领导的高度重视是新区控规全覆盖能够完成的重要保证。

控规编制工作组由滨海委建发局和滨海规划分局局长任组长，成员从滨海新区相关区规划局及有关规划设计部门抽调业务骨干组成，是整个工作中的操盘手，负责组织协调和审查报批工作。

专家委员会主要负责研讨控规编制中的技术问题和控规上报前的审查工作。由于控规编制涉及的专业较多，所以专家组采用了开放的形式，除了少数固定的专家以外，会根据专业要求抽选不同的专家，保证了控规编制的科学性。

技术综合组主要负责控规编制组织、协调以及技术服务工作。天津市城市规划设计研究院滨海分院、渤海规划院作为统筹单位，全面投入该项工作，为控规编制提供了技术保障。

在 2008 年设立天津市重点规划编制指挥部的基础上，新区成立了分指挥部，下设控规全覆盖组，按照工作方案的要求，利用指挥部"集中编制、集中协调、集中审批"的机制优势，发扬"五加二、白加黑"的拼搏精神，保证了控规全覆盖工作的顺利完成。

工作方案同时确定了各区政府、管委会以及各功能区责任部门的主体责任，并充分发挥相关行业行政主管部门的作用。

第三节　夯实扎实的基础工作

新区控规全覆盖在编制之初，面临现状控规覆盖面小、基础性工作欠缺的困境，为化解这些矛盾，确保新区控规编制科学有序开展，特别强化了基础性工作，主要开展了以滨海新区总体规划指标分解为代表的五个专项规划，同时结合编制要求和自身特点，制订了以滨海新区控制性详细规划编制技术要求为代表的十项编制技术标准，以及为后期的规划管理搭建新区控规 GIS 数据库的数据标准。

一、开展专项研究

（一）总规指标分解专项研究

滨海新区作为带动区域发展的引擎，不是单一城市的概念，而是由若干功能区域和城市组成的具有一定功能的城市地区。因此，滨海新区的人口和建设用地的研究不应局限在城市建设用地的框架内，而应将扩展到包括机场、港口、独立工矿区等内容的建设用地概念中进行研究，人均建设用地指标也应在建设用地的概念内计算。

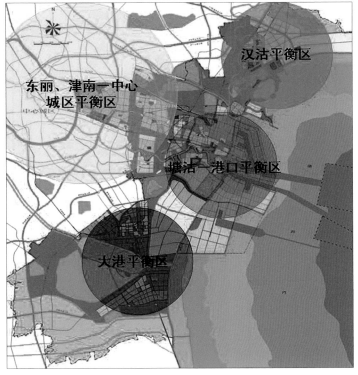

滨海新区就业和人口平衡区

该专项规划按照节约和集约利用土地、保障配套设施的供给、注重居住和就业的平衡、保持合理的人口密度的原则，以《滨海新区城市总体规划（2005-2020年）》为依据，在划分人口和就业平衡区的基础上，预测每个控规编制单元人口规模和用地规模，最后将各个控规单元汇总，不计算滨海新区内部的通勤人口，得出滨海新区的总人口规模和用地规模。

（二）空间管制专项研究

该专项规划按照经济社会发展与生态环境保护相协调、控制与引导相结合、与其他相关规划相协调、提高规划实施的可操作性原则，将新区划分为禁止建设区、控制建设区、适宜建设区和协调建设区，并根据不同的生态特征和生态服务功能将禁止建设区和控制建设区划分为七大管制类型；将适宜建设区划分为"三城""四镇""七区"；将协调建设区划分为四种管制类型。并逐一确定各区的管制规模。

滨海新区空间管制区划图

综合分区管制区规模

序号	区县名称	面积／km²				占百分比／（%）			
		禁止	控制	适宜	协调	禁止	控制	适宜	协调
1	塘沽综合分区	63.58	153.38	179.29	157.94	11.47	27.68	32.35	28.50
2	汉沽综合分区	26.99	176.52	45.79	212.18	5.85	38.25	9.92	45.98
3	大港综合分区	289.93	520.95	176.25	0.54	29.35	52.75	17.85	0.05
4	津南东丽综合分区	33.43	119.53	165.39	0	10.50	37.55	51.95	0.00
5	天津港综合分区	20.44	38.7	149.31	125.5	6.12	11.59	44.71	37.58
Σ	滨海新区	434.37	1009.08	716.03	496.16	16.36	38.00	26.96	18.68

备注：
① 表中的占百分比为各区各类管制区占本区用地面积的百分比；滨海新区各类管制区所占百分比为占滨海新区总用地面积的百分比。
② 塘沽综合分区554.19 km²，汉沽综合分区461.48 km²，大港综合分区987.67 km²，津南东丽综合分区318.35 km²，天津港区333.95 km²，滨海新区总用地面积2655.64 km²。

（三）公共服务设施布局专项研究

　　该专项规划在落实滨海新区功能定位和发展目标的基础上，与滨海新区总规、新城和功能区等已批规划及"十一五"规划汇编、天津加快发展现代服务业实施纲要相衔接，参考深圳、浦东数据及天津城市定位指标体系宜居城市专题的有关内容，提出滨海新区主要市级公共设施布局和各行政区及功能区公共设施布局。

建设顺序，并充分利用城市原有基础，形成八类滨海新区级的公共活动中心，包括：行政文化中心、商务商业中心、内外贸中心、商品流通中心、会展中心、娱乐休闲中心、体育中心、教育科研中心。

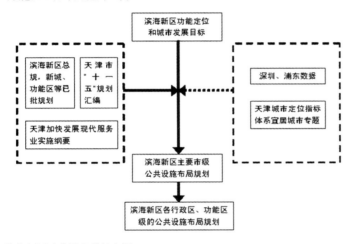

滨海新区公共服务设施布局

　　该专项规划重点体现滨海新区城市定位的特征，满足人们日益增长的生活水准要求，与城市用地结构调整结合，以公共设施建设促进土地利用优化，结合重大交通枢纽设施和交通组织并根据大型公共设施本身特点及其对环境的要求进行布局，同时综合考虑城市景观组织要求、公共设施合理的

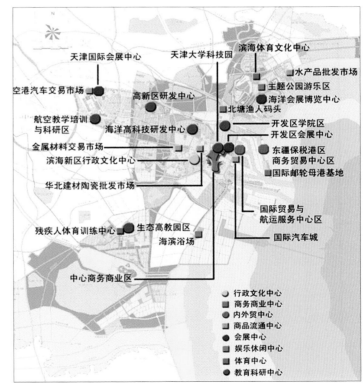

滨海新区主要公共活动中心布局示意图

（四）市政廊道和设施布局专项研究

该专项规划本着实现各项资源的合理配置及社会、经济、环境的可持续发展，突出基础设施对城市发展的保障和促进作用，全面落实基础设施建设对空间布局的控制要求的原则，分别从水资源综合配置、能源综合利用和科学配置两部分进行规划研究，初步确定规划方案，并沿城市主干道路、铁路及河道两侧确定市政综合管廊。

（五）交通场站设施布局专项研究

该专项规划以推进滨海新区开发开放，建设"我国北方国际航运中心和国际物流中心，区域性综合交通枢纽和现代服务中心"发展目标为指导，发挥天津在环渤海区域乃至全国的服务、辐射和带动作用，坚持可持续发展，坚持综合交通运输的发展理念，坚持"公交优先"，完善区域停车设施网络规划建设，对公路长途客运枢纽、公路货运主枢纽、公交首末站、公共停车场、加油加气站等设施进行了统一布局。

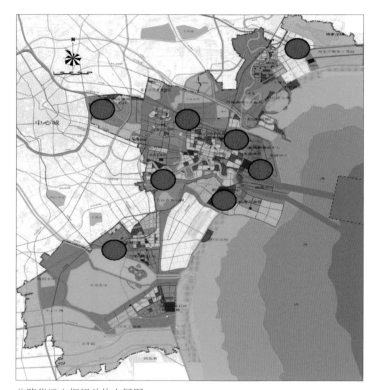

公路货运主枢纽总体布局图

二、编制技术标准

滨海新区纳入国家宏观发展战略，成为中国经济增长的第三极，担负着带动区域经济振兴的重要职能。在这一快速发展的背景下，要实现城市规划对新区发展超前的引导和有效管理，必须迅速在滨海新区规划区内的所有用地上建立起城市土地使用的各项空间规划。

控制性详细规划（简称"控规"）是政府对城市建设实施调控和管理的最直接、最具体的手段。因此，制订编制控规所需的各类技术标准意义重大：从宏观控制的角度，着重规定保证新区基本城市功能和健康发展的宏观内容；从规划管理的角度，提出规划管理人员进行具体项目审批的技术依据；从组织编制的角度，实现新区控规编制的标准化和规范化，形成面向规划管理的高质量的控制性详细规划系统，确保滨海新区总体规划的实施，指导滨海新区开发建设。

（一）滨海新区控制性详细规划编制要求

该项要求与建设部《城市规划编制办法实施细则》（1995.6）相衔接，与建设部《工程建设标准编写规定》（1996.12）相适应，以《天津市控制性详细规划编制规程(2004年)》为依据，全面覆盖滨海新区 2270 km² 的城市规划区，重点强调公益性或非营利性配套公共公用设施的用地保证，控规内容和深度对不同类型的规划编制单元有所侧重，以增强对城区和产业区的针对性，重视与本编制规定相关的各项管理法规和技术标准的协调一致，结合新区特点，在控规的成果形式、控制内容等方面尝试创新。主要内容包括：控制

性详细规划成果的构成；文本、图则和说明书的编制内容及深度规定；管理细则和管理图则的编制内容及深度规定。

（二）城市规划区划分及编码规则

该项规则作为组织控制性详细规划编制的基础，确定了"综合分区 – 分区 – 行政区 – 规划编制单元 – 街坊 – 地块"六级体系的城市规划地域划分，通过合理的编码，确保每一地块的唯一性，为建立规划成果信息系统奠定基础。其中规划编制单元是编制控制性详细规划的基本单元。在城市规划区范围内，城市建设用地和非建设用地之间的规划基础不一，一般来说，城市建设用地内的城区、产业区等已编制过总体规划，可以根据规划结构比较容易划分规划编制单元。本规定原则上划定了城市建设用地的规划编制单元；城市非建设用地及村镇建设用地的规划编制单元原则上暂不划定，而仅划分至"分区"。伴随控规工作的逐步深化，可以根据编码规则，逐个确定规划编制单元。

（三）居住用地编制要求

该专项规划参照《滨海新区控制性详细规划编制要求》内确定的居住用地控制要素，对人口规模、地块规模、模式选择、绿地率、公建配套、以图戳形式表示的公建配套、配套设施的配置标准等控制要素的具体数值和规范格式提出明确要求。

（四）产业用地编制技术要求

该项要求以天津市规划局正在编制的《天津市建设项目用地规划控制技术指标规定》中"第二章　工业项目用地规

划控制技术规定"内容为基础，结合滨海新区高新技术产业区、现代冶金加工区、先进制造产业区等控制性详细规划编制试点的体会，针对滨海新区产业园区类型提出规划编制技术要求。涉及控制指标体系编制、公共服务设施规划、城市设计要求、高新技术产业区专项要求四个方面的内容。

（五）"六线"控制要求

该项要求从保护历史文脉，传承历史文化，改善人居环境，提升城市功能，促进经济、社会健康发展的原则出发，协调处理好建筑、道路、河湖水系、绿化与基础设施建设的关系等方面，明确"六线"（紫线、红线、黑线、蓝线、绿线和黄线）控制范围与要求，确保新区控规编制的科学性、规范性和可操作性。

（六）现状调查技术要求

该项要求以客观的描述社会事实、掌握当地的发展趋势和特色，进而为规划的编制提供科学的依据和翔实的数据为目标，提出了对人口、用地、基础设施、建筑等四个方面的现状调查要求。

（七）用地分类和代码标准

结合国家颁布的《城市建设用地分类与规划建设用地标准（GBJ－137）》，在天津市控规编制的用地分类标准的基础上，制定了滨海新区控制性详细规划土地分类表，划分到小类。

（八）停车设施配建标准

该项标准为加强配建停车场（库）的规划管理，减少因配建停车场（库）不足带来的停车矛盾，规范配建停车场（库）建设，根据国家和天津市有关法规制定，按照结合城市规划布局和道路交通组织需要、节约用地保证安全、疏散方便等原则提出停车设施的配建标准。

（九）数据文件技术要求

该项要求为保证规划电子数据准确性和规范性，对文本文件和图形文件提出了相应的技术要求。

三、搭建数据库

该项要求为提高规划管理效能，科学统筹各控规单元的报审和批复，综合采用"数字化"相关技术，结合各控规单元编制工作，对控规 GIS 建库的工作流程、控规编制成果电子文件的预处理、矢量图形文件数据转换工作、控规 GIS 数据质检、控规 GIS 数据入库等方面的内容提出了明确的技术要求。

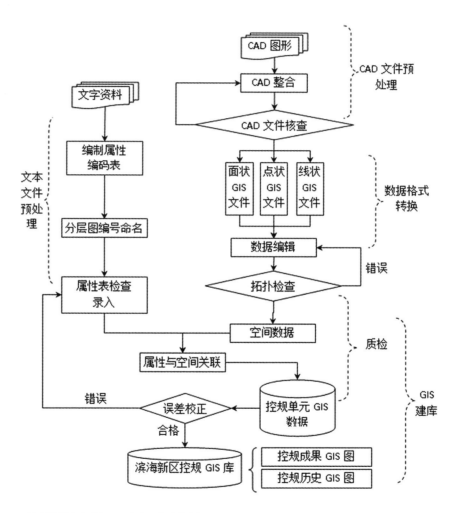

控制性详细规划 GIS 建库工作流程图

第三章　控规全覆盖的编制、审查和审批

2270 km² 的控规编制，是一项浩大的工程，为保证规划的科学性、合理性，同时满足近期建设的要求，我们进行了系统性的组织和安排，分为三个阶段：第一阶段制定统一的编制技术标准，同时编制六个典型地区的控规来检验编制标准的适用性，并进一步修正完善技术标准；第二阶段，规划编制由各行政区、功能区同步推进，技术审查同时进行，在此基础上，开展编制技术标准培训，全面启动控规全覆盖工作；第三阶段，结合新区重点项目编制，对控规进行修改完善和汇总。以上工作完成后，经过一系列技术审查、专家审议、部门审查、公示等程序后，最终完成上报审批。

第一节　控规全覆盖的编制和技术审查

一、第一阶段（2006 年底至 2007 年底）：试点阶段

2007 年，我们在利用一年时间完成控规全覆盖前期准备工作的同时，按照初步拟定的控规全覆盖编制技术标准，首先开展了包括滨海高新区、空客 A320、军粮城散货物流区、东疆港文化娱乐区、东疆港一期封关区域、集装箱物流中心在内的六个典型地区，也是近期建设重点地区的控规试点工作，由相关功能区管委会委托编制，控规成果完成后，经过了技术组审核、专家评议、征求部门意见、公示等程序后，2007 年底上报市政府审批通过。现行试点的工作一方面与当前建设紧密结合，另一方是要通过试点的编制来验证和校准控规全覆盖技术标准的适用性。

天津市人民政府

津政函〔2007〕142号

关于滨海新区第一批
重点地区控制性详细规划的批复

市规划局：

你局《关于请审批滨海新区第一批重点地区控制性详细规划的请示》（规请字〔2007〕956号）收悉。经研究，现批复如下：

一、原则同意滨海新区第一批六个重点地区控制性详细规划（以下简称《控规》）。六个重点地区是：滨海高新技术产业区起步区JDb（07）01规划编制单元、军粮城散货物流区JDb（07）01、02规划编制单元、东疆港GKa（19）12规划编制单元、东疆港分区GKa（19）014规划编制单元、机场分区JDg（06）01规划编制单元、北疆港分区GKb（19）01规划编制单元。望你局按照规划严格控制、监督实施。

二、原则同意《控规》确定的用地范围、功能定位和用地布

— 1 —

局。依据《天津滨海新区城市总体规划（2005—2020）》，抓紧编制相邻地区的控制性详细规划，充分做好规划储备，并为今后的发展留有余地。

三、编制六个重点地区修建性详细规划，必须满足控制性详细规划对公共设施、市政设施及绿地面积等的要求。

四、《控规》是今后指导滨海新区第一批六个重点地区开发建设的依据，各有关部门要严格按照规划组织实施。若确需调整规划，应由市城市规划主管部门提出意见，报请市人民政府审批。

二○○七年十二月九日

主题词：城乡建设 滨海新区△ 规划 批复

（共印80份）

抄送：市滨海委。

天津市人民政府办公厅　　　　　　　　2007年12月10日印发

— 2 —

六个典型地区的控规试点的批复

二、第二阶段（2007 年底至 2008 年底）：全面铺开阶段

2007 年底，滨海新区管委会和市规划局共同召开了新区控制性详细规划编制工作动员会，标志着滨海新区控规全覆盖工作全面展开。

由于工程浩大，新区控规全覆盖编制工作共邀请了包括天津市规划院、渤海规划院、天大设计院、青岛设计院、伟信公司、济南设计院、大港设计院在内的供给七家设计单位，近 100 人的设计队伍参与编制。在各功能区管委会、塘沽、汉沽、大港政府积极组织推动下，由市规划院牵头，在青岛规划院、济南规划院、天津大学规划院等甲级规划设计院共同努力下，2008 年 7 月，基本完成第一轮控规编制工作。此后，结合新区 30 余项重点规划编制，对控规成果不断深化完善，到 2008 年底基本完成控规分片区的汇总、综合。

三、第三阶段（2009 年初至 2010 年初）：控规成果深化和技术审查阶段

2009 年，依据《滨海新区城市总体规划（2009—2020 年）》结合新区"十大战役"的最新要求，对控规汇总成果进行了进一步深化和完善，并开展汇总技术审查工作。

在编制过程中，采用了"双总双分"的技术统合方式，在总体把控、分单元编制的基础上，按照四个片区进行成果汇总整理，检验系统性内容的落实情况，发现问题再进行分单元的调整。编制过程中，根据区域不同特点，编制重点有所侧重。对于城区，以深入细致的调查研究为基础，注重历史环境特色的发掘与保护，加强公众参与，合理确定土地开发强度、完善配套设施，改善老城区的环境品质。对于产业功能区，结合产业特点，开展相关的专题研究，以提供宜居的居住环境、便利的社会服务、高效的产业空间为目标，对于生态敏感区，采取控规手段进行适度的控制，以确保生态系统的完整性和连续性为前提划分生态分区，严格划定鸟类栖息地、贝壳堤等生态敏感区的保护范围，确保市政、交通等区域性基础设施建设与生态环境的协调发展。

由于标准统一、组织有序，各家单位均能按照统一的标准进行编制，最后在成果验收时比较顺利，这也极大了加速了控规编制的进程。为了进一步确保控规成果的编制质量，安排了技术组审查、专家组审议、部门审查，在达到控规全覆盖技术标准并满足规划管理需求后，向社会公示，最后按照审批程序进行报批。

第二节　控规全覆盖的审批

滨海新区控规全覆盖的审批是与滨海新区行政体制改革同步进行的，分成了以下三个批次。

2007 年编制控规试点时期，滨海新区的管理机构是滨海新区管委会，是市政府的派出机构，按照 2006 年《天津市城市规划条例》中滨海新区的控制性详细规划报市人民政府审批的规定，滨海新区管委会不具备审批职能。因此，2007 年的六个试点控规是由相关管委会组织编制，经过技术审查、专家论证等程序后，经滨海新区和市规划局组织

审查，在征求市各相关委办局意见后，上报市政府审批的。

经过 2008 年一年的努力，滨海新区各分区的控规基本编制完成，后经过滨海新区重点规划分指挥部审查和技术审查，开始分四个片区进行汇总。由于工作量比较大，分片区进行。2009 年完成了西片区的控规编制和技术审查工作，按照 2009 年修订的《天津市城市规划条例》规定的控规审查规定，滨海新区西片区、北塘分区等区域控制性详

细规划由滨海新区管理委员会和天津市规划局共同批复。

2010 年滨海新区政府成立后，滨海新区北片区、核心区、南片区控制性详细规划于 2010 年 3 月经滨海新区政府第七次常务会审议通过 2010 年 4 月滨海新区人民政府正式批复，开始实施。至此，标志了历时三年时间的滨海新区控制性详细规划全覆盖编制和审批工作完成。

天津市滨海新区管理委员会
天 津 市 规 划 局

津滨管批〔2009〕115 号

签发人：宗国英
　　　　尹海林

关于对滨海新区西片区、北塘分区等区域
控制性详细规划的批复

塘沽区政府、东丽区政府、津南区政府、开发区管委会、保税区管委会、高新区管委会、天津港集团公司、天津滨海国际机场、中国民航大学：

各单位上报的滨海新区西片区、北塘分区、东西沽分区、于家堡分区及天津港集装箱物流中心控制性详细规划收悉。经研究，批复如下：

一、开展滨海新区控制性详细规划编制工作，有利于加强滨海新区的规划管理工作，为城市建设提供科学统一的规划管理依据，应按照统一的计划、安排，加快编制控制性详细规划。

二、原则同意你们上报的滨海新区西片区、北塘分区等四个

— 1 —

重点地区控制性详细规划（以下简称《控规》），滨海新区西片区主要包括 JDb、JDc、JDd、JDe、JDf、JDg、JDh、JDi 八个分区 47 个单元，北塘分区主要包括 TGc（07）01、TGc（07）02、TGc（07）03 单元，东西沽于家堡分区主要包括 TGf（07）11、TGf（07）12、TGf（07）14、TGf（07）15、TGf（07）16 单元，天津港集装箱物流中心 GKb（19）01 单元，望各单位按照规划严格控制、监督实施。

三、原则同意《控规》确定的用地范围、功能定位和用地布局。滨海新区西片区规划定位为国家航空航天研发制造中心、高新技术研发转化中心、沿河宜居生态住区；北塘分区规定定位为滨海新区国际高端会议中心、集会议休闲渔镇风情和特色餐饮于一体的国际旅游目的地、具有地域文明与生态文化滨海国际生活小镇；东西沽于家堡分区规划定位为综合性国际型商务聚集区、城市风貌集中展示区、生态居住示范区；天津港集装箱物流中心规划定位为国际贸易与航运服务聚集区。

四、滨海新区控制性详细规划应深化落实滨海新区城市总体规划的要求，在相关专项规划的基础上，实现城市规划对新区发展超前的引导和有效管理。

五、滨海新区控制性详细规划应与《天津滨海新区城市总体规划（2009-2020 年）》、新区各专项规划及重点区域城市设计进一步衔接，细化交通系统规划和市政公共设施规划，处理好开发建设和生态保护的关系。

— 2 —

关于滨海新区西片区、北塘分区等区域控制性详细规划的批复

六、经天津市滨海新区管理委员会和天津市规划局批准的
《控规》，是指导这四个地区开发建设的依据，各有关部门应严
格按照规划实施建设。若确需调整规划，应由滨海新区城市规划
主管部门提出意见后，按程序报批。

滨海新区管理委员会
天津市规划局
二○○九年十月二十八日

— 3 —

关于滨海新区西片区、北塘分区等区域控制性详细规划的批复（续图）

天津市滨海新区人民政府

津滨政函〔2010〕26 号

关于对滨海新区北片区、核心区、南片区
控制性详细规划的批复

塘沽管委会、汉沽管委会、大港管委会、开发区（南港工业区）
管委会、保税区管委会、东疆保税港区管委会、中新天津生态
城管委会、滨海旅游区管委会、中心商务区管委会、临港工业
区管委会、天津港集团、滨海建投集团：

滨海新区北片区、核心区、南片区控制性详细规划经新区
人民政府第 7 次常务会议审议通过，现批复如下：

一、原则同意滨海新区北片区的物流分区 HGa、产业分区
HGb、汉沽新城分区 HGc、汉沽现代产业区分区 HGd、大田分区
HGe、滨海旅游分区 HGf、生态城分区 HGg、茶淀分区 HGh 控制
性详细规划，核心区的永定新河湿地生态区分区 TGa、塘沽海洋
高新区分区 TGb、塘沽西部新城分区 TGd、开发区建成区分区
TGe、中心商务分区 TGf、塘沽老城分区 TGg、散货物流商贸区

— 1 —

关于对滨海新区北片区、核心区、南片区控制性详细规划的批复

TGh、东疆港分区 GKa、北疆港分区 GKb、南疆港分区 GKc、保税区分区 GKf 控制性详细规划，南片区的大港城区分区 DGa、石化三角地分区 DGb、大港水库生态区分区 DGc、南港工业区分区 DGd、太平镇农业种植区分区 DGf、官港水库休闲区分区 DGg、南港生活、轻纺工业园分区 TGj 控制性详细规划（以下简称《控规》），望各单位按照规划严格控制、监督实施。

二、原则同意《控规》确定的用地范围、功能定位和用地布局。滨海新区北片区规划定位为滨海发展带上的重要新城，建设成为天津海洋高新和循环经济产业基地，休闲旅游基地，国际生态示范城市；核心区规划定位为环渤海地区重要的对外开放门户，滨海新区的综合服务中心和现代化国际港口新城，高水平的装备制造业和高新技术产业集聚区，经济繁荣、社会和谐、环境优美的宜居生态型新城区；南片区规划定位为世界级重化产业基地、北方国际航运中心的重要组成部分、生态宜居城区。

三、《控规》应深化落实滨海新区城市总体规划的要求，在相关专项规划的基础上，实现城市规划对新区发展超前的引导和有效管理。

四、《控规》应与《天津滨海新区城市总体规划（2009—2020年）》、新区各专项规划及重点区域城市设计进一步衔接，细化交通系统规划和市政公共设施规划，处理好开发建设和生态保护的关系。

五、经新区人民政府批准的《控规》，是指导地区开发建设的依据，各有关部门应严格按照规划实施建设。若确需调整规划，应由新区城市规划主管部门提出意见后，按程序报批。

二〇一〇年四月二十日

关于对滨海新区北片区、核心区、南片区控制性详细规划的批复（续图）　　　　关于对滨海新区北片区、核心区、南片区控制性详细规划的批复（续图）

第三节　控规成果的主要内容

一、全覆盖控规成果

控制性详细规划作为法定规划，严格按照国家《城乡规划法》《城市规划编制办法》和《天津市城市规划条例》等相关法律、法规的规定的程序来组织编制和审批，规划成果是按照滨海新区统一的技术标准、编制要求和统一的格式进行编制的。考虑到发展的不确定性等因素，滨海新区控规全覆盖每个控规单元成果分为两部分，第一部分是控规，包括文本和法定图则，第二部分是土地细分导则，土地细分导则在控规基础上，与开发建设紧密衔接，主要用于内部管理，包括文本、管理图则和说明书。成果在总体把控、分单元编制的基础上，按照四个片区进行成果汇总整理，一些功能区、城区也按照分区进行了汇总。

2010 年 4 月新区控规批复后，我们对新区控规全覆盖成果统一进行印刷，共划分 250 个单元（当时批复 187 个单元），每个单元分为控规和土地细分导则两册，每几个分区一个成果盒。成果下发到新区各分局和功能区管委会使用。

控规全覆盖部分成果展示

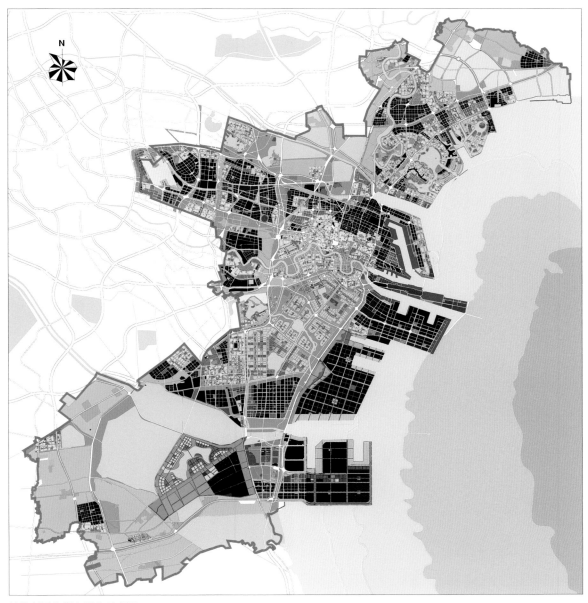

滨海新区控规全覆盖示意图

北片区

西片区

核心片区

南片区

综合分区、分区及规划编制单元示意图

二、四片区控规成果

（一）核心片区

核心片区位于滨海新区中东部，北至永定新河南路，西至唐津高速、港塘路、海滨大道，南至津晋高速、津港二期，东至大海，涉及 16 个分区，101 个控规单元。总面积约 809.9 km²，常住人口 240 万人。

本片区为城市、港口的综合功能片区，东部以港口生产功能为主，中部以城市生活功能为主，北部以水库、湿地等生态功能为主，南部为城市发展区。

核心片区用地汇总表

序号	用地代码	用地名称	用地面积 / km²	占城镇建设用地比例 / （%）
		城镇建设用地	370.38	100.00
1	R	居住用地	47.33	12.78
2	C	公共设施用地	38.50	10.39
3	M	工业用地	67.59	18.25
4	W	仓储用地	48.94	13.21
5	T	对外交通用地	28.57	7.71
6	S	道路广场用地	65.14	17.59
7	U	市政公用设施用地	7.04	1.90
8	G	绿地	65.60	17.71
	其中	公共绿地	29.60	—
		防护绿地	36.00	—
9	USC	公益性配套设施预留地	0.94	0.25
10	D	特殊用地	0.73	0.20
		发展用地	0.38	—
		水域和其他用地（E）	107.24	—
		总用地	478.00	—

注：规划总占地面积约 809 km²，其中完成控规大纲深度 331 km²，完成土地细分导则深度 478 km²，其中城镇建设用地面积 370.38 km²。

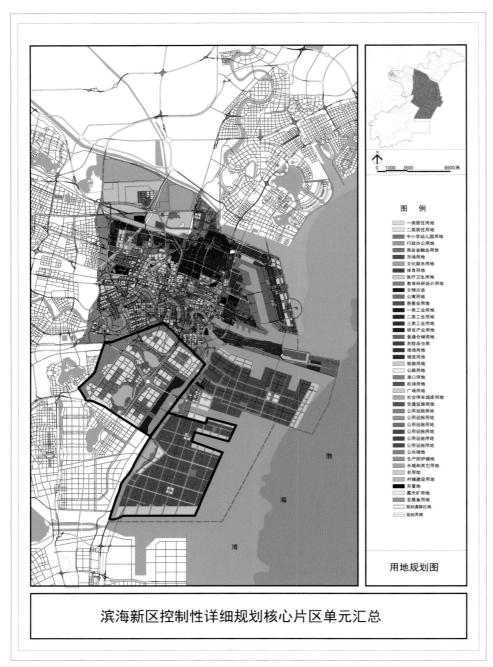

图 例

一类居住用地
二类居住用地
中小学幼儿园用地
行政办公用地
商业金融业用地
市场用地
文化娱乐用地
体育用地
医疗卫生用地
教育科研设计用地
文物古迹
公寓用地
慈善业用地
一类工业用地
二类工业用地
三类工业用地
研发产业用地
普通仓储用地
危险品仓库
堆场用地
物流用地
铁路用地
公路用地
港口用地
机场用地
广场用地
社会停车场库用地
交通设施用地
公用设施用地
公用设施用地
公用设施用地
公用设施用地
公用设施用地
公共绿地
生产防护绿地
水域和其它用地
农用地
村镇建设用地
弃置地
露天矿用地
发展备用地
规划道路红线
规划界限

渤

海

湾

用地规划图

滨海新区控制性详细规划核心片区单元汇总

控规大纲深度

滨海新区控制性详细规划核心片区单元汇总　用地规划图

（二）北部片区

北部片区位于滨海新区北部，北、西至汉沽区界，南至永定新河，东至海域。涉及 8 个分区，30 个控规单元。总面积约 490 km²，现有常住人口 113 万人，就业岗位 110 万个。

本片区重点功能为生态宜居、旅游休闲，建设成为滨海发展带上的重要新城，天津海洋高新和循环经济产业基地，休闲旅游基地，国际生态示范城市。

北部片区用地汇总表

序号	用地代码	用地名称	用地面积 / km²	占城镇建设用地比例 / (%)
		城镇建设用地	196.42	100
1	R	居住用地	37.74	19.21
2	C	公共设施用地	20.75	10.56
3	M	工业用地	34.03	17.33
4	W	仓储用地	2.21	1.13
5	T	对外交通用地	22.26	11.33
6	S	道路广场用地	39.96	20.34
7	U	市政公用设施用地	2.29	1.17
8	G	绿地	37.15	18.91
	其中	公共绿地	18.13	—
		防护绿地	19.02	—
9	D	特殊用地	0.03	0.02
		其他建设用地	75.28	—
		盐田	75.28	—
		发展用地	24.38	—
		水域和其他用地（E）	102.52	—
		水域	30.41	—
		生态用地（耕地、园地、林地、牧草地等）	72.11	—
		总用地	398.60	—

注：规划总占地面积约 490 km²，其中完成控规大纲深度用地 91.4 km²，完成土地细分导则深度用地 398.6 km²，其中城镇建设用地面积 196.42 km²。

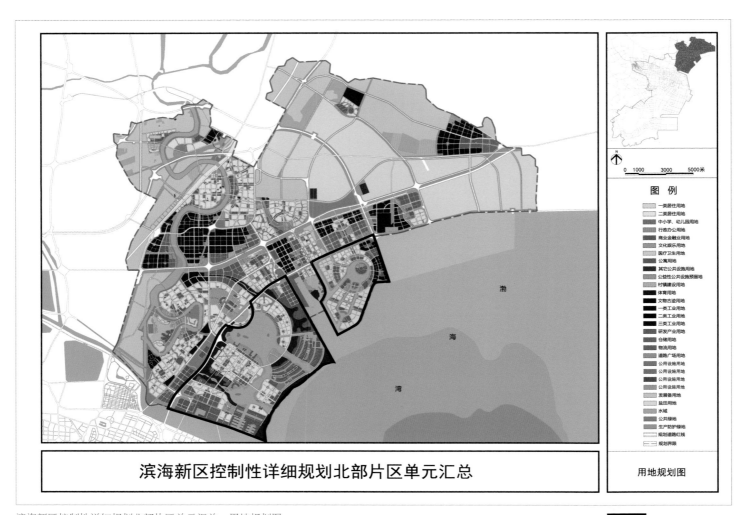

图 例

一类居住用地
二类居住用地
中小学、幼儿园用地
行政办公用地
商业金融业用地
文化娱乐用地
医疗卫生用地
公寓用地
其它公共设施用地
公益性公共设施预留地
村镇建设用地
体育用地
文物古迹用地
一类工业用地
二类工业用地
三类工业用地
研发产业用地
仓储用地
物流用地
道路广场用地
公用设施用地
公用设施用地
公用设施用地
发展备用地
盐田用地
水域
公共绿地
生产防护绿地
规划道路红线
规划界限

渤
海
湾

滨海新区控制性详细规划北部片区单元汇总

用地规划图

滨海新区控制性详细规划北部片区单元汇总　用地规划图

控规大纲深度

（三）西部片区

西部片区为滨海新区唐津高速公路以西地区，北至津汉快速路、金钟河，西至外环东路，南至京山铁路、汉港快速路。涉及 9 个分区，49 个控规单元。总面积约 332 km²，现有常住人口 84.5 万人，就业岗位 76 万个。

本片区以临空产业、高新技术产业为主导功能，包括：临空产业、航空制造产业、生物、新能源等新兴产业、研发转化、航天产业及现代服务业；以配套生活和旅游度假功能为辅。

西部片区用地汇总表

序号	用地代码	用地名称	用地面积 / km²	占城镇建设用地比例 / （%）
		城镇建设用地	215.73	100
1	R	居住用地	27.04	12.54
2	C	公共设施用地	18.66	8.62
3	M	工业用地	66.41	30.78
4	W	仓储用地	6.05	2.82
5	T	对外交通用地	14.68	6.80
6	S	道路广场用地	34.72	16.10
7	U	市政公用设施用地	6.25	2.90
8	G	绿地	41.11	19.06
	其中	公共绿地	22.43	—
		防护绿地	18.68	—
9	D	特殊用地	0.81	0.38
		其他建设用地	22.2	—
		机场用地	22.2	—
		发展用地	4.14	—
		水域和其他用地（E）	89.93	—
		水域	19.12	—
		生态用地（耕地、园地、林地、牧草地等）	70.81	—
		总用地	332	—

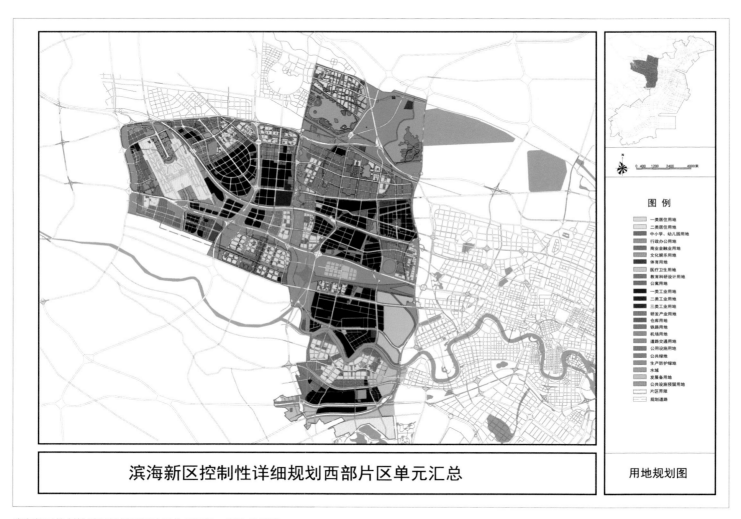

图 例

一类居住用地
二类居住用地
中小学、幼儿园用地
行政办公用地
商业金融业用地
文化娱乐用地
体育用地
医疗卫生用地
教育科研设计用地
公寓用地
一类工业用地
二类工业用地
三类工业用地
研发产业用地
仓库用地
铁路用地
机场用地
道路交通用地
公用设施用地
公共绿地
生产防护绿地
水域
发展备用地
公共设施预留用地
片区界限
规划道路

滨海新区控制性详细规划西部片区单元汇总

用地规划图

滨海新区控制性详细规划西部片区单元汇总　　用地规划图

（四）南部片区

南部片区东至津港快速路、海滨大道、渤海湾，南、西至大港区界，北至大港区界、津晋高速，涉及 8 个分区，17 个控规单元。总用地面积约 1244 km²，现有常住人口 97.3 万人。本片区的城市功能包括三个方面：产业功能——世界级重化产业基地；交通功能——滨海新区国际航运和国际物流中心的重要组成部分；服务功能——天津市高等教育基地、生态休闲旅游基地以及生态宜居城区。

南部片区用地汇总表

序号	用地代码	用地名称	用地面积 / km²	占城镇建设用地比例 / (%)
		城镇建设用地	226.99	100
1	R	居住用地	27.59	12.16
2	C	公共设施用地	16.35	7.2
3	M	工业用地	65.75	28.97
4	W	仓储用地	10.50	4.63
5	T	对外交通用地	11.43	5.03
6	S	道路广场用地	25.99	11.45
7	U	市政公用设施用地	11.13	4.90
8	G	绿地	55.87	24.62
	其中	公共绿地	11.20	4.93
		防护绿地	44.11	19.43
9	D	特殊用地	0.81	0.36
10	USC	公益设施预留地	1.57	0.69
		其他建设用地	39.57	—
		发展用地	9.79	—
		水域和其他用地（E）	643.96	
		水域	278.18	—
		生态用地（耕地、园地、林地、牧草地等）	365.78	—
		总用地	920.3	—

注：规划总占地面积约 1244 km²，其中完成控规大纲深度 324 km²，完成土地细分导则深度 920 km²。其中，城镇建设用地占 227 km²。

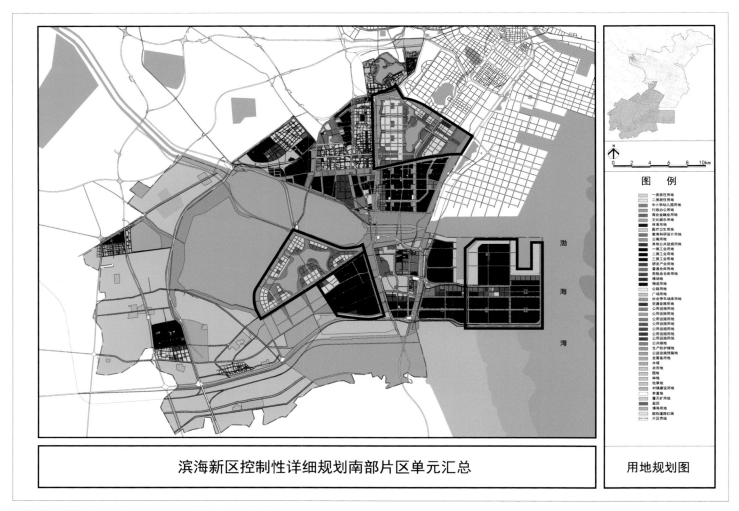

渤
海
湾

图　例

滨海新区控制性详细规划南部片区单元汇总

用地规划图

滨海新区控制性详细规划南部片区单元汇总　用地规划图

控规大纲深度

三、城区控规成果示例：塘沽老城区

塘沽城区共包含8个控规编制单元，规划面积约16.5 km²。塘沽城区有一定的发展基础，用地性质以居住、公建为主。规划在保护旧城区风貌特色的同时，积极推进旧城区的更新改造。通过旧城保护和城市发展相结合，实现本单元内的建筑更新和环境改造，从根本上提高居住环境质量，完善城市功能，形成特色鲜明的中心城区。

滨海新区控制性详细规划塘沽老城单元汇总　　　用地规划图

滨海新区控制性详细规划塘沽老城分区汇总　用地规划图

四、产业区控规成果示例：滨海高新区

滨海高新区是国家级高新技术产业园区，该项目由科技部和天津市政府联合申报国务院，是"部市共建"的合作项目。规划控制面积 30.5 km²，建设面积 24.9 km²。

规划定位为：国家高新技术产业区，要努力建设成为 21 世纪我国科技自主创新的领航区，世界一流的高新技术研发转化中心，集中应用生态技术的绿色生态型典范功能区。

重点发展的四大高新技术产业分别为：生物技术与创新药物、高端信息技术、纳米与新材料、新能源和可再生能源。

为了尊重历史和环境要素，规划形成了"天圆环圆，地方路方"布局，保留原有空军靶场边界作为环状绿带，结合现状的渤隆湖形成九经九纬的湖滨"方"城，在形态上契合了"天圆地方"的中国传统哲学理念。

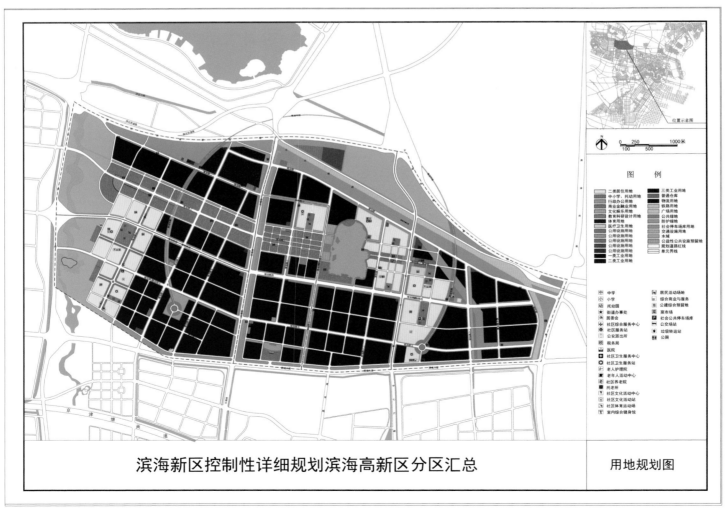

滨海新区控制性详细规划滨海高新区分区汇总   用地规划图

滨海新区控制性详细规划滨海高新区分区汇总 用地规划图

五、生态区控规成果示例：永定新河湿地生态区

HGg(07)07 单元规划用地范围为：西至塘沽区西界，东至京山铁路，北至塘沽区北界，南至永定新河河道中心线，总面积为 4375.25 ha。本单元主导类型属于生态型。现状用地构成主要包括村镇建设用地、耕地、苇地、道路用地、水域等。

本单元用地布局充分结合本区域特点，合理利用生态资源优势，结合现状用地分布，将其进行整合，使各类用地相对集中，集约节约利用土地，保障该地区的生态功能。

这一做法，既落实了上位规划确定的生态用地和城市增长边界，对候鸟迁徙地、贝壳堤等生态敏感区的保护范围有针对性地提出控制要求，同时尽最大可能减少了区域性基础设施对生态用地的破坏。

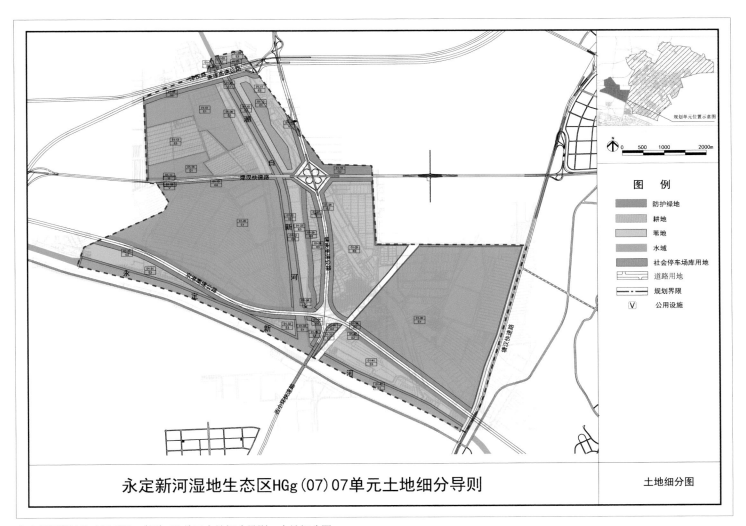

永定新河湿地生态区HGg(07)07单元土地细分导则

永定新河湿地生态区 HGg（07）07 单元土地细分导则   土地细分图

六、城区控规单元成果案例

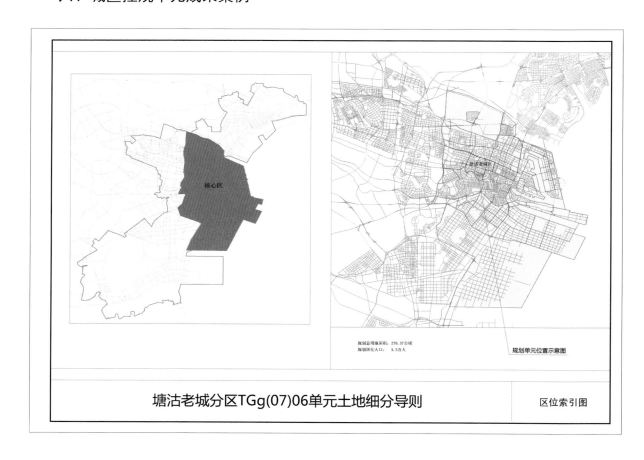

规划总用地面积：276.37公顷
规划居住人口：5.3万人

规划单元位置示意图

塘沽老城分区TGg(07)06单元土地细分导则

区位索引图

核心区
塘沽老城分区TGg(07)06单元

天津市滨海新区控制性详细规划

天津市滨海新区规划和国土资源管理局
二〇一〇年五月

天津市滨海新区核心区
塘沽老城分区 TGg(07)06 单元
控制性详细规划

天津市滨海新区规划和国土资源管理局

二〇一〇年五月

目　录

塘沽老城分区 TGg(07)06 单元
控制性详细规划
文本

1．总则

1.1 单元概况

本单元编号为 TGg（07）06，位于核心区的中部。规划用地四至范围：东至河北路，南至海河岸线，西至车站北路，北至京山铁路，总用地面积 276.37 公顷。本单元类型属于改造地区。

1.2 规划依据

国家与天津市的有关法律、规定及技术标准。

1.3 适用范围

1.3.1 本单元土地使用和各类开发建设活动必须遵守本控规的有关规定，同时必须符合国家和天津市的有关规定。

1.3.2 规划文本和图则具有同等效力。

2．土地使用

2.1 本单元土地使用主导用地性质为居住用地和公共服务设施用地。

2.2 本单元的用地分类按照《天津市城市规划管理技术规定》执行。

2.3 现有土地使用性质如与本控规确定的用地性质不一致时，暂时不需更正，但如对用地的部分或全部进行改造时，则新的用地性质必须与本控规相符。

2.4 为保证土地使用的灵活性和适应性，地块内的用地性质可以参照天津市土地使用性质兼容性的有关规定进行确定。

1

控制性详细规划　　　　　　　　　　塘沽老城分区 TGg（07）06单元

3．土地开发强度

3.1 本单元总建筑规模详见《规划单元控制指标一览表》。

3.2 绿地控制要求

规划中确定的城市绿化带、公共绿地，在开发建设时不得随意占用。绿地率控制应执行《天津市城市规划管理技术规定》有关规定，并对绿地内的绿化设施等进行合理配置。

3.3 已出让地块的控制指标原则上以出让合同确定的指标为准，如与规划不符应按程序进行调整。

4．配套设施

4.1 本单元规划居住人口为5.3万人，须按人口规模配建相应的配套设施。

4.2 本单元配套设施的类型主要为居住区公共服务设施、市政公用设施和道路交通设施，本单元的开发建设须确保配套设施用地和功能的完整实现。

4.3 配套设施的数量、规模均不可更改，未确定具体用地界限配套设施的位置原则上可结合方案在本单元街坊内做适当调整，但须按照《滨海新区控制性详细规划调整暂行办法》执行。

5．地块划分

5.1 本单元内的公共设施用地、市政公用设施用地、绿地等用地原则上划分至用地分类中的"小类"；其他类型用地一般划分到用地分类

中的"中类"，其中较大的地块需要附加内部道路时，道路用地则按用地面积的不低于10%的比例指标控制，地块内小区路可根据实际开发建设的要求，在修建性详细规划中确定。

5.2 本单元现状基础设施较为齐全，规划主要以现状改造为主，由于老城区用地资源的限制，本单元不设置公益性公共设施预留地。

5.3 保证每个地块至少有一边与可开设机动车出入口的道路相邻，不临路地块须确保与道路直接相连的出入口通道用地。

5.4 当地块用地边界与已经办理合法手续出让的用地边界不一致时，应以后者界限为准。

6．道路交通

6.1 道路

规划道路一览表

道路名称	等级	红线宽度（米）	规划断面（米）
河北路	主干路	50	4.5-7.5-2-10.5-1-10.5-2-7.5-4.5
上海道	主干路	35	4-27-4
车站路	主干路	50	3.5-9-25-9-3.5
大连道	次干路	35	5.5-24-5.5
福建路	次干路	30	4-3-16-3-4
中心路	主干路	35	5.5-24-5.5
		45	3-2.5-9-16-9-2.5-3
福建路	主干路	30	4-3-16-3-4
		25	3.5-2-14-2-3.5
营口道	次干路	35	5.5-3-1.5-15-1.5-3-5.5
福建西路	支路	35	6-23-6
		30	4-3-16-3-4
烟台道	支路	20	3.5-2-9-2-3.5

浙江路	支路	30	4-3-16-3-4
江苏路	支路	30	4-3-16-3-4
西半圜路	支路	25	3.5-2-14-2-3.5
东半圜路	支路	25	3.5-2-14-2-3.5
医院路	支路	20	3.5-2-9-2-3.5
山西路	支路	15	3.5-8-3.5
宁波道	支路	30	4-3-16-3-4
山东路	支路	25	3.5-2-14-2-3.5

6.2 交叉口

6.2.1 车站路与大连道相交处规划为互通式立交。

6.2.2 车站路与上海道相交处规划为互通式立交。

6.2.3 车站路与京山铁路相交处规划为车站路上跨京山铁路的分离式立交。

6.2.4 福建路与京山铁路相交处规划为福建路下穿京山铁路地道。

6.2.5 中心路与京山铁路相交处规划为中心路下穿京山铁路地道。

6.2.6 河北路与京山铁路相交处规划为河北路下穿京山铁路地道。

6.2.7 其余路口均规划为一般平面相交路口。

6.3 铁路

略。

6.4 城市轨道

略。

6.5 交通场站设施

略。

6.6 配建停车设施

本单元内所有建设项目的配建停车场均应按《天津市建设项目配

4

建停车场(库)规划标准》(DB/T29-6-2010)执行。

6.7 出入口规划

为减少地块进出交通对周边道路交通的干扰，提高地块出入口的安全性、便捷性，各地块机动车出入口应尽可能设置在次要道路上，不宜在行人集中地区设置机动车出入口，不得在交叉口、人行横道、公共交通停靠站以及立交引道处设置机动车出入口，机动车出入口距人行过街天桥、地道、立交引道、主要交叉口距离应大于 80 米；对于必须设置在快速路辅路、主干路上的地块出入口实行右转进出交通管制。

6.8 河道通航

目前本单元涉及的海河段通航标准为 3000~5000 吨级，由于海河通航规划正在编制中，规划河道等级及通航标准以相关规划为准。

本单元内的车站路、河北路两条道路采用开启桥上跨海河。福建路和中心路保留跨海河条件，具体跨河形式待定。

规划建议正常情况下梁底净空按通行 500 吨级海轮船考虑，即净空为 11.5 米，桥梁开启时净空要求按通行 5000 吨级海轮船考虑，即净空为 30.5 米。

通航净空要求一览表

通航船舶吨位	海轮净空要求（米）	内河净空要求（米）
500T	11.5	8
5000T	30.5	-

7. 市政工程场站设施

略。

5

塘沽老城分区 TGg(07)06 单元

控制性详细规划

图则

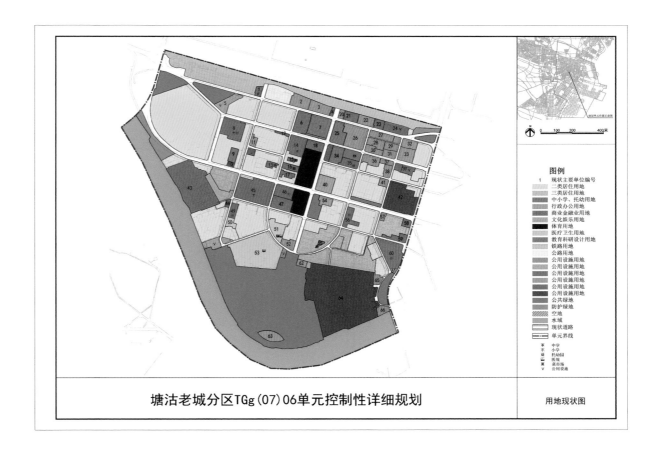

塘沽老城分区TGg(07)06单元控制性详细规划

用地现状图

控制性详细规划　　　　　　　　　　　　　　塘沽老城分区 TGg（07）06 单元

现状主要单位用地情况一览表

序号	单位名称	用地面积（公顷）	总建筑面积（万平方米）
1	公用设施	0.28	0.12
2	塘沽检察院	0.97	2.40
3	塘沽区地方税务局	0.94	1.26
4	泰发宾馆	0.13	0.25
5	公用设施	0.91	0.11
6	海晶宾馆	1.32	1.50
7	天津科技大学塘沽校区	1.77	1.50
8	塘沽区实验学校	1.83	1.40
9	塘沽园林工程设计所	0.49	0.14
10	商业	0.17	0.26
11	公用设施	0.28	0.13
12	商业	0.15	0.12
13	塘沽区六幼	0.26	0.09
14	塘沽五中	1.35	0.55
15	爱民里菜市场	0.13	0.13
16	新村菜市场	0.43	0.18
17	人人乐超市	0.34	0.69
18	大泛华国际俱乐部	0.71	2.21
19	塘沽区体育场	2.84	0.19
20	天津市招投标交易中心	0.21	0.68
21	塘沽区市政工程公司	0.57	0.38
22	塘沽区国家税务局	0.65	0.93
23	天津泰和房地产开发有限公司	0.40	0.24
24	公用设施	0.96	0.88
25	天津航道局培训中心	1.21	1.76
26	塘沽区政府	2.13	6.37
27	塘沽区人民法院	0.92	1.60
28	塘沽区物价局	0.64	0.62
29	塘沽区土地管理局	0.45	0.57
30	塘沽区公安局	0.52	1.53
31	财政局	0.45	0.72
32	塘沽区房地产管理局	0.57	0.99
33	天津滨海供电公司	0.90	1.99
34	中盐制盐工程技术研究院	0.86	0.85

控制性详细规划　　　　　　　　　　　　　　塘沽老城分区 TGg（07）06 单元

序号	单位名称	用地面积（公顷）	总建筑面积（万平方米）
35	塘沽区一幼	0.62	0.67
36	市公安局塘沽分局	0.68	1.24
37	塘沽区环保局	0.27	0.31
38	塘沽国税局办税大厅	0.41	0.52
39	公用设施	0.65	2.62
40	塘沽大剧院	1.15	2.53
41	天津滨海投资集团办公楼	0.29	0.69
42	中国海图图书出版社	3.46	3.42
43	塘沽区自来水公司	6.47	0.90
44	天津航通	0.15	0.17
45	市塘沽二中	3.67	2.16
46	浙江路小学	0.96	0.61
47	天津远洋运输公司	1.08	1.41
48	塘沽区体育馆	1.52	1.12
49	塘沽区宁波里小学	0.43	0.42
50	塘沽区疾病预防中心	0.35	0.32
51	市第五中心医院市塘沽医院门诊部	1.01	0.86
52	市科学技术委员会	0.48	0.56
53	市第五中心医院	5.99	4.33
54	塘沽区广播电视台	0.52	1.62
55	宁波道菜市场	0.12	0.12
56	塘沽区上海道小学	0.71	0.37
57	政协大厦	0.18	0.79
58	旅馆	0.28	0.13
59	宁波道家具城	0.55	0.70
60	塘沽区第二中心小学	2.11	1.01
61	公用设施	0.10	0.16
62	老干部局	0.38	0.70
63	塘沽博物馆	0.81	1.20
64	海军后勤学院	16.41	6.13
65	塘沽区大桥管理所	0.33	0.36
66	塘沽区园林管理局园林一队	0.41	0.11

注：表中用地面积和建筑面积是在 1：2000 地形图基础上图量而成。

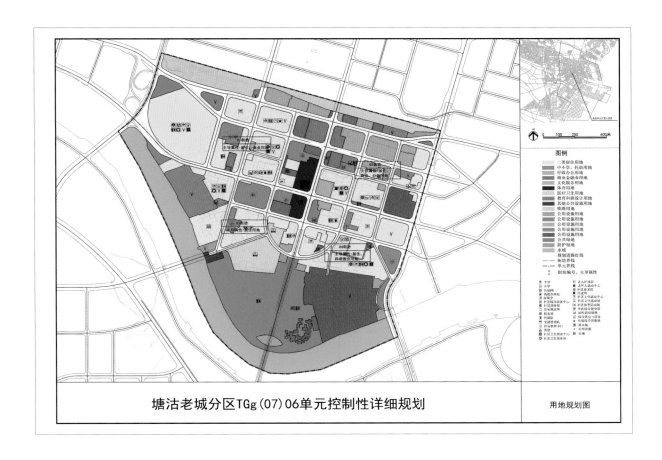

塘沽老城分区TGg(07)06单元控制性详细规划

用地规划图

控制性详细规划　　　　　　　　　　　　　　　　　　　　　塘沽老城分区 TGg（07）06 单元

规划单元控制指标一览表

街坊编号	主导属性	用地面积（公顷）	人口规模（万人）	总建筑规模（万平方米）	公共绿地		配套服务设施			市政公用设施			道路交通设施			备注
					数量（处）	规模（公顷）	设施名称	规模（平方米）	数量（处）	设施名称	规模（公顷）	数量（处）	设施名称	规模（公顷）	数量（处）	
01	居住、商业用地	73.76	2.2	97	2	2.57	居委会	400（建）	4	公用设施	—	1	公用设施	—	1	—
							集贸市场	4000	1							
							幼儿园	8000	2							
							综合商业	12000	1							
							文化活动站	600（建）	2							
							街道办事处	1500（建）	1							
							敬老院	4500（建）	1							
							派出所	1600（建）	1							
							税务局	150（建）	1							
							小学	17700								
							中学	66800	2							
							公厕	240（建）	4	公用设施	—	1				
							垃圾转运站	800	1							
							社区卫生服务站	300（建）	2							
							社区服务站	1200（建）	2							
							托老所	1600（建）	2							
							储蓄所	100（建）	2							
							居民活动场地	1200	2							
02	居住、商业、办公用地	43.16	0.7	54	3	1.03	居委会	200（建）	2	公用设施	—	1	公用设施	—	1	—
							幼儿园	5090	1	公用设施	—	1				
							综合商业	10000	1							

控制性详细规划　　　　　　　　　　　　　　　　　　　　　塘沽老城分区 TGg（07）06 单元

街坊编号	主导属性	用地面积（公顷）	人口规模（万人）	总建筑规模（万平方米）	公共绿地		配套服务设施			市政公用设施			道路交通设施			备注
					数量（处）	规模（公顷）	设施名称	规模（平方米）	数量（处）	设施名称	规模（公顷）	数量（处）	设施名称	规模（公顷）	数量（处）	
							综合文化活动中心	7500（建）	1							
							文化活动站	300（建）	1							
							公厕	120（建）	2							
							社区卫生服务站	150（建）	1							
							社区服务中心	2000（建）	1							
							社区服务站	600（建）	1							
							老年人活动中心	500（建）	1							
							社区养老院	4500（建）	1							
							托老所	800（建）	1							
							储蓄所	50（建）	1							
							居民活动场地	600	1							
							菜市场	1000								
03	居住用地	86.93	1.1	61	3	18.87	居委会	200（建）	2				公用设施	—	1	—
							幼儿园	4000								
							文化活动站	300（建）	1							
							小学	17200	2							
							中学	30500	2							
							公厕	360（建）	6	公用设施	—	1				
							社区卫生服务站	150（建）	1							
							社区服务站	600（建）	1				公用设施	—	1	
							托老所	800（建）	1							
							储蓄所	50（建）	1							
							居民活动场地	600	1							

控制性详细规划 　　　　　　　　　　　　　　　　　　　　　　　　　　　　　　　塘沽老城分区 TGg（07）06 单元

街坊编号	主导属性	用地面积（公顷）	人口规模（万人）	总建筑规模（万平方米）	公共绿地		配套服务设施			市政公用设施			道路交通设施			备注
					数量（处）	规模（公顷）	设施名称	规模（平方米）	数量（处）	设施名称	规模（公顷）	数量（处）	设施名称	规模（公顷）	数量（处）	
04	居住用地	72.52	1.3	70	4	11.45	室内综合健身馆	2500（建）	1							—
							居委会	200（建）	2							
							集贸市场	1240	1							
							幼儿园	4000	1							
							文化活动站	300（建）	1							
							小学	21400	2							
							垃圾转运站	800	1							
							公厕	240（建）	4							
							社区卫生服务站	150（建）	1							
							社区服务站	600（建）	1							
							托老所	800（建）	1							
							储蓄所	50（建）	1							
							居民活动场地	1200	2							
合计	—	276.37	5.3	282	13	33.94	—	—	—	—	—	5	—	—	4	—

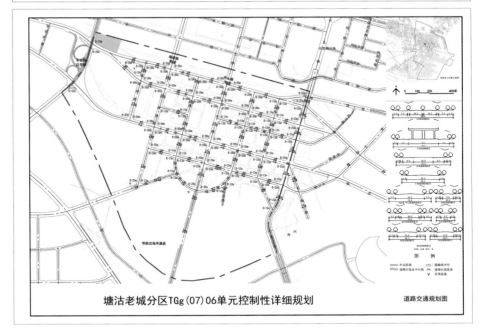

塘沽老城分区TGg(07)06单元控制性详细规划　　　　　　　　　道路交通规划图

核心区
塘沽老城分区TGg(07)06单元

天津市滨海新区控制性详细规划

土地细分导则

天津市滨海新区规划和国土资源管理局
二〇一〇年五月

天津市滨海新区核心区
塘沽老城分区 TGg(07)06 单元
土地细分导则

天津市滨海新区规划和国土资源管理局

二〇一〇年五月

目　录

第三部分 说明书

附 用地构成汇总表

塘沽老城分区 TGg (07)06 单元
土地细分导则
文本

1. 总则

1.1 单元概况

本单元编号为 TGg（07）06，位于核心区的中部。规划用地四至范围：东至河北路，南至海河岸线，西至车站北路，北至京山铁路，总用地面积 276.37 公顷。本单元类型属于改造地区。

1.2 规划依据

国家与天津市的有关法律、规定、技术标准及相关规划。

1.3 适用范围

1.3.1 本单元土地使用和各类开发建设活动必须遵守本导则的有关规定，同时必须符合国家和天津市的有关规定。

1.3.2 规划文本和图则具有同等效力。

2. 土地使用

2.1 本单元土地使用主导用地性质为居住用地和公共服务设施用地。

2.2 本单元的用地分类按照《天津市城市规划管理技术规定》执行。

2.3 现有土地使用性质如与本导则确定的用地性质不一致时，暂时不需更正，但如对用地的部分或全部进行改造时，则新的用地性质必须与本导则相符。

2.4 为保证土地使用的灵活性和适应性，地块内的用地性质可以参照天津市土地使用性质兼容性的有关规定进行确定。

3. 土地开发强度

3.1 本单元地块土地开发强度的控制指标详见《地块控制指标一览表》。

3.2 根据本单元总建筑规模确定地块容积率指标。

3.3 绿地控制要求

本导则中确定的城市绿化带、公共绿地，在开发建设时不得随意占用。绿地率控制应执行《天津市城市规划管理技术规定》有关规定，并对绿地内的绿化设施等进行合理配置。

3.4 已出让地块的控制指标原则上以出让合同确定的指标为准，如与规划不符应按程序进行调整。

4. 配套设施

4.1 本单元规划居住人口为 5.3 万人，须按人口规模配建相应的配套设施。

4.2 本单元配套设施的类型主要为居住区公共服务设施、市政公用设施和道路交通设施，本单元的开发建设须确保配套设施用地和功能的完整实现。

4.3 配套设施的数量、规模均不可更改，未确定具体用地界限配套设施的位置原则上可结合方案在本单元街坊内做适当调整，但须按照《滨海新区控制性详细规划调整暂行办法》执行。

5. 地块划分

5.1 本单元内的公共设施用地、市政公用设施用地、绿地等用地原则上划分至用地分类中的"小类"；其他类型用地一般划分到用地分类中的"中类"，其中较大的地块需要附加内部道路时，道路用地则按用地面积的不低于 10% 的比例指标控制，地块内小区路可根据实际开发建设的要求，在修建性详细规划中确定。

5.2 本单元现状基础设施较为齐全，规划主要以现状改造为主，由于老城区用地资源的限制，本单元不设置公益性公共设施预留地。

5.3 保证每个地块至少有一边与可开设机动车出入口的道路相邻，不临路地块须确保与道路直接相连的出入口通道用地。

5.4 当地块用地边界与已经办理合法手续出让的用地边界不一致时，应以后者界限为准。

6. 道路交通

6.1 道路

规划道路一览表

道路名称	等级	红线宽度（米）	规划断面（米）
河北路	主干路	50	4.5-7.5-2-10.5-1-10.5-2-7.5-4.5
上海道	主干路	35	4-27-4
车站路	主干路	50	3.5-9-25-9-3.5
大连道	次干路	35	5.5-24-5.5
福建路	次干路	30	4-3-16-3-4
中心路	主干路	35	5.5-24-5.5
		45	3-2.5-9-16-9-2.5-3

土地细分导则　　　　　　　　　　　　塘沽老城分区 TGg（07）06 单元

福建路	主干路	30	4-3-16-3-4
		25	3.5-2-14-2-3.5
营口道	次干路	35	5.5-3-1.5-15-1.5-3-5.5
福建西路	支路	35	6-23-6
		30	4-3-16-3-4
烟台道	支路	20	3.5-2-9-2-3.5
浙江路	支路	30	4-3-16-3-4
江苏路	支路	30	4-3-16-3-4
西半圆路	支路	25	3.5-2-14-2-3.5
东半圆路	支路	25	3.5-2-14-2-3.5
医院路	支路	20	3.5-2-9-2-3.5
山西路	支路	15	3.5-8-3.5
宁波道	支路	30	4-3-16-3-4
山东路	支路	25	3.5-2-14-2-3.5

6.2 交叉口

6.2.1 车站路与大连道相交处规划为互通式立交。

6.2.2 车站路与上海道相交处规划为互通式立交。

6.2.3 车站路与京山铁路相交处规划为车站路上跨京山铁路的分离式立交。

6.2.4 福建路与京山铁路相交处规划为福建路下穿京山铁路地道。

6.2.5 中心路与京山铁路相交处规划为中心路下穿京山铁路地道。

6.2.6 河北路与京山铁路相交处规划为河北路下穿京山铁路地道。

6.2.7 其余路口均规划为一般平面相交路口。

6.3 铁路

略。

6.4 城市轨道

略

6.5 交通场站设施

略。

6.6 配建停车设施

本单元内所有建设项目的配建停车场均应按《天津市建设项目配建停车场(库)规划标准》（DB/T29-6-2010）执行。

6.7 出入口规划

为减少地块进出交通对周边道路交通的干扰，提高地块出入口的安全性、便捷性，各地块机动车出入口应尽可能设置在次要道路上，不宜在行人集中地区设置机动车出入口，不得在交叉口、人行横道、公共交通停靠站以及立交引道处设置机动车出入口，机动车出入口距人行过街天桥、地道、立交引道、主要交叉口距离应大于 80 米；对于必须设置在快速路辅路、主干路上的地块出入口实行右转进出交通管制。

6.8 河道通航

目前本单元涉及的海河段通航标准为 3000-5000 吨级，由于海河通航规划正在编制中，规划河道等级及通航标准以相关规划为准。

本单元内的车站路、河北路两条道路采用开启桥上跨海河。福建路和中心路保留跨海河条件，具体跨河形式待定。

规划建议正常情况下梁底净空按通行 500 吨级海轮船考虑，即净空为 11.5 米，桥梁开启时净空要求按通行 5000 吨级海轮船考虑，即净空为 30.5 米。

通航净空要求一览表

通航船舶吨位	海轮净空要求（米）	内河净空要求（米）

土地细分导则 塘沽老城分区 TGg（07）06 单元

500T	11. 5	8
5000T	30. 5	-

7. 市政工程场站设施

略。

6

塘沽老城分区 TGg(07)06 单元
土地细分导则
图则

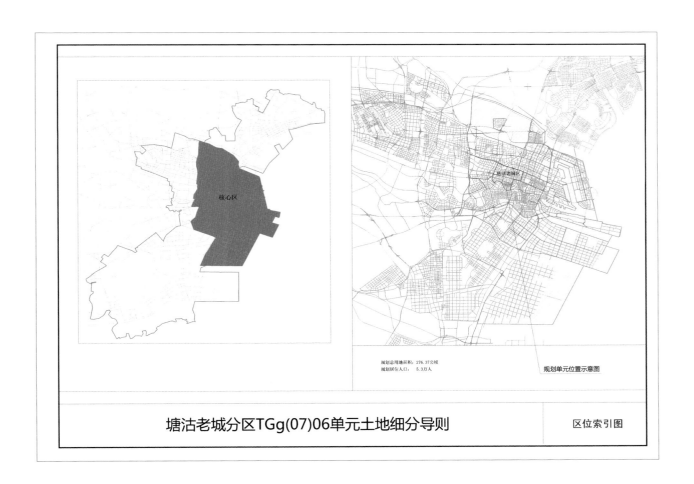

规划总用地面积：276.37公顷
规划居住人口：　5.3万人

规划单元位置示意图

塘沽老城分区TGg(07)06单元土地细分导则

区位索引图

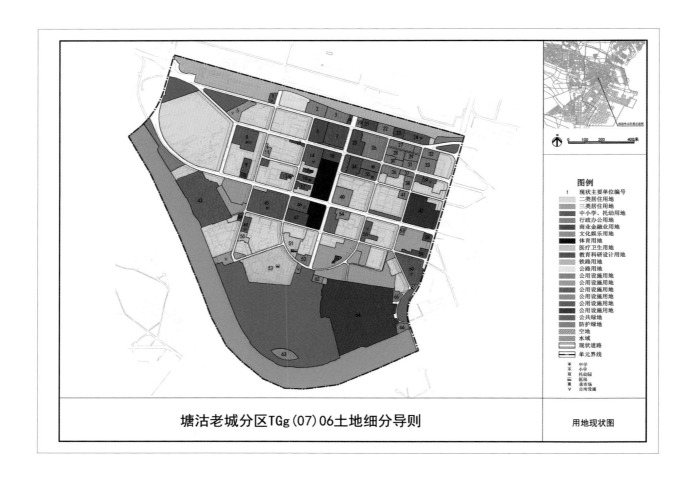

图例

1 现状主要单位编号
二类居住用地
三类居住用地
中小学、托幼用地
行政办公用地
商业金融业用地
文化娱乐用地
体育用地
医疗卫生用地
教育科研设计用地
铁路用地
公路用地
公用设施用地
公用设施用地
公用设施用地
公用设施用地
公用设施用地
公共绿地
防护绿地
空地
水域
现状道路
单元界线

中学
小学
托幼园
医院
菜市场
V 公用设施

塘沽老城分区TGg(07)06土地细分导则

用地现状图

土地细分导则　　　　　　　　　　　　塘沽老城分区 TGg（07）06 单元

现状主要单位用地情况一览表

序号	单位名称	用地面积（公顷）	总建筑面积（万平方米）
1	公用设施	0.28	0.12
2	塘沽检察院	0.97	2.40
3	塘沽区地方税务局	0.94	1.26
4	泰发宾馆	0.13	0.25
5	公用设施	0.91	0.11
6	海晶宾馆	1.32	1.50
7	天津科技大学塘沽校区	1.77	1.50
8	塘沽区实验学校	1.83	1.40
9	塘沽园林工程设计所	0.49	0.14
10	商业	0.17	0.26
11	公用设施	0.28	0.13
12	商业	0.15	0.12
13	塘沽区六幼	0.26	0.09
14	塘沽五中	1.35	0.55
15	爱民里菜市场	0.13	0.13
16	新村菜市场	0.43	0.18
17	人人乐超市	0.34	0.69
18	大泛华国际俱乐部	0.71	2.21
19	塘沽区体育场	2.84	0.19
20	天津市招投标交易中心	0.21	0.68
21	塘沽区市政工程公司	0.57	0.38
22	塘沽区国家税务局	0.65	0.93
23	天津泰和房地产开发有限公司	0.40	0.24
24	公用设施	0.96	0.88
25	天津航道局培训中心	1.21	1.76
26	塘沽区政府	2.13	6.37
27	塘沽区人民法院	0.92	1.60
28	塘沽区物价局	0.64	0.62
29	塘沽区土地管理局	0.45	0.57
30	塘沽区公安局	0.52	1.53
31	财政局	0.45	0.72
32	塘沽区房地产管理局	0.57	0.99
33	天津滨海供电公司	0.90	1.99
34	中盐制盐工程技术研究院	0.86	0.85

土地细分导则　　　　　　　　　　　　塘沽老城分区 TGg（07）06 单元

35	塘沽区一幼	0.62	0.67
36	市公安局塘沽分局	0.68	1.24
37	塘沽区环保局	0.27	0.31
38	塘沽国税局办税大厅	0.41	0.52
39	公用设施	0.65	2.62
40	塘沽大剧院	1.15	2.53
41	天津滨海投资集团办公楼	0.29	0.69
42	中国海图图书出版社	3.46	3.42
43	塘沽区自来水公司	6.47	0.90
44	天津航通	0.15	0.17
45	市塘沽二中	3.67	2.16
46	浙江路小学	0.96	0.61
47	天津远洋运输公司	1.08	1.41
48	塘沽体育馆	1.52	1.12
49	塘沽区宁波里小学	0.43	0.42
50	塘沽区疾病预防中心	0.35	0.32
51	市第五中心医院市塘沽医院门诊部	1.01	0.86
52	市科学技术委员会	0.48	0.56
53	市第五中心医院	5.99	4.33
54	塘沽区广播电视台	0.52	1.62
55	宁波道菜市场	0.12	0.12
56	塘沽区上海道小学	0.71	0.37
57	政协大厦	0.18	0.79
58	旅馆	0.28	0.13
59	宁波道家具城	0.55	0.70
60	塘沽区第二中心小学	2.11	1.01
61	公用设施	0.10	0.16
62	老干部局	0.38	0.70
63	塘沽博物馆	0.81	1.20
64	海军后勤学院	16.41	6.13
65	塘沽区大桥管理所	0.33	0.36
66	塘沽区园林管理局园林一队	0.41	0.11

注：表中用地面积和建筑面积是在 1：2000 地形图基础上图量而成。

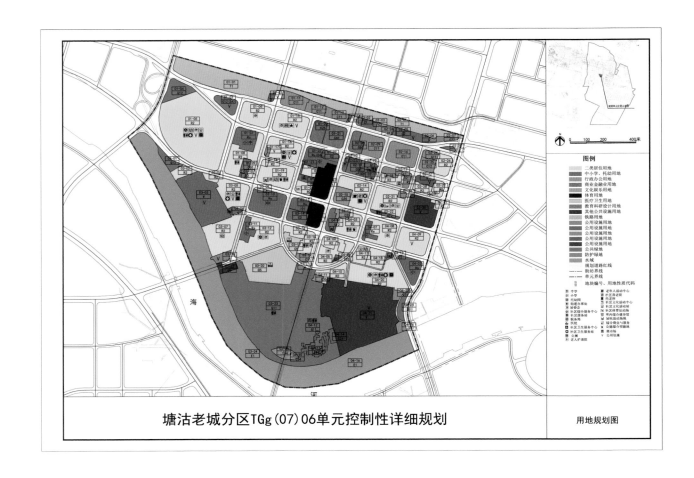

塘沽老城分区TGg(07)06单元控制性详细规划

用地规划图

土地细分导则　　　　　　　　　　　　　　　　　　　　　　壁站老城分区 TGg（07）06 单元

地块控制指标一览表

街坊编号	地块编号	用地性质代码	用地性质	用地面积（公顷）	容积率	建筑密度（%）	绿地率（%）	建筑限高（米）	配套设施项目名称及规模		备注
									设施名称	建设规模方式	
01	01-01	T1	铁路用地	9.79	–	–	–	–			现状保留
	01-02	V	公用设施用地	0.19	–	–	–	–	公用设施	–	现状保留
	01-03	G12	街头绿地	1.05	–	–	75	–			建议兼容 S4
	01-04	G12	街头绿地	1.55	–	–	75	–			现状保留
	01-05	R2	二类居住用地	14.99	2.8	29	30	100	幼儿园、居委会、文化活动站、公厕、社区卫生服务站、社区服务站、托老所	12班托幼，占地面积 4000 ㎡，独立设置；居委会建筑面积 100 ㎡，独立设置；文化活动站建筑面积 300 ㎡，结合设置；公厕建筑面积 60 ㎡，结合设置；社区卫生服务站建筑面积 150 ㎡，结合设置；社区服务站建筑面积 600 ㎡，结合设置；托老所建筑面积 800 ㎡，结合设置	现状保留
	01-06	R2	二类居住用地	2.38	2.5	16	30	100	居委会	建筑面积 100 ㎡，独立设置	现状保留
	01-07	Rs	中小学、幼儿园用地	1.70	0.9	25	35	24	九年一贯制学校	独立设置	现状保留
	01-08	R2	二类居住用地	3.08	2.5	16	35	100	公厕	建筑面积 60 ㎡，结合设置	现状保留
	01-09	C65	科研设计用地	0.49	0.9	25	35	24			现状保留
	01-10	C2	商业金融用地	0.10	2.0	40	20	35	–	–	现状保留
	01-11	C11	市属行政办公用地	1.40	2.0	35	35	60			现状保留
	01-12	C11	市属行政办公用地	0.86	2.5	35	20	60			现状保留
	01-13	C11	市属行政办公用地	0.80	1.5	35	35	60			现状保留
	01-14	C2	商业金融用地	0.08	2.0	40	20	60	–	–	现状保留
	01-15	R2	二类居住用地	2.80	2.2	20	35	100	居委会、税务站、派出所、街道办事处	居委会建筑面积 100 ㎡，独立设置；税务站建筑面积 150 ㎡，结合设置；派出所建筑面积 1600 ㎡，独立设置；街道办事处建筑面积 1500 ㎡，独立设置	现状保留

土地细分导则　　　　　　　　　　　　　　　　　　　　　　壁站老城分区 TGg（07）06 单元

街坊编号	地块编号	用地性质代码	用地性质	用地面积（公顷）	容积率	建筑密度（%）	绿地率（%）	建筑限高（米）	配套设施项目名称及规模		备注
									设施名称	建设规模方式	
	01-16	R2	二类居住用地	2.62	2.2	20	35	100	文化活动站、社区卫生服务站、社区服务站、托老所	文化活动站建筑面积 300 ㎡，结合设置；社区卫生服务站建筑面积 150 ㎡，结合设置；社区服务站建筑面积 600 ㎡，结合设置；托老所建筑面积 600 ㎡，结合设置	现状保留
	01-17	V	公用设施用地	0.17	–	–	–	–	公用设施		现状保留
	01-18	R2	二类居住用地	0.18	2.5	30	35	100			现状保留
	01-19	R2	二类居住用地	2.93	2.0	20	35	100	居民活动场地、居委会、幼儿园、垃圾转运站、公厕	居民活动场地占地面积 500 ㎡，结合设置；居委会建筑面积 100 ㎡，独立设置；12班托幼，占地面积 4000 ㎡，独立设置；垃圾转运站占地面积 800 ㎡，独立设置；公厕建筑面积 60 ㎡，结合设置	现状保留
	01-20	C25	旅馆业用地	1.08	1.5	40	20	60			现状保留
	01-21	C61	高等学校用地	1.71	0.9	25	35	24			现状保留
	01-22	Rs	中小学、幼儿园用地	1.58	0.9	25	35	24	中学	独立设置	建议兼容 C4
	01-23	C2	商业金融用地	0.10	7.5	60	20	45			现状保留
	01-24	R2	二类居住用地	0.55	3.0	16	35	100			现状保留
	01-25	C26	市场用地	0.40	1.2	40	20	12	菜市场	独立设置	建议兼容 C
	01-26	R2	二类居住用地	0.76	4.5	40	35	100	综合商业	建筑面积 12000 ㎡，结合设置	现状保留
	01-27	C2	商业金融用地	0.60	3.7	50	20	60			现状保留
	01-28	C41	体育场馆用地	2.32	–	35	35	24	居民活动场地、公厕、社区体育运动场	结合设置；居民活动场地占地面积 500 ㎡，结合设置；公厕建筑面积 60 ㎡，结合设置	现状保留
02	02-01	T1	铁路用地	3.75	–	–	–	–			现状保留
	02-02	C1	行政办公用地	0.17	2.5	35	35	35	–	–	现状保留
	02-03	C2	商业金融用地	0.48	2.0	40	20	60			现状保留
	02-04	C11	市属行政办公用地	0.54	1.5	35	35	60			现状保留

土地细分导则　　　　　　　　　　　　　　　　　　　　　　　　　　　　　　　　　　　　塘沽老城分区 TGg（07）06 单元

街坊编号	地块编号	用地性质代码	用地性质	用地面积(公顷)	容积率	建筑密度(%)	绿地率(%)	建筑限高(米)	配套设施项目名称及规模		备注
									设施名称	建设规模方式	
	02-05	C2	商业金融用地	0.34	2.0	40	20	60	-	-	现状保留
	02-06	V	公用设施用地	0.79	-	-	-	-	公用设施	-	现状保留
	02-07	G22	防护绿地	0.50	-	-	90	-	-	-	
	02-08	C63	成人与业余学校用地	0.94	0.8	25	35	24	-	-	现状保留
	02-09	C11	市属行政办公用地	1.79	3.6	25	35	100	-	-	现状保留
	02-10	C2	商业金融用地	0.25	2.0	45	20	60	综合文化活动中心	建筑面积7500㎡，结合设置	建议兼容C3
	02-11	C65	科研设计用地	0.75	0.9	25	35	24	-	-	
	02-12	G12	街头绿地	0.52	-	-	75	-	公厕、居民活动场地	公厕建筑面积60㎡，结合设置；居民活动场地占地面积600㎡，结合设置	现状保留
	02-13	Rx	中小学、幼儿园用地	0.51	0.8	25	35	24	幼儿园	独立设置	现状保留
	02-14	R2	二类居住用地	2.61	2.5	16	35	100	社区养老院、社区卫生服务站、老年人活动中心、托老所	社区养老院建筑面积4500㎡，结合设置；社区卫生服务站建筑面积150㎡，结合设置；老年人活动中心建筑面积500㎡，结合设置；托老所建筑面积800㎡，结合设置	-
	02-15	C35	影剧院用地	1.04	2.5	40	35	60	-	-	现状保留
	02-16	C11	市属行政办公用地	2.46	1.8	25	35	60	-	-	现状保留
	02-17	C11	市属行政办公用地	1.01	2.2	25	35	60	-	-	现状保留
	02-18	R2	二类居住用地	0.20	3.5	50	20	36	-	-	现状保留
	02-19	R2	二类居住用地	0.64	2.0	20	35	60	菜市场	占地面积1000㎡，独立设置	现状保留
	02-20	C12	非市属行政办公用地	0.20	2.5	20	35	100	-	-	现状保留
	02-21	R2	二类居住用地	2.80	1.8	22	35	60	综合商业、居委会、文化活动站、社区服务站	综合商业建筑面积10000㎡，结合设置；居委会建筑面积100㎡，独立设置；文化活动站建筑面积300㎡，结合设置；社区服务站建筑面积600㎡，结合设置	现状保留
	02-22	G12	街头绿地	0.34	-	-	75	-	公厕	建筑面积60㎡，结合设置	现状保留
	02-23	G12	街头绿地	0.17	-	-	75	-	-	-	

土地细分导则　　　　　　　　　　　　　　　　　　　　　　　　　　　　　　　　　　　　塘沽老城分区 TGg（07）06 单元

街坊编号	地块编号	用地性质代码	用地性质	用地面积(公顷)	容积率	建筑密度(%)	绿地率(%)	建筑限高(米)	配套设施项目名称及规模		备注
									设施名称	建设规模方式	
	02-24	C11	市属行政办公用地	0.46	2.2	25	35	60			现状保留
	02-25	C12	非市属行政办公用地	0.80	1.5	35	35	100			现状保留
	02-26	R2	二类居住用地	1.20	3.7	40	26	100			现状保留
	02-27	V	公用设施用地	0.55	-	-	-	-	公用设施		
	02-28	R2	二类居住用地	0.83	2.5	16	35	100	社区综合中心、居委会	社区综合服务中心建筑面积2000㎡，结合设置；居委会建筑面积100㎡，独立设置	现状保留
	02-29	R2	二类居住用地	0.47	8.0	30	20	100			现状保留
	02-30	V	公用设施用地	3.07	1.5	35	35	60			现状保留
	02-31	R2	二类居住用地	0.88	2.0	20	35	60			现状保留
	03-01	G12	街头绿地	0.82	-	-	75	-			
	03-02	R2	二类居住用地	0.79	-	20	35	60			现状保留
	03-03	V	公用设施用地	6.45	-	-	-	-	公用设施		现状保留
	03-04	R2	二类居住用地	0.38	2.0	46	20	60			现状保留
03	03-05	R2	二类居住用地	2.83	2.5	16	35	60	居委会、文化活动站、公厕、社区卫生服务站、托老所	居委会建筑面积100㎡，独立设置；文化活动站建筑面积300㎡，结合设置；公厕建筑面积60㎡，结合设置；社区卫生服务站建筑面积150㎡，结合设置；托老所建筑面积800㎡，结合设置	-
	03-06	G12	街头绿地	0.27	-	-	75	-	居民活动场地	占地面积600㎡，结合设置	
	03-07	R2	二类居住用地	3.93	2.0	20	35	60	幼儿园	12班托幼，占地面积4000㎡，独立设置	现状保留
	03-08	V	公用设施用地	0.58	-	-	10	-	公用设施		建议兼容S4
	03-09	R2	二类居住用地	0.11	5.2	50	20	35			现状保留
	03-10	Rx	中小学、幼儿园用地	3.05	0.9	25	35	24	中学	独立设置	现状保留
	03-11	Rx	中小学、幼儿园用地	0.89	0.8	25	35	24	小学	独立设置	
	03-12	R2	二类居住用地	4.09	2.5	16	35	60	居委会、社区服务站	居委会建筑面积100㎡，独立设置；社区服务站建筑面积600㎡，结合设置	-

土地细分导则 建德老城分区 TCjg（07）06 单元

街坊编号	地块编号	用地性质代码	用地性质	用地面积（公顷）	容积率	建筑密度（%）	绿地率（%）	建筑限高（米）	配套设施项目名称及规模		备注
									设施名称	建设规模方式	
	03-13	Rs	中小学、幼儿园用地	0.83	0.8	25	35	24	小学	独立设置	现状保留
	03-14	C2	商业金融用地	0.95	1.5	40	20	60	-	-	现状保留
	03-15	C41	体育场馆用地	1.34	-	35	35	24	室内综合健身馆	结合设置：室内综合健身馆建筑面积 2500 m²，结合设置	现状保留
	03-16	R2	二类居住用地	0.78	6.5	20	35	60	-	-	现状保留
	03-17	C5	医疗卫生用地	0.91	1.5	25	35	35	医院	独立设置、结合设置	现状保留
	03-18	R2	二类居住用地	1.10	2.5	16	35	60	公厕、居委会	公厕建筑面积 60 m²，结合设置；居委会建筑面积 100 m²，独立设置	
	03-19	C11	市属行政办公用地	0.36	2.0	35	35	35	-	-	现状保留
	03-20	C5	医疗卫生用地	5.74	1.5	25	35	60	医院	独立设置、结合设置	现状保留
	03-21	V	公用设施用地	0.24	-	-	-	-	公用设施	-	建议兼容 S4
	03-22	C9	其它公共设施用地	0.58	1.0	35	35	24	-	-	
	03-23	G11	公园	17.69	-	-	-	-	公厕	公厕 4 座，每座建筑面积 60 m²，结合设置	
	03-24	E1	水域	23.19	-	-	-	-	-	-	
	03-25	C34	图书展览用地	0.40	2.0	35	35	24	-	-	现状保留
04	04-01	G12	街头绿地	0.81	-	-	-	-	居民活动场地	占地面积 600 m²，结合设置	现状保留
	04-02	C33	广播电视用地	0.44	2.5	35	35	100	-	-	现状保留
	04-03	R2	二类居住用地	1.82	2.7	16	35	100	公厕、垃圾转运站	公厕建筑面积 60 m²，结合设置；垃圾转运站占地面积 800 m²，独立设置	现状保留
	04-04	R2	二类居住用地	0.94	4.8	45	25	60	-	-	现状保留
	04-05	R2	二类居住用地	2.10	2.0	20	35	60	居委会	建筑面积 100 m²，独立设置	
	04-06	C26	市场用地	0.12	1.2	40	20	12	菜市场	独立设置	
	04-07	Rs	中小学、幼儿园用地	0.50	0.8	25	35	24	小学	独立设置	现状保留
	04-08	R2	二类居住用地	2.27	2.2	16	35	100	居委会	建筑面积 100 m²，独立设置	现状保留
	04-09	R2	二类居住用地	2.79	2.5	16	35	100	-	-	

土地细分导则 建德老城分区 TCjg（07）06 单元

街坊编号	地块编号	用地性质代码	用地性质	用地面积（公顷）	容积率	建筑密度（%）	绿地率（%）	建筑限高（米）	配套设施项目名称及规模		备注
									设施名称	建设规模方式	
	04-10	R2	二类居住用地	1.29	2.5	16	35	60	-	-	
	04-11	C36	游乐用地	0.25	2.0	35	35	24	-	-	现状保留
	04-12	G11	公园	9.83	-	-	-	75	公厕	结合设置：公厕 2 座，每座建筑面积 60 m²，结合设置	
	04-13	C21	商业用地	1.09	0.5	40	45	24	-	-	
	04-14	C21	商业用地	0.32	0.5	40	45	24	-	-	
	04-15	C34	图书展览用地	0.41	2.0	35	35	24	-	-	现状保留
	04-16	E1	水域	12.46	-	-	-	-	-	-	
	04-17	R2	二类居住用地	0.90	2.5	16	35	60	文化活动站、幼儿园	文化活动站建筑面积 300 m²，结合设置；12 班托幼，占地面积 4000 m²，独立设置	
	04-18	R2	二类居住用地	1.26	3.3	16	30	60	-	-	现状保留
	04-19	G12	街头绿地	0.16	-	-	-	75	居民活动场地	占地面积 600 m²，结合设置	
	04-20	R2	二类居住用地	4.46	2.5	16	40	60	居委会、公厕、社区卫生服务站、社区服务站、托老所	居委会建筑面积 100 m²，独立设置；公厕建筑面积 60 m²，结合设置；社区卫生服务站建筑面积 150 m²，结合设置；社区服务站建筑面积 600 m²，结合设置；托老所建筑面积 800 m²，结合设置	
	04-21	V	公用设施用地	16.42	0.9	25	35	35	公用设施	结合设置	现状保留
	04-22	C11	市属行政办公用地	0.35	1.5	35	35	35	-	-	现状保留
	04-23	G11	公园	0.65	-	-	-	75	-	-	
	04-24	C11	市属行政办公用地	0.36	1.5	35	35	35	-	-	现状保留
	04-25	Rs	中小学、幼儿园用地	1.55	0.8	25	35	24	小学	独立设置	

注：表中给定容积率为上限

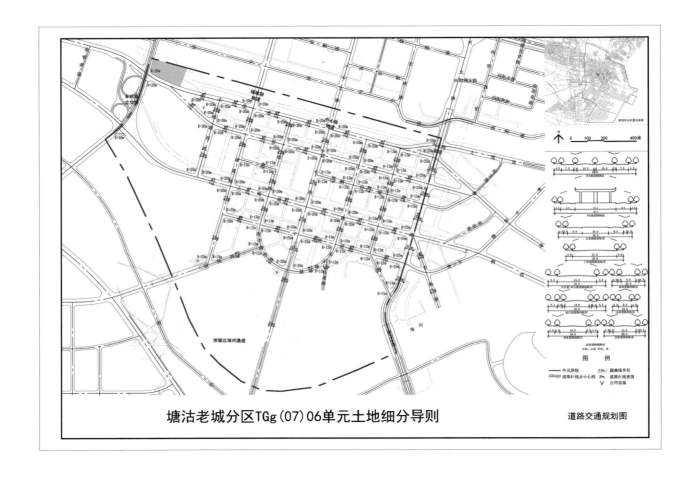

塘沽老城分区TGg(07)06单元土地细分导则

道路交通规划图

塘沽老城分区 TGg(07)06 单元
土地细分导则
说明书

一、现状概况与分析

1、本单元编号为 TGg（07）06，位于天津滨海新区核心区，塘沽老城分区范围内。规划范围南侧到海河岸线，北侧到京山铁路，东侧到河北路，西侧到车站北路，规划建设用地 2.41 平方公里（不含海河面积）。本单元内南侧中部为河滨公园，用地周边紧邻海河和外滩公园，与响螺湾商务区隔河相望，区位优势明显，东临海门大桥和河北路，北靠塘沽火车站，西接车站北路，并有上海道、中心路、营口道等城市主要道路穿区而过，对外交通非常便利。

2、土地利用现状

现状用地主要以居住、商业、行政办公为主，另外还有科研教育、市政用地等。行政办公用地主要为原塘沽区区政府、塘沽人民法院和塘沽公安局等；科研教育用地主要是天津科技大学、天津航道局培训中心、中盐制盐工程技术研究院；市政设施主要是塘沽自来水厂、天津滨海供热有限公司第一分公司和塘沽邮政局等；居住区主要包括碧海鸿庭、明珠花园、崇安里、惠安里、丹东里、向阳里、河滨里等。

3、建筑质量

本单元位于塘沽中心城区，建筑大多建于 80 年代之后，总体上建筑质量较好。其中碧海鸿庭、河华里、明珠花园、阳光家园为近几年新建的居住小区，建筑质量较好，配套设施较完善；向阳里、惠安里、福建里等建

1

于上世纪八十年代末九十年代初的居住小区，住宅建筑质量一般，小区内缺乏公共绿地，配套设施不完善；新兴里、长春里、正义里、花园里等建于上世纪八十年代初期的居住小区，建筑比较破旧，居住环境质量较差。

本单元内公共建筑大多为近年来新建的，总体上建筑质量较好，部分建成时间较长的科研教育用地如天津科技大学塘沽校区、天津航道局等则建筑质量较差。

4、公共配套设施

现状公建主要为行政办公及科研教育机构，并设有配套的商业网点、集贸市场、文化娱乐、体育场馆等公共服务设施，设施配套较为齐全。

5、公共绿地

本单元内的公共绿地主要为河滨公园、海门园和部分街头绿地，部分年限较长的居住小区，公共绿地较为缺乏。

现状建筑面积规模一览表

建筑类型	建筑面积（万平方米）
住宅建筑	168
公共设施建筑	55
其它建筑	7
合计	230

6、道路交通现状

（1）道路

河北路：沥青路面宽约 26 米；

车站北路：高架桥宽约 25 米；

上海道：沥青路面宽约 27 米；

大连道：沥青路面宽约 19 米；

营口道：三块板结构，机动车道宽 15 米，两侧各有 1.5 米的机非分隔带和 2.5 米的人行和非机动车混行道；

山东路西街：沥青路面宽约 5 米；

烟台道：沥青路面宽约 11 米；

宁波道：沥青路面宽约 11 米；

西厂路：沥青路面宽约 5 米；

医院路：沥青路面宽约 11-12 米；

福建西路：沥青路面宽约 23 米；

福建路：沥青路面宽约 11 米；

浙江路：沥青路面宽约 11 米；

江苏路：沥青路面宽约 11 米；

西半圆路：沥青路面宽约 11 米；

东半圆路：沥青路面宽约 11 米；

中心路：沥青路面宽约 24 米；

山东路(山西路)：沥青路面宽约 8 米；

山东路：沥青路面宽约 11 米；

此外规划区内还有若干小区路，路面宽 3-6 米不等。

（2）铁路

略。

（3）交通场站设施

略。

7、市政工程设施现状

略。

二、土地细分导则依据与重点

1、依据

国家与天津市的有关法律、规定、技术标准及相关规划。

2、规划指导思想

旧城保护和城市发展相结合，积极推进旧城区的更新改造，在保护旧城区风貌特色的同时，实现本单元内的建筑更新和环境改造，从根本上提高居住环境质量，完善城市功能，形成特色鲜明的中心城区。

3、规划原则

（1）依法规划的原则

严格按照国家和天津市有关法律法规和规定，以及有关标准，遵循《天津市城市总体规划》及天津滨海新区的总体规划成果，确保城市总体规划的进一步深化和细化。

（2）整体性原则

各编制单元是城市整体的有机组成部分，必须遵循局部服从整体和内部服从外部的原则。每个编制单元都担负着城市总体规划赋予的功能，并受周边地区的影响和制约，在控规编制中必须遵循城市的整体性原则。

（3）延续性原则

为保证城市建设稳步有序的发展，控规编制既尊重城市现状，又考虑在总体规划基础上的城市发展、整合、创新。既考虑在市场经济条件下各种促进城市建设和发展的活力因素，又考虑城市经济的承载能力和实施的必要性、可能性。为保证城市发展的延续性，凡政府审批但未能和正在实施的项目均作为现状给予考虑。

（4）可操作性原则

控规编制建立在充分调研与分析论证的基础上，结合政府及规划管理部门的管理要求，成果有充分的依据和可操作性，与规划管理相衔接，这种可操作性还体现在控规成果的弹性，能让规划管理有一定余地来适应城市建设中出现的新情况，让整体要求的实现成为可能。

三、单元功能与规模

1、单元功能

本单元以商业、行政办公和居住功能为主，建设环境优美、设施齐全的现代化综合性中心城区。

2、单元用地规模、人口规模

　　本单元规划面积为 276.37 公顷，规划建设用地规模为 240.72 公顷。

　　依照本单元居住用地规模和规划开发强度及规划人均住宅建筑标准（规划人均住宅建筑标准为 35㎡/人）测算本单元可容纳居住人口 5.3 万人。

3、单元用地构成

　　本单元具体用地指标详见《用地构成汇总表》。

四、用地布局

1、用地布局

（1）居住用地

　　规划居住用地为 81.76 公顷，占总建设用地 33.96%。居住用地包括住宅用地、居住区居住小区公建及中小学和幼儿园用地，居住区的公共绿地和居住区的道路广场用地等。

　　本单元位于塘沽中心城区，为老城区，本次规划结合老城区的现状特点，居住区规划设计应符合以下原则和措施：

　　1）改造原则

　　以人为本原则

　　充分考虑人的行为心理需求，创造环境较好的居住条件，使良好的空间环境为人所用，为人所享。

　　生态宜居原则

　　从创建生态宜居城市出发，对中心城区无公共绿地或绿地不达标的居住组团，合理拆除少量建筑用于建设组团绿地，使组团绿地率不小于 20%，并增加组团机动车停车位，同时对老居住组团内临建、私建的低层建筑予以拆除，并结合老年活动站等配套设施进行建设，在有条件改造时应将架空的供热管线入地敷设，从而改善居住组团的居住质量和景观环境质量。

　　分期实施原则

　　加强和实施统一的物业管理制度，逐步取消居住街坊内部的围墙设施。由于老城区居住区的改造工作存在一定的难度，因此规划建议采用分期分批实施的原则，对于有条件的居住区优先实施，其它需改造的居住区待条件成熟后再进行改造，逐步改善中心城区的居住环境质量。

　　2）改造措施

　　本单元内碧海鸿庭、明珠花园、河华里等近几年新建的居住小区，居住环境质量较好，规划以保留现状为主；对于丹东里、惠安里、宁波里等部分住宅质量良好，但是绿化和配套设施不完善的小区，规划以现状改造为主，部分小区建议拆除部分旧楼座，用以建设公共绿地、公共停车场和小区配套设施，以达到改善小区环境质量、完善配套设施的目的。在河滨里小区靠近宁波道小学区域建议拆除两栋四层住宅，为宁波道小学的扩建操场提供场地；对于正义里、永顺里、长春里等八十年代初期建设的小区，由于住宅建筑质量破旧、居住环境质量较差，近期以环境改造为主，远期建议将其拆除，重新进行开发建设，从而达到提升城市环境质量、完善城市配套设施的目的。

（2）公共设施用地

规划公共服务设施用地为 34.75 公顷，占总建设用地 14.44%。本单元位于塘沽中心城区，各类公共服务设施均已建设齐全，本次规划主要以现状保留为主，对于部分环境质量较差，管理较乱的公共设施，规划建议将其拆除或结合周边公共设施进行整合改造。

规划在河滨公园西侧靠海河处新增一处基督教堂用地，占地面积约5800 平方米。

对本单元内沿主要道路两侧建筑质量破旧的平房，建议将其拆除，改做绿地或停车场地。

2、用地布局优化调整的主要构思

本单元为旧城改造区，用地布局的优化调整是建立在整合相关系统规划的基础上的，提出用地性质的整合，以达到完善该区的环境和滨河沿线的景观质量提升为目的。

五、地块控制

1、本单元共划分了 4 个街坊、总计 109 个细分地块（不含城市道路用地），具体控制要求详见《地块控制指标一览表》。表中编号前两位为街坊号，后两位为地块号。

2、已出让的地块的控制指标以出让合同确定的指标为准，如与规划不符应按程序进行调整。

六、建筑面积规模容量测算

本单元内建筑规模测算详见下表：

建筑面积规模测算一览表

建筑类型	建筑面积（万平方米）
居住建筑	200
公共建筑	55
市政及其它建筑	27
合计	282

七、绿地系统与单元绿地率

1、绿地要求

绿地内的植物应选择适宜本地生长的品种，并注意乔、灌结合和多层次的立体种植，有条件的地区还应进行垂直绿化和屋顶绿化的建设。

上海道、营口道、大连道、中心路作为本单元对外联系的主要道路，沿线两侧绿地以种植高大乔木为主。

加强福建路、宁波道、山东路等城市次干道两侧的绿化，使之成为重要的绿化景观道路。

沿海河绿带宽度不宜小于 100 米，沿河居住区改造时要留出绿带宽度，如拆除的建筑在绿带范围内，则不得原地重建。

建设用地中的绿地率控制，按照土地使用性质，在规划管理中合理确定。

2、绿地系统

规划公共绿地为 33.84 公顷，占总建设用地 14.06%，人均公共绿地面积为 6.4 ㎡。

公共绿地：结合本单元现有绿地及部分地块，采用见缝插针的方法，在保留现有 9 处街头绿地和公园的同时，新增 2 处绿地。长春里和正义里居住小区规划均拆除一栋旧楼座，各增设一处小型公共绿地。

街道绿化:结合区域现状，城市主要干道两侧的绿化景观带应结合路两侧的公共建筑因地制宜设置绿化广场、广场周边绿地和建筑门前绿化。远期道路红线拓宽，由于中心城区大部分区域沿街建筑无法满足道路两侧防护绿地的退线要求，因此本次规划不予考虑城市主次干道的绿化退线要求。

3、整体绿地率核算

计算公式：单元绿地率=[∑（公共绿地面积×75%）+∑（生产防护绿地面积×90%）+∑（各地块用地面积×本地块绿地率）+∑道路绿地面积]／单元总用地面积。

根据上述公式计算，本单元整体绿地率为 22.1%。

八、公共设施与配套设施

1、公共设施项目在本单元的用地情况详见文本中《地块控制指标一览表》中的规定要求。

2、本单元配套设施的类型、数量与规模详见下表：

配套设施规划一览表

序号	类别	项目	数量 现状	数量 规划	所在街坊或单独地块号	要求独立设置设施
1	教育	中　学	3	0	01、03	√
		小　学	5	0	01、03、04	√
		托幼园	3	2	01、02、03、04	√
2	社会管理	街道办事处	1	0	01	√
		居委会	5	7	01、02、03、04	√
		社区服务中心	0	1	02	—
		社区服务站	0	5	01、02、03、04	—
		公安派出所	1	0	01	√
		刑侦队	0	0	—	—
		交通管理队	0	0	—	—
		治安检查卡口	0	0	—	—
3	医疗卫生	医院（设住院部）	1	0	03	√
		社区卫生服务中心	0	0	—	—
		社区卫生服务站	0	5	01、02、03、04	—
4	老龄服务	老年人活动中心	0	1	02	—
		老年人护理中心	0	0	—	—

10

11

土地细分导则　　　　　　　　　　　塘沽老城分区 TGg（07）06 单元

		敬老院	0	1	02	-
		托老所	0	5	01、02、03、04	-
5	文化	综合文化活动中心	0	1	02	-
		文化活动站	2	3	01、02、03、04	-
6	体育	居民活动场地	3	2	01、02、03、04	-
		社区体育运动场	1	0	01	-
		室内综合建身馆	1	0	03	-
7	商业服务	综合商业与服务	2	0	01、02	
		菜市场	2	0	01、04	
8	道路交通	社会公共停车场库				
		公交场站				
		地铁出入口				
		地铁风亭				
		加油（气）站				
	消防	消防站				
	给水	给水泵站				
	排水	雨水泵站				
		污水泵站				
	电力	35kV 及以上变电站				
9	邮电	邮政局				
		电话局				
	供热	锅炉房或供热站				
	燃气	燃气抢修站				
		调压站				
		燃气罐站				

土地细分导则　　　　　　　　　　　塘沽老城分区 TGg（07）06 单元

环卫	垃圾转运站与环卫清扫班点	0	2	01、02	√
	公厕	11	5	01、02、03、04	-

　　本单元中有关居住区的配套设施，在编制修建性详细规划时应严格按《天津市居住区公共服务设施配置标准（DB29-7-2008）》的具体要求执行。

九、道路交通系统

1、道路规划

　　河北路：规划为城市快速路，红线宽 50 米，规划断面为 4.5（人行道）-7.5（辅路）-2（绿化带）-10.5(快车道)-1.0（中央分隔带）-10.5（快车道）-2（绿化带）-7.5（辅路）-4.5（人行道）。

　　车站路：规划为城市主干路，红线宽 50 米，规划断面为 3.5（人行道）-9(地面辅道)-25(高架主路)-9(地面辅道)-3.5（人行道）。

　　上海道：规划为城市主干路，红线宽 35 米，规划断面为 4（人行道）-27（车行道）-4（人行道）。

　　大连道：规划为城市主干路，红线宽 35 米，规划断面为 5.5（人行道）-24(车行道)-5.5（人行道）。

　　中心路（宁波道北段）：规划为次干路，红线宽 35 米，规划断面为 5.5（人行道）-24(车行道)-5.5（人行道）。

　　中心路（宁波道南段）：规划为主干路，红线宽 45 米，规划断面为 3

土地细分导则   塘沽老城分区 TGg（07）06 单元

（人行道）-2.5（绿化带）-9（车行道）-16（地道）-9（车行道）-2.5（绿化带）-3（人行道）。

　　福建路（上海道北段）：规划为主干路，红线宽 30 米，规划断面为 4（人行道）-3（绿化带）-16（车行道）-3（绿化带）-4（人行道）。

　　福建路（上海道南段）：规划为主干路，红线宽 25 米，断面为 3.5（人行道）-2（绿化带）-14（车行道）-2（绿化带）-3.5（人行道）。

　　营口道：红线宽 35 米，规划断面为 5.5（人行道/绿化）-3（非机动车道）-1.5（绿化带）-15（车行道）-1.5（绿化带）-3（非机动车道）-5.5（人行道/绿化）。

　　此外，在本单元内结合布局规划了 12 条 15 到 35 米宽的规划支路，规划横断面如下：

　　福建西路（营口道-上海道）：红线宽 35 米，规划断面为 6（人行道）-23（车行道）-6（人行道）。

　　福建西路（营口道-大连道）：红线宽 30 米，规划断面为 4（人行道）-3（绿化带）-16（车行道）-3（绿化带）-4（人行道）。

　　烟台道（浙江路-福建路）：红线宽 20 米，规划断面为 3.5（人行道）-2（绿化带）-9（车行道）-2（绿化带）-3.5（人行道）。

　　烟台道（中心路-河北路）：红线宽 25 米，规划断面为 3.5（人行道）-2（绿化带）-14（车行道）-2（绿化带）-3.5（人行道）。

14

土地细分导则   塘沽老城分区 TGg（07）06 单元

　　浙江路：红线宽 30 米，规划断面为 4（人行道）-3（绿化带）-16（车行道）-3（绿化带）-4（人行道）。

　　江苏路：红线宽 30 米，规划断面为 4（人行道）-3（绿化带）-16（车行道）-3（绿化带）-4（人行道）。

　　西半圆路：红线宽 25 米，规划断面为 3.5（人行道）-2（绿化带）-14（车行道）-2（绿化带）-3.5（人行道）。

　　东半圆路：红线宽 25 米，规划断面为 3.5（人行道）-2（绿化带）-14（车行道）-2（绿化带）-3.5（人行道）。

　　医院路：红线宽 20 米，规划断面为 3.5（人行道）-2（绿化带）-9（车行道）-2（绿化带）-3.5（人行道）。

　　山西路：红线宽 15 米，规划断面为 3.5（人行道）-8（车行道）-3.5（人行道）。

　　宁波道：红线宽 30 米，规划断面为 4（人行道）-3（绿化带）-16（车行道）-3（绿化带）-4（人行道）。

　　山东路：红线宽 25 米，规划断面为 3.5（人行道）-2（绿化带）-14（车行道）-2（绿化带）-3.5（人行道）。

　2、交叉口规划

　　车站路与大连道相交处规划为互通式立交；车站路与上海道相交处规划为互通式立交。

15

车站路与京山铁路相交处规划为车站路上跨京山铁路的分离式立交；福建路与京山铁路相交处规划为福建路下穿京山铁路地道；中心路与京山铁路相交处规划为中心路下穿京山铁路地道；河北路与京山铁路相交处规划为河北路下穿京山铁路地道。

其余路口均规划为一般平面相交路口。

3、铁路规划

略。

4、轨道规划

略。

5、交通场站设施规划

略。

6、配建停车场规划

本单元内各类建筑应按照《天津市建设项目配建停车场（库）标准》（DB/T29-6-2010）及有关规定要求配建停车场。具体指标见下表：

天津市建设项目配建停车场（库）标准

序号	建设项目类型			配建标准		
	性质	分类		机动车		非机动车
1	住宅	≥150	m²/户	1.5	车位/户	1.0	辆/户
		≥90；<150		1.0		1.5
		≥60；<90		0.7		1.8
		<60		0.5		2.0
2	办公	行政办公		1.5	车位/100平方米建筑面积	1.5	辆/100平方米建筑面积
		其他办公		1.2		1.5
3	商业场所	普通商业		0.8		2.0
		超市（大于一万平方米）		1.5		3.0

序号	建设项目类型			配建标准		
	性质	分类		机动车		非机动车
		综合市场、批发市场		1.5		3.0	
4	旅馆	三星及三星以上		0.4	车位/客房	1.0	辆/客房
		其它		0.2		1.0
5	餐饮、娱乐			2.0	车位/100平方米建筑面积	1.0	辆/100平方米建筑面积
6	医院	综合医院、专科医院	住院部	0.3	车位/床位	0.5	辆/床位
			其他部分	1.0		0.5
		疗养院		0.3		0.5
		社区卫生服务中心		0.4	车位/100平方米建筑面积	3.0	辆/100平方米建筑面积
		独立门诊		1.5		1.5
7	博览	博物馆、图书馆		0.8		3.0
		展览馆		1.0		2.0
		会展中心		1.2		2.0
		会议中心		10.0	车位/100座位	15.0	辆/100座位
8	游览	中心城区		0.1	车位/100平方米占地面积	0.3	辆/100平方米占地面积
		其他地区		0.12		0.2
9	体育	一类体育场馆		5.0	车位/100座	10.0	辆/100座
		二类体育场馆		4.0		10.0
10	学校	幼儿园		1.5		5.0
		小学		2.5	车位/100名学生	20.0	辆/100名学生
		中学		3.0		70.0
		中专、职校		4.0		70.0
		大专院校		6.0		60.0
11	影院			10.0	车位/100座	10.0	辆/100座
12	公交枢纽	轨道枢纽站		0.3	车位/远期高峰小时每百位旅客	4.0	辆/远期高峰小时每百位旅客
		轨道换乘站		0.2		7.0
		轨道一般站		–		10.0
		公交首末站		–		10.0

注：

1.廉租住房配建机动车停车位不少于0.2个车位/户，非机动车停车位不少于2.0辆/户；

2.工厂办公区其配建停车设施可在工厂用地范围内统一集中设置；

3.商业建筑面积含建设项目地下商业部分建筑面积；

4．酒店型公寓执行三星及三星以上建筑配建标准；

5．快捷酒店执行三星及三星以上建筑配建标准；

6．占地面积大于 5 万平方米的大、中型绿地参照游览场所停车配建标准；

7．一类体育场馆指大于 15000 座的体育场和大于 4000 座的体育馆；

8．二类体育场馆指小于或等于 15000 座的体育场和小于或等于 4000 座的体育馆；

9．幼儿园、小学、中学校门前道路红线以外（建设项目用地范围内）应设置不少于 200 平方米的地面集散场地，供接送车辆临时停放；

10．中心城区中环线以内轨道交通站不设配建机动车停车场，其它地区参照执行；

11．中心城区和滨海新区紧邻外环线的轨道一般站应参照轨道换乘站设置机动车停车场；

12．轨道枢纽站：3 条及以上轨道交通通过的车站；

13．轨道换乘站：2 条轨道交通线路通过的车站；

14．轨道一般站：1 条轨道交通线路通过的车站。

7、出入口规划

为减少地块进出交通对周边道路交通的干扰，提高地块出入口的安全性、便捷性，各地块机动车出入口应尽可能设置在次要道路上，不宜在行人集中地区设置机动车出入口，不得在交叉口、人行横道、公共交通停靠站以及立交引道处设置机动车出入口，机动车出入口距人行过街天桥、地道、立交引道、主要交叉口距离应大于 80 米；对于必须设置在快速路辅路、主干路上的地块出入口实行右转进出交通管制。

8、河道通航规划

目前本单元涉及的海河段通航标准为 3000-5000 吨级，由于海河通航规划正在编制中，规划河道等级及通航标准以相关规划为准。

本单元内的车站路、河北路两条道路采用开启桥上跨海河。福建路和中心路保留跨海河条件，具体跨河形式待定。

规划建议正常情况下梁底净空按通行 500 吨级海轮船考虑，即净空为

11.5 米，桥梁开启时净空要求按通行 5000 吨级海轮船考虑，即净空为 30.5 米。

通航净空要求一览表

通航船舶吨位	海轮净空要求（米）	内河净空要求（米）
500T	11.5	8
5000T	30.5	-

十、市政工程场站设施

略。

土地细分导则　　　　　　　　　　　塘沽老城分区 TGg（07）06 单元

附　用地构成汇总表

用地构成汇总表

用地代码			用地名称	用地面积（万平方米）		比例（%）	
大类	中类	小类		现状	规划	现状	规划
			居住用地	90.37	81.76	37.68	33.96
R	R2		二类居住用地	64.30	71.08	26.81	29.53
	R3		三类居住用地	14.30	0	5.96	0
	Rs		中小学、幼儿园用地	11.77	10.69	4.91	4.44
			公共设施用地	37.03	34.75	15.44	14.44
	C1		行政办公用地	12.39	11.55	5.17	4.80
	C2		商业金融业用地	5.90	5.36	2.46	2.22
C	C3		文化娱乐用地	2.71	2.53	1.13	1.05
	C4		体育用地	4.36	3.66	1.82	1.52
	C5		医疗卫生用地	7.35	6.66	3.06	2.77
	C6		教育科研设计用地	4.32	3.88	1.80	1.61
	C9		其它公共设施用地	0	0.58	0	0.24
M			工业用地	0	0	0	0
W			仓储用地	0	0	0	0
			对外交通用地	15.02	13.55	6.26	5.63
T	T1		铁路用地	13.39	13.55	5.58	5.63
	T2		公路用地	1.63	0	0.68	0
			道路广场用地	26.77	48.66	11.16	20.21
S	S1		道路用地	-	-	-	-
	S3		社会停车场库用地	-	-	-	-
	S4		交通设施用地	-	-	-	-
			市政公用设施用地	9.30	8.16	3.88	3.39
U	U1		供应设施用地	-	-	-	-
	U2		消防设施用地	-	-	-	-
	U3		邮电设施用地	-	-	-	-

20

土地细分导则　　　　　　　　　　　塘沽老城分区 TGg（07）06 单元

	U5	施工与维修设施	-	-	-	-
		绿地	41.46	34.36	17.29	14.27
G	G1	公共绿地	39.10	33.84	16.30	14.06
	G2	生产防护绿地	2.37	0.50	0.99	0.21
D		特殊用地	19.88	19.48	8.30	8.09
	-					
		建设用地合计	239.84	240.72	100	100
E		水域和其它用地	35.95	35.65	-	-
	E1	水域	35.95	35.65	-	-
K		空地	0.59	-	-	-
		总用地	276.37	276.37	-	-

21

七、工业区规划单元成果案例

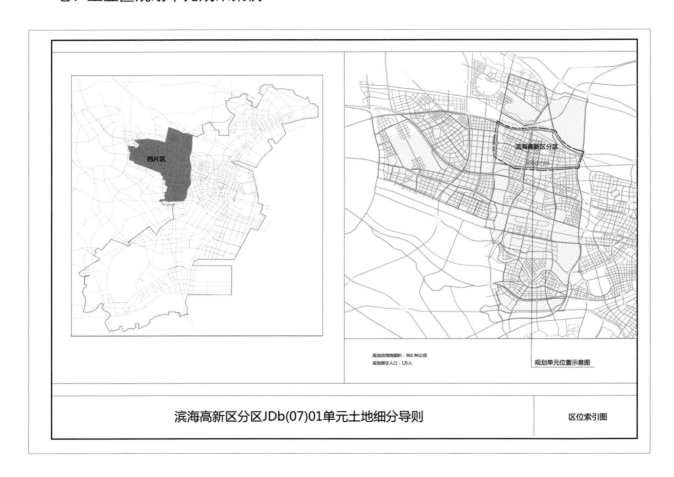

规划制用地面积：365.96公顷
规划居住人口：1万人

规划单元位置示意图

滨海高新区分区JDb(07)01单元土地细分导则

区位索引图

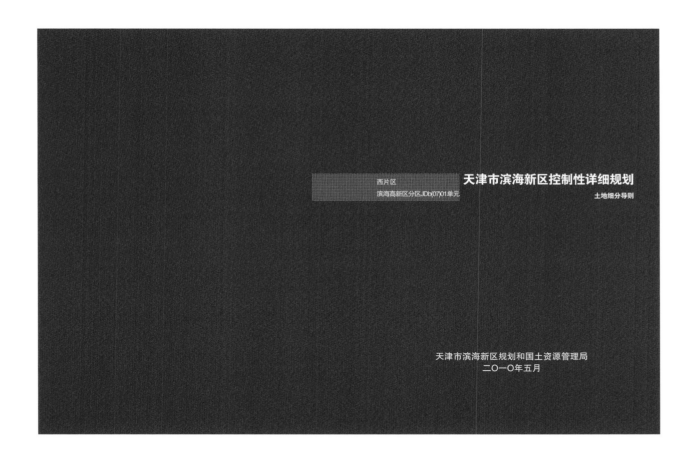

天津市滨海新区控制性详细规划

西片区
滨海高新区分区JDb(07)01单元

土地细分导则

天津市滨海新区规划和国土资源管理局
二○一○年五月

天津市滨海新区西片区
滨海高新区分区 JDb (07)01 单元
土地细分导则

天津市滨海新区规划和国土资源管理局

二〇一〇年五月

目　录

滨海高新区分区 JDb (07)01 单元
土地细分导则
文本

1. 总则

1.1 单元概况

 本单元编号为 JDb（07）01，位于西片区的北部。规划用地四至范围为：东至规划路十一，南至港城大道，西至汉港路，北至规划路二，总用地面积 365.96 公顷。本单元类型属于新建地区。

1.2 土地细分导则依据

 国家与天津市的有关法律、规定、技术标准及相关规划。

1.3 适用范围

1.3.1 本单元土地使用和各类开发建设活动必须遵守本导则的有关规定，同时必须符合国家和天津市的有关规定。

1.3.2 规划文本和图则具有同等效力。

2. 土地使用

2.1 本单元土地使用主导用地性质为：商业金融业用地、工业用地和居住用地。

2.2 本单元的用地分类按照《天津市城市规划管理技术规定》执行。

2.3 现有土地使用性质如与本导则确定的用地性质不一致时，暂时不需更正，但如对用地的部分或全部进行改造时，则新的用地性质必须与本导则相符。

2.4 为保证土地使用的灵活性和适应性，地块内的用地性质可以参照天津市土地使用性质兼容性有关规定进行确定。

1

3．土地开发强度

3.1 本单元地块土地开发强度的控制指标详见《地块控制指标一览表》。

3.2 根据本单元总建筑规模确定地块容积率指标。

3.3 绿地控制要求

本导则中确定的城市绿化带、公共绿地，在开发建设时不得随意占用。绿地率控制应执行《天津市城市规划管理技术规定》有关规定，并对绿地内的绿化设施等进行合理配置。

3.4 已出让地块的控制指标以出让合同确定的指标为准，如与规划不符应按程序进行调整。

4．配套设施

4.1 本单元到 2020 年末规划居住人口为 1 万人，须按人口规模配建相应的配套设施。

4.2 本单元配套设施的类型主要为公共服务设施、市政公用设施和道路交通设施，本单元的开发建设须确保配套设施用地和功能的完整实现。

4.3 配套设施的数量、规模均不可更改，未确定具体用地界限配套设施的位置原则上可结合方案在本单元街坊内做适当调整，但须按照《滨海新区控制性详细规划调整暂行办法》执行。

5．地块划分

5.1 本单元内的工业用地、公共设施用地、市政公用设施用地、绿地等用地原则上划分至用地分类中的"小类"；其他类型用地一般划分到用地分类中的"中类"，其中较大的地块需要增加内部道路时，则按不低于用地面积 10% 的比例控制，地块内小区路可根据实际开发建设的要求，在修建性详细规划中确定。地块内支路可依据企业招商情况在规划主管部门允许的情况下做适当调整。

5.2 本单元内须预留公益性公共设施预留地，原则上不小于建设用地的 3%。可采用分散与集中相结合的方式进行布局。

5.3 保证每个地块至少有一边与可开设机动车出入口的道路相邻，不临路地块须确保与道路直接相连的出入口通道用地。

5.4 当地块用地边界与已经办理合法手续出让的用地边界不一致时，应以后者界限为准。

6．道路交通

6.1 道路

规划道路一览表

道路名称	等级	红线宽度（米）	规划断面（米）
汉港路	主干路	60	3-8-1.5-15.5-4-15.5-1.5-8-3
港城大道	主干路	80	9.5-3-23.5-8-23.5-3-9.5
起步区规划支路一	支路	20	1.8-1.2-14-1.2-1.8
规划路十	主干路	30	4.5-2-17-2-4.5
规划路二	主干路	30	4-22-4
规划路十一	主干路	40	3-2.75-11.75-5-11.75-2.75-3 3-2.75-12.25-4-12.25-2.75-3

土地细分导则   滨海高新区分区 JDb（07）01 单元

规划路三	支路/主干路	15/40	特定
起步区规划次干路一	次干路	20	1.8-1.2-14-1.2-1.8
规划路四	主干路	60	2.75-6-2-15.25-8-15.25-2-6-2.75
起步区规划次干路五	次干路	20	1.8-1.2-14-1.2-1.8
规划路五	主干路	40	3-2.75-11.75-5-11.75-2.75-3
起步区规划次干路二	次干路	20	1.8-1.2-14-1.2-1.8
起步区规划次干路三	次干路	20	1.8-1.2-14-1.2-1.8
起步区规划次干路六	次干路	20	1.8-1.2-14-1.2-1.8
起步区规划次干路四	次干路	20	1.8-1.2-14-1.2-1.8
起步区规划支路二	支路	12	2.5-7-2.5
起步区规划支路三	支路	12	2.5-7-2.5
起步区规划支路四	支路	20	1.8-1.2-14-1.2-1.8
起步区规划支路五	支路	12	2.5-7-2.5
起步区规划支路六	支路	12	2.5-7-2.5
起步区规划支路七	支路	12	2.5-7-2.5
起步区规划路	支路	50	断面特定
支路八	支路	12.5	断面特定
支路九	支路	12.5	断面特定

6.2 交叉口

6.2.1 汉港路与规划路一、规划路二、规划路三、规划路四相交处规划为平面扩大路口，规划路一、规划路二、规划路三、规划路四道路红线向两侧各加宽 6 米。

6.2.2 其余相交路口均规划为一般平面相交路口。

6.3 轨道交通

略。

6.4 公交场、站

略。

4

6.5 配建停车

本控规单元内所有建设项目的配建停车场均应按《天津市建设项目配建停车场（库）规划标准》（DB/T29-6-2010）执行，区内各企业、工厂按照企业规模配建自备停车场。

6.6 出入口规划

为减少地块进出交通对周边道路交通的干扰，提高地块出入口的安全性、便捷性，各地块机动车出入口应尽可能设置在次要道路上，不宜在行人集中地区设置机动车出入口，不得在交叉口、人行横道、公共交通停靠站以及立交引道处设置机动车出入口，机动车出入口距人行过街天桥、地道、立交引道、主要交叉口距离应大于 80 米；对于必须设置在快速路辅路、主干路上的地块出入口实行右转进出交通管制。

7. 市政工程场站设施

略。

5

滨海高新区分区 JDb (07)01 单元
土地细分导则
图则

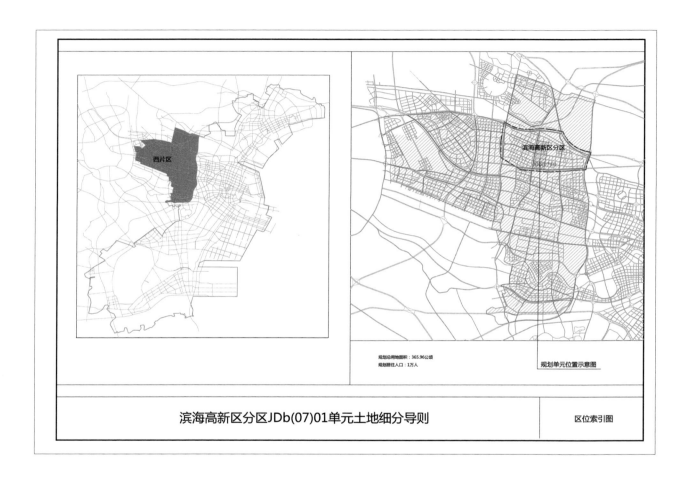

西片区

滨海高新区分区

规划总用地面积：365.96公顷
规划居住人口：1万人

规划单元位置示意图

滨海高新区分区JDb(07)01单元土地细分导则

区位索引图

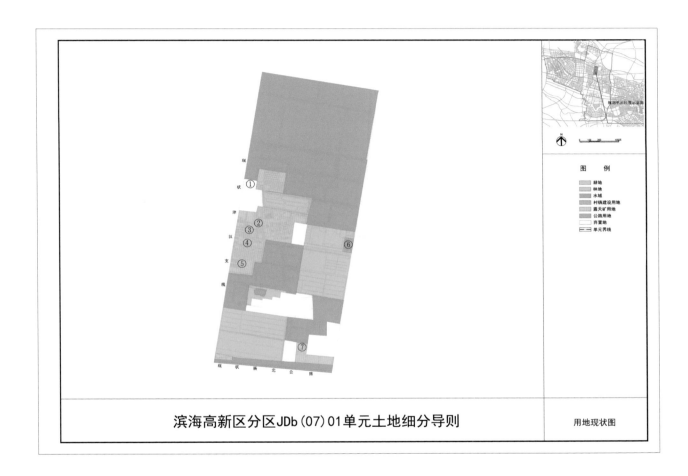

滨海高新区分区JDb(07)01单元土地细分导则

用地现状图

土地细分导则

滨海高新区分区 JDb(07)01 单元

现状主要单位用地情况一览表

编号	单位名称	用地面积（公顷）	建筑面积（万平方米）
1	渤海石油基地开发水电服务分公司地区变电配电管理站	0.35	0.03
2	中海石油基地集团采技服公司油田化学品生产中心	12.5	1.72
3	滨海高新区开发建设有限公司	5.4	2.23
4	市渤隆实业总公司渤隆服装厂	2.42	2.61
5	渤海石油基地储运场	3.27	0.4
6	渤海石油医院农场家属楼	1.41	0.48
7	渤海石油开发公司京海化工	4.65	0.03

注：表中用地面积和建筑面积是在 1：2000 地形图基础上图量面成。

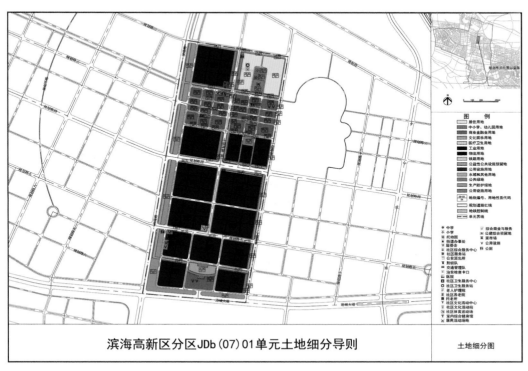

滨海高新区分区JDb(07)01单元土地细分导则

土地细分图

地块控制指标一览表

街坊编号	地块编号	用地性质代码	用地性质	用地面积（公顷）	容积率	建筑密度（%）	绿地率（%）	建筑限高（米）	设施名称	建设规模、方式	备注
01	01—01	G11	公园	0.72	—	—	75	—	—	—	—
	01—02	M1	一类工业用地	8.09	1.5	45	20	60	—	—	—
	01—03	G11	公园	1.43	—	—	75	—	—	—	—
	01—04	C2	商业金融业用地	5.69	3.5	45	35	60	公用设施	与公建合建	—
	01—05	G11	公园	4.81	—	—	75	—	—	—	—
	01—06	M1	一类工业用地	9.02	1.5	45	20	60	—	—	—
	01—07	G11	公园	1.18	—	—	75	—	—	—	—
	01—08	G11	公园	1.26	—	—	75	—	—	—	—
	01—09	M1	一类工业用地	9.88	1.5	45	20	35	—	—	—
	01—10	M1	一类工业用地	10.18	1.5	45	20	35	—	—	—
	01—11	M1	一类工业用地	7.88	1.5	45	20	35	—	—	—
	01—12	V	公用设施用地	0.35	—	—	—	—	公用设施	独立建设	—
	01—13	V	公用设施用地	0.60	—	—	—	—	公用设施	独立建设	—
	01—14	V	公用设施用地	0.35	—	—	—	—	公用设施	独立建设	—
	01—15	G22	防护绿地	0.23	0	0	90	—	—	—	—
	01—16	G22	防护绿地	0.31	0	0	90	—	—	—	—
	01—17	G22	防护绿地	0.31	0	0	90	—	—	—	—
	01—18	G22	防护绿地	0.29	0	0	90	—	—	—	—
	01—19	G22	防护绿地	10.06	0	0	90	—	公厕	独立建设，占地面积60m²/处	—
	01—20	G22	防护绿地	2.55	0	0	90	—	—	—	—
02	02—01	G11	公园	1.38	—	—	75	—	—	—	—
	02—02	M1	一类工业用地	16.30	1.5	45	20	35	—	—	—
	02—03	M1	一类工业用地	15.03	1.5	45	20	35	—	—	—
	02—04	G11	公园	1.70	—	—	75	—	—	—	—
	02—05	M1	一类工业用地	18.73	1.5	45	20	35	—	—	—
	02—06	G11	公园	0.96	—	—	75	—	公厕	独立建设，占地面积60m²/处	—
	02—07	M1	一类工业用地	18.77	1.5	45	20	35	—	—	—
	02—08	V	公用设施用地	0.50	—	—	—	—	公用设施	独立建设	—
	02—09	G22	防护绿地	0.82	0	0	90	—	—	—	—
	02—10	G22	防护绿地	0.79	0	0	90	—	—	—	—
	02—11	G22	防护绿地	1.37	0	0	90	—	—	—	—

土地细分导则

滨海高新区分区 JTb（07）01 单元

街坊编号	地块编号	用地性质代码	用地性质	用地面积（公顷）	容积率	建筑密度（%）	绿地率（%）	建筑限高（米）	配套设施项目		备注
									设施名称	建设规模、方式	
02	02—12	G22	防护绿地	1.32	0	0	90	—	—	—	—
	02—13	G22	防护绿地	7.84	0	0	90	—	—	—	—
03	03—01	M1	一类工业用地	5.73	1.5	45	20	60	—	—	—
	03—02	G11	公园	0.74	—	—	75	—	—	—	—
	03—03	M1	一类工业用地	2.69	1.5	45	20	60	—	—	—
	03—04	G11	公园	1.41	—	—	75	—	—	—	—
	03—05	G11	公园	0.51	—	—	75	—	—	—	—
	03—06	M1	一类工业用地	4.77	1.5	45	20	60	—	—	—
	03—07	G11	公园	2.05	—	—	75	—	—	—	—
	03—08	G11	公园	0.91	—	—	75	—	—	—	—
	03—09	M1	一类工业用地	14.54	1.5	45	20	35	—	—	—
	03—10	C2	商业金融业用地	2.51	2.8	50	20	60	—	—	—
	03—11	C2	商业金融业用地	1.35	2.8	50	20	60	—	—	—
	03—12	G11	公园	0.44	—	—	75	—	—	—	—
	03—13	C2	商业金融业用地	2.23	2.8	50	20	60	—	—	—
	03—14	G11	公园	0.44	—	—	75	—	—	—	—
	03—15	C2	商业金融业用地	2.47	2.8	50	20	60	—	—	—
	03—16	C2	商业金融业用地	1.38	2.8	50	20	60	—	—	—
	03—17	G11	公园	0.45	—	—	75	—	公厕	独立建设，占地面积60m²/处	—
	03—18	C2	商业金融业用地	1.96	2.8	50	20	60	—	—	—
	03—19	C2	商业金融业用地	1.11	1.8	50	20	24	—	—	—
	03—20	C2	商业金融业用地	0.79	1.8	50	20	24	—	—	—
	03—21	C2	商业金融业用地	0.98	1.8	50	20	60	—	—	—
	03—22	G11	公园	0.18	—	—	75	—	—	—	—
	03—23	C2	商业金融业用地	1.09	1.8	50	20	24	—	—	—
	03—24	C2	商业金融业用地	0.81	1.8	50	20	24	—	—	—
	03—25	C2	商业金融业用地	0.84	1.8	50	20	24	—	—	—
	03—26	G22	防护绿地	0.50	0	0	90	—	—	—	—
	03—27	G22	防护绿地	0.12	0	0	90	—	—	—	—
	03—28	G22	防护绿地	0.14	0	0	90	—	—	—	—
	03—29	G22	防护绿地	1.72	0	0	90	—	—	—	—
	03—30	G22	防护绿地	0.31	0	0	90	—	—	—	—
	03—31	G22	防护绿地	0.12	0	0	90	—	—	—	—
	03—32	G22	防护绿地	0.15	0	0	90	—	—	—	—

2

土地细分导则   滨海高新区分区 JDb（07）01 单元

街坊编号	地块编号	用地性质代码	用地性质	用地面积（公顷）	容积率	建筑密度(%)	绿地率(%)	建筑限高（米）	配套设施项目		备注
									设施名称	建设规模、方式	
03	03—33	G22	防护绿地	0.16	0	0	90	—	—	—	—
	03—34	G22	防护绿地	0.12	0	0	90	—	—	—	—
	03—35	G22	防护绿地	0.13	0	0	90	—	—	—	—
	03—36	G22	防护绿地	0.50	0	0	90	—	—	—	—
	03—37	G22	防护绿地	6.04	0	0	90	—	—	—	—
04	04—01	C2	商业金融业用地	1.38	1.8	50	20	24	—	—	—
	04—02	C2	商业金融业用地	0.98	1.8	50	20	24	—	—	—
	04—03	C2	商业金融业用地	1.22	1.8	50	20	24	—	—	—
	04—04	G11	公园	0.23	—	—	75	—	—	—	—
	04—05	C2	商业金融业用地	1.35	1.8	50	20	24	—	—	—
	04—06	C2	商业金融业用地	1.00	1.8	50	20	24	—	—	—
	04—07	C2	商业金融业用地	1.05	1.8	50	20	24	—	—	—
	04—08	C2	商业金融业用地	2.17	2.8	50	20	60	公用设施	与公建合建	—
	04—09	C2	商业金融业用地	1.10	2.8	50	20	60	—	—	—
	04—10	G11	公园	0.44	—	—	75	—	公厕	独立建设，占地面积 60m²/处	—
	04—11	C2	商业金融业用地	1.93	2.8	50	20	60	—	—	—
	04—12	G11	公园	0.35	—	—	75	—	—	—	—
	04—13	C2	商业金融业用地	1.35	2.8	50	20	60	—	—	—
	04—14	C2	商业金融业用地	1.12	2.8	50	20	60	—	—	—
	04—15	G11	公园	0.45	—	—	75	—	—	—	—
	04—16	C2	商业金融业用地	1.59	2.8	50	20	60	—	—	—
	04—17	R2	二类居住用地	9.00	1.8	30	45	60	—	—	—
	04—18	G11	公园	0.75	—	—	75	—	—	—	—
	04—19	Rs	中小学、幼儿园用地	1.48	1.0	30	45	24	小学	独立建设，占地面积 1.3~1.5 hm²	—
	04—20	Rs	中小学、幼儿园用地	0.42	1.0	30	45	24	幼儿园	独立建设，占地面积 3640~4200m²	—
	04—21	G11	公园	1.92	—	—	75	—	居民活动场地		—
	04—22	G11	公园	0.51	—	—	75	—	—	—	—
	04—23	R2	二类居住用地	7.66	1.8	30	45	60	社区卫生服务站、社区文化活动站	与公建合建，社区卫生服务站建筑面积 150m²/处、社区文化活动站建筑面积 300~400m²/处	—
	04—24	G11	公园	0.74	—	—	75	—	—	—	—
	04—25	G11	公园	1.35	—	—	75	—	公厕	独立建设，占地面积 60m²/处	—
	04—26	G11	公园	1.35	—	—	75	—	—	—	—
	04—27	M1	一类工业用地	18.69	1.5	45	20	35	—	—	—

土地细分导则   滨海高新区分区 JDb（07）01 单元

街坊编号	地块编号	用地性质代码	用地性质	用地面积（公顷）	容积率	建筑密度(%)	绿地率(%)	建筑限高（米）	配套设施项目		备注
									设施名称	建设规模、方式	
04	04—28	G11	公园	1.86	—	—	75	—	—	—	—
	04—29	V	公用设施用地	0.40	—	—	—	—	公用设施	独立建设	—
	04—30	USC	公益性公共设施预留地	0.34	—	—	—	—	—	—	—
	04—31	V	公用设施用地	0.50	—	—	—	—	公用设施	独立建设	—
	04—32	G22	防护绿地	0.07	0	0	90	—	—	—	—
	04—33	G22	防护绿地	0.11	0	0	90	—	—	—	—
	04—34	G22	防护绿地	0.04	0	0	90	—	—	—	—
	04—35	G22	防护绿地	0.96	0	0	90	—	—	—	—
	04—36	G22	防护绿地	0.95	0	0	90	—	—	—	—
	04—37	G22	防护绿地	1.37	0	0	90	—	—	—	—
	04—38	G22	防护绿地	7.07	0	0	90	—	—	—	—

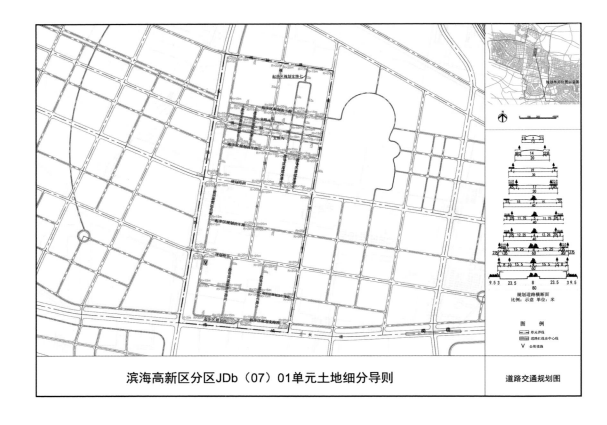

滨海高新区分区JDb（07）01单元土地细分导则

道路交通规划图

滨海高新区分区 JDb (07)01 单元
土地细分导则
说明书

一、现状概况与分析

1、本单元编号为 JDb(07)01，位于西片区的北部。用地范围：东至规划路十一，南至港城大道，西至汉港路，北至规划路二，总用地规模为 365.96 公顷。

2、人口分布特点：现状人口主要在用地东侧的渤海石油医院农场内。

3、现状用地构成主要包括水域、露天矿用地、耕地等。

4、主要用地分析

本单元现状露天矿用地主要包括中海石油基地集团采技服公司油田化学品生产中心、市渤隆实业总公司渤隆服装厂、渤海石油基地储运场、渤海石油开发公司京海化工等单位，现状工业用地面积约23 公顷。

5、道路交通现状

港城大道：路面宽 8 米。

建设路：路面宽 6 米。

汉港公路：路面宽 6 米。

另外，规划范围内无交通"场、站、点"等设施。

6、市政工程设施现状

略。

二、土地细分导则依据与重点

1、依据

本次编制土地细分导则的依据是《天津市滨海新区控制性详细规

1

划》和国家与天津市的有关法律、规定及技术标准。

2、重点

本单元作为城市发展的重点地区，要充分体现地区优势，通过规划促进城市功能的强化。以承载生物技术、高端信息制造与绿色能源等高新技术产业研发用地为核心，进行用地控制指标规划和配套设施建设。重点落实行政管理、运营服务、商业金融、商务会展等现代服务业用地；落实公交换乘枢纽、社会停车场等交通设施用地；落实供电、供水、燃气等市政设施用地。

三、单元功能与规模

1、单元功能

本单元土地使用功能主要为工业用地、居住用地和公共设施用地。

2、单元用地规模、人口规模

本单元的总用地规模为365.96公顷，全部为建设用地。

依照本单元居住用地规模和规划开发强度测算本单元可容纳人口1万人。

根据产业用地性质及规模测算，规划就业岗位3万个。

3、单元用地构成

本单元各项用地指标详见《用地构成汇总表》。

四、用地布局

1、用地结构模式

TOD 发展模式：结合地铁站点形成高活力开发节点区域，适当提高建筑密度，形成适度的高强度开发。

轴向平行发展模式：东西向带状发展的格局可保证工业用地和公共设施用地在每一期开发中都占有一定比例。

功能混合模式：为避免由于地区使用功能过度单一带来的弊端，采用职住混合方式，缓解职住分离带来的交通压力，培养地区活力。

2、用地布局

（1）工业用地

本单元主要为工业用地，规划利用城市主、次干道组织工业用地布局。工业用地面积为160.31公顷，占规划建设用地的43.81%。

（2）居住用地

本单元居住用地为国际金领公寓，结合中心绿地规划以多层为主的中高档住宅，居住用地面积为18.56公顷，占规划建设用地的5.07%。

（3）公共设施用地

本单元公共设施用地主要沿规划路三两侧呈带状布局，规划路三在本单元内部为商业步行街，两侧分别为商业区和商务办公区，公共设施用地面积为39.47公顷，占规划建设用地的10.79%。

五、地块控制

1、本单元共划分了 4 个街坊、总计 108 个地块（不含城市道路用地）。

2、已出让的地块的控制指标以出让合同确定的指标为准，如与规划不符应按程序进行调整。

六、建筑面积规模容量测算

本单元内建筑规模测算详见下表：

建筑面积规模测算一览表

建筑类型	建筑面积 （万平方米）
公共设施建筑	104.37
工业建筑	240.47
居住建筑	31.89
其它建筑	—
合计	376.73

七、绿地系统与单元绿地率

1、绿地分类及控制指标

图则中确定的城市绿化带、公共绿地，在开发建设时不得占用。绿地控制应执行《天津市城市规划管理技术规定》有关规定。

各级城市道路两侧设置宽度不等的绿化带，形成点、线、面相结合的绿化系统。规划绿地 76.65 公顷，占规划建设用地的 20.94%。

2、整体绿地率核算

计算公式：单元绿地率＝[Σ（公共绿地面积×75%）+Σ（生产防护绿地面积×90%）+Σ（各地块用地面积×本地块绿地率）+Σ道路

绿地面积]/单元总用地面积

根据上述公式计算，本单元整体绿地率为 36.15%。

八、公共设施与配套设施

1、本单元公共设施的用地情况详见文本中《地块控制指标一览表》中的规定要求。

2、本单元配套设施的类型、数量与规模详见下表：

配套设施规划一览表

序号	类别	项目	数量		所在街坊或单独地块号	要求独立设置设施
			现状	规划		
1	教育	中　学	—	—		
		小　学	—	1	04-19	√
		托幼园	—	1	04-20	√
2	社会管理	街道办事处	—	—		
		居委会	—	—		
		社区综合服务中心	—	—		
		社区服务站	—	—		
		公安派出所	—	—		
		刑侦队	—	—		
		交通管理队	—	—		
		治安检查卡口	—	—		
3	医疗卫生	医院（设住院部）	—	—		
		社区卫生服务中心	—	—		
		社区卫生服务站	—	1	04-23	
4	老龄服务	老人护理院	—	—		
		社区养老院	—	—		
		托老所	—	—		
5	文化	社区文化活动中心	—	—		
		社区文化活动站	—	1	04-23	
6	体育	社区体育运动场	—	—		
		室内综合健身馆	—	—		
		居民活动场地	—	1	04-21	√
7	商业服务	综合商业与服务	—	—		
		菜市场	—	—		
		公建综合预留地	—	—		
8	道路	社会公共停车场库	—	—		

土地细分导则　　　　　　　　　　　滨海高新区分区 JDb（07）01 单元

	交通	公交场站			
		地铁出入口			
		地铁风亭			
		加油加气站			
	消防	消防站			
	给水	给水设施			
	排水	雨水泵站			
		污水泵站			
9	电力	35kV 及以上变电站			
	邮电	邮政局所			
		电 话 局			
	供热	锅炉房或供热站			
	燃气	燃气抢修站			
		煤气调压站			
		燃气服务站			
	环卫	垃圾转运站与环卫清扫班	－	－	－
		公 厕	－	5	01-19, 02-06, 03-17, 04-10, 04-25

九、道路交通系统

1、道路规划

汉港路：规划为城市主干路，红线宽 60 米，规划横断面为 3（人行道）-8（辅道）-1.5（绿化带）-15.5（车行道）-4（中央分隔带）-15.5-1.5-8-3。

港城大道：规划为城市主干路，红线宽 80 米，规划横断面为：9.5（绿化带）-3（人行道）-23.5（车行道）-8（分隔带）-23.5-3-9.5。

规划路十：规划为城市主干路，红线宽 30 米，规划横断面为：4.5（人行道+非机动车道）-2（绿化带）-17（车行道）-2-4.5。

规划路二：规划为城市主干路，红线宽 30 米，规划横断面为：4（人行道）-22（车行道）-4（人行道）。

6

土地细分导则　　　　　　　　　　　滨海高新区分区 JDb（07）01 单元

规划路十一：规划为城市主干路，红线宽 40 米，起步区规划次干路一以南段规划横断面为：3（人行道）-2.75（绿化带）-11.75（车行道）-5（分隔带）-11.75-2.75-3，起步区规划次干路一以北段，结合建设方意见，规划横断面为：3（人行道）-2.75（绿化带）-12.25（车行道）-4（分隔带）-12.25-2.75-3。

规划路三：起步区次干路一以东段规划为城市支路，红线宽 15 米，为步行商业街，横断面待定，起步区次干路一以西段规划为城市主干路红线宽 40 米，横断面待定。

规划路四：规划为城市主干路，红线宽 60 米，规划横断面为：2.75（绿化带）-6（人行道+非机动车道）-2（绿化带）-15.25（车行道）-8（分隔带）-15.25-2-6-2.75。

规划路五：规划为城市主干路，红线宽 40 米，规划横断面为：3（人行道）-2.75（绿化带）-11.75（车行道）-5（分隔带）-11.75-2.75-3。

起步区规划次干路一：红线宽 20 米，规划横断面为：1.8（人行道）-1.2（绿化带）-14（车行道）-1.2（绿化带）-1.8（人行道）。

起步区规划次干路二：红线宽 20 米，规划横断面为：1.8（人行道）-1.2（绿化带）-14（车行道）-1.2（绿化带）-1.8（人行道）。

起步区规划次干路三：红线宽 20 米，规划横断面为：1.8（人行道）-1.2（绿化带）-14（车行道）-1.2（绿化带）-1.8（人行道）。

起步区规划次干路四：红线宽 20 米，规划横断面为：1.8（人行道）-1.2（绿化带）-14（车行道）-1.2（绿化带）-1.8（人行道）。

7

起步区规划支路一：红线宽 20 米，规划横断面为：1.8（人行道）-1.2（绿化带）-14（车行道）-1.2（绿化带）-1.8（人行道）。

起步区规划支路二：红线宽 12 米，规划横断面为：2.5（人行道）-7（车行道）-2.5（人行道）。

起步区规划支路三：红线宽 12 米，规划横断面为：2.5（人行道）-7（车行道）-2.5（人行道）。

起步区规划支路四：红线宽 20 米，规划横断面为：1.8（人行道）-1.2（绿化带）-14（车行道）-1.2（绿化带）-1.8（人行道）。

起步区规划支路五：红线宽 12 米，规划横断面为：2.5（人行道）-7（车行道）-2.5（人行道）。

起步区规划支路六：红线宽 12 米，规划横断面为：2.5（人行道）-7（车行道）-2.5（人行道）。

起步区规划支路七：红线宽 12 米，规划横断面为：2.5（人行道）-7（车行道）-2.5（人行道）。

起步区规划次干路五：红线宽 20 米，规划横断面为：1.8（人行道）-1.2（绿化带）-14（车行道）-1.2（绿化带）-1.8（人行道）。

起步区规划次干路六：红线宽 20 米，规划横断面为：1.8（人行道）-1.2（绿化带）-14（车行道）-1.2（绿化带）-1.8（人行道）。

起步区规划路：规划为城市支路，红线宽 50 米，断面待定。

支路八：红线宽 12.5 米，规划横断面为 2.5（人行道）-7.5（车行道）-2.5（人行道）。

支路九：红线宽 12.5 米，规划横断面为 2.5（人行道）-7.5（车

8

行道）-2.5（人行道）。

2、交叉口规划

汉港路与规划路一、规划路二、规划路三、规划路四相交处规划为平面扩大路口，规划路一、规划路二、规划路三、规划路四道路红线向两侧各加宽 6 米。

规划范围内其余相交路口均规划为一般平面相交路口。

3、轨道规划

略。

4、交通场站设施规划

略。

5、配建停车场规划

规划区内各类建筑应按照《天津市建设项目配建停车场（库）标准》（DB/T29-6-2010）及有关规定要求配建停车场。具体指标见下表：

配建停车场指标表

序号	建设项目类型		单位	配建标准	
	性质	分类		机动车	非机动车
1	住宅	≥150m²	车位/户	1.5	1.0
		≥90 m²；<150 m²	车位/户	1.0	1.5
		≥60 m²；<90 m²	车位/户	0.7	1.8
		<60 m²	车位/户	0.5	2.0
2	办公	行政办公	车位/100 平方米建筑面积	1.5	1.5
		其他办公	车位/100 平方米建筑面积	1.2	1.0
3	商业场所	普通商业	车位/100 平方米建筑面积	0.8	2.0
		综合市场、批发市场	车位/100 平方米建筑面积	1.0	3.0
		超市（大于一万平方米）	车位/100 平方米建筑面积	1.5	3.0
4	旅馆	三星及三星以上	车位/客房	0.4	1.0

9

		其它	车位/客房	0.2	1.0
5	餐饮、娱乐		车位/100 平方米建筑面积	2.0	1.0
6	医院	综合医院专科医院	住院部	车位/床位	0.3	0.5
			其他部分	车位/100 平方米建筑面积	1.0	0.5
		疗养院	车位/100 平方米建筑面积	0.3	0.5
		社区卫生服务中心	车位/100 平方米建筑面积	0.4	3.0
		独立门诊	车位/100 平方米建筑面积	1.5	1.5
7	博览建筑	博物馆、图书馆	车位/100 平方米建筑面积	0.8	3.0
		展览馆	车位/100 平方米建筑面积	1.0	2.0
		会展中心	车位/100 平方米建筑面积	1.2	2.0
		会议中心	车位/100 座位	10.0	15.0
8	游览场所		车位/100 平方米占地面积	0.12	0.2
9	体育场（馆）	一类体育场馆	车位/100 座	5.0	10.0
		二类体育场馆	车位/100 座	4.0	10.0
10	学校	幼儿园	车位/100 名学生	1.5	5.0
		小学	车位/100 名学生	2.5	20.0
		中学	车位/100 名学生	3.0	70.0
		中专、职校	车位/100 名学生	4.0	70.0
		大专院校	车位/100 名学生	6.0	60.0
11	影剧院		车位/100 座	10.0	10.0
12	公交枢纽类	轨道枢纽站	车位/远期高峰小时每百位旅客	0.3	4.0
		轨道换乘站	车位/远期高峰小时每百位旅客	0.2	7.0
		轨道一般站	车位/远期高峰小时每百位旅客	—	10.0
		公交首末站	车位/远期高峰小时每百位旅客	—	10.0

区内各工厂、企业按照企业规模配建自备停车场。

6、出入口规划

为减少地块进出交通对周边道路交通的干扰，提高地块出入口的安全性、便捷性，各地块机动车出入口应尽可能设置在次要道路上，不宜在行人集中地区设置机动车出入口，不得在交叉口、人行横道、

公共交通停靠站以及立交引道处设置机动车出入口，机动车出入口距人行过街天桥、地道、立交引道、主要交叉口距离应大于 80 米；对于必须设置在快速路辅路、主干路上的地块出入口实行右转进出交通管制。

十、市政工程场站设施

略。

土地细分导则　　　　　　滨海高新区分区 JDb（07）01 单元

附　用地构成汇总表

用地构成汇总表

大类	中类	小类	用地名称	用地面积（万平方米）现状	规划	比例（%）现状	规划
			居住用地	-	18.56	-	5.07
R	R1		一类居住用地	-	-	-	-
	R2		二类居住用地	-	16.66	-	-
	R3		三类居住用地	-	-	-	-
	R4		四类居住用地	-	-	-	-
	R5		城中村用地	-	-	-	-
	Rs		中小学、幼儿园用地	-	1.9	-	-
			公共设施用地	-	39.47	-	10.79
C	C1		行政办公用地	-	-	-	-
	C2		商业金融业用地	-	39.47	-	-
	C3		文化娱乐用地	-	-	-	-
	C4		体育用地	-	-	-	-
	C5		医疗卫生用地	-	-	-	-
	C6		教育科研设计用地	-	-	-	-
	C7		文物古迹用地	-	-	-	-
	C9		其它公共设施用地	-	-	-	-
			工业用地	-	160.31	-	43.81
M	M1		一类工业用地	-	160.31	-	-
	M2		二类工业用地	-	-	-	-
	M3		三类工业用地	-	-	-	-
			仓储用地	-	-	-	-
W	W1		普通仓库	-	-	-	-
	W2		危险品仓库	-	-	-	-
	W3		堆场用地	-	-	-	-
	W4		物流用地	-	-	-	-
			对外交通用地	1.44	-	100	-
T	T1		铁路用地	-	-	-	-
	T2		公路用地	1.44	-	-	-
	T3		管道运输用地	-	-	-	-
	T4		港口用地	-	-	-	-
	T5		机场用地	-	-	-	-
			道路广场用地	-	68.28	-	18.66
S	S1		道路用地	-	67.93	-	-
	S2		广场用地	-	-	-	-
	S3		社会停车场库用地	-	-	-	-
	S4		交通设施用地	-	0.35	-	-
			市政公用设施用地	-	2.35	-	0.64
U	U1		供应设施用地	-	-	-	-
	U2		消防设施用地	-	-	-	-
	U3		邮电设施用地	-	-	-	-
	U4		环境卫生设施用地	-	-	-	-
	U5		施工与维修设施	-	-	-	-
	U6		殡葬设施用地	-	-	-	-
	U9		其它市政公用设施用地	-	-	-	-
			绿地	-	76.65	-	20.94
G	G1		公共绿地	-	30.62	-	-
	G2		生产防护绿地	-	46.03	-	-
			特殊用地	-	-	-	-
D	D1		军事用地	-	-	-	-
	D2		外事用地	-	-	-	-
	D3		保安用地	-	-	-	-
K			空	-	-	-	-
USC			公益性公共设施预留地	-	0.34	-	0.09
			建设用地合计	1.44	365.96	100	100
			水域和其它用地	364.52	-	-	-
E	E1		水域	208.44	-	-	-
	E2		耕地	78.89	-	-	-
	E3		园地	-	-	-	-
	E4		林地	-	-	-	-
	E5		牧草地	-	-	-	-
	E6		村镇建设用地	1.41	-	-	-
	E7		弃置地	33.09	-	-	-
	E8		露天矿用地	42.69	-	-	-
F			发展备用地	-	-	-	-
			总用地	365.96	365.96	-	-

12

土地细分导则　　　　　　滨海高新区分区 JDb（07）01 单元

13

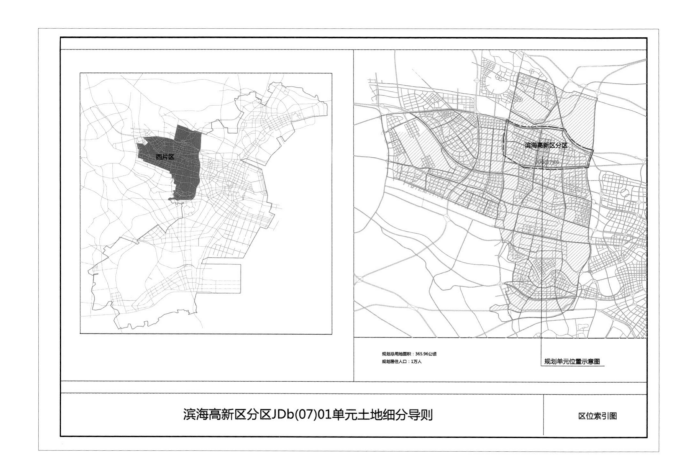

西片区

滨海高新区分区

规划总用地面积：365.96公顷
规划居住人口：1万人

规划单元位置示意图

滨海高新区分区JDb(07)01单元土地细分导则

区位索引图

西片区
滨海高新区分区JDb(07)01单元

天津市滨海新区控制性详细规划

天津市滨海新区规划和国土资源管理局
二〇一〇年五月

天津市滨海新区西片区
滨海高新区分区 JDb (07)01 单元
控制性详细规划

天津市滨海新区规划和国土资源管理局

二〇一〇年五月

目 录

滨海高新区分区 JDb (07)01 单元
控制性详细规划
文本

1. 总则

1.1 单元概况

本单元编号为 JDb（07）01，位于西片区的北部。规划用地四至范围为：东至规划路十一，南至港城大道，西至汉港路，北至规划路二，总用地面积约 365.96 公顷。本单元类型属于新建地区。

1.2 规划依据

国家与天津市的有关法律、规定及技术标准。

1.3 适用范围

1.3.1 本单元土地使用和各类开发建设活动必须遵守本控规的有关规定，同时必须符合国家和天津市的有关规定。

1.3.2 规划文本和图则具有同等效力。

2. 土地使用

2.1 本单元土地使用主导用地性质为：商业金融业用地、工业用地和居住用地。

2.2 本单元的用地分类按照《天津市城市规划管理技术规定》执行。

2.3 现有土地使用性质如与本控规确定的用地性质不一致时，暂时不需更正，但如对用地的部分或全部进行改造时，则新的用地性质必须与本控规相符。

2.4 为保证土地使用的灵活性和适应性，地块内的用地性质可以参照天津市土地使用性质兼容性有关规定进行确定。

1

3. 土地开发强度

3.1 本单元总建筑规模详见《规划单元控制指标一览表》。

3.2 绿地控制要求

规划中确定的城市绿化带、公共绿地，在开发建设时不得随意占用。绿地率控制应执行《天津市城市规划管理技术规定》有关规定，并对绿地内的绿化设施等进行合理配置。

3.3 已出让地块的控制指标原则上以出让合同确定的指标为准，如与规划不符应按程序进行调整。

4. 配套设施

4.1 本单元到 2020 年末规划居住人口为 1 万人，须按人口规模配建相应的配套设施。

4.2 本单元配套设施的类型主要为公共服务设施、市政公用设施和道路交通设施，本单元的开发建设须确保配套设施用地和功能的完整实现。

4.3 配套设施的数量、规模均不可更改，未确定具体用地界限配套设施的位置原则上可结合方案在本单元街坊内做适当调整，但须按照《滨海新区控制性详细规划调整暂行办法》执行。

5. 地块划分

5.1 本单元内的工业用地、公共设施用地、市政公用设施用地、绿地等用地原则上划分至用地分类中的"小类"；其他类型用地一般划分

2

到用地分类中的"中类"，其中较大的地块需要增加内部道路时，则按不低于用地面积10%的比例控制，地块内小区路可根据实际开发建设的要求，在修建性详细规划中确定。地块内支路可依据企业招商情况在规划主管部门允许的情况下做适当调整。

5.2 本单元内须预留公益性公共设施预留地，原则上不小于建设用地的3%。可采用分散与集中相结合的方式进行布局。

5.3 保证每个地块至少有一边与可开设机动车出入口的道路相邻，不临路地块须确保与道路直接相连的出入口通道用地。

5.4 当地块用地边界与已经办理合法手续出让的用地边界不一致时，应以后者界限为准。

6. 道路交通

6.1 道路

规划道路一览表

道路名称	等　级	红线宽度（米）	规划断面（米）
汉港路	主干路	60	3-8-1.5-15.5-4-15.5-1.5-8-3
港城大道	主干路	80	9.5-3-23.5-8-23.5-3-9.5
起步区规划支路一	支路	20	1.8-1.2-14-1.2-1.8
规划路十	主干路	30	4.5-2-17-2-4.5
规划路二	主干路	30	4-22-4
规划路十一	主干路	40	3-2.75-11.75-5-11.75-2.75-3 3-2.75-12.25-4-12.25-2.75-3
规划路三	支路/主干路	15/40	待定
起步区规划次干路一	次干路	20	1.8-1.2-14-1.2-1.8
规划路四	主干路	60	2.75-6-2-15.25-8-15.25-2-6-2.75
起步区规划次干路五	次干路	20	1.8-1.2-14-1.2-1.8
规划路五	主干路	40	3-2.75-11.75-5-11.75-2.75-3
起步区规划次干路二	次干路	20	1.8-1.2-14-1.2-1.8

起步区规划次干路三	次干路	20	1.8-1.2-14-1.2-1.8
起步区规划次干路六	次干路	20	1.8-1.2-14-1.2-1.8
起步区规划次干路四	次干路	20	1.8-1.2-14-1.2-1.8
起步区规划支路二	支路	12	2.5-7-2.5
起步区规划支路三	支路	12	2.5-7-2.5
起步区规划支路四	支路	20	1.8-1.2-14-1.2-1.8
起步区规划支路五	支路	12	2.5-7-2.5
起步区规划支路六	支路	12	2.5-7-2.5
起步区规划支路七	支路	12	2.5-7-2.5
起步区规划路	支路	50	断面待定
支路八	支路	12.5	断面待定
支路九	支路	12.5	断面待定

6.2 交叉口

6.2.1 汉港路与规划路一、规划路二、规划路三、规划路四相交处规划为平面扩大路口，规划路一、规划路二、规划路三、规划路四道路红线向两侧各加宽6米。

6.2.2 其余相交路口均规划为一般平面相交路口。

6.3 轨道交通

略。

6.4 公交场、站

略。

6.5 配建停车

本控规单元内所有建设项目的配建停车场均应按《天津市建设项目配建停车场(库)规划标准》(DB/T29-6-2010)执行，区内各企业、

3

4

控制性详细规划   滨海高新区分区 JDb（07）01 单元

工厂按照企业规模配建自备停车场。

6.6 出入口规划

为减少地块进出交通对周边道路交通的干扰，提高地块出入口的安全性、便捷性，各地块机动车出入口应尽可能设置在次要道路上，不宜在行人集中地区设置机动车出入口，不得在交叉口、人行横道、公共交通停靠站以及立交引道处设置机动车出入口，机动车出入口距人行过街天桥、地道、立交引道、主要交叉口距离应大于 80 米；对于必须设置在快速路辅路、主干路上的地块出入口实行右转进出交通管制。

7. 市政工程场站设施

略。

5

滨海高新区分区 JDb (07)01 单元
控制性详细规划
图则

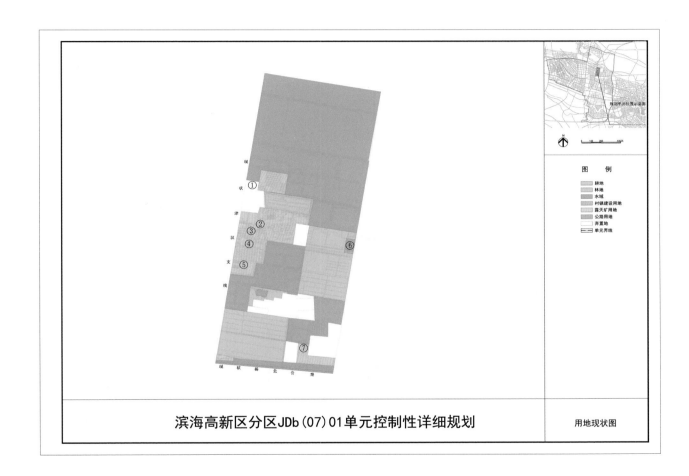

滨海高新区分区JDb(07)01单元控制性详细规划

用地现状图

控制性详细规划   滨海高新区分区 JDb(07)01 单元

现状主要单位用地情况一览表

编号	单位名称	用地面积（公顷）	建筑面积（万平方米）
1	渤海石油基地开发水电服务分公司地区变电配电管理站	0.35	0.03
2	中海石油基地集团采技服公司油田化学品生产中心	12.5	1.72
3	滨海高新区开发建设有限公司	5.4	2.23
4	市渤隆实业总公司渤隆服装厂	2.42	2.61
5	渤海石油基地储运场	3.27	0.4
6	渤海石油医院农场家属楼	1.41	0.48
7	渤海石油开发公司京海化工	4.65	0.03

注：表中用地面积和建筑面积是在 1：2000 地形图基础上图量而成。

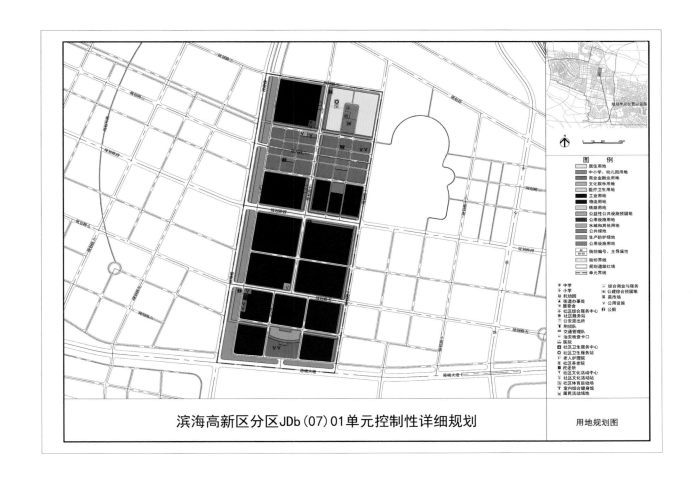

滨海高新区分区JDb(07)01单元控制性详细规划

用地规划图

规划单元控制指标一览表

街坊编号	主导属性	用地面积（公顷）	人口规模（万人）	总建筑规模（万平米）	公共绿地 数量（处）	公共绿地 规模（公顷）	公共服务设施 设施名称	规模（公顷）	数量（处）	市政公用设施 设施名称	规模（公顷）	数量（处）	道路交通设施 设施名称	规模（公顷）	数量（处）	备注
01	工业用地	94.68	-	87.51	5	9.40	公用设施	-	1	公用设施	-	1	公用设施	-	2	-
										公用设施	-	1				
							公用设施	-	1	公厕	-	1	公用设施	-	1	
										公用设施	-	1				
02	工业用地	101.79	-	103.25	3	4.05				公厕	-	1				
										公用设施	-	1				
03	工业用地 商业金融业用地	78.13	-	86.40	9	7.24				公用设施	-	1				
04	工业用地 商业金融业用地	91.36	1	99.57	11	9.93	社区卫生服务站	-	1	公用设施	-	1				
							公用设施	-	1							
							公用设施	-	1	公厕	-	2				
							社区文化活动站	-	1							
							小学	1.48	1	公用设施	-	1				
							幼儿园	0.42	1							
合计	-	365.96	1	376.73	28	30.62	-	1.90	8	-	-	11	-	-	3	-

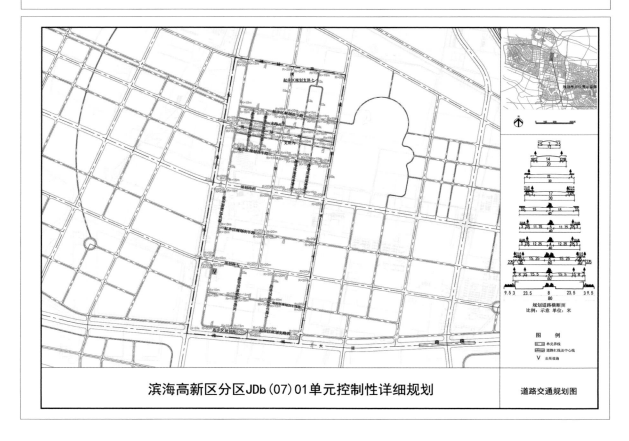

滨海高新区分区 JDb（07）01 单元控制性详细规划

道路交通规划图

图 例

规划道路横断面
比例：示意 单位：米

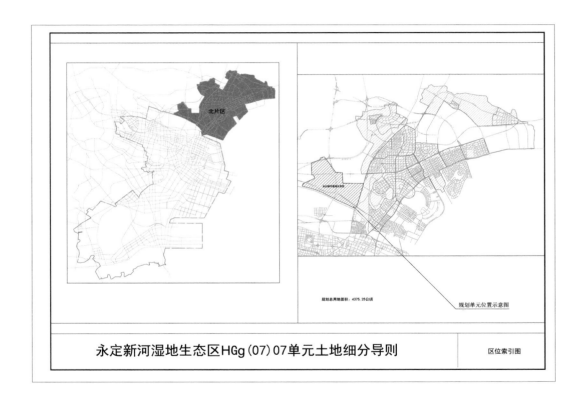

北部片区
永定新河湿地生态区
HGg(07)07 单元

天津市滨海新区控制性详细规划

土地细分导则

天津市滨海新区规划和国土资源管理局
二〇一〇年五月

天津市滨海新区北片区
永定新河湿地生态区 HGg(07)07 单元
土地细分导则

天津市滨海新区规划和国土资源管理局

二〇一〇年五月

目　录

区位索引图

永定新河湿地生态区 HGg07)07 单元
土地细分导则
文本

1. 总则

1.1 单元概况

本单元编号为 HGg(07)07，位于北片区西南部。规划用地四至范围为：西至塘沽区西界、东至京山铁路、北至塘沽区北界、南至永定新河河道中心线，总面积为 4375.25 公顷。本单元主导类型属于生态型。

1.2 土地细分导则依据

国家与天津市的有关法律、规定、技术标准及相关规划。

1.3 适用范围

1.3.1 本单元土地使用和进行各类开发建设活动必须遵守本导则的有关规定，同时还必须符合国家和天津市的有关规定。

1.3.2 规划文本和图则具有同等效力。

2. 土地使用

2.1 本单元土地使用主导用地性质为：耕地、水域等生态用地。

2.2 本单元的用地分类按照《天津市城市规划管理技术规定》执行。

2.3 现有土地使用性质如与本导则确定的用地性质不一致时，暂时不需更正，但如对用地的部分或全部进行改造时，则新的用地性质必须与本导则相符。

2.4 为保证土地使用的灵活性和适应性，地块内的用地性质可以参照天津市土地使用性质兼容性的有关规定进行确定。

1

3．土地开发强度

3.1 本单元地块土地开发强度的控制指标详见《地块控制指标一览表》。

3.2 根据本单元总建筑规模确定地块容积率指标。

3.3 绿地控制要求

本导则中确定的城市绿化带，在开发建设时不得随意占用。绿地率控制应执行《天津市城市规划管理技术规定》有关规定，并对绿地内的绿化设施等进行合理配置。

4．配套设施

4.1 本单元无规划常住人口。

4.2 本单元配套设施的类型主要为市政公用设施和道路交通设施，本单元的开发建设须确保配套设施用地和功能的完整实现。

4.3 配套设施的数量、规模均不可更改，未确定具体用地界限配套设施的位置原则上可结合方案在本单元街坊内做适当调整，但须按照《滨海新区控制性详细规划调整暂行办法》执行。

5．地块划分

5.1 本单元内的道路交通设施用地、市政公用设施用地、村庄用地等建设用地原则上划分至用地分类中的"大类"；生态用地一般划分到用地分类中的"小类"，地块划分一般以高速公路、公路、铁路、河流等为地块界限。

5.2 本单元内须预留公益性公共设施预留地，原则上不小于建设用地的 3%。可采用分散与集中相结合的方式进行布局。

5.3 保证每个地块至少有一边与可开设机动车出入口的道路相邻，不临路地块须确保与道路直接相连的出入口通道用地。

5.4 当地块用地边界与已经办理合法手续出让的用地边界不一致时，应以后者界限为准。

6．道路交通

6.1 道路

规划道路一览表

路名	等级	红线（米）
唐津高速公路	高速公路	100
京港高速公路	高速公路	100
塘承高速公路	高速公路	100
西中环快速路	快速路	70
津汉快速路	快速路	60
塘汉快速路	快速路	60
津汉路	主干路	80

6.2 铁路

略。

6.3 轨道交通

略。

土地细分导则 　　　　　　　　　　　　　　　　　永定新河湿地生态区 HGg（07）07 单元

6.4 交叉口

　　塘承高速公路与唐津高速公路、津汉快速路、京港高速公路相交处均规划为互通立交。

　　环渤海城际铁路、津秦客运专线与京港高速公路相交处规划为铁路上跨道路的分离式立交。

　　京港高速公路与京山铁路、塘汉快速路相交处规划为京港高速公路下穿京山铁路、塘汉快速路的分离式立交。

7. 市政工程场站设施

　　略。

4

永定新河湿地生态区 HGg07)07 单元
土地细分导则
图则

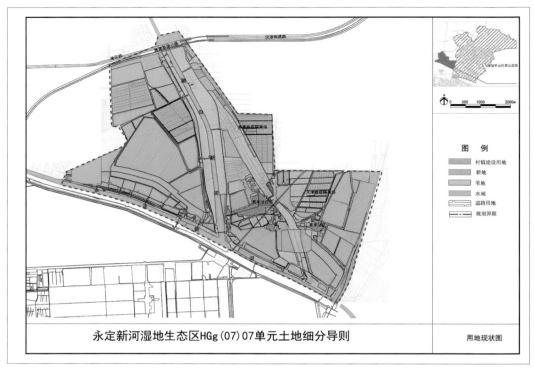

永定新河湿地生态区HGg(07)07单元土地细分导则

用地现状图

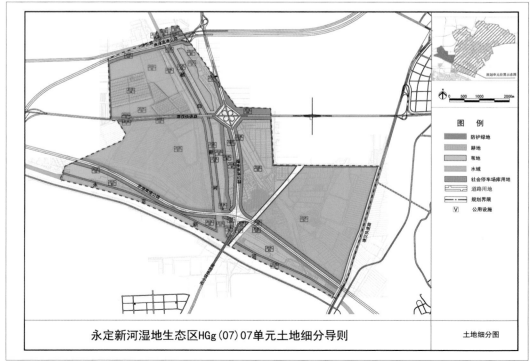

永定新河湿地生态区HGg(07)07单元土地细分导则

土地细分图

地块控制指标一览表

街坊编号	地块编号	用地性质代码	用地性质	用地面积（公顷）	容积率	建筑密度（%）	绿地率（%）	建筑限高（米）	配套设施项目 设施名称	配套设施项目 建设规模、方式	备注
01	01-01	E3	苇地	1.04	-	-	-	-	-	-	-
	01-02	G2	防护绿地	3.24	-	-	90	-	-	-	-
	01-03	E1	水域	3.92	-	-	-	-	-	-	-
	01-04	E3	苇地	13.07	-	-	-	-	-	-	-
	01-05	G2	防护绿地	7.65	-	-	90	-	-	-	-
	01-06	G2	防护绿地	54.72	-	-	90	-	-	-	-
	01-07	E1	水域	179.13	-	-	-	-	-	-	-
	01-08	E3	苇地	59.67	-	-	-	-	-	-	-
	01-09	E1	水域	29.97	-	-	-	-	-	-	-
	01-10	G2	防护绿地	35.35	-	-	90	-	-	-	-
	01-11	E3	苇地	117.48	-	-	-	-	-	-	-
	01-12	E1	水域	53.63	-	-	-	-	-	-	-
	01-13	E2	耕地	204.33	-	-	-	-	-	-	-
	01-14	E1	水域	67.22	-	-	-	-	公用设施	独立占地	-
	01-15	V	公用设施用地	4.19	-	-	-	-	公用设施	独立占地	-
	01-16	G2	防护绿地	39.30	-	-	90	-	-	-	-
	01-17	V	公用设施用地	2.98	-	-	-	-	公用设施	独立占地	-
	01-18	V	公用设施用地	2.98	-	-	-	-	-	-	-
	01-19	G2	防护绿地	78.28	-	-	90	-	-	-	-
	01-20	E1	水域	809.97	-	-	-	-	-	-	-
	01-21	E1	水域	51.17	-	-	-	-	-	-	-
	01-22	G2	防护绿地	53.70	-	-	90	-	-	-	-
	01-23	E3	苇地	74.11	-	-	-	-	公用设施	独立占地	-
	01-24	V	公用设施用地	0.15	-	-	-	-	-	-	-
	01-25	G2	防护绿地	32.23	-	-	90	-	-	-	-
	01-26	E3	苇地	50.93	-	-	-	-	-	-	-

1

街坊编号	地块编号	用地性质代码	用地性质	用地面积（公顷）	容积率	建筑密度（%）	绿地率（%）	建筑限高（米）	配套设施项目 设施名称	配套设施项目 建设规模、方式	备注
	01-27	V	公用设施用地	0.15	-	-	-	-	公用设施	独立占地	-
	01-28	G2	防护绿地	57.33	-	-	90	-	-	-	-
	01-29	E3	苇地	351.44	-	-	-	-	-	-	-
	01-30	G2	防护绿地	79.37	-	-	90	-	-	-	-
	01-31	E3	苇地	84.06	-	-	-	-	-	-	-
	01-32	E3	苇地	18.47	-	-	-	-	-	-	-
	01-33	E1	水域	117.37	-	-	-	-	-	-	-
	01-34	G2	防护绿地	13.69	-	-	90	-	-	-	-
	01-35	E3	苇地	7.71	-	-	-	-	-	-	-
	01-36	G2	防护绿地	7.97	-	-	90	-	-	-	-
	01-37	E3	苇地	8.54	-	-	-	-	-	-	-
	01-38	G2	防护绿地	60.21	-	-	90	-	-	-	-
	01-39	E1	水域	906.13	-	-	-	-	-	-	-
	01-40	G2	防护绿地	57.26	-	-	90	-	-	-	-
	01-41	E3	苇地	147.24	-	-	-	-	-	-	-
	01-42	E1	水域	60.13	-	-	-	-	-	-	-

2

永定新河湿地生态区HGg(07)07单元土地细分导则

道路交通规划图

永定新河湿地生态区 HGa(07)07 单元
土地细分导则
说明书

一、现状概况与分析

1、本单元编号为 HGg(07)07，位于北片区南部。规划用地四至范围
为：西至塘沽区西界、东至京山铁路、北至塘沽区北界、南至永定新
河河道中心线，总面积为 4375.25 公顷。

2、人口分布特点：本单元内有农村人口 15300 人。

3、现状用地构成主要包括村镇建设用地、耕地、苇地、道路用地、
水域等。

4、主要用地分析

（1）村镇建设用地

本单元现状村镇建设用地主要为农村居民点用地和村镇企业用
地，现状村镇建设用地面积 373.18 公顷，占单元总用地面积的 8.5%。

（2）耕地、苇地

本单元现状耕地和苇地交错分布于潮白新河两侧，占地面积较
大，两类用地面积为 710.69 公顷，占单元总用地面积的 16.2%。

（3）水域

本单元现状水域主要为河流和养殖坑塘，分布比较分散，且面积
较大，两类用地面积为 3274.11 公顷，占单元总用地面积的 74.8%。

5、基于现状用地分析，确定本单元主导功能为生态区。

6、道路交通现状

（1）道路

唐津高速公路：路基宽 26 米，双向四车道。

塘承高速公路：正在施工。

1

津汉公路：现状为二级公路，路面宽 9 米。

（2）铁路

略。

7、市政工程场站设施现状

本单元内现状无市政工程场站设施。

二、土地细分导则依据与重点

1、依据

国家与天津市的有关法律、规定、技术标准及相关规划。

2、重点

本单元作为生态区，要充分利用本地区生态资源优势，通过规划强化本区域的生态功能，合理利用土地，保护生态资源。

三、单元功能与规模

1、单元功能

本单元土地使用功能主要为耕地、苇地、水域等生态用地。

2、单元用地规模、人口规模

本单元的总用地规模为 4375.25 公顷。

本单元规划无常住人口。

3、单元用地构成

本单元各项用地指标详见《用地构成汇总表》。

四、用地布局

1、用地布局的主要构思

本单元用地布局充分结合本区域特点，合理利用生态资源优势，结合现状用地分布，将其进行整合，使各类用地相对集中，集约节约利用土地，保障该地区的生态功能。

2、用地布局

（1）耕地

依据《天津市土地利用总体规划》（1996-2010 年），规划范围内北部保留集中连片的耕地，继续作为农业种植用地，面积共计 204.33 公顷，占本区总用地面积的 4.67%。

（2）防护绿地

京港高速公路、塘承高速公路、唐津高速公路、津汉快速路、津汉公路、西中环快速路、塘汉快速路、京山铁路、环渤海城际铁路、津秦客运专线、潮白新河、永定新河两侧规划 18-100 米防护林地，行使防护功能，面积共计 606.59 公顷，占本区总用地面积的 13.86%。

绿化带控制宽度

序号	名　称	绿化带（米）
1	京山铁路	两侧各 18
2	津秦客运专线	〞 〞 18
3	环渤海城际铁路	〞 〞 18
4	唐津高速公路	〞 〞 100
5	京港高速公路	〞 〞 100
6	塘承高速公路	〞 〞 100
7	西中环快速路	〞 〞 100
8	津汉快速路	〞 〞 50
9	塘汉快速路	〞 〞 50
10	津汉公路	〞 〞 40

| 6 | 潮白新河 | 〃 〃 | 50 |
| 7 | 永定新河 | 〃 〃 | 50 |

（3）水库、养殖水面、苇地

规划范围内河流、养殖水面、苇地的功能在规划期内基本不变，仍为重要的生态用地，三者共计面积为 3323.96 公顷，占本区总用地面积的 76%。

五、地块控制

1、本单元共划分了 1 个街坊、总计 42 个地块（不含城市道路用地）。

2、已出让的地块的控制指标以出让合同确定的指标为准，如与规划不符应按程序进行调整。

六、绿地系统与单元绿地率

1、绿地分类及控制指标

图则中确定的城市绿化带在开发建设时不得占用。绿地控制应执行《天津市城市规划管理技术规定》有关规定。

各级道路、河流两侧的绿化带，形成点、线、面相结合的绿化系统。规划绿地 606.95 公顷，占本区总用地面积的 13.86%

2、整体绿地率核算

计算公式：单元绿地率=[∑（公共绿地面积×75%）+∑（生产防护绿地面积×90%）+∑（各地块用地面积×本地块绿地率）+∑道路绿地面积]/单元总用地面积

根据上述公式计算，本单元整体绿地率为 12.47%。

七、道路交通系统

1、道路规划

本单元内共涉及 3 条高速公路、3 条城市快速路、1 条城市主干路。分别为：

唐津高速公路：控制线宽 100 米

京港高速公路：控制线宽 100 米。

塘承高速公路、西中环快速路：京港高速公路以北为塘承高速公路，控制线宽 100 米，在津汉快速路以北设有主线收费站；京港高速公路以南为西中环快速路，红线宽 70 米。

津汉快速路：规划为城市快速路，红线宽 60 米，近期按高速公路建设，在本单元西边界东侧设有服务区一处。

塘汉快速路：红线宽 60 米。

津汉路：规划为城市主干路，红线宽 80 米。

2、铁路规划

略。

3、轨道交通

略。

4、交叉口规划

塘承高速公路与唐津高速公路、津汉快速路、京港高速公路相交处均规划为互通立交。

环渤海城际铁路、津秦客运专线与京港高速公路相交处规划为铁路上跨道路的分离式立交。

   京港高速公路与京山铁路、塘汉快速路相交处规划为京港高速公路下穿京山铁路、塘汉快速路的分离式立交。

八、市政工程场站设施

   略。

附：   用地构成汇总表

用地构成汇总表

用地代码			用地面积 （万平方米）		比例 （%）	
大类	中类	用地名称	现状	规划	现状	规划
非生态用地合计			390.45	240.37	8.9	5.49
T		对外交通用地	17.27	229.92	0.39	5.26
	T1	铁路用地	4.78	4.78	0.11	0.11
	T2	公路用地	12.49	225.14	0.29	5.15
S		道路广场用地	–	10.15	–	0.23
	S3	社会停车场用地	–	10.15	–	0.23
U		市政基础设施用地	–	0.3	–	0.01
	U1	供应设施用地	–	0.3	–	0.01
E		其他用地	373.18	–	8.53	–
	E6	村镇建设用地	373.18	–	8.53	–
生态用地合计			3984.8	4134.88	91.08	94.5
E	E1	水域	3274.11	2390.17	74.8	54.63
	E2	耕地	513.74	204.33	11.74	4.67
	E4	苇地	196.95	933.79	4.5	21.34
G	G2	生产防护绿地	–	606.59	–	13.86
总 用 地			4375.25	4375.25	100	100

第二部分　控规全覆盖成果

Part 2 Results of Full Coverage of Regulatory Plan

综合分区及分区位置示意图

第一章 核心片区控规成果

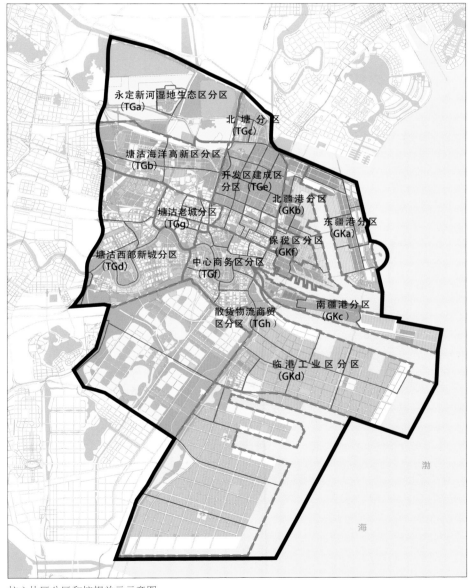

核心片区分区和控规单元示意图

第一节 永定新河湿地生态区分区

永定新河湿地生态区分区 TGa（07）01 单元控制性详细规划 用地规划图

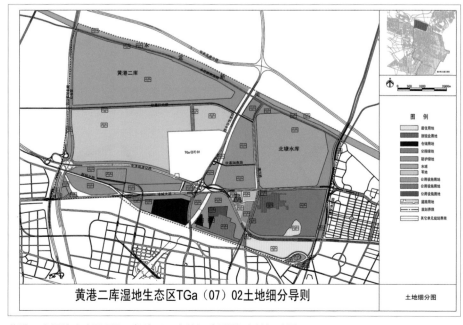

黄港二库湿地生态区 TGa（07）02 土地细分导则 土地细分图

第二节 塘沽海洋高新区分区

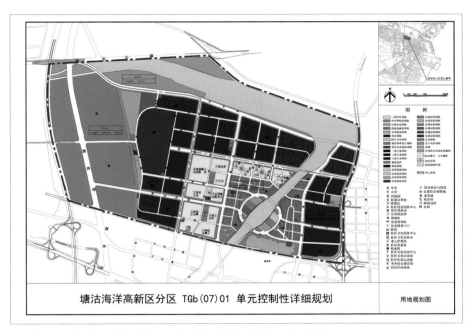

塘沽海洋高新区分区 TGb（07）01 单元控制性详细规划 用地规划图

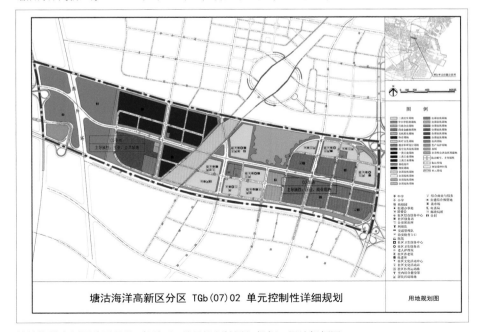

塘沽海洋高新区分区 TGb（07）02 单元控制性详细规划 用地规划图

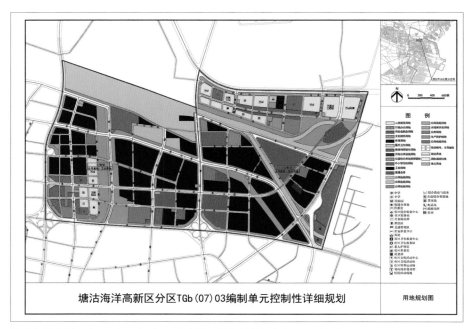

塘沽海洋高新区分区 TGb（07）03 编制单元控制性详细规划　用地规划图

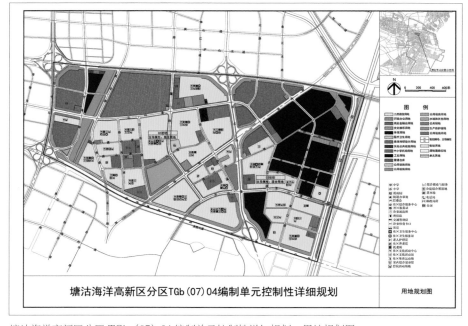

塘沽海洋高新区分区 TGb（07）04 编制单元控制性详细规划　用地规划图

第三节　北塘分区

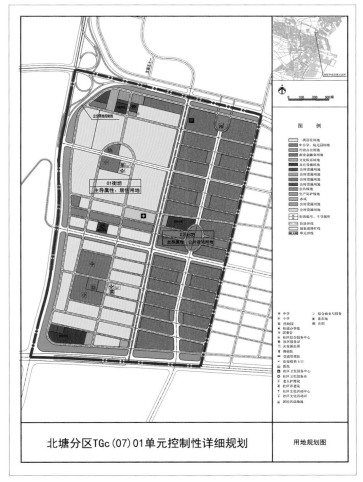

北塘分区TGc（07）01单元控制性详细规划　用地规划图

北塘分区 TGc（07）01 单元控制性详细规划　用地规划图

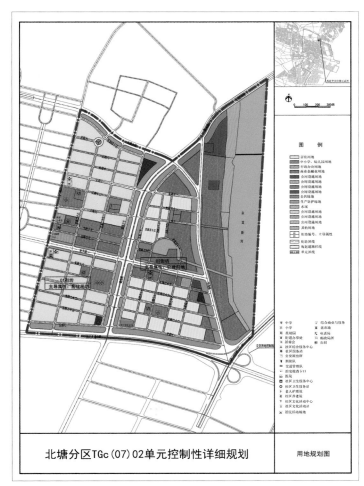

北塘分区TGc（07）02单元控制性详细规划　用地规划图

北塘分区 TGc（07）02 单元控制性详细规划　用地规划图

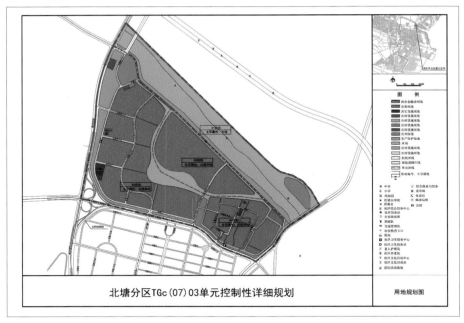

北塘分区 TGc（07）03 单元控制性详细规划　用地规划图

第四节　塘沽西部新城分区

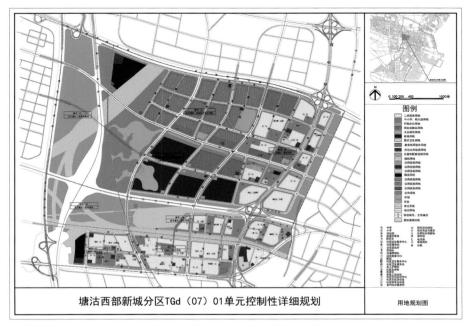

塘沽西部新城分区 TGd（07）01 单元控制性详细规划　用地规划图

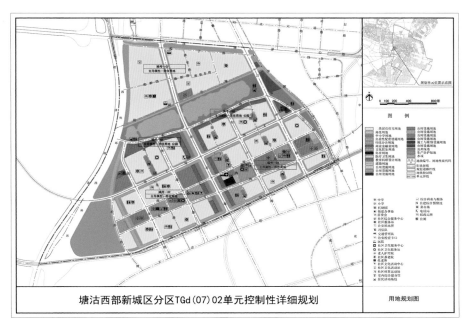

塘沽西部新城分区 TGd（07）02 单元控制性详细规划 用地规划图

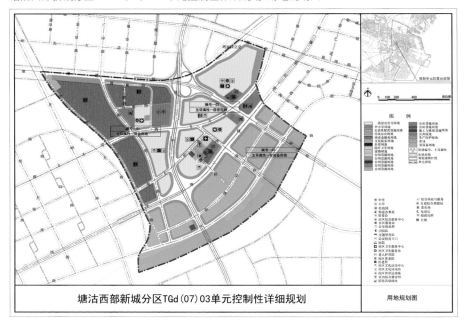

塘沽西部新城分区 TGd（07）03 单元控制性详细规划 用地规划图

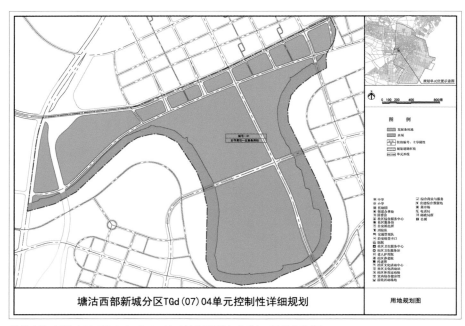

塘沽西部新城分区 TGd（07）04 单元控制性详细规划　用地规划图

塘沽西部新城分区 TGd（07）05 单元控制性详细规划　用地规划图

第五节 开发区建成区分区

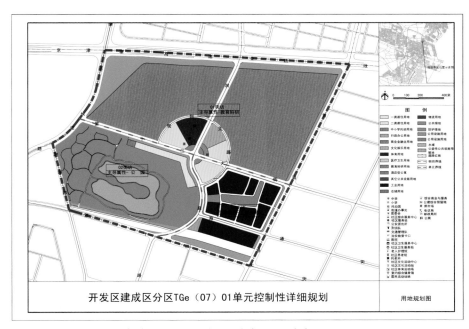

开发区建成区分区 TGe（07）01 单元控制性详细规划 用地规划图

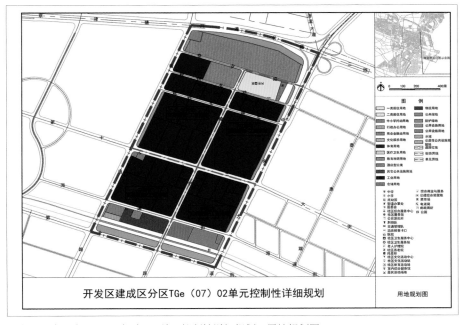

开发区建成区分区 TGe（07）02 单元控制性详细规划 用地规划图

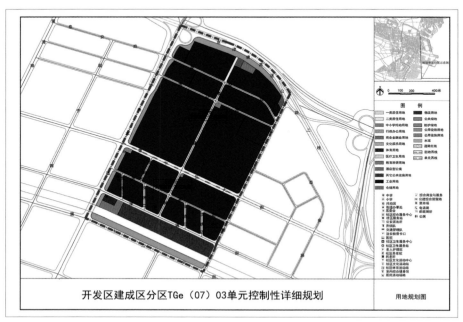

开发区建成区分区 TGe（07）03 单元控制性详细规划　用地规划图

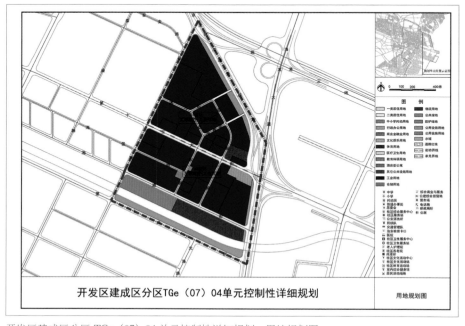

开发区建成区分区 TGe（07）04 单元控制性详细规划　用地规划图

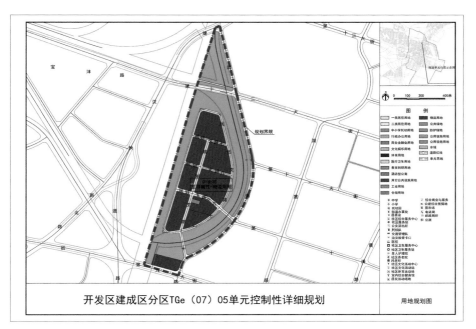

开发区建成区分区 TGe（07）05 单元控制性详细规划　用地规划图

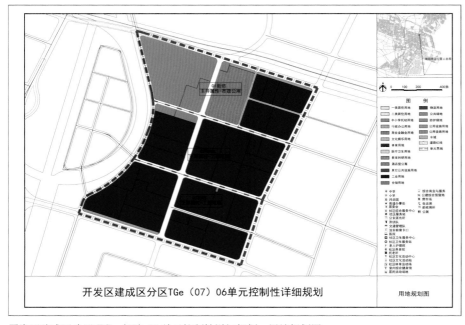

开发区建成区分区 TGe（07）06 单元控制性详细规划　用地规划图

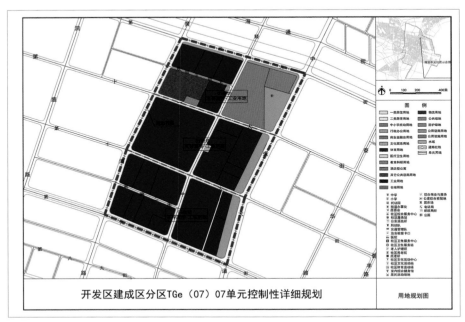

开发区建成区分区 TGe（07）07 单元控制性详细规划　用地规划图

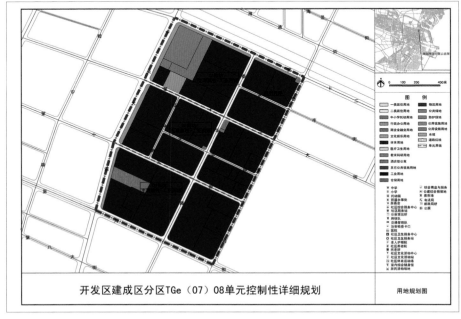

开发区建成区分区 TGe（07）08 单元控制性详细规划　用地规划图

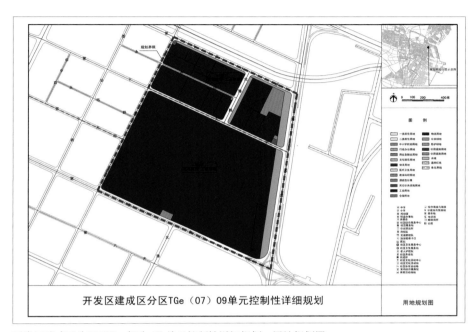

开发区建成区分区 TGe（07）09 单元控制性详细规划 用地规划图

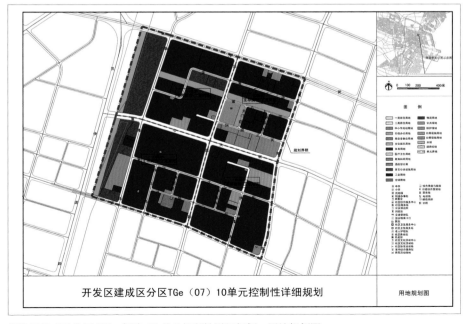

开发区建成区分区 TGe（07）10 单元控制性详细规划 用地规划图

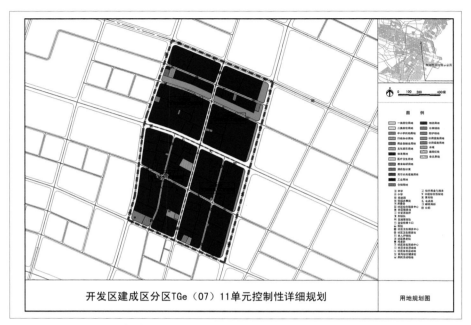

开发区建成区分区 TGe（07）11 单元控制性详细规划　用地规划图

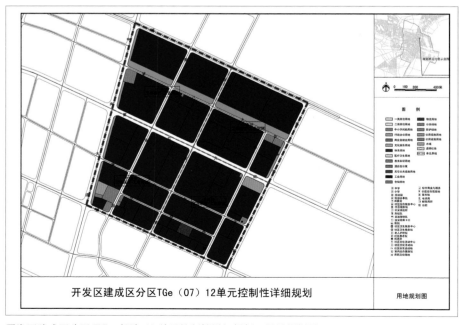

开发区建成区分区 TGe（07）12 单元控制性详细规划　用地规划图

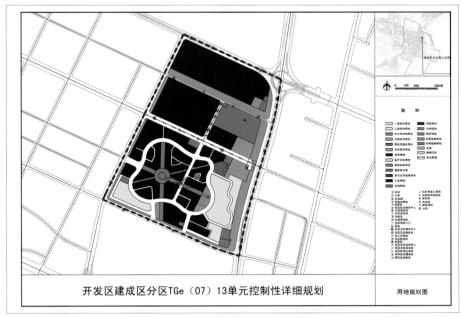

开发区建成区分区 TGe（07）13 单元控制性详细规划 用地规划图

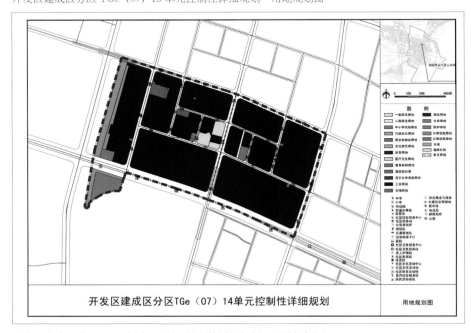

开发区建成区分区 TGe（07）14 单元控制性详细规划 用地规划图

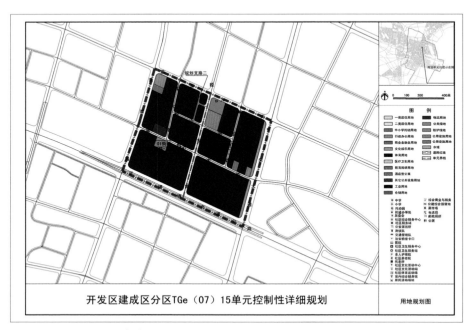

开发区建成区分区 TGe（07）15 单元控制性详细规划　用地规划图

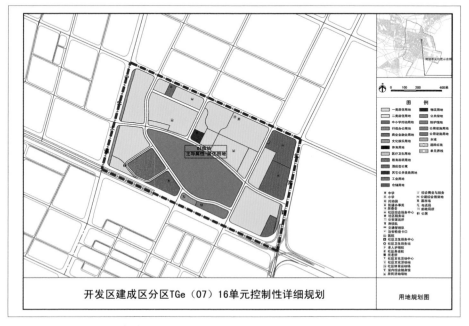

开发区建成区分区 TGe（07）16 单元控制性详细规划　用地规划图

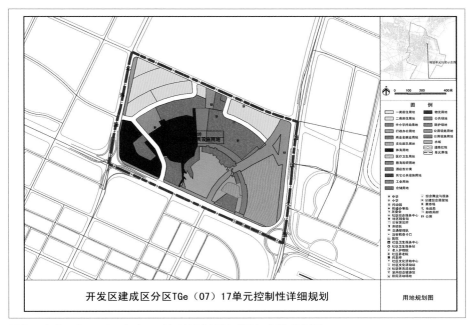

开发区建成区分区 TGe（07）17 单元控制性详细规划　用地规划图

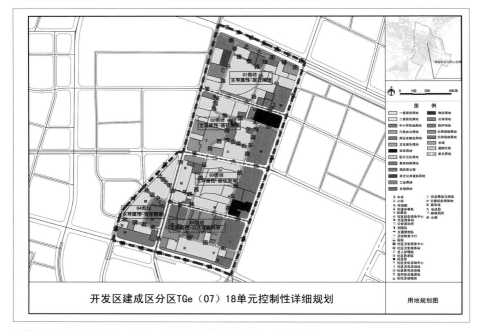

开发区建成区分区 TGe（07）18 单元控制性详细规划　用地规划图

开发区建成区分区 TGe（07）19 单元控制性详细规划　用地规划图

开发区建成区分区 TGe（07）20 单元控制性详细规划　用地规划图

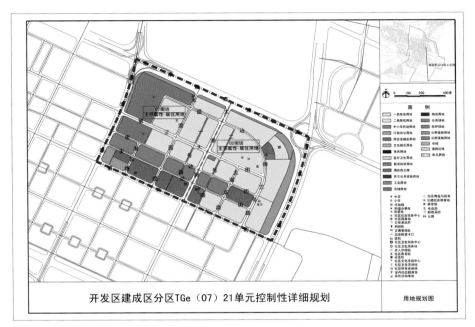

开发区建成区分区 TGe（07）21 单元控制性详细规划 用地规划图

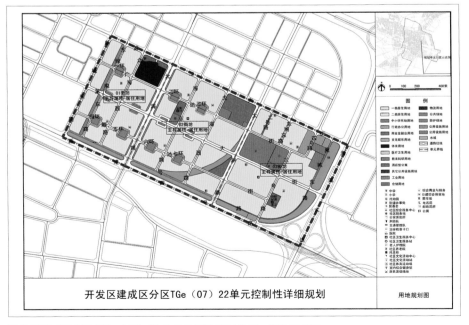

开发区建成区分区 TGe（07）22 单元控制性详细规划 用地规划图

第六节　中心商务区分区

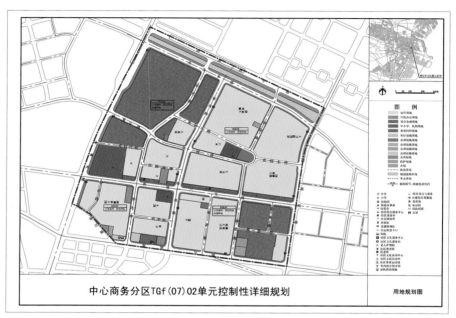

中心商务分区 TGf（07）02 单元控制性详细规划　用地规划图

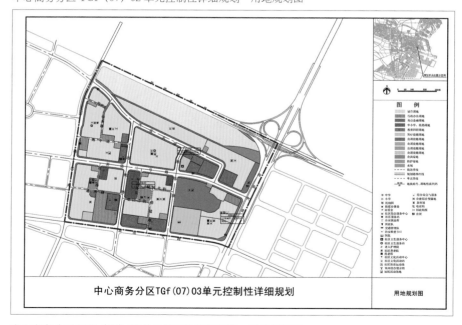

中心商务分区 TGf（07）03 单元控制性详细规划　用地规划图

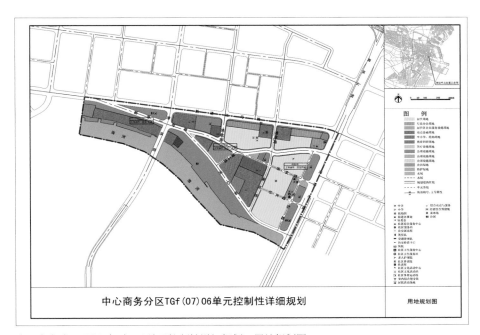

中心商务分区 TGf（07）06 单元控制性详细规划　用地规划图

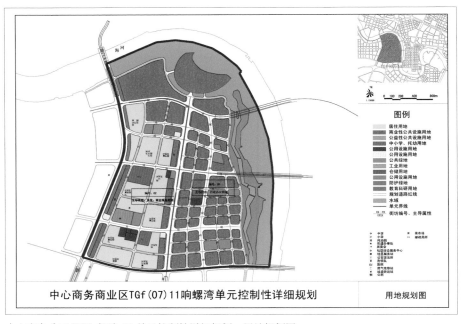

中心商务分区 TGf（07）11 单元控制性详细规划　用地规划图

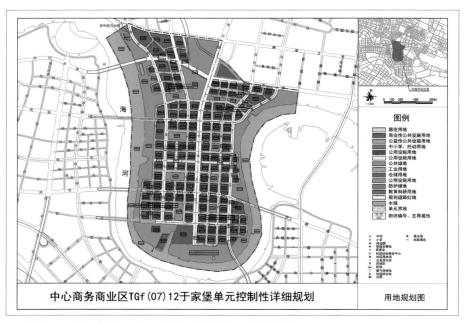

中心商务商业区TGf(07)12于家堡单元控制性详细规划　用地规划图

中心商务分区 TGf（07）12 单元控制性详细规划　用地规划图

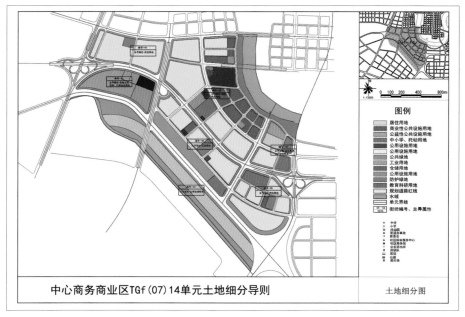

中心商务商业区TGf(07)14单元土地细分导则　土地细分图

中心商务分区 TGf（07）14 单元土地细分导则　土地细分图

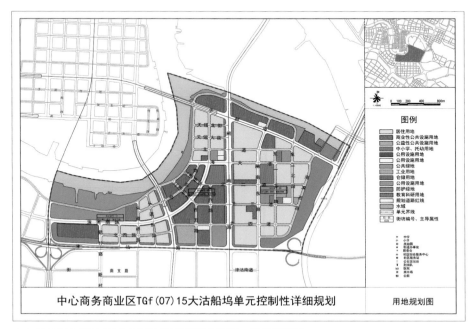

中心商务分区 TGf（07）15 单元控制性详细规划 用地规划图

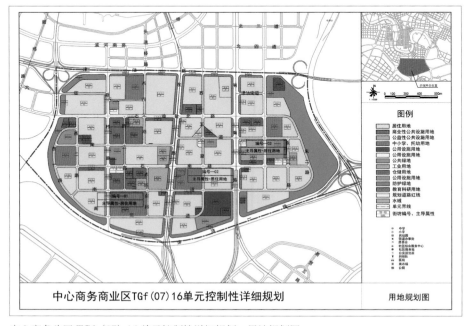

中心商务分区 TGf（07）16 单元控制性详细规划 用地规划图

第七节 塘沽老城分区

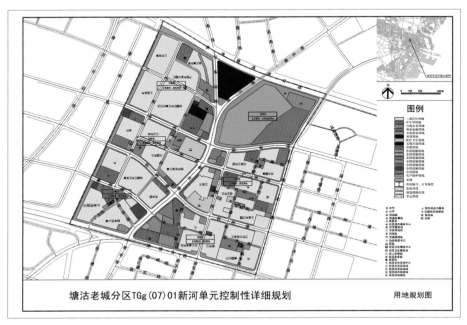

塘沽老城分区 TGg（07）01 单元控制性详细规划 用地规划图

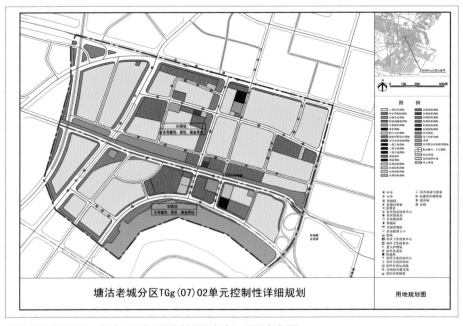

塘沽老城分区 TGg（07）02 单元控制性详细规划 用地规划图

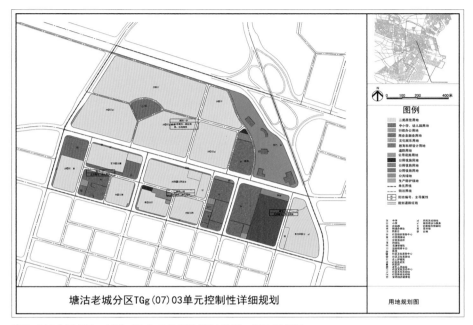

塘沽老城分区 TGg（07）03 单元控制性详细规划　用地规划图

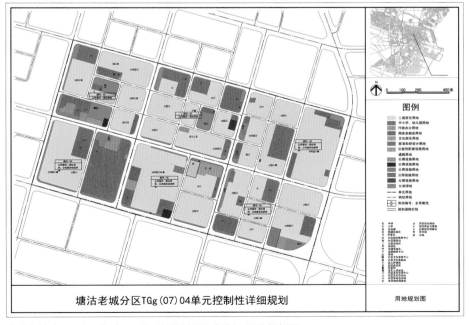

塘沽老城分区 TGg（07）04 单元控制性详细规划　用地规划图

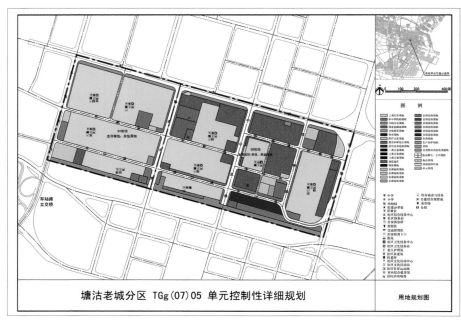

塘沽老城分区 TGg（07）05 单元控制性详细规划　用地规划图

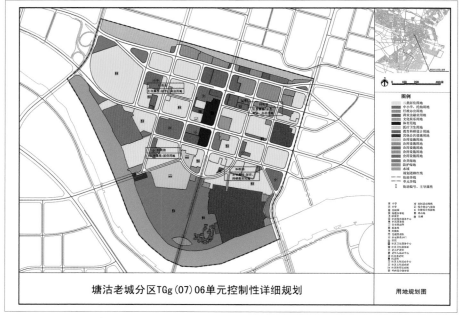

塘沽老城分区 TGg（07）06 单元控制性详细规划　用地规划图

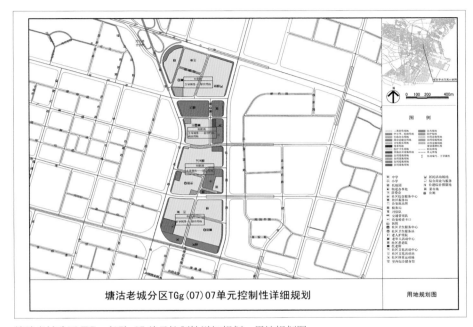

塘沽老城分区 TGg（07）07 单元控制性详细规划　用地规划图

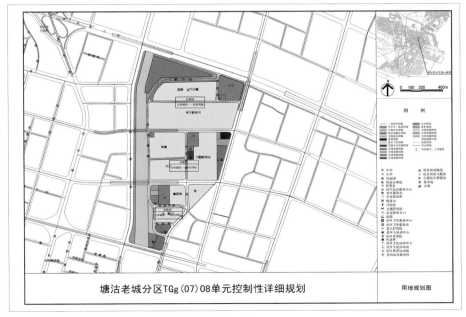

塘沽老城分区 TGg（07）08 单元控制性详细规划　用地规划图

第八节 散货物流商贸区

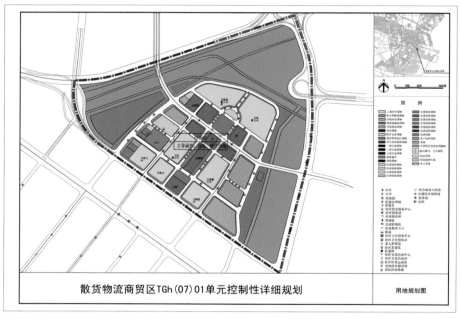

散货物流商贸区 TGh（07）01 单元控制性详细规划　用地规划图

第九节 东疆港分区

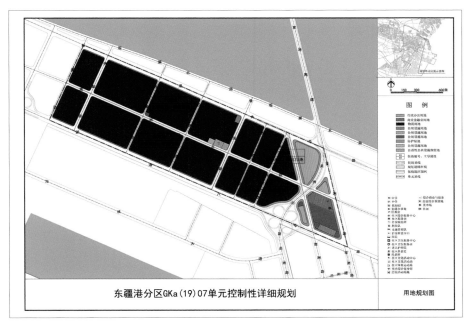

东疆港分区 GKa（19）07 单元控制性详细规划 用地规划图

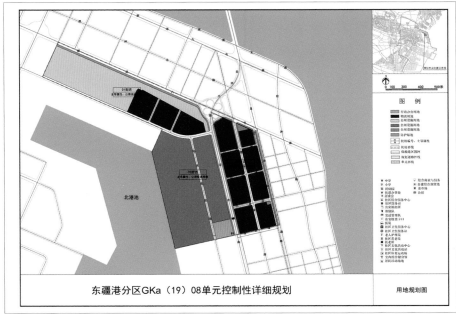

东疆港分区 GKa（19）08 单元控制性详细规划 用地规划图

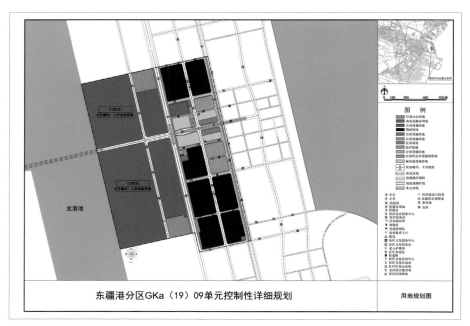

东疆港分区 GKa（19）09 单元控制性详细规划　用地规划图

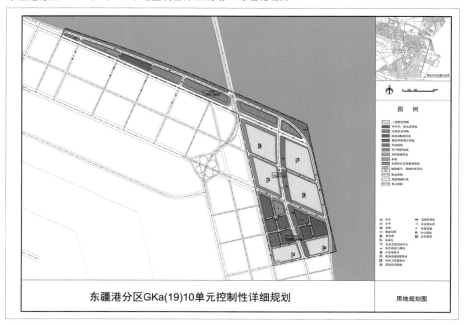

东疆港分区 GKa（19）10 单元控制性详细规划　用地规划图

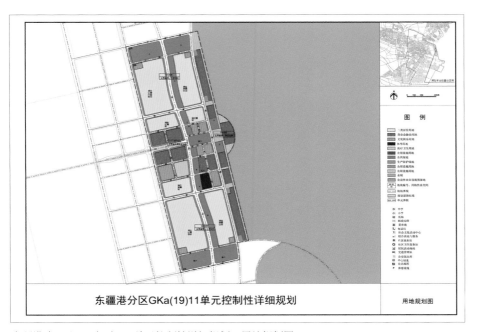

东疆港分区 GKa（19）11 单元控制性详细规划 用地规划图

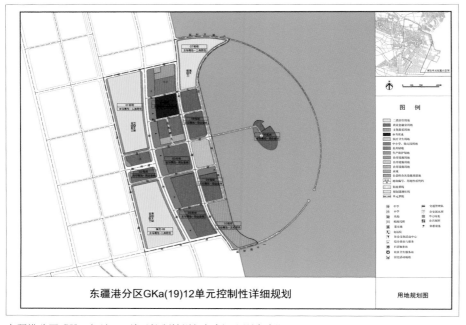

东疆港分区 GKa（19）12 单元控制性详细规划 用地规划图

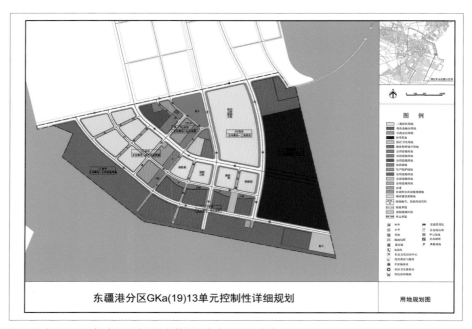

东疆港分区 GKa（19）13 单元控制性详细规划　用地规划图

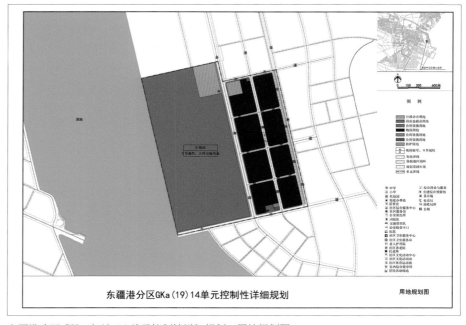

东疆港分区 GKa（19）14 单元控制性详细规划　用地规划图

第十节 北疆港分区

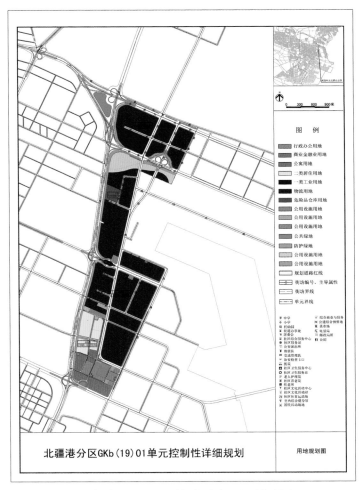

北疆港分区 GKb（19）01 单元控制性详细规划　用地规划图

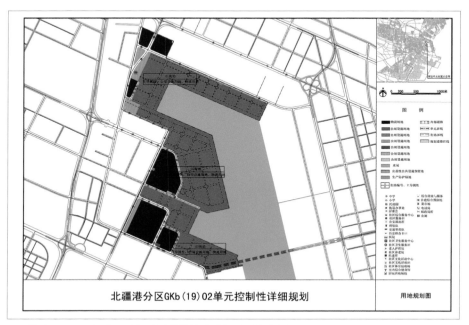

北疆港分区 GKb（19）02 单元控制性详细规划　用地规划图

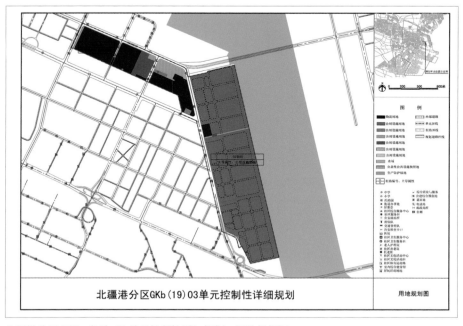

北疆港分区 GKb（19）03 单元控制性详细规划　用地规划图

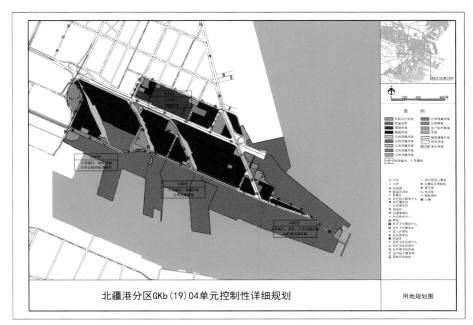

北疆港分区 GKb（19）04 单元控制性详细规划 用地规划图

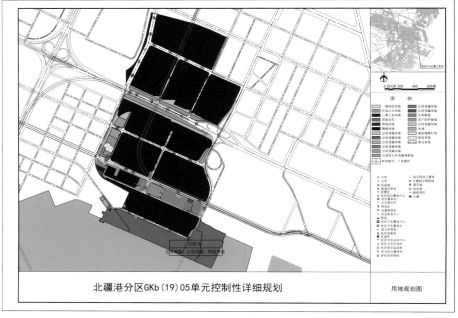

北疆港分区 GKb（19）05 单元控制性详细规划 用地规划图

第十一节　南疆港分区

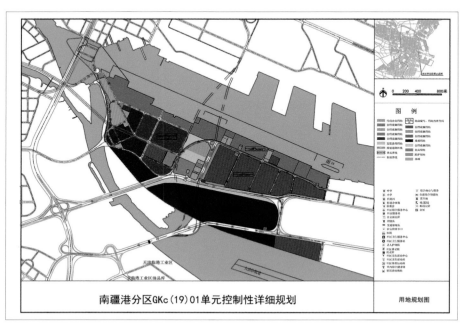

南疆港分区 GKc（19）01 单元控制性详细规划　用地规划图

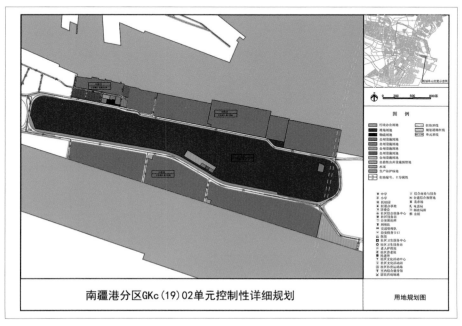

南疆港分区 GKc（19）02 单元控制性详细规划　用地规划图

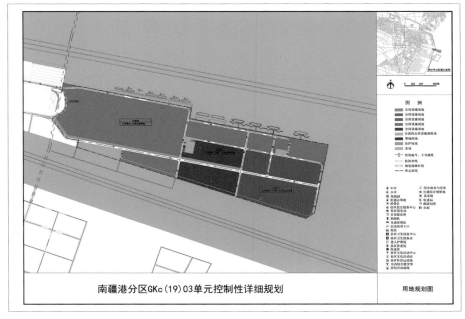

南疆港分区 GKc（19）03 单元控制性详细规划 用地规划图

第十二节 保税区分区

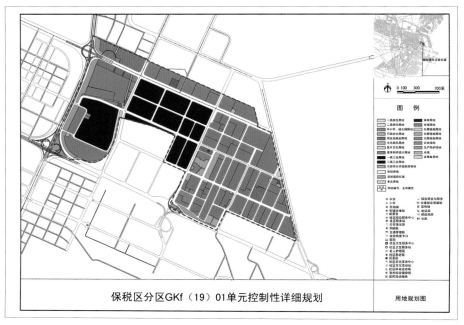

保税区分区 GKf（19）01 单元控制性详细规划 用地规划图

第十三节　临港工业区分区

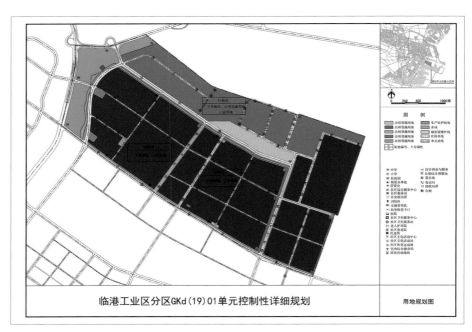

临港工业区分区 GKd（19）01 单元控制性详细规划　用地规划图

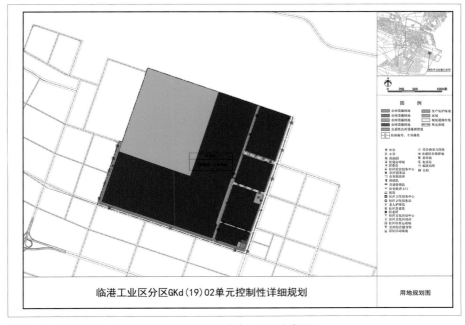

临港工业区分区 GKd（19）02 单元控制性详细规划　用地规划图

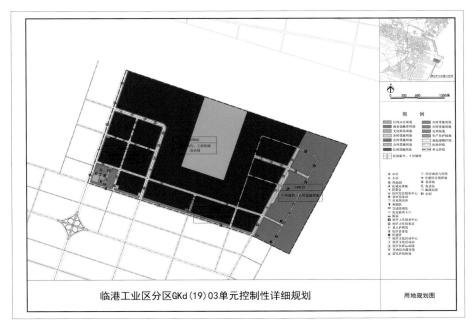

临港工业区分区 GKd（19）03 单元控制性详细规划　用地规划图

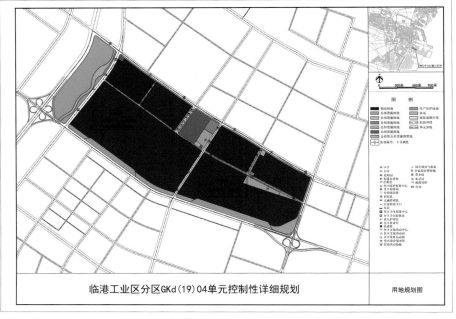

临港工业区分区 GKd（19）04 单元控制性详细规划　用地规划图

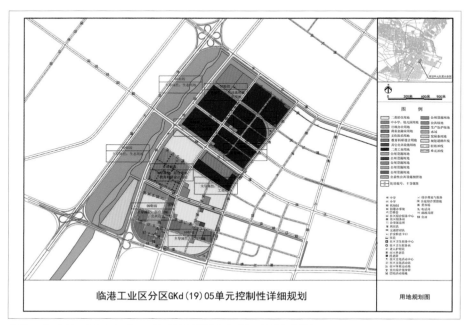

临港工业区分区 GKd（19）05 单元控制性详细规划　用地规划图

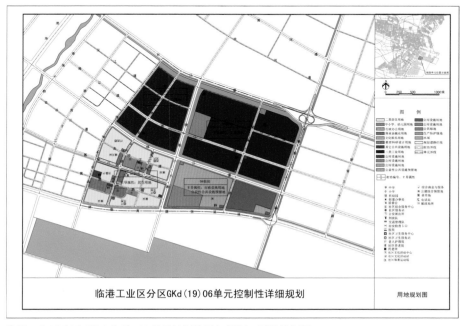

临港工业区分区 GKd（19）06 单元控制性详细规划　用地规划图

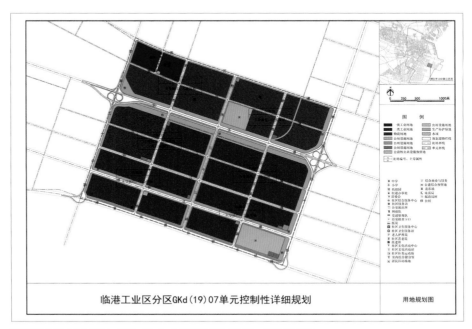

临港工业区分区 GKd（19）07 单元控制性详细规划 用地规划图

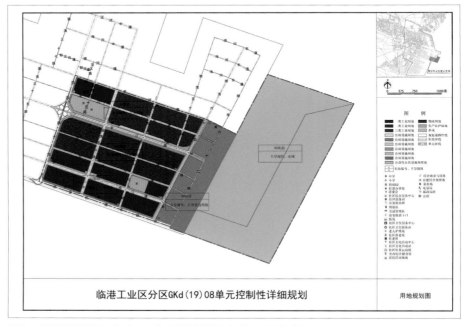

临港工业区分区 GKd（19）08 单元控制性详细规划 用地规划图

第二章　北部片区控规成果

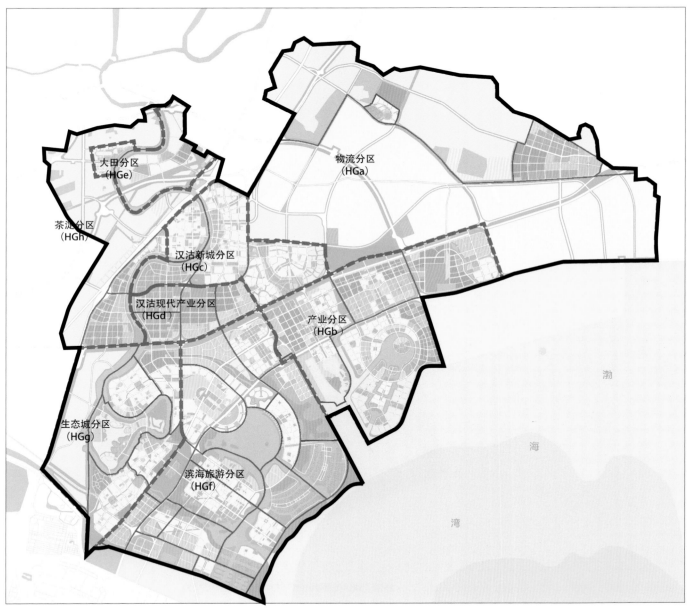

北部片区分区和控规单元示意图

第一节　物流分区

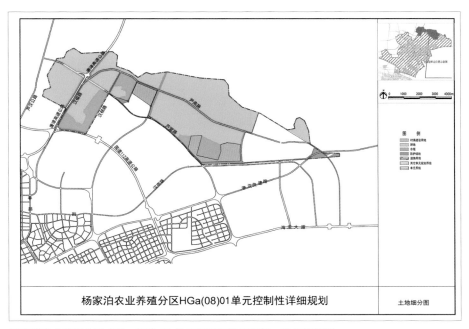

杨家泊农业养殖分区 HGa（08）01 单元控制性详细规划　用地规划图

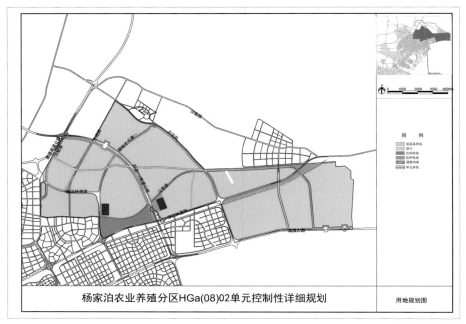

杨家泊农业养殖分区 HGa（08）02 单元控制性详细规划　用地规划图

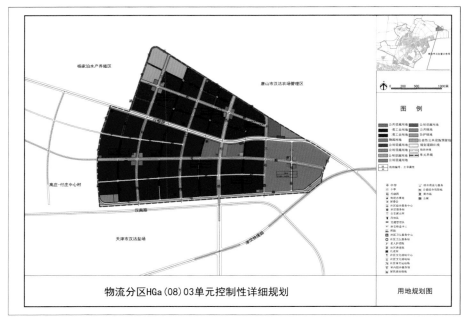

物流分区 HGa（08）03 单元控制性详细规划　用地规划图

第二节　产业分区

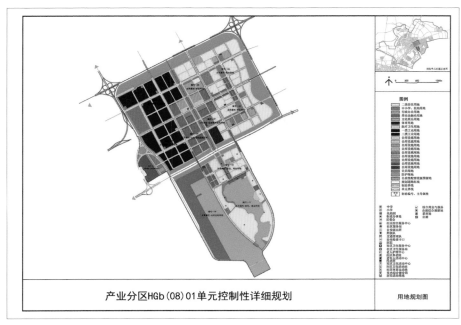

产业分区 HGa（08）01 单元控制性详细规划　用地规划图

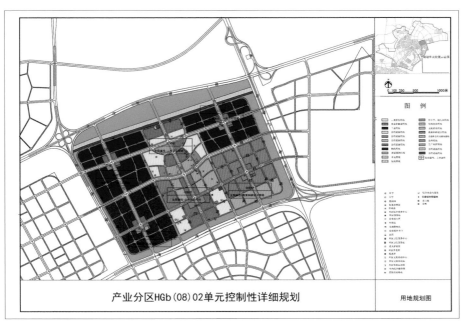

产业分区 HGb（08）02 单元控制性详细规划　用地规划图

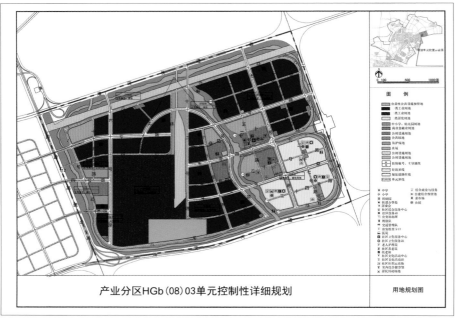

产业分区 HGb（08）03 单元控制性详细规划　用地规划图

第三节　汉沽新城分区

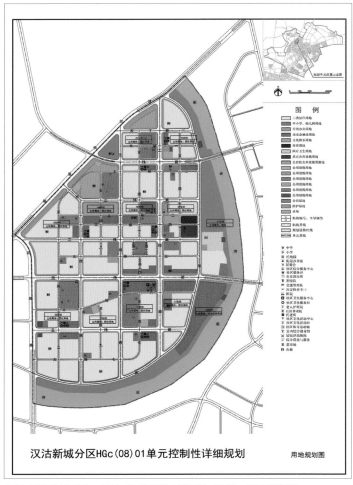

汉沽新城分区 HGc（08）01 单元控制性详细规划　用地规划图

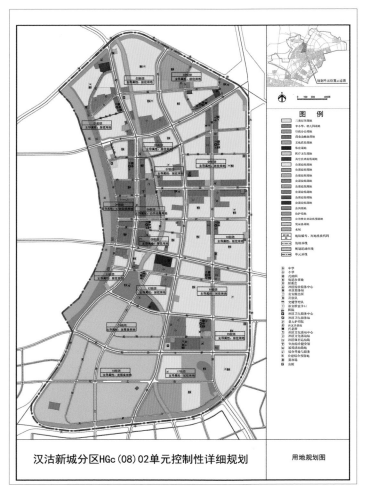

汉沽新城分区 HGc（08）02 单元控制性详细规划　用地规划图

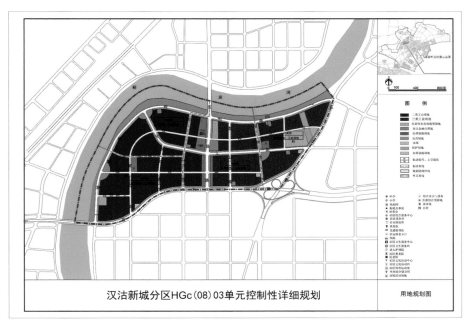

汉沽新城分区 HGc（08）03 单元土地细分导则 土地细分图

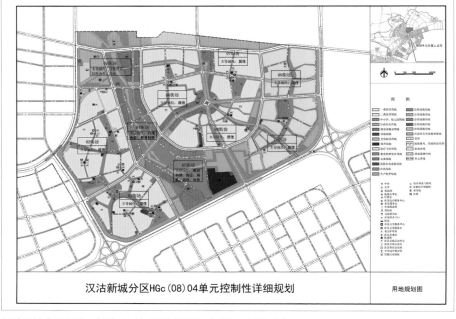

汉沽新城分区 HGc（08）04 单元控制性详细规划 用地规划图

第四节　汉沽现代产业分区

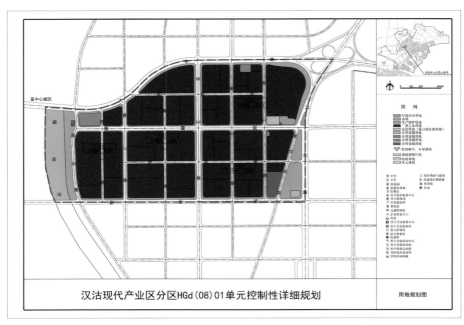

汉沽现代产业区分区 HGd（08）01 单元控制性详细规划　用地规划图

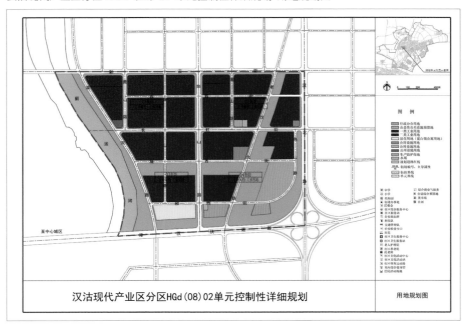

汉沽现代产业区分区 HGd（08）02 单元控制性详细规划　用地规划图

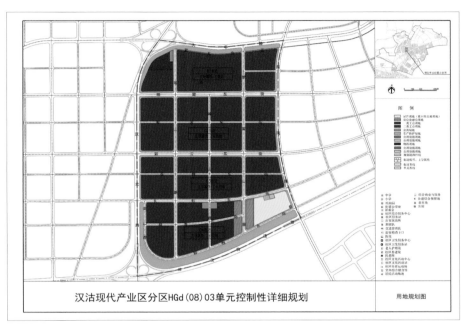

汉沽现代产业区分区 HGd（08）03 单元控制性详细规划　用地规划图

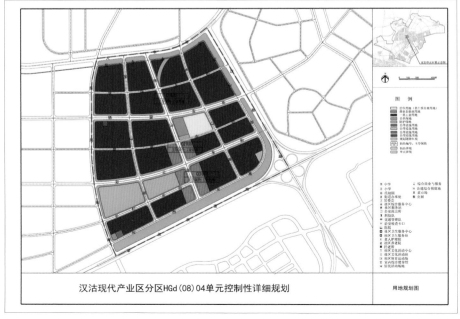

汉沽现代产业区分区 HGd（08）04 单元控制性详细规划　用地规划图

第五节　大田分区

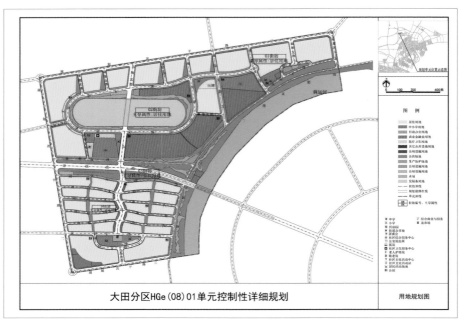

大田分区 HGe（08）01 单元控制性详细规划　用地规划图

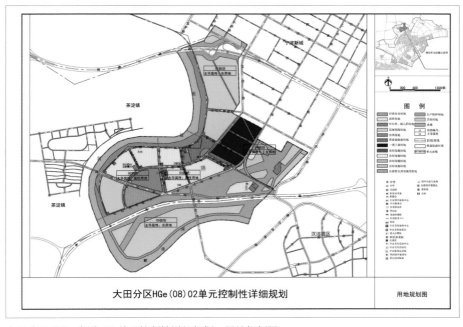

大田分区 HGe（08）02 单元控制性详细规划　用地规划图

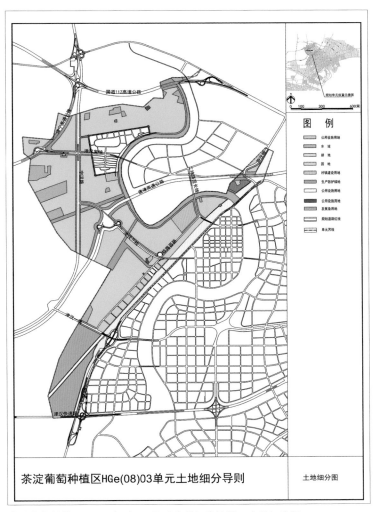

茶淀葡萄种植区HGe(08)03单元土地细分导则

土地细分图

茶淀葡萄种植区 HGe（08）03 单元土地细分导则 土地细分图

第六节　滨海旅游分区

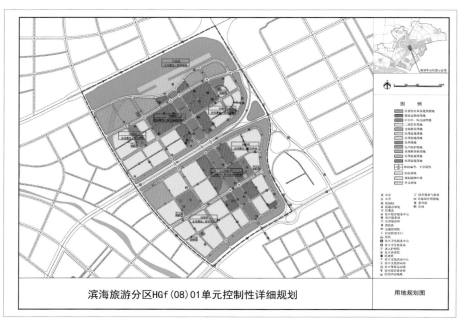

滨海旅游分区 HGf（08）01 单元控制性详细规划　用地规划图

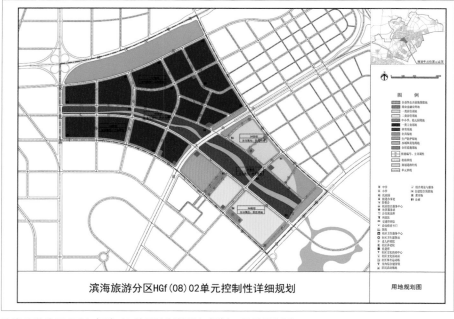

滨海旅游分区 HGf（08）02 单元控制性详细规划　用地规划图

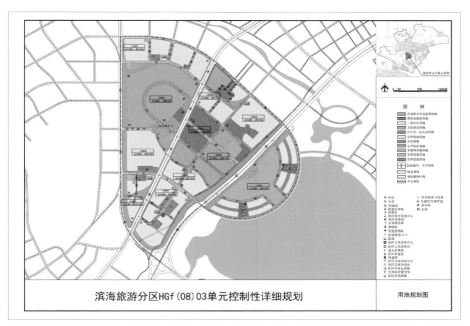

滨海旅游分区 HGf（08）03 单元控制性详细规划 用地规划图

滨海旅游分区 HGf（08）04 单元控制性详细规划 用地规划图

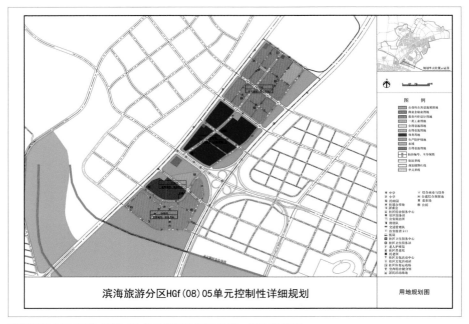

滨海旅游分区 HGf（08）05 单元控制性详细规划　用地规划图

第七节　生态城分区

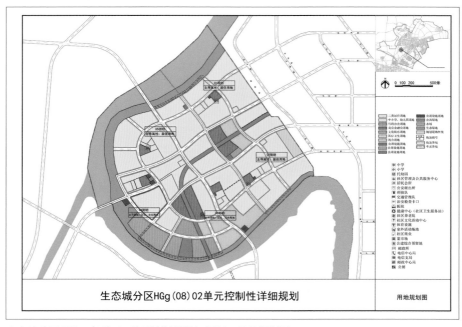

生态城分区 HGg（08）02 单元控制性详细规划　用地规划图

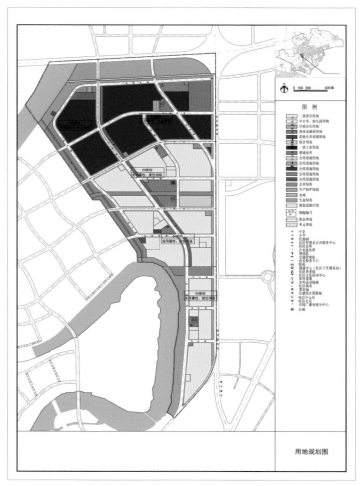

生态城分区 HGg（08）01 单元控制性详细规划 用地规划图

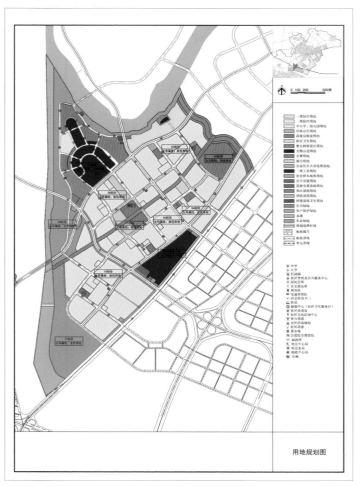

生态城分区 HGg（08）05 单元控制性详细规划 用地规划图

生态城分区 HGg（08）03 控制性详细规划　用地规划图

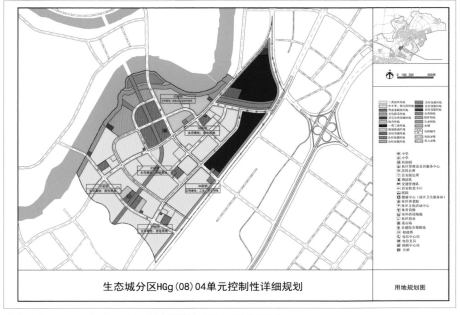

生态城分区 HGg（08）04 单元控制性详细规划　用地规划图

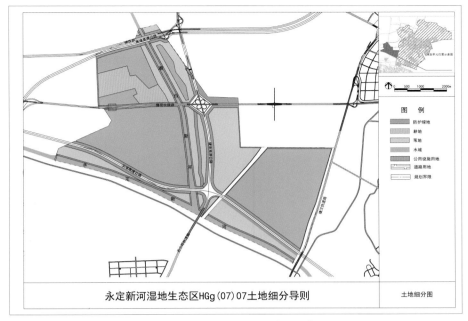

永定新河湿地生态区 HGg（07）07 单元土地细分导则 土地细分图

第八节 茶淀分区

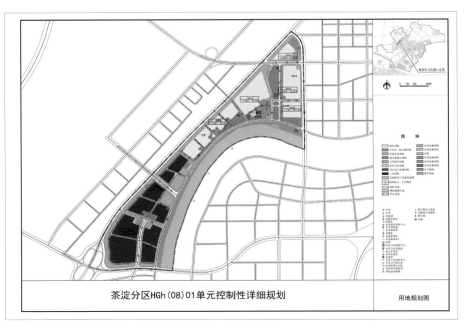

茶淀分区 HGh（08）01 单元控制性详细规划 用地规划图

第三章　西部片区控规成果

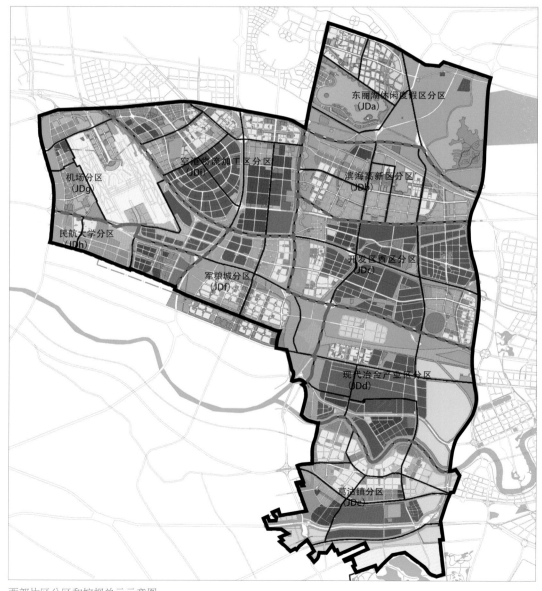

西部片区分区和控规单元示意图

第一节 东丽湖休闲度假区分区

东丽湖休闲度假区分区 JDa（10）01 单元控制性详细规划 用地规划图

东丽湖休闲度假区分区 JDa（10）02 单元控制性详细规划 用地规划图

东丽湖休闲度假区分区 JDa（10）03 单元控制性详细规划　用地规划图

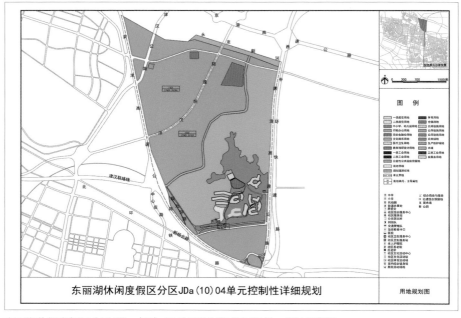

东丽湖休闲度假区分区 JDa（10）04 单元控制性详细规划　用地规划图

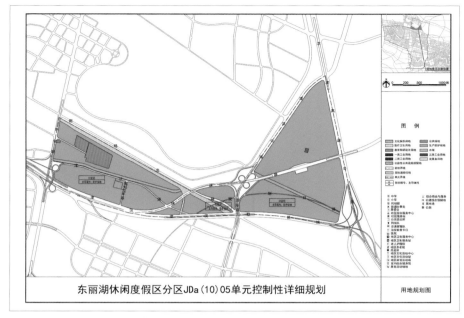

东丽湖休闲度假区分区 JDa（10）05 单元控制性详细规划　用地规划图

第二节　滨海高新区分区

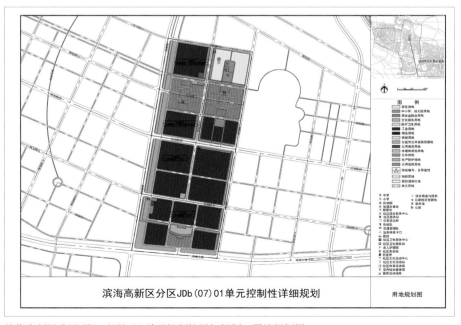

滨海高新区分区 JDb（07）01 单元控制性详细规划　用地规划图

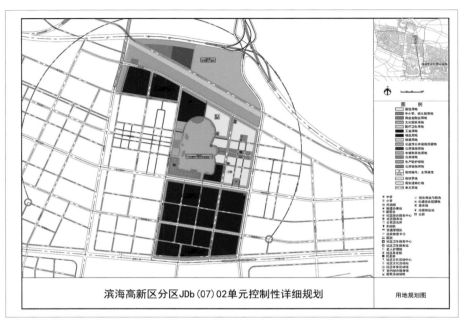

滨海高新区分区 JDb（07）02 单元控制性详细规划　用地规划图

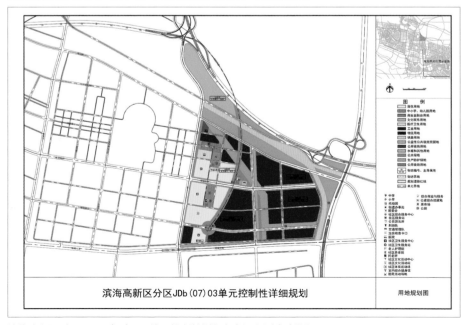

滨海高新区分区 JDb（07）03 单元控制性详细规划　用地规划图

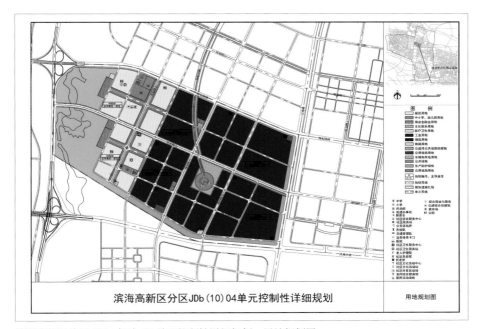

滨海高新区分区 JDb（10）04 单元控制性详细规划 用地规划图

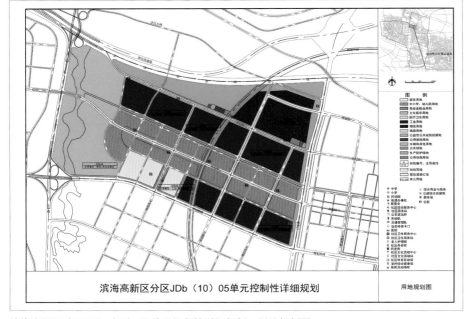

滨海高新区分区 JDb（10）05 单元控制性详细规划 用地规划图

第三节　开发区西区分区

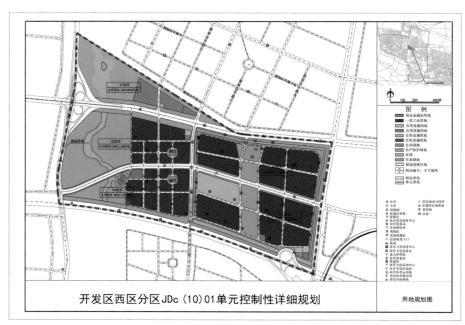

开发区西区分区 JDc（10）01 单元控制性详细规划　用地规划图

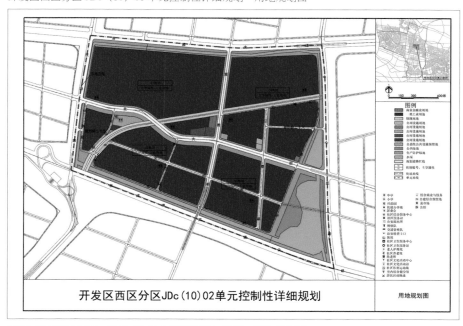

开发区西区分区 JDc（10）02 单元控制性详细规划　用地规划图

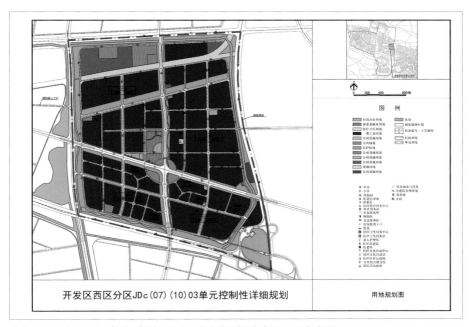

开发区西区分区 JDc（07）（10）03 单元控制性详细规划 用地规划图

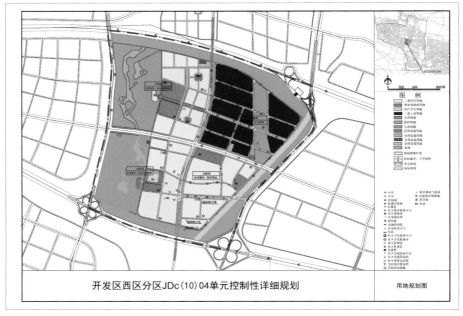

开发区西区分区 JDc（10）04 单元控制性详细规划 用地规划图

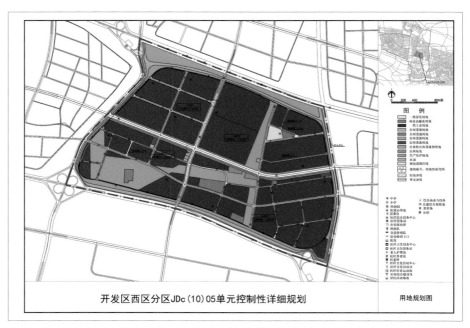

开发区西区分区 JDc（10）05 单元控制性详细规划　用地规划图

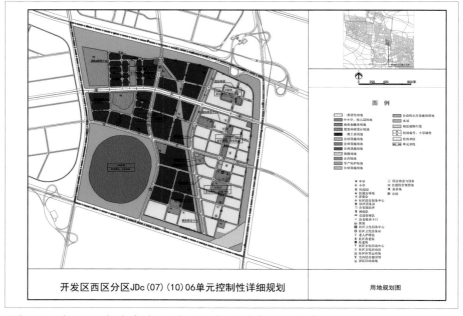

开发区西区分区 JDc（07）（10）06 单元控制性详细规划　用地规划图

第四节　现代冶金产业区分区

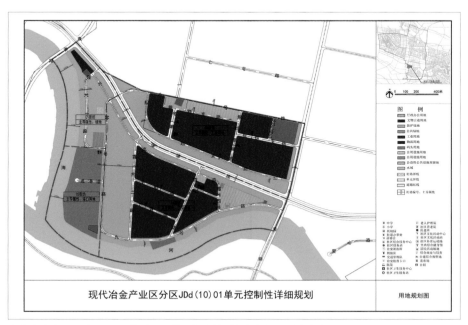

现代冶金产业区分区 JDd（10）01 单元控制性详细规划　用地规划图

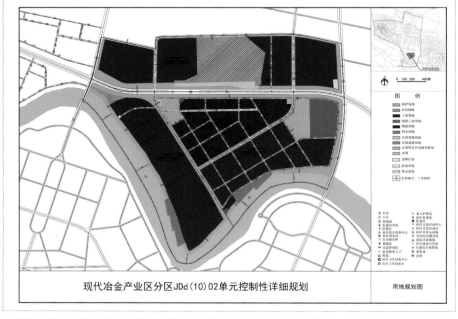

现代冶金产业区分区 JDd（10）02 单元控制性详细规划　用地规划图

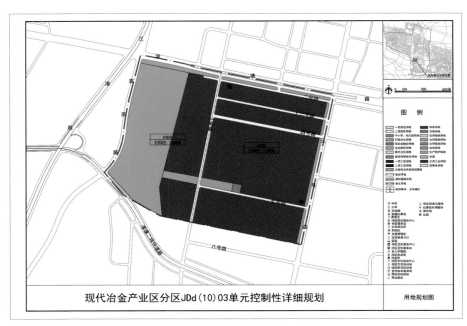

现代冶金产业区分区 JDd（10）03 单元控制性详细规划　用地规划图

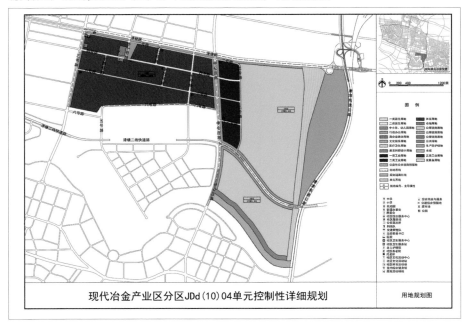

现代冶金产业区分区 JDd（10）04 单元控制性详细规划　用地规划图

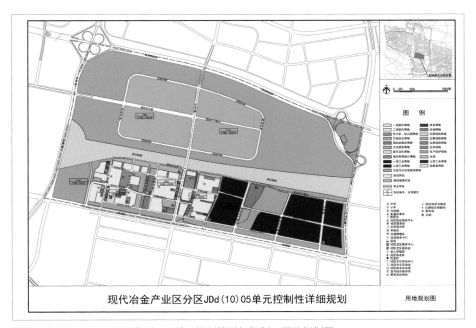

现代冶金产业区分区 JDd（10）05 单元控制性详细规划 用地规划图

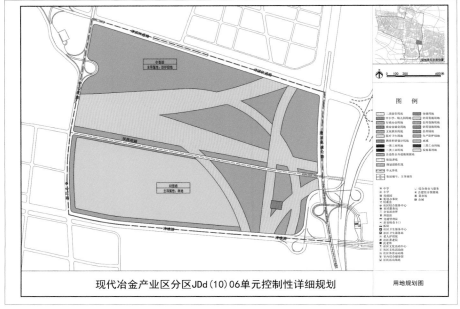

现代冶金产业区分区 JDd（10）06 单元控制性详细规划 用地规划图

第五节　葛沽镇分区

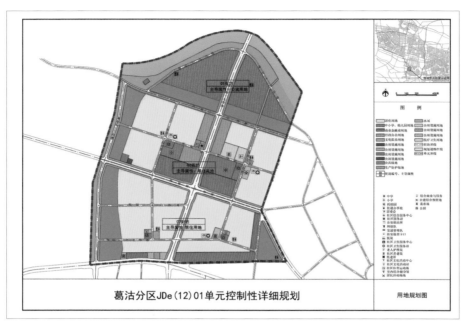

葛沽分区 JDe（12）01 单元控制性详细规划　用地规划图

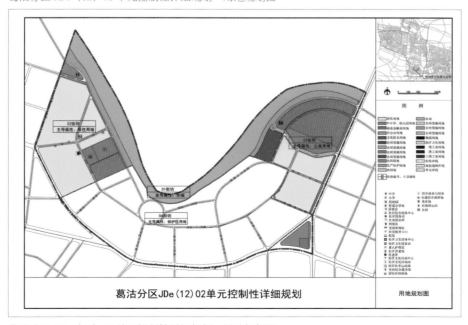

葛沽分区 JDe（12）02 单元控制性详细规划　用地规划图

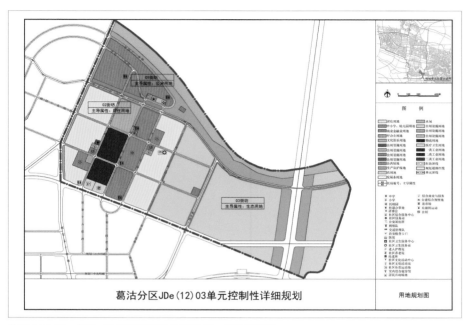

葛沽分区 JDe（12）03 单元控制性详细规划　用地规划图

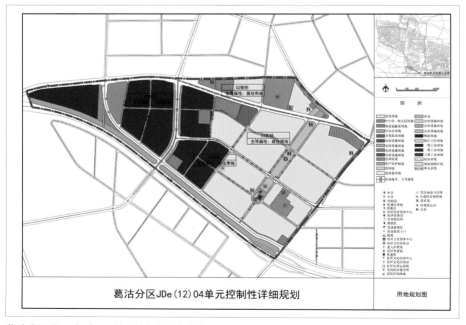

葛沽分区 JDe（12）04 单元控制性详细规划　用地规划图

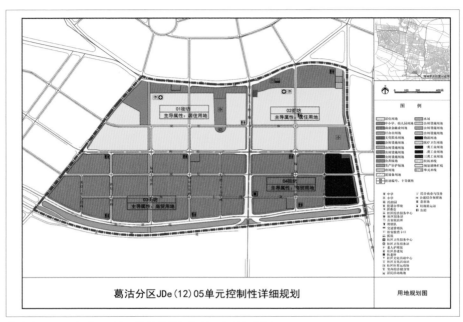

葛沽分区 JDe（12）05 单元控制性详细规划　用地规划图

葛沽分区 JDe（12）06 单元控制性详细规划　用地规划图

葛沽分区 JDe（12）07 单元控制性详细规划　用地规划图

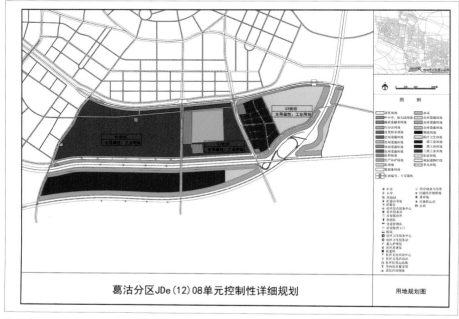

葛沽分区 JDe（12）08 单元控制性详细规划　用地规划图

葛沽分区 JDe（12）09 单元控制性详细规划　用地规划图

第六节　军粮城分区

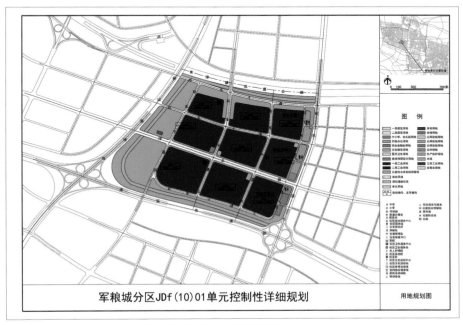

军粮城分区 JDf（10）01 单元控制性详细规划　用地规划图

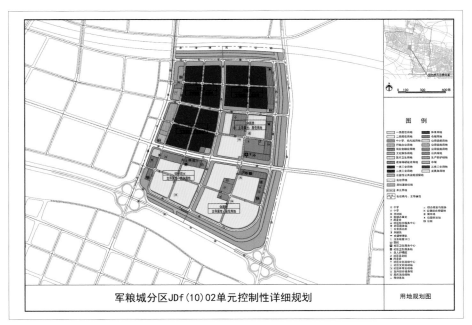

军粮城分区 JDf（10）02 单元控制性详细规划 用地规划图

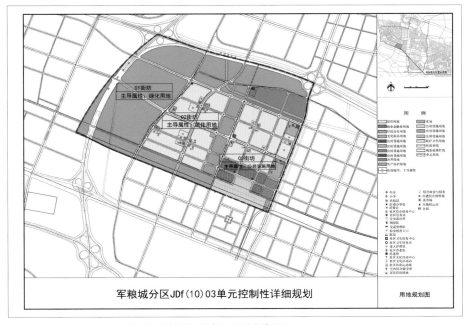

军粮城分区 JDf（10）03 单元控制性详细规划 用地规划图

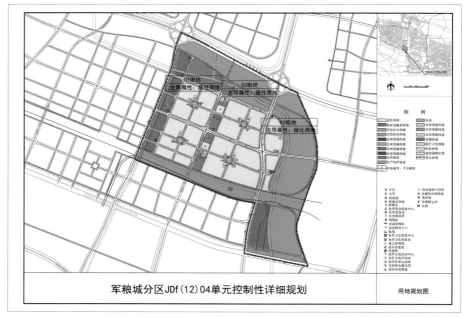

军粮城分区 JDf（12）04 单元控制性详细规划　用地规划图

第七节　机场分区

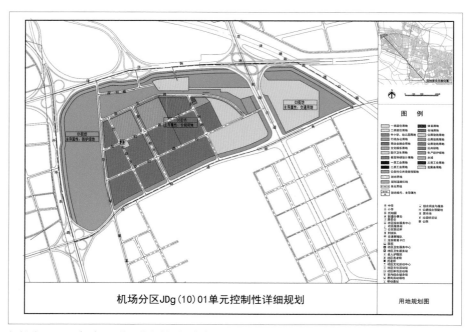

机场分区 JDg（10）01 单元控制性详细规划　用地规划图

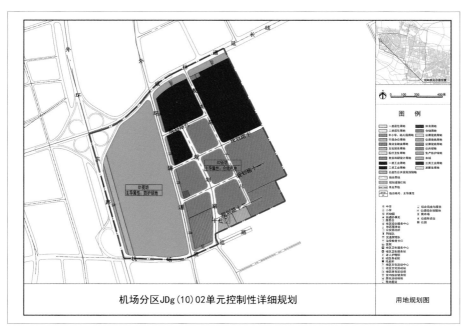

机场分区 JDg（10）02 单元控制性详细规划 用地规划图

机场分区 JDg（10）03 单元控制性详细规划 用地规划图

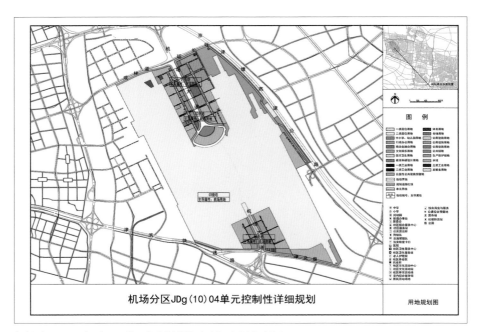

机场分区 JDg（10）04 单元控制性详细规划　用地规划图

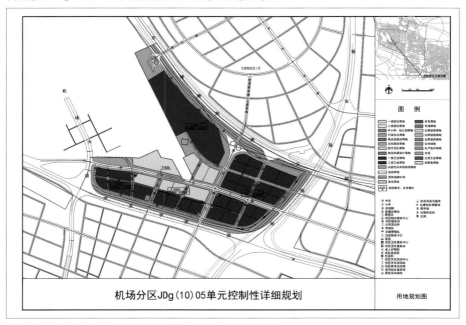

机场分区 JDg（10）05 单元控制性详细规划　用地规划图

第八节 民航大学分区

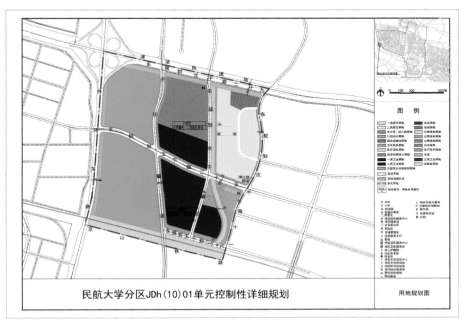

民航大学分区 JDh（10）01 单元控制性详细规划 用地规划图

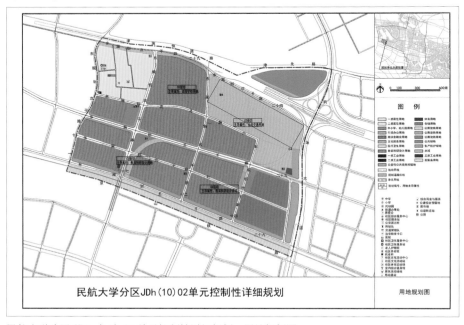

民航大学分区 JDh（10）02 单元控制性详细规划 用地规划图

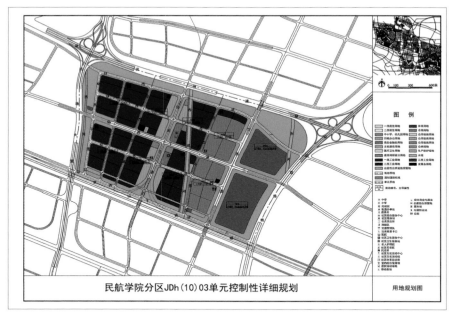

民航学院分区 JDh（10）03 单元控制性详细规划　用地规划图

第九节　空港物流加工区分区

空港物流加工区分区 JDi（10）01 单元控制性详细规划　用地规划图

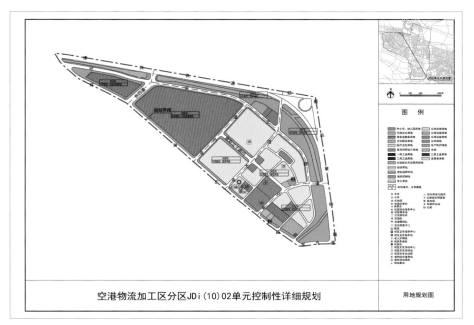

空港物流加工区分区 JDi（10）02 单元控制性详细规划 用地规划图

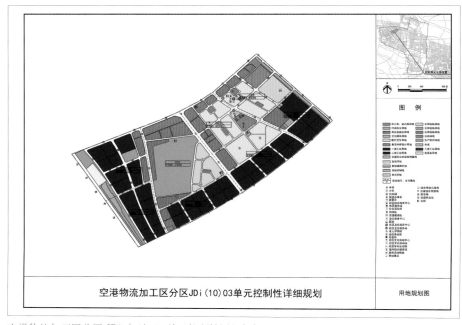

空港物流加工区分区 JDi（10）03 单元控制性详细规划 用地规划图

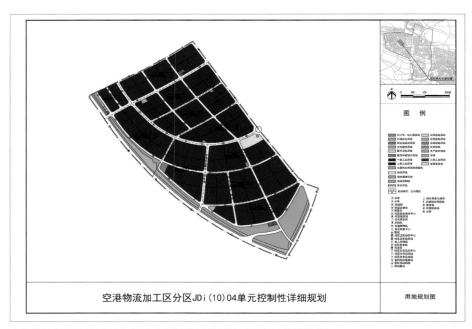

空港物流加工区分区 JDi（10）04 单元控制性详细规划　用地规划图

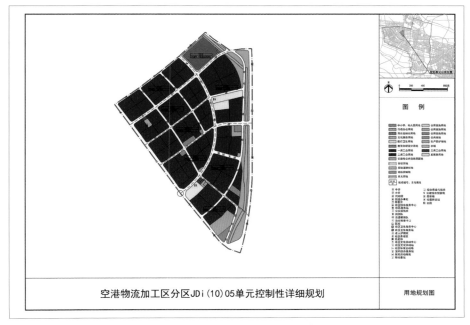

空港物流加工区分区 JDi（10）05 单元控制性详细规划　用地规划图

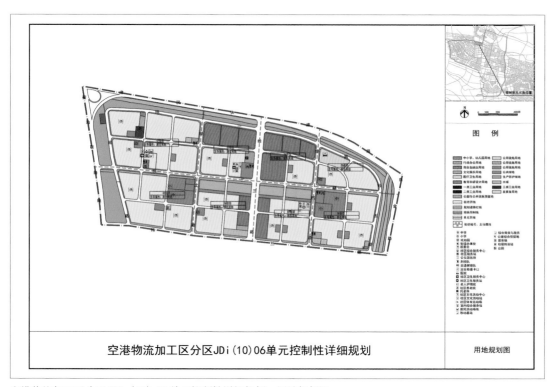

空港物流加工区分区 JDi（10）06 单元控制性详细规划　用地规划图

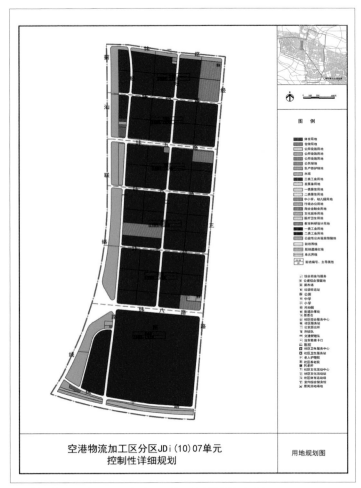

空港物流加工区分区 JDi（10）07 单元控制性详细规划
用地规划图

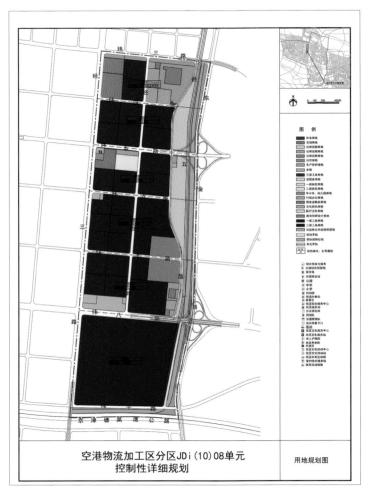

空港物流加工区分区 JDi（10）08 单元控制性详细规划
用地规划图

第四章 南部片区控规成果

南部片区分区和控规单元示意图

第一节 大港城区分区

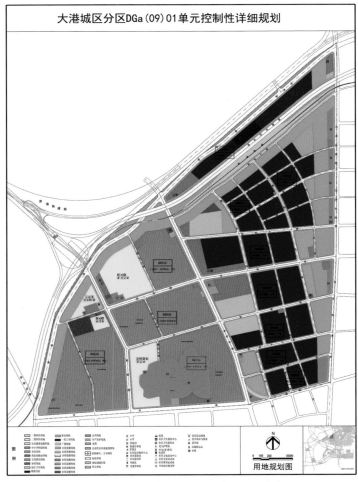

大港城区分区 DGa（09）01 单元控制性详细规划　用地规划图

大港城区分区 DGa（09）02 单元控制性详细规划 用地规划图

大港城区分区 DGa（09）03 单元控制性详细规划 用地规划图

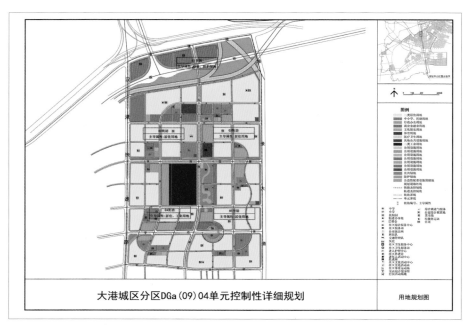

大港城区分区 DGa（09）04 单元控制性详细规划　用地规划图

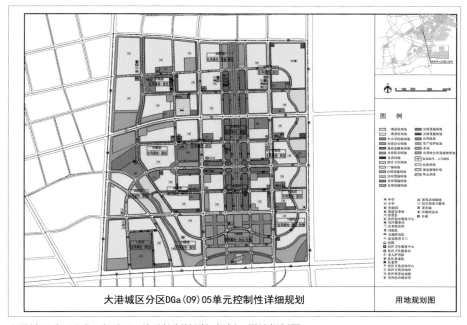

大港城区分区 DGa（09）05 单元控制性详细规划　用地规划图

大港城区分区 DGa（09）06 单元控制性详细规划　用地规划图

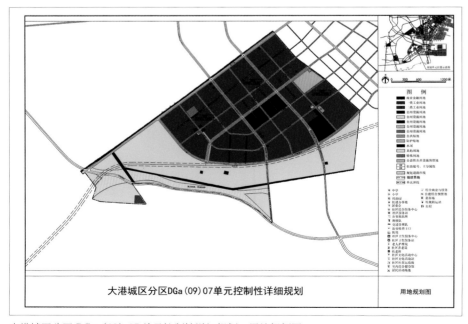

大港城区分区 DGa（09）07 单元控制性详细规划　用地规划图

大港城区分区 DGa（09）08 单元控制性详细规划　用地规划图

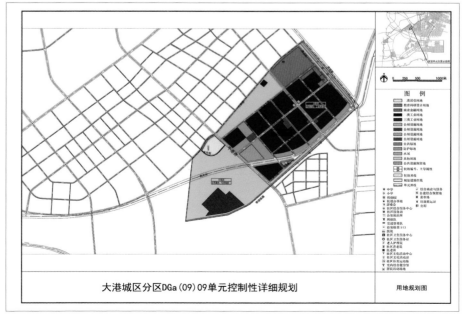

大港城区分区 DGa（09）09 单元控制性详细规划　用地规划图

第二节 石化三角地分区

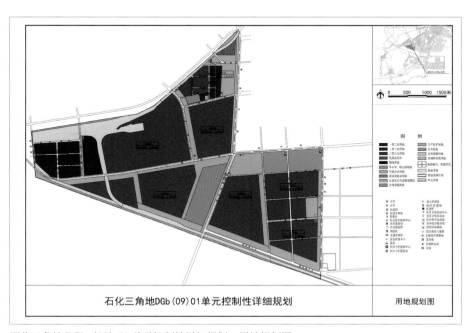

石化三角地 DGb（09）01 单元控制性详细规划 用地规划图

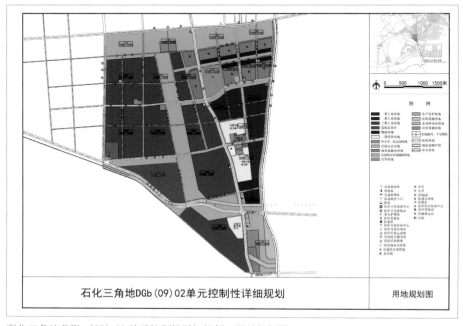

石化三角地 DGb（09）02 单元控制性详细规划 用地规划图

第三节　大港水库生态分区

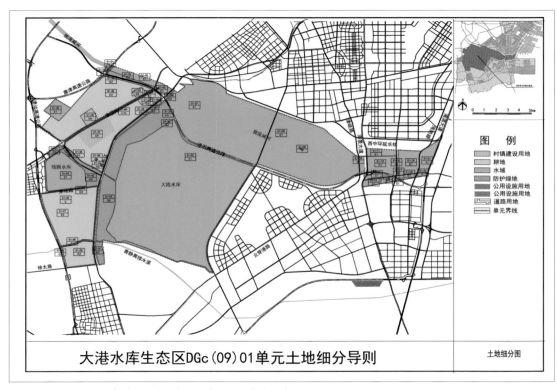

大港水库生态区 DGc（09）01 单元土地细分导则　土地细分图

第四节 南港工业区分区

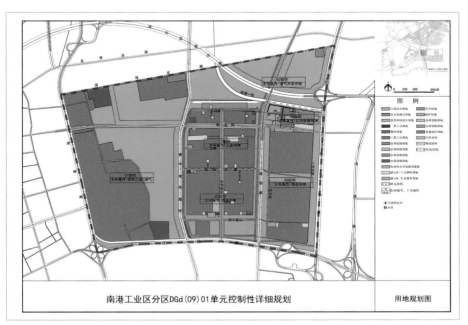

南港工业区分区 DGd（09）01 单元控制性详细规划　用地规划图

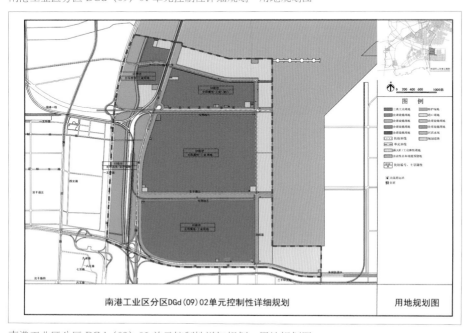

南港工业区分区 DGd（09）02 单元控制性详细规划　用地规划图

南港工业区分区 DGd（09）03 单元控制性详细规划　用地规划图

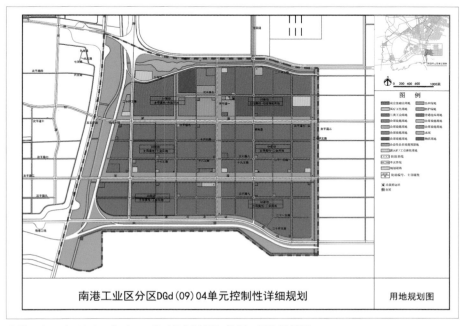

南港工业区分区 DGd（09）04 单元控制性详细规划　用地规划图

第五节　太平镇农业种植区分区

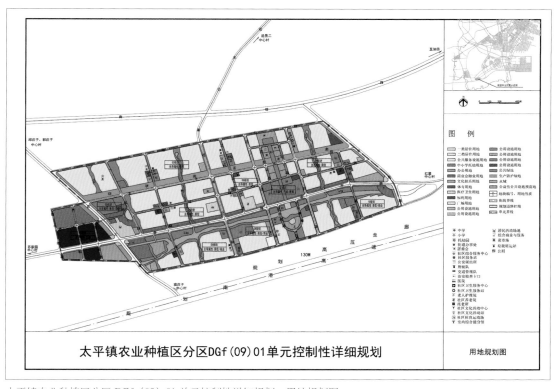

太平镇农业种植区分区 DGf（09）01 单元控制性详细规划　用地规划图

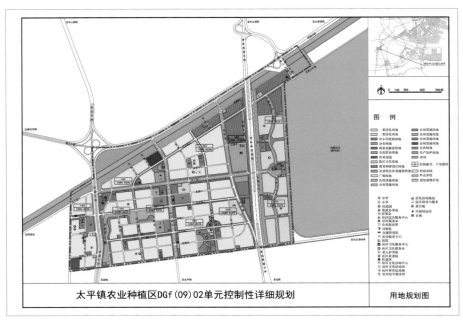

太平镇农业种植区分区 DGf（09）02 单元控制性详细规划　用地规划图

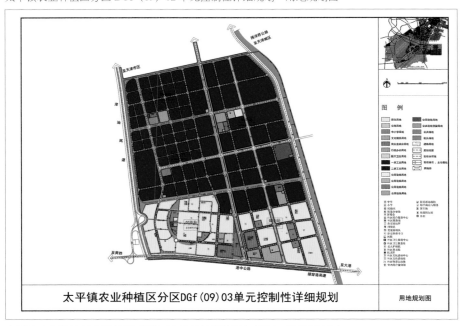

太平镇农业种植区分区 DGf（09）03 单元控制性详细规划　用地规划图

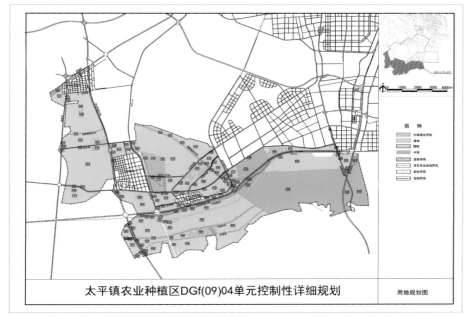

太平镇农业种植区DGf(09)04单元控制性详细规划　用地规划图

太平镇农业种植区分区 DGf（09）04 单元控制性详细规划　用地规划图

第六节　官港水库休闲区分区

官港水库休闲区分区DGg(09)01单元控制性详细规划　用地规划图

官港水库休闲区分区 DGg（09）01 单元控制性详细规划　用地规划图

第七节 轻纺工业园分区

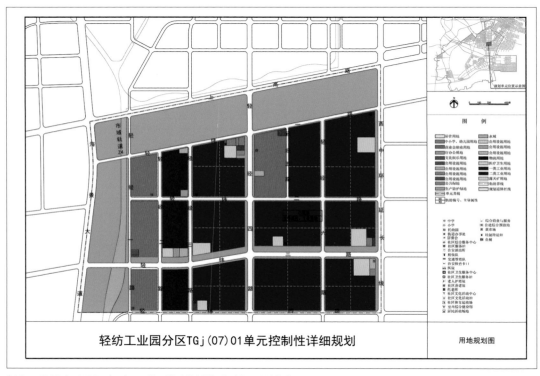

轻纺工业园分区TGj（07）01单元控制性详细规划

轻纺工业园分区 TGj（07）01 单元控制性详细规划 用地规划图

说明：以上控规成果为 2010 年 4 月区政府批复的内容。在后期的控规维护过程中，按照《天津市滨海新区控制性详细规划调整管理办法》，对部分单元的控规进行了调整，未在此部分图中反映。作为学术书籍，本书所附图纸不作为法定规划依据。

第三部分　实施、管理与反思

Part 3 Implementation, Management and Reflection

第一章　控规实施

按照《城乡规划法》的规定，控制性详细规划是规划审批、土地出让、实施规划管理的法定依据。控规一方面要落实城市总体规划的战略要求，另一方面要指导具体的规划管理工作，为确定地块开发的规划条件、控制土地出让提供依据。为此，它在规划实施中起着承上启下的重要作用。自滨海新区控规全覆盖以来，滨海新区依据控制性详细规划进行了城乡建设管理，取得了显著成绩。新区各功能区管委会、城乡规划主管部门均按照新区控制性详细规划成果进行规划管理，核提土地出让规划设计条件，为滨海新区城市建设发展提供了规划支撑和保障。

滨海新区控规的全覆盖在一定程度上增强了与上位规划的衔接，有利于增强对全局的分析认识，正确引导各分区、功能区的定位和特色产业发展，加快了城市土地和基础设施的开发建设。滨海新区首次将非建设用地纳入控规编制范畴，进一步促进了新区城乡一体化的发展和生态环境的保护。对新区控规全覆盖以来的项目审批、土地出让情况汇总，可以反映控规的实施情况。本丛书中包括几个重点地区方案的介绍，在此我们只以中新天津生态城和原滨海旅游区陆域部分控规实例为例加以说明。

第一节　控规是规划管理的依据

根据 2006 年颁布的《天津市城市规划条例》，控规作为规划管理、依法行政的依据，引导土地划拨、有偿出让和转让，是规划与管理、规划与实施之间衔接的重要环节。《中华人民共和国城乡规划法》规定："在城市、镇规划区内以划拨方式提供国有土地使用权的建设项目，经有关部门批准、核准、备案后，建设单位应当向城市、县人民政府城乡规划主管部门提出建设用地规划许可申请，由城市、县人民政府城乡规划主管部门依据控制性详细规划核

定建设用地的位置、面积、允许建设的范围，核发建设用地规划许可证"，另外，"在城市、镇规划区内以出让方式提供国有土地使用权的，在国有土地使用权出让前，城市、县人民政府城市规划主管部门应当依据控制性详细规划，提出出让地块的位置、使用性质、开发强度等规划条件，作为国有土地使用权出让合同的组成部分。未确定规划条件的地块，不得出让国有土地使用权"。要达到以上要求，最理想的合法是实现控规全覆盖。

滨海新区是在全国比较早地成为依控规进行行政审批和土地出让的地区之一。2010 年 1 月，滨海新区进行了行政体制改革，滨海新区规划和国土资源管理局成立，主要负责滨海新区城乡规划、国土资源、房屋管理、测绘管理和执法检查工作，下设滨海新区规划和国土资源管理局第一分局、第二分局、第三分局以及七个直属事业单位，分别为天津市渤海城市规划设计研究院、滨海新区保障性住房管理中心、滨海新区房屋管理中心、滨海新区房地产登记交易中心、滨海新区测绘所、滨海新区规划和国土资源地理信息中心和滨海新区城市建设档案馆。

根据滨海新区开发建设的实际情况，滨海新区规划、国土资源和房屋管理实行二级行政审批管理体制。滨海新区规划和国土资源管理局对中心商务区、中心渔港经济区、北塘经济区、轻纺经济区、天津港、黄港欣嘉园和海洋高新区（西区）、中部新城等八个重点管理区域进行直接业务受理和审批。在滨海新区规划和国土资源管理局的领导下，新区规划和国土资源管理局第一分局、第二分局、第三分局分别负责塘沽、汉沽、大港区域内的规划和国土资源管理工作。滨海新区规划和国土资源管理局对开发区、保税区、高新区、生态城、临港经济区管委会等功能区的规划管理部门进行业务指导，各功能区规划主管部门负责具体的行政审批和规划许可工作。

上述各管理部门的工作基础和依据都是控规，依据控规进行许可事项的审批，虽然在体制上没有实现管理的完全统一，但由于使用一个统一的控规全覆盖成果和管理资源库、平台，也实现了统一管理和依法行政的目的。

第二节　依据控规的项目审批情况

一、建设用地许可证核发情况

2011 年初至 2014 年底，在控规全覆盖成果的指导下，滨海新区共规划审批建设用地 6390.04 ha，核发建设用地规划许可 1386 件，占天津市规划审批建设用地面积的 24.05%。其中主要是工业和仓储用地，达到 3575.47 ha，占 55.96%；其次是居住用地 1662.32 ha，占 26.01%；公共设施用地 623.90 ha，占 9.76%。

滨海新区建设用地核发情况统计表（2011-2014 年）

类别	居住用地	公共设施用地	工业用地	仓储用地	对外交通用地	道路广场用地	市政基础设施用地	绿地	特殊用地	水域及其他用地	合计
面积／ha	1662.32	623.90	2371.18	1204.29	90.65	82.57	169.41	121.20	15.10	49.42	6390.04
比例（%）	26.01	9.76	37.11	18.85	1.42	1.29	2.65	1.90	0.24	0.77	100.00

二、市政工程审批情况

2012 年初至 2014 年底，在控规全覆盖成果的指导下，滨海新区共审批市政管线类规划方案 1871.83 km，核发市政管线类市政工程规划许可证 2007.43 km；审批道路交通类规划方案 621.68 km，核发道路交通类市政工程规划许可证 462.67 km。

三、土地出让情况

2011 年初至 2014 年底，在控规全覆盖成果的指导下，完成出让土地共计 5279.09 ha。其中，累计成交经营性用地 237 宗，面积 1253.42 ha；累计成交工业用地 448 宗，面积 4025.67 ha。

滨海新区土地成交面积统计表（2011-2014 年）

类别	塘沽	汉沽	大港	开发区	保税区	滨海高新区	中新生态城	东疆港	滨海旅游区	中心商务区	临港经济区	空港经济区	北塘经济区	中心渔港	中部新城	轻纺经济区	天津港	合计
经营性用地成交面积／ha	235	41	167	61	88	32	140	91	180	63	26	7	43	4	28	40	—	1253.42
工业用地成交面积／ha	32	94	196	979	450	249	16	239	92	—	922	53	—	88	—	183	436	4025.67

滨海新区土地出让位置图（2011—2014 年）

图例：经营性用地 工业性用地

四、重大项目选址和重点地区规划设计方案征集情况

依据控规全覆盖成果，完成重大项目选址包括：国家海洋博物馆、滨海新区文化中心、滨海医疗城等。完成重点地区规划设计方案征集包括：文化中心建筑群概念设计、滨海新区海河两岸重要节点城市设计、核心区中央大道景观规划、国家海洋博物馆建筑设计及园区概念性城市设计、文化中心（一期）建筑群方案设计等。

第三节 中新天津生态城控规实施

中新天津生态城位于滨海新区北片区范围内，毗邻天津经济技术开发区、天津港、海滨休闲旅游区，地处原塘沽区、汉沽区之间，距天津中心城区 45 km，距北京 150 km，总面积约 34.2 km²，规划居住人口 35 万。中新天津生态城东临滨海新区中央大道，西至蓟运河，南接蓟运河，北至津汉快速路，交通便利，能源供应保障条件较好，是为滨海新区功能区配套服务的重要生活城区和动漫、电影、创意、生态环保产业聚集区。

中新天津生态城选址范围内曾有三分之一是盐碱荒地、三分之一是废弃盐田，还有三分之一是污染水面，是世界上第一个在生态恶劣环境下建设的生态城。

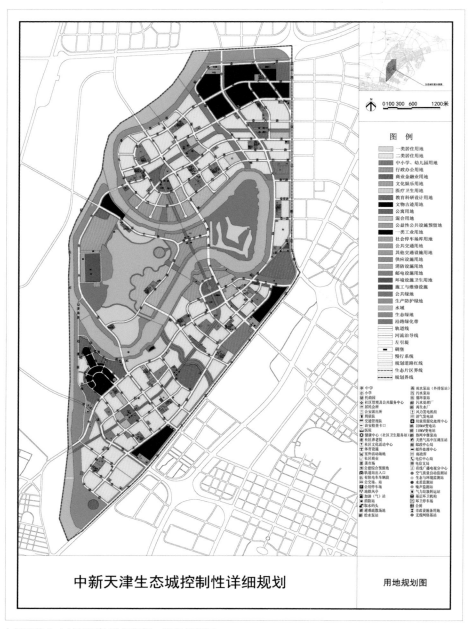

中新天津生态城控制性详细规划　用地规划图

中新天津生态城总体规划创立了以生态环境健康、社会和谐进步、经济蓬勃高效等三个方面22 项控制性指标和四项引导性指标组成的指标体系，用于指导生态城总体规划和开发建设，为能复制、能实行、能推广提供技术支撑和建设路径。控制性详细规划有效分解和具体落实了总体规划确定的以指标体系为目标导向的生态城市发展模式基础。地块控制指标一览表的成果形式可直接转化为规划设计条件或土地出让合同，简化了规划管理程序，提高了效率。控制性详细规划于 2010 年 4 月获得天津市滨海新区人民政府批复，经过几年建设，现已初具规模，规划指标和各项控制内容在项目开发建设中得到全面落实，目前已完成多个项目的建设，重点项目涵盖产业、服务、居住、生态等多方面，成为展示滨海新区"经济繁荣、社会和谐、环境优美的宜居生态型新城区"的重要载体和形象标志。

一、重点项目建设

国家动漫园是国家文化部与天津市政府之间的重大合作项目，是文化部确立的第一个国家级动漫产业综合示范园区。中新天津生态城是中国和新加坡两国政府间战略合作的旗舰项目，以加强节能减排、发展低碳经济和建设生态城市为主题，积极探索可持续发展道路，是全球首个国家间合作开发的生态城市。作为绿色产业的代表，国家动漫园是生态城启建的第一个产业园。动漫园占地 1km²，规划总建筑面积 77 万 m²。在各级领导的关怀和相关政府部门的指导下，动漫园经过一年多的高标准紧张建设，顺利完成了第一期建设，于 2011 年 5 月 27 日正式开园。

国家动漫园实景照片

二、居住社区建设

生态城片区规划采用新加坡"邻里单元"的理念，建立了"生态细胞—生态社区—生态片区"的三级居住体系。每个地块是一个生态细胞，每个生态细胞由 400 m×400 m 的街廓组成，四至五个生态细胞组成生态社区，四至五个生态社区组成生态片区。其中，生态社区设置了小学、幼儿园、社区中心等；生态片区除了可居住之外，还有就业、生活服务等多种功能；生态片区间通过生态廊道分隔，由公交主轴串联。总体上，居住区建设的目标是打造一个 15 分钟、500 m 半径内的生活圈，满足居民的基本生活需求。

随着生态城住宅项目建设和区域整体建设的不断推进，其区域面貌发生了翻天覆地的变化。南部起步区基本建成，当初的盐碱荒滩已呈现出一片欣欣向荣的热闹景象。目前建设的住宅形态涵盖高层、洋房、别墅三种。无论是洋房还是高层，主要面对的客群都拥有改善型住房需求，洋房户型面积多数在 150 m² 左右，高层则在 90～130 m² 左右的两三居。主要建成的住区包括：芦花庄园、世茂生态城、首创红树湾、万通新新家园、保利生态城等项目。

芦花庄园实景照片

万通新新家园实景照片

保利生态城实景照片

三、社区中心建设

生态城借鉴新加坡的经验，在每个社区内规划建设一个社区中心，一共将建成 10 个社区中心。社区中心的服务半径为 500 m，服务人口 3 万人，基本打造出生态城居民的 15 分钟生活服务圈，体现了以人为本和为民服务的基本原则，是生态城探索和开创出的独具特色的社区服务模式和服务品牌。

社区中心是生态城提供社区服务的主要载体，它集行政管理、社区管理、医疗卫生、文化体育和商业性服务等功能为一体，通过提供综合性、全方位、多功能的服务来满足居民的"一站式"需求。第三社区中心占地 1.5 ha，建筑面积 2 万 m²，是生态城最早开工建设同时也是第一个投入使用的社区中心。中心分为公益面积和商业面积两部分，其中公益部分共 5000 m²，商业部分面积约 15000 m²，主要功能包括医疗卫生、办事服务、文体活动和社区商业等方面，可以满足生态城起步区未来 8 万人的"菜篮子需求"。

第三社区中心实景照片

四、教育、医疗等基础设施建设

根据城市开发进度和居民入住情况预测，生态城一般提前两到三年就开始规划建设学校、医院、社区中心等配套设施。目前，区域的已实现名校云集，天津医科大学生态城医院即将开诊，区内小轻轨也完成了规划，这都得益于超前谋划。

除了建筑，生态城还布局了轨道交通、清洁能源公交、绿道，以实现人车分离、机非分离、动静分离。目前，每个小区出入口附近都有公交站点，确保公交站周边 500 m 半径服务 100% 覆盖。同时，还规划了"十"字形 5 m 宽的慢行系统，分人行和自行车通道，并将市政管网铺在慢行系统和绿化带下，以实现机动车道无井盖化。预计到 2020 年，生态城绿色出行比例将达 90%。

此外，生态城还借鉴新加坡的再生水技术，建起国内首座获得住建部绿色建筑认证的再生水厂，将城市污水过滤为中水，使非传统水源使用率达 50%；建造以太阳能、风能为能源的风光互补路灯；生活垃圾分类回收，并通过地下管道密闭输送至垃圾收集站；实施国内首个智能电网示范工程，打造智能家居生活。

天津外国语大学附属外国语学校

天津医科大学中新生态城医院

五、生态景观建设

生态城借助紧靠蓟运河的优势，在控规的指导下打造优质的自然景观环境，包括：清净湖污水库治理修复、清净湖堤岸、净湖山、清净湖南路绿化、清净湖湿地、15地块社区公园、11a地块社区公园、永定洲公园、生态谷起步区段、中生大道绿化、蓟运河故道南岸等。中新天津生态城是中国、新加坡两国政府间的战略性合作项目，生态城的建设展示了中新两国政府应对全球气候变化、加强环境保护、节约资源和能源的决心，是两国政府能实行、能复制、能推广的体现，共同将生态城打造成了"绿色建筑"示范基地。

三河口湿地照片

第四节 原滨海旅游区控规实施

一、控规情况

原滨海旅游区规划四至：北至津汉快速路，东至渤海 −2.5 m 等深线，南至永定新河左治导线，西至汉北路和中央大道。控制性详细规划分三期（陆域、海域一期、海域二期）进行编制。其中陆域范围控制性详细规划随着滨海新区控规全覆盖开展编制工作，于 2010 年 4 月获得滨海新区区政府批复。陆域四至范围为北至津汉快速路，东至汉蔡路，南至海滨大道，西至汉北路、中央大道，总规划面积约 29 km²，共分为五个控规单元，包括航母公园、贝壳堤公园和旅游区起步区等。

伴随着滨海新区的开发开放，一些大型基础设施较大的项目纷纷在滨海旅游区选址落位，控规也同步进行了论证调整和动态维护，2012 年 2 月经过调整程序的一版新成果报滨海新区规划与国土资源管理局备案，并同步完成了网上数据库更新。该成果是目前进行规划管理、行政审批的依据。

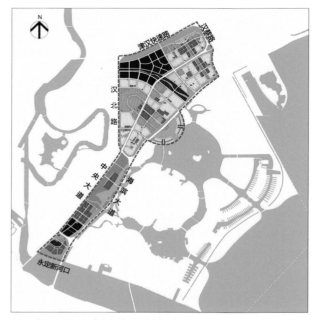

2010 年 4 月新区政府批复版陆域控规

2012 年 2 月滨海新区规划与国土资源管理局版陆域控规

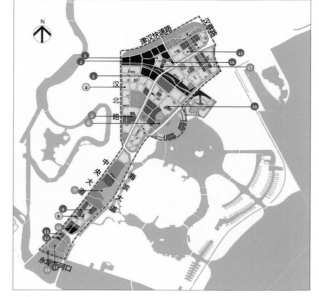

已在建项目示意图

二、实施情况

自控规全覆盖以来，在滨海旅游区陆域范围内，许多建设项目及基础设施陆续完成了选址规划、城市设计、修建性详细规划并开工建设。已建在建项目十余项，其中一批重点项目已陆续建成并投入使用。

已在建项目一览表

序号	项目名称	项目类型
1	车行天下房车生产基地	工业
2	旭辉产业园（2处）	工业
3	国绿空间模块	工业
4	2.89住宅地块	住宅
5	航母主题公园	公园
6	国家气象科技园	行政／研发
7	贝壳堤湿地公园	公园
8	天成国际温泉酒店	商业
9	碧桂园·滨海城	住宅
10	第一启动器	住宅／工业／商业
11	东方文化广场	商业／公寓
12	法式婚庆酒店	商业
13	海魔方嬉水乐园	商业
14	生态公园	公园
15	自行车文化科技园	工业
16	海斯比游艇研发基地	工业
17	第二起动器	住宅／商业／工业
18	金星大酒店	商业

（一）建设项目

1. 海魔方嬉水乐园

规划用地性质为文化娱乐用地，规划总占地面积20 ha，总投资额约8亿元。项目一期室外乐园已成功对外营业，二期商业及酒店项目已完成土地出让，目前尚在建设中。

海魔方嬉水乐园实景照片

2. 东方文化广场

规划用地性质为商业金融业用地，规划总占地面积3.4 ha，建筑面积9万 m^2，总投资额6亿元。目前，建筑主体已基本完成，计划于2015年10月对外销售。

东方文化广场鸟瞰效果图

3. 碧桂园·滨海城

规划用地性质为二类居住用地，规划总占地面积9.84 ha，总建筑面积11.8万 m^2，总投资额约4.9亿元。主体建设已基本完成，目前项目对外销售情况良好。

碧桂园·滨海城实景照片

4、天成国际温泉酒店

规划用地性质为商业金融业用地，规划总占地面积6.67 ha，建筑面积约10万 m^2，总投资约5亿元。规划建成旅游区内首个温泉养生旅游度假区、高档养生水疗馆、康复理疗中心、五星级高档精品独家酒店及酒店式公寓，是滨海旅游区内的高档旅游度假项目。目前，已完成基础部分施工。

天成国际温泉酒店规划鸟瞰效果图

（二）基础设施

1. 道路交通设施

陆域范围内已建26条道路，总里程约32 km，约70万 m^2。在建20条道路，总里程约19 km，约44万 m^2。

（1）玉砂道。

规划为城市主干路，红线宽50 m，地坪段规划横断面为8.5（人行及绿化）−11.5（行车道）−10（中央分隔带）−11.5−8.5；高架段规划横断面为3.5（人行道）−4.5（辅道）−12.5（跨线桥）−9（桥间距）−12.5−4.5−3.5。建设基本按照规划实施。

（2）航海道。

规划为城市主干路，红线宽41 m，规划道路横断面为3（人行道）−4.5（绿化带）−11.5（车行道）−3（中央分隔带）−11.5−4.5−3。建设基本按照规划实施。

2. 市政基础设施

结合海域一期及海域二期控规，完成市政专项规划六项，包括燃气专项规划、供热专项规划、电力专项规划、给水专项规划、再生水专项规划和雨水专项规划。

燃气专项规划中规划建造南部燃气调压站（合建抢、维修服务站）1座，占地面积4000 m^2，设计规模6万 m^3/时，现已依据规划建设完成。正在建设中部调压站，可满足南部及北部用气需求。

给水专项规划中规划建造南部给水加压泵站1座，规划占地面积1.4万 m^2，设计规模12万t/日，现已建成，正在进行场站建筑施工；中部给水调峰泵站已完成设计，即将开工建设。

（三）绿化建设

目前已建绿化面积约120万 m^2，含10条道路绿化，永定新河生态公园、贝壳堤公园、门区景观公园三个公园。在建绿化面积约220万 m^2（含体育公园）。

位于中央大道和海滨大道之间的贝壳堤公园，属于天津古海岸与湿地国家级自然保护区的"贝壳堤青坨子区域"。规划总面积 100 ha，其中，核心区 4.5 ha，缓冲区 31.8 ha，试验区 64.1 ha。一期规划面积 40 ha，现一期已基本建设完成。

原贝壳堤一期设计范围内，有大面积是挖掘的低洼地。北部和中部有较大面积分散的洼塘，局部有条状的荒草地。土壤盐碱化严重，地表裸露。地形起伏较小，地势较低。水域面积大，但被分割成了许多小洼塘或直长的水带，流动性差，更新缓慢；水体中存在较多的浅滩，致使整体水域的防洪蓄水能力差；水中的生物量少，水质差。植物种类多是一些乡土低矮植被，植物群落的丰富程度不高，起不到改良土壤、防风固沙、保护生态的作用；另外，缺少水生植物和湿生植物，河岸裸露，水土流失严重。

贝壳堤公园一期设计的规划定位为拥有湿地景观特征的苗圃公园。

贝克堤公园的规划以保护贝壳堤古海岸遗址和湿地生态系统及各种动植物为出发点，以重塑和恢复湿地生态系统为手段，与滨海旅游区的功能要求相结合，努力提升新区形象、丰富旅游主题、完善保护设施，将该区域打造成休闲旅游主题明确、保护管理设施到位、湿地生态系统健全，体现自然保护区特色的保护性湿地公园。

规划重点对水陆分区、竖向设计、景观分区进行研究。公园将起伏的地形和弯曲的水系紧密相连。地势西高东低、北高南低；地形脉络清晰。水流自西往东、自北往南。水系呈现出"溪、湖、岛、湾"等四种平面形态变化。目前一期建设工程基本完工。

贝壳堤建成实景照片

贝壳堤建成实景照片

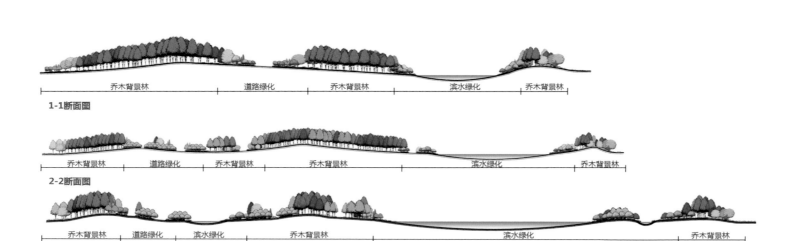

1-1断面图

乔木背景林　　　　道路绿化　　　乔木背景林　　　　滨水绿化　　　乔木背景林

2-2断面图

乔木背景林　　　道路绿化　　　乔木背景林　　　乔木背景林　　　　滨水绿化　　　　乔木背景林

3-3断面图

乔木背景林　　　道路绿化　　　滨水绿化　　　乔木背景林　　　　滨水绿化　　　　乔木背景林

贝壳堤规划剖面图

第二章　控规管理

控规编制是一项浩大的工程，而做好控规管理更为重要。建设滨海新区作为一项重要的国家发展战略，发展速度十分重要，怎样处理好滨海新区经济快速发展与控规管理之间的关系成为控规管理的一个重大课题。

滨海新区控规全覆盖为招商引资、项目落地提供了条件，为新区土地出让提供了依据，是依法依规进行行政许可、项目审批的重要内容。虽然控规编制时考虑留有一定弹性，但随着社会发展和建设进程加快，需要对控规进行调整，涉及控规调整的必须按照程序进行。2008 年 1 月 1 日起施行的新修订的《城乡规划法》，对控规的修改程序做出了明确规定。美国区划法是一个法律体系，由技术人员、律师、管理人员共同编制完成，并不断完善，有着非常严格的管理机制。为完善控规管理体系，加强控规管理工作，在滨海新区控规全覆盖工作的基础上，我们重点从控规调整、控规成果动态维护等方面开展相关工作，结合新区控规管理实际，制定了《天津市滨海新区控制性详细规划调整管理办法》，对控规调整类型进行了分类，提高了审批效率，并建立了控规调整成果动态维护机制。

市场的不确定性和控规的时效性致使审批后的控规调整频繁，调整工作的不断规范和控规的动态维护制度的确立，在一定程度上弥补了这些问题，保证了规划的实施。

第一节　控规调整工作的管理

滨海新区控规全覆盖成果下发以后，为新区各管理机构提供了管理依据和遵循的原则，但在规划实施的过程中，经常会遇到需要调整控规的情况，调整须是客观的，符合实际情况，特制是滨海新区经济发展速度较快，城市建设速度较快，调整的内容都比较急、比较多，为此，为规范滨海新区控制性详细规划的调整程序，按照国家和天津市的有关规定，我们也汲取了深圳、上海浦东新区、济南等地区规划调整的先进经验，草拟了滨海新区控规调整管理办法，主要思路是既要严格调整程序，又要满足各功能区快速建设的实际需求，按照滨海新区改革创新、先行先试的要求，该简化的程序简化，对不能简化的程序进行严格管理。

2010 年 4 月，滨海新区控规全覆盖在获得新区政府批准后下发执行。为规范滨海新区控制性详细规划调整程序，按照国家和天津市有关规定，2010 年 5 月新区政府转发新区规划与国土资源管理局制定的《滨海新区控制性详细规划调整管理暂行办法》，其主要依据《中华人民共和国城乡规划法》《天津市城乡规划条例》《天津市城市规划管理技术规定》并结合滨海新区的实际情况。它的实施对于规范控规调整程序以及提高规划管理的科学性、严肃性起到了重要作用。

通过一年的试行，各功能区提出了调整的诉求，改动再小也要建立完整的调整程序，以利于招商引资和经济发展，为此，我们对《滨海新区控制性详细规划调整暂行方法》进行了修正。本着简化调整程序、提高工作效率的原则，2011 年修订为《滨海新区控制性详细规划调整管理办法》（简称"办法"）。按照《办法》，控规调整分为重大、一般和局部三类。对控规确定的街坊主导属性有重大调整的、公益性用地调整为非公益性用地、居住用地提高容积率等属重大调整，须由相关管委会提出调整申请，报滨海新区人民

政府同意后，组织编制控规调整方案，调整方案经专家审查、部门审查、公示后，由滨海新区人民政府审批；工业、仓储用地控规调整，以及公益性用地增加、城市支路调整等属局部调整，由功能区规划管理部门组织编制控规调整方案，由功能区管委会批准；其余控规调整属一般调整，各管委会组织编制控规调整论证报告和调整方案，经专家审查、部门审查、公示后，报新区规划和国土资源管理局批准。除对控规调整的内容、程序予以明确外，我们对调整申请报告、方案、论证报告等文件内容都提出了要求，同时将上述控规调整办法进行细化，制订具体的审批流程。

通过控规调整管理办法的制定，我们对新区规划审批管理进行了分权化改革的探索，简化了控规调整程序，缩短了调整时间，从目前执行情况来看，对促进新区发展和各功能区招商引资具有积极作用。

第二节　控规调整情况

实践证明，实行分类的控规调整，既保证了控规的严肃性，也满足了快速发展的要求，这是一个正确的选择。当然，这与国家和天津市滨海新区为完善控规的调整程序相适应，并为打造先行先试的改革试验区积累了经验。

近四年以来，新区完成控规调整 260 余项，其中重大调整约 60 项，一般及局部调整约 200 项，新编和重大调整按程序均报请新区政府批复，一般调整均经新区规划与国土资源管理局业务会审议通过，局部调整由各功能区管委会批复并报新区规划与国土资源管理局备案。

控规调整工作主要围绕如下三个方面的特点展开：一是新区为优化产业结构、构建宜居生态新城区提供空间保

障，对若干项控规的上位规划，包括总体规划、分区规划、专项规划等内容进行了深化完善，将其成果逐步纳入控规，意在对确保新区良性发展的核心内容，如公共设施、基础设施、生态环境等实施有效控制，同时在已批复的陆域控规的基础上，继续推进盐田和围海造陆区域的控规编制与审批，占总用地规模约 3% 的公益性公共设施用地的预留控制等；二是各功能区管委会结合当前发展形势和公益性设施布局更加合理的要求组织编制的控规调整；三是伴随着滨海新区的机制体制改革创新，部分地区出现了开发管理主体的变化，新的管理主体根据新形势要求，对原管理主体委托编制的控规进行优化完善。

附件一 《天津市滨海新区控制性详细规划调整管理办法》

1. 总则

1.1 为提高滨海新区城市规划管理的科学性，规范控制性详细规划（以下简称"控规"）调整程序，根据《中华人民共和国城乡规划法》《天津市城乡规划条例》《天津市城市规划管理技术规定》（市人民政府令第16号）、市人民政府《批转市规划局拟定的〈天津市控制性详细规划管理暂行规定〉的通知》（津政发〔2007〕57号）、市规划局《关于印发〈天津市土地细分导则管理暂行规定〉的通知》（规法字〔2011〕492号），结合滨海新区情况，制定本办法。

2.2 经批准的控规是滨海新区城市规划管理的依据，是建设项目规划许可审批、土地出让和转让方案制定的依据。控规调整应遵循以下原则：

（1）控规调整应符合城市总体规划、分区规划、专项规划确定的城市定位、城市规模和城市布局原则；

（2）控规调整应有利于促进社会和谐，改善国计民生，满足人民生活水平提高的要求；

（3）控规调整应有利于经济发展、招商引资；

（4）控规调整应有利于城市交通改善、环境保护和城市美化；

（5）控规调整应有利于实施和近期建设。

控规调整涉及总体规划强制性内容的，应当先修改总体规划。

2. 控规调整分类

2.1 滨海新区控制性详细规划调整分为重大调整、一般调整和局部调整三类。

2.2 有以下情形之一的，属于控规重大调整：

（1）因城市总体规划、分区规划以及专项规划修改造成控规调整的；

（2）因国家、本市重点建设项目的特殊要求造成控规调整的；

（3）公益性公共设施和市政设施用地发生重大变更对控规地块的功能与布局产生重大影响的；

（4）对控规确定的街坊主导属性、开发强度有重大调整的；

（5）公益性用地调整为非公益性用地的；

（6）居住用地提高容积率的。

2.3 有以下情形之一的，属于控规局部调整：

（1）同一控规单元内工业用地与仓储用地之间用地性质调整，工业用地、仓储用地容积率、建筑密度（建筑系数）、建筑限高调整，且调整后对周边无不良影响、仍能满足有关技术规范要求的；

（2）同一控规单元内地块的拆分或合并使用，且不涉及规划技术指标调整的；

（3）非公益性用地调整为公益性用地的；

（4）公益性用地的容积率、建筑密度、建筑限高调整，且调整后仍能符合《天津市城市规划管理技术规定》及其他相关规范的要求；

（5）城市支路、工业区次干路和支路（道路红线宽度20m及以下）红线宽度或线位调整、道路增加或取消，且调整后不影响区域路网结构、通行能力和市政管线敷设，未对相关地块造成负面影响的。

2.4 重大调整和局部调整所述情形以外的调整，属于控规一般调整，主要包括以下几种情形：

（1）城市道路红线（道路红线宽度20m以上）宽度或线位调整，以及绿线、蓝线等其他规划控制线调整对周边地块造成一定影响的；

（2）符合控规地块控制要求，对地块规划布局进行调整的；

（3）符合控规建筑规模总量平衡要求，对局部地块建筑规模进行调整的（工业用地、仓储用地及公益性用地除外）；

（4）符合控规绿地总量平衡要求，对绿化带或者集中绿地进行调整的；

（5）满足城市空间和景观环境需要，对局部地块建筑高度、建筑密度进行调整的（工业用地、仓储用地及公益性用地除外）；

（6）公益性用地位置调整，且调整后对周边无不良影响、仍能满足有关技术规范要求的。

3. 控规调整审批程序

3.1 各管委会拟对控规进行重大调整的，应先提出调整申请，报区人民政府同意后，组织编制控规调整方案。各管委会组织对控规调整方案进行专家审查、部门审查、向社会公示，征得区规划与国土资源管理局同意后，报区人民政府审批。

经批准的控规调整方案，由区规划与国土资源管理局报市规划局备案。

3.2 各管委会拟对控规进行一般调整的，由各管委会规划管理部门组织编制控规调整论证报告和控规调整方案，经专家审查、部门审查、向社会公示、征求规划地段内利害关系人意见，并经管委会同意后，报区规划与国土资源管理局批准。

经批准的控规一般调整，区规划与国土资源管理局在批准之日起15日内报区人民政府和市规划局备案。

3.3 各管委会拟对控规进行局部调整的，由各管委会规划管理部门组织编制控规调整方案，征求规划地段内利害关系人的意见后，报管委会批准。

经批准的控规局部调整，各管委会规划管理部门应在批准之日起15日内报区规划与国土资源管理局备案。

备案文件应包括控规调整方案、规划地段内利害关系人意见、管委会审批意见等纸质文件及电子文档。

3.4 控规调整方案应包括以下内容：

（1）控规重大调整方案应按照市规划局《关于印发〈天津市控制性详细规划编制规程（试行）和〈天津市土地细分导则编制规程（试行）〉的通知》（津详字〔2007〕104号）完成控规单元的文本、图纸等整套成果（包括纸质文件和电子文档）；

（2）控规一般调整方案和局部调整方案 应包括调整理由、调整内容、调整前后对比、调整后各项控制指标等文本和图纸成果（包括纸质文件和电子文档）。

3.5 控规调整申请报告应包含以下内容：

（1）调整理由及调整内容；

（2）控规调整所产生问题的解决措施；

（3）控规调整相关利害关系人的意见。

3.6 控规调整论证报告应包括以下内容：

（1）调整理由及调整内容；

（2）区位和现状情况评述；

（3）控规调整前后的人口、交通、公共设施、市政设施、公共绿地、城市空间等情况的变化，以及对所产生问题的解决措施；

（4）论证结果。

3.7 控规调整组织编制机关应当将控规调整方案进行公开展示，征询公众意见，展示的时限不少于30日。

3.8 控规调整应由批准机关自批准之日起20个工作日内向社会公布（有关法律、法规明确规定不得公开的内容除外）。

3.9 国有土地使用权出让后，原则上不得调整控规。确需调整的，土地使用权单位和个人应向所在区管委会提出申请，由管委会按控规调整审批程序进行报批。

4. 法律责任

4.1 区规划与国土资源管理局对滨海新区范围内控规调整、审批和相关管理工作进行监督检查。

4.2 未按本办法进行控规调整的，控规调整无效。因违规调整规划而审批建设项目造成后果的，按照有关规定追究有关审批单位和责任人责任。

5. 附则

本办法自 2011 年 11 月 22 日起施行，至 2016 年 11 月 21 日废止。本办法实施之日起，区人民政府《批转区规划与国土资源管理局拟定的〈区控制性详细规划调整管理暂行办法〉通知》（津滨政发〔2010〕56 号）同时废止。

附件二　《滨海新区控制性详细规划一般调整论证论证报告编制技术要求》

（2011 年 11 月）

1. 总则

1.1 依据《天津市滨海新区控制性详细规划调整管理办法（津滨政发〔2011〕71 号）》第 3.2 条的规定，滨海新区控制性详细规划一般调整，须编制调整论证报告。

1.2 为规范调整论证报告的编制内容和深度，特制定本编制技术要求。

1.3 调整论证报告只针对滨海新区已批复控规中的土地细分导则进行论证。

1.4 调整论证报告主要包括论证报告、图纸和附件三部分内容。

2. 论证报告的内容和深度要求

2.1 论证报告主要包括调整背景、区位及现状、调整依据、调整内容、分析论证、调整前后对比、论证结论七部分内容。

2.2 调整背景

阐明调整的原因及相关的背景情况。

2.3 区位及现状

阐明调整用地所在行政区、单元编号、四至范围、用地规模、用地构成、地上建筑概况、公共设施分布及市政、交通、公共安全等基础设施情况。

主要单位情况一览表

序号	单位名称	用地性质代码	用地面积/ m^2	建筑面积/ m^2

2.4 调整依据

主要包括相关部门历次会议精神，会议纪要的相关内容，与调整相关的已批系统规划及专项规划的相关内容等。

2.5 调整内容

2.5.1 用地调整

阐明用地调整所涉及的地块编号的调整及用地调整的主要内容。

未调整地块的地块编号沿用原土地细分导则的地块编号；调整地块的地块编号在原土地细分导则的街坊尾号后顺排。

2.5.2 道路及交通设施调整

阐明道路及交通设施调整的主要内容。

2.5.3 市政基础设施调整

阐明市政基础设施调整的主要内容。

2.6 分析论证

2.6.1 分析论证包括策划方案、公共服务设施核算、交通影响评价及停车场（库）核算、市政基础设施承载力核算、日照分析测算五项内容。

2.6.2 策划方案

2.6.2.1 现状概况

明确地块及周边用地的区域位置、四至范围、用地性质、用地规模、权属情况、建筑条件、公共设施分布及市政、交通、公共安全等基础设施情况。明确地块核发规划行政许可的情况。

2.6.2.2 方案布局

明确各类建筑的布局方式、层数、日照间距、地下设施范围、建筑高度、层数等。

2.6.2.3 空间形态

明确各类建筑的体量、高度分布、建筑空间形式、与周边建筑的关系、开放空间布局等。

2.6.2.4 公共设施设置

根据可容纳人口规模确定公共服务设施的级别、内容、数量、规模及建设要求。

2.6.2.5 道路交通组织

明确道路等级、宽度、地块出入口位置、地面及地下停车组织方式等，做好地块内部交通的流线组织和对外交通的有效衔接。

2.6.2.6 基础设施设置

明确地块内各类基础设施的用地、等级、规模。

2.6.2.7 指标测算

明确策划方案的相关指标，包括规划用地性质、地块面积、容积率、建筑密度、绿地率、设施名称及建设规模。涉及居住用地修改的，应明确可容纳户数、人口数、建筑单体平面组织形式。

主要技术经济指标表

编号	项目	单位	数值	备注

2.6.2.8 控制性详细规划内容核算

核算策划方案在单元功能规模、绿地、公共设施、交通、市政工程、城市安全等方面是否突破原控制性详细规划的要求。突破控制性详细规划的，提出修改内容和具体意见。

2.6.3 公共服务设施核算

2.6.3.1 公共服务设施核算的前提

有下列情形之一的，应进行公共服务设施核算：

（1）各类用地调整为住宅用地的。

（2）住宅用地容积率提高的。

（3）公共服务设施位置在地块之间调整的。

（4）规划主管部门认为需要在论证阶段进行公共服务设施核算的其他情况。

2.6.3.2 公共服务设施核算的内容

（1）以单元为单位，核实原土地细分导则中公共服务设施的类型、数量、规模、建设方式和服务半径。

（2）依据《天津市居住区公共服务设施配置标准》（DB29-7-2000）的规定，核算单元新增人口规模，并核算因人口增加引起的各类设施数量、规模、建设方式和服务半径是否满足要求。不满足要求的，须提出具体的改进提议。

（3）因水系、铁路、交通性干道等设施阻隔形成相对独立的地区，应考虑设施配置的服务对象，适当增加设施。

（4）因用地性质调整导致原设施不必配置的，经核算后可适当减少设施。

（5）以单元为单位，重新核实调整后的土地细分导则中公共服务设施的类型、数量、规模、建设方式和服务半径是否满足要求。

2.6.3.3 公共服务设施核算的文字要求

阐明需配置的设施类型、数量、规模和建设方式以及对设施的控制要求。

公共服务设施一览表

| 编号 | 项目 | 规划／（m² ／处） | | 建设规模、方式 |
		建筑面积	用地面积	

2.6.4 交通影响与停车场（库）核算

2.6.4.1 交通影响与停车场（库）核算的前提

当对用地性质或建筑规模、建筑使用功能进行修改时，应进行交通影响评价承载力核算：

（1）用地性质和用地规模，应满足下列条件的情况：根据项目位置修改的用地性质和用地规模

项目位置	修改前用地性质	修改后用地性质	修改用地规模
滨海新区核心区	工业用地、仓储用地	居住用地	≥ 3 ha
	工业用地、仓储用地	公共设施用地	≥ 1 ha
	居住用地	公共设施用地	≥ 1 ha
	公共设施用地	居住用地	≥ 3 ha
其他地区	工业用地、仓储用地	居住用地	≥ 5 ha
	工业用地、仓储用地	公共设施用地	≥ 2 ha
	居住用地	公共设施用地	≥ 2 ha
	—	居住用地	≥ 5 ha

（2）修改后的建筑增加量应满足下列条件：根据项目位置增加的建筑用地量一览表。

项目位置	各类建筑增加总量
滨海新区核心区	≥ 3 万 m²
其他地区	≥ 5 万 m²

（3）规划主管部门认为需要在论证阶段进行交通影响承载力核算的其他情况。

2.6.4.2 交通影响与停车场（库）核算的内容

2.6.4.2.1 交通影响核算应包括以下内容：

（1）明确地块周边涉及的道路、轨道、公共交通、交通设施的现状及规划情况。

（2）根据修改内容对地块周边的背景交通和新生成交通进行预测，核算交通量分布和运行特征。

（3）根据交通需求预测结果，预测地块周边路网及交通系统运行的影响程度。

（4）判定修改后的交通系统是否满足要求，明确修改对核算范围内交通系统的影响程度，并提出意见和建议。

2.6.4.2.2 停车场（库）核算应包括以下内容：

交通影响核算结论可接受的论证方案，应明确地块应配建的停车位数量；当地块配建停车位数量与《天津市建设项目配建停车场（库）标准》的要求不一致时，应提出相应的改进建议。

2.6.4.3 交通影响与停车场（库）核算的文字要求

阐明修改后的交通及停车是否满足要求，并提出意见和建议。

2.6.5 市政基础设施承载力核算

2.6.5.1 市政基础设施承载力核算的前提

与2.6.4.1的内容要求一致。

2.6.5.2 市政基础设施承载力核算的内容

（1）明确地块周边各项市政基础设施的现状及规划情况（给水、排水、再生水、电力、通信、燃气、供热）。

（2）根据修改内容对地块各项市政基础设施负荷变化总量和相对量进行测算。

（3）对地块各项市政基础设施的供给能力和承载力进行核算。

单元内市政设施核算一览表

类别	项目	市政负荷调整量	是否满足需求	源头/出路	是否需要调整	场站设施	是否需要调整

（4）判定修改后的市政基础设施承载力是否满足要求，并提出意见和建议。

2.6.5.3 市政基础设施承载力核算的文字要求

阐明修改后的市政基础设施承载力是否满足要求，并提出意见和建议；明确调整的各类基础设施的位置、用地、等级、规模。

配套设施调整内容对比表

编号	配套设施名称	调整前地块编号	调整后地块编号	调整内容	备注

2.6.6 日照分析测算

2.6.6.1 日照分析测算的前提

由于用地性质或土地使用强度等方面的修改，使地块自身及周边的高层建筑遮挡住宅、敬老院、医院、疗养院、托幼、中小学等有日照要求的建筑时，应进行日照分析测算。

2.6.6.2 日照分析测算的内容

（1）建设用地内参与日照分析建筑物的使用性质、层数、高度。

（2）日照分析结论，不满足日照时间规定建筑的编号、窗数和户数。

（3）根据日照分析结论提出策划方案修改及补偿建议。

2.6.6.3 日照分析测算的文字要求

阐明修改后的日照是否满足要求，并提出意见和建议。

2.7 调整前后对比

2.7.1 调整前后对比是指对土地细分导则的图和表进行对比。

2.7.2 图中应显示地形图、标明规划范围、地块边界、用地性质及代码、用地编号、配套设施。

2.7.3 表的对比是地块调整前、后控制指标一览表的对比。

地块调整前后控制指标对比一览表

	街坊编号	地块编号	用地性质代码	用地性质	用地面积/ha	容积率	建筑密度/（%）	绿地率/（%）	建筑限高/m	设施名称	建设规模方式	备注
调整前												
调整后												

2.8 论证结论

通过以上论证分析，对调整内容所涉及的各类修改是否合理、可行，公共服务设施、道路交通设施、市政基础设施、公共安全设施是否满足修改后方案的要求提出论证结论。不能满足要求的，须提出修改建议。

3. 图纸的内容和深度要求

3.1 图纸内容

3.1.1 区域位置图

3.1.2 现状图

3.1.3 调整前后土地细分对比图

包括土地细分图（调整前）、土地细分图（调整后）。

3.1.4 策划方案布局及城市设计意向图

包括方案总平面图、城市设计意向图及主要技术经济指标。

3.1.5 道路交通规划图

3.1.6 市政工程规划图

3.2 图纸深度要求

按照《滨海新区控制性详细规划编制技术规程》执行。

4. 附件的内容和深度要求

4.1 附件应包括相关会议纪要及电子数据。

4.2 电子数据包括论证报告（Word 格式）、图纸（Cad 和 Jpg 格式）。电子数据的成果提交按照《天津市控制性详细规划数据文件技术标准》执行。

4.3 电子数据的补充内容

按照《天津市土地细分导则编制规程》中"制图分层"的规定，增加"规划调整界线"及"概念规划界线"两个图层。

补充制图分层一览表

标识符	层名	颜色	线型	制作要求	内容及备注
HTZHJX	规划调整界线	Red	DOTE	闭合多义线	线宽 5
GNGHJX	概念规划界线	Yellow	CENTER2	闭合多义线	线宽 3

第三章　控规成果的动态维护

第一节　动态维护

随着控规全覆盖工作的完成以及控规调整管理办法的制定，城市规划工作的重点也逐步由规划制定转向规划实施和管理。为了积极应对规划实施和管理中各种影响因素和各种需求的变化，城市规划工作需要不断优化和完善，这是一种动态规划的过程。滨海新区在控规实施管理过程中建立了控规动态维护工作机制，这是将控规编制与控规实施管理紧密结合的一种机制创新，是一项具有开拓性的实践探索。

首先，为实现控规管理的数字化、信息化，实现控规数据动态维护管理，在控规全覆盖成果标准化、统一格式的前提下，基于 CAD 与 GIS 并行综合分析平台，建立了滨海新区控规成果数据库，以此为平台，整合为控规系统，实现了"控规一张图管理"。为方便控规更新数据的及时录入，我们制定了控规数据更新的数据标准和技术要求，并构建了"3+3"更新机制，即 3 天完成控规调整成果，3 天完成控规系统网上更新工作，确保了控规更新的及时性。

数据库以地块为单位，对每个地块的规划强制性内容进行了属性编写。

地块规划强制性内容

片区名称	分区名称	单元编号	地块编号	用地代码	用地性质	用地面积/ha	容积率/（%）	建筑密度/（%）	绿地率/（%）	建筑限高/m	设施名称	建设规模	备注	数据调整时间

为进一步提升系统功能，下一步将重点开发控规成果审查及辅助决策系统。该系统主要具有以下功能。

实现控规成果与待审批规划方案的精确对比，实现统计、对比、计算、标注等功能，实现自定义范围内中小学查询、加油站等设施的统计与服务半径分析，统计自定义范围内各项建设用地数据等；增加土地利用规划、土地权属、出让等土地属性信息，快速调用各种海量数据，如地形数据、航拍数据、土地利用总体规划等；将重点地区地下空间规划和城市设计导则纳入系统，实现动态模拟功能。

在数据平台的基础上，每年定期对数据进行整理分析，形成动态维护报告。报告重点对所有经新区政府、新区规划与国土资源管理局审查批复或由各功能区管委会向新区规划与国土资源管理局报备的控规调整项目，从调整内容、调整原因等方面进行了归纳，并对调整以后对新区的用地结构与规模、建筑规模、开发强度等规划重点管控内容所产生的影响进行了分析；总结年度控规动态调整情况，并对年度控规动态维护成果进行评价，为规划与国土资源管理局及时掌握控规动态并为下一年度控规工作重点提供依据。

第二节　GIS 数据建库

"数字城市"作为城市发展的新方向，已经成为"城市化"发展的加速器。城市的数字化已经成为城市现代化建设的主流和趋势。随着"数字城市"相关技术逐步完善，城市规划管理的技术越来越丰富，运用"数字化"相关技术来进行城市规划管理是规划行业发展的趋势。

面对滨海新区的快速发展，2270 km^2 范围内的规划管理工作日渐繁忙，为提高规划管理效能，科学统筹各控规单元的报审和批复，综合采用"数字化"相关技术，结合各控规单元编制工作，制定控规 CAD 和 GIS 数据建设流程，该工作可快速准确地进行各控规单元 CAD ——> GIS 数据转换和控规 GIS 数据库建设，最终汇总形成"一张图"的控规 GIS 成果数据，为规划管理工作中的规划审查、项目建设审批、规划评价提供了数据平台。

一、控规 GIS 建库依据及主要工作流程

（一）控规 GIS 建库依据

GIS 数据库建设的标准，须符合国家现行有关法律、法规、其他规范性文件的要求，主要规范性文件如下所示：

地理信息术语（GB/T17694—2009）；

城市地理信息系统设计规范（GB/T 18578—2008）；

基础地理信息城市数据库建设规范（GB/T 21740—2008）；

地理信息元数据（GB/T 19710—2005）；

地理信息分类与编码规则（GB/T25529—2010）；

基础地理信息要素分类与代码（GB/T13923—2006）；

城市规划基本术语标准（GB/T50280—98）；

天津市城市规划管理技术规定；

天津城市滨海新区规划编制技术规程。

（二）控规电子数据的分类

控规电子数据文件主要分为控规编制成果电子文件和控规 GIS 数据文件两种。

1. 控规编制成果电子文件

（1）规划文本文件电子文件。

主要包括规划文本和说明。由 Office2003/Office2007 软件编辑而成，文件后缀为 doc/docx。

（2）规划 CAD 图形电子文件。

根据规划编制成果要求，主要包括现状图、规划图、道路图、工程图等主要图件，一般为 CAD 图形文件或 GIS 图形文件。CAD 图由 AutoCAD2004-AutoCAD2010 软件编辑而成，文件格式为 Dwg 格式。

2. 控规 GIS 数据文件

控规 GIS 数据文件一般由 ArcGIS9/ArcGIS10 软件编辑而成，文件一般为 Shp 或 GeoDatabase 格式，属性字段包含地块的相关属性。该数据为控规 GIS 建库的最终成果。

（三）控规 GIS 建库的流程

控规 GIS 建库需要严格的工作流程，确保数据的准确性和工作的高效性，主要工作包括数据预处理、数据格式转换、数据质检、数据入库四方面内容

二、控规编制成果电子文件的预处理

（一）控规编制成果电子文件的要求

上报的控规编制成果电子文件一般为 Word 格式文本说明文件和 CAD 格式图形文件，为确保电子文件的准确性，应明确对两类文件的相关要求。

完整的文本文件包括文本和说明，"文本"文件名取为 ***WB.doc（包括封面、目录、正文），"规划说明书"取名为 ***SM.doc（包括封面、目录、正文）。

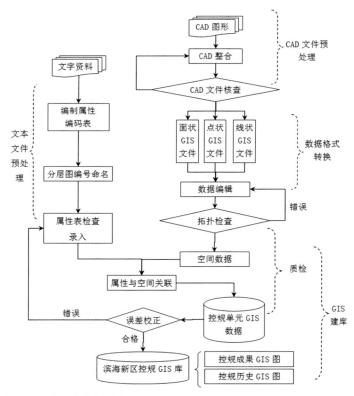

控规 GIS 成果建设流程图

CAD 图形文件的坐标系必须采用 1990 年天津市任意直角坐标系，并保证坐标无偏移、无缩放、无旋转。图形文件的总图类和专项类图层设置应符合滨海规划编制规程中对规划成果的相关要求，包括分层（表）、颜色等。

（1）点：用 Point 绘制；不能出现重复点。

（2）线：必须采用连续性线，线、弧段用 Pline 绘制。每段线由一条线段或弧段组成，不能重复绘制。线段与弧段之间要实现无缝连接，不得交叉或分离。

（3）面：必须采用闭合线，用多段线绘制边线；各用地地块边界应闭合，相邻地块面与面之间无缝隙、无交叉重叠。

（4）文字：采用单行文字书写。

（5）填充：符合规范的各类规划编制要求中所列的颜色要求。

（6）其他要求：各项不同的规划成果数据需提供图中所用 AutoCAD 字体库文件，保证不同机器上字体的正常显示。图中信息须为矢量数据，不能使用栅格图片插入的方式生成 CAD 数据。

（二）控规编制成果电子文件的预处理

1. CAD 图形文件的预处理

CAD 图形文件包含各种规划要素，在 GIS 数据转换前应提取、整合必要数据。

（1）填充色块的提取。按照 CAD 图形的分层属性将已填充颜色的地块提取为单独一层。

（2）地块信息的提取。地块信息应为块文件，其中包含用地性质及地块编号信息，提取的地块信息应保证在每个地块内唯一，并且编号不得重复。

（3）点文件的提取。市政公用设施等标注要素以点文件的形式提取。

2. 文本文件的预处理

控规电子成果的 Word 文本应包括文本、说明及用地指标一览表等文字说明。与 CAD 图形文件所对应的"用地指标一览表"应进行转换、检查等工作。

文件格式的转换：Excel 文件格式是 GIS 属性链接的标准格式，必须将用地指标一览表的 Word 文件转换到 Excel 文件格式，其数据表头的内容采用滨海控规属性字段表的固定格式。

文件转换的检查：将 Word 文件进行格式转换后，应对 Excel 文件进行核对，首先核对地块编号是否有丢失、重复，每个地块编号是否单独占用一行；其次核对地块编号的数量与 CAD 图形上数量是否一致、字符输入是否统一。

三、矢量图形文件数据转换

GIS 数据文件包括空间数据和属性数据，空间数据由 CAD 成果文件转换，可采用 ArcGIS 软件中转换工具箱（Coversion Tools）进行转换，也可通过 FME 等专业软件转换。转换过程包括空间数据库建设、属性数据建设、属性数据挂接三个过程。

（一）空间数据建设

根据规划的内容，建立点、线和面三种空间数据类型，例如，公共设施以点数据为主，道路红线规划以线数据为主，土地细分导则选择面数据。经相关软件进行数据转换后，形成相应的点、线、面 GIS 数据，该属性数据中应建立关联字段，确保具有唯一的 ID 值。

（二）属性数据建设

属性数据库主要指控规指标，为了便于对控规指标的查询和统计，需进行各指标的数据结构设计，各指标数据结构类型包括字符型（长度随规划具体内容而定）、整型、浮点型，数据结构中需建立具有唯一 ID 值的字段，确保与空间数据进行关联。数据文件可采用 Office Access 和 dBase 数据文件。

（三）控规属性表结构

GIS 属性表采用 ArcGIS 软件的 GBD 格式编写，英文代码为中文字头缩写。所包含内容与规划用地指标一览表相对应。

控规 GIS 属性字段表

序号	字段代码	含义	字段类型	长度
1	PQMC	片区名称	Text	20
2	FQMC	分区名称	Text	20
3	DYBH	单元编号	Text	20
4	DKBH	地块编号	Text	10
5	YDDM	用地代码	Text	4
6	YDXZ	用地性质	Text	12
7	YDMJ	用地面积	Double	小数点 1 位
8	RJL	容积率	Double	小数点 1 位
9	JZMD	建筑密度	Integer	—
10	LDL	绿地率	Integer	—
11	JZXG	建筑限高	Double	—
12	SSMC	设施名称	Text	200
13	JZGM	建筑规模	Text	200
14	BZ	备注	Text	50

（四）属性数据挂接

属性数据挂接指属性数据库与空间数据库进行关联，形成各类图形与属性唯一对应，确保规划的查询和统计。

CAD 图形文件转换为 GIS 数据后，不包含规划属性的单一空间数据，将"用地指标一览表"Excel 文件进行连接，关联字段匹配为唯一的地块编号，形成一一对应关系。空间数据与属性数据关联后即形成规划成果 GIS 数据库。

四、控规 GIS 数据质检

（一）GIS 数据质量控制总体要求

GIS 中的数据质量检查包括图形信息、拓扑信息、属性信息等方面的检查。检查的内容是图形和属性是否完全转换，拓扑是否完全满足建库要求，同时修改不满足系统要求的数据。

（二）图形检查要求

通过不同形式的多次数据转换的方法，检查点、线、面之间的关系。主要包括点、线、面数据是否缺失或增多，坐落位置是否正确。

（三）拓扑检查要求

使用拓扑工具的不同规则对点、线、面等文件进行相互检查。主要分为面规则、线规则和点规则三种类型，检查面重叠、点与面的关系、线与面的关系。如出现重叠、偏移问题，则及时进行修改。

（四）属性检查要求

为了保证数据库质量，录入前对数据进行仔细审核，包括标识码的唯一性（不为空值）等，同时还包括字段内容的检查，使每个文件都与原规划方案中内容完全一致，保证数据录入无误后，才将数据库转为规定的 Dbf 格式文件，确保 AutoCAD 至 ArcGIS 数据的完整转换。属性检查的主要问题如下。

（1）地块重码。地块的编号没有按照既定的规则完成，造成两个地块重号，破坏了编码唯一性的规则，使属性挂接等一系列后续工作难以进行。

（2）没有挂接属性。这种问题的产生原因是多方面的，可能是原始文件的缺失或者属性连接错误，需要进行人工判断、分析。

（3）属性非法。这类问题将直接影响数据的使用效果。此类问题包括地块的用地性质为空，而用地性质为水面的地块上有居住人口的数据信息等等。

（4）编码与标注文字不一致。这类问题主要是由制图人员的操作错误造成的。

对每个实体的定义属性和实体编码逐一进行对照检查，检查出该实体下对应属性的错误，判断其原因并进行更正。

五、控规 GIS 数据入库

（一）数据入库前期准备工作

GIS 数据正式制作完成后，填写"规划成果 GIS 数据流转单"，将所制作数据的来源、内容、修改日期等明细列入单据，上报滨海规划与国土资源管理局批准。经规划与国土资源管理局正式批准后的数据刻制光盘存档并上交规划与国土资源管理局信息中心。

（二）数据入库

为保证规划数据的准确性，做到有据可查，对于新批规划及调整项目，在其数据中加入修改时间和调整原因等备注。根据提交的规划电子成果的类型，在相应数据库中按照"项目名＋项目编号"的方式建立文件夹，将元数据进行替换、更新。替换下来的原规划数据应统一进行备份，以备查询。

（三）数据更新机制

建立数据更新机制，保证滨海控规数据的实时更新，规划院信息中心保证在调整项目后的三个工作日内将 GIS 数据制作完成，滨海规划与国土资源管理局审批同意上网后两日内进行数据库更新。

控规 GIS 成果图及地块数据信息

第四章　控规实施评估

随着新区开发建设速度不断加快，新区政府于 2011 年正式颁布了《滨海新区控制性详细规划调整管理办法》，对规范控规调整程序，提高规划管理的科学性和严肃性起到了重要作用。2012 年搭建了 CAD 与 GIS 并行综合分析平台，建立了滨海新区控规成果数据库，实现了控规数据动态维护管理。在此基础上，从 2012 年开始，每年进行数据的动态维护，并编制年度维护报告。

同时，为了应对市场的不确定性，不断地总结经验、发现问题、及时改进，我们适时地开展了控规实施年度评估。通过评估，一方面，全面系统地考察实施的效果过程，及时地发现问题，从而对规划内容、政策和运行体系等提出修正、调整建议，提高规划的编制和管理水平；另一方面，增加实施监督、监测和反馈的机制，也有利于维护规划的严肃性和权威性，从而更加科学合理地引导城乡的开发建设。

第一节　评估目的

滨海新区正处在深化改革的关键时期，《天津滨海新区城市总体规划（2009-2020 年）》正在修编中，上位规划的调整和深化完善、国家与地方新标准、新政策的颁布出台以及新区的行政体制的改革，都对控规产生了很大影响。为应对新形势、新变化，我们亟须对几年以来控规的实施情况进行全面评估。

评估针对从 2010 年新区控规全覆盖至 2015 年底五年间控规的实施情况，重点分析现有控规能否适应城市发展及相关政策要求，并对控规编制与实施运行机制提出改进建议以提高实施效果，评估目的主要可概括为如下几点。

（1）对几年来新区控规实施过程中的土地使用、开发强度和发展规模进行全面系统的梳理和客观评价，为保证控规的合理性奠定基础。

（2）对控规编制与审批、维护与调整情况是否有效指导当前城市建设、满足管理者要求进行系统评价，为保障控规的有效性评判把关。

（3）研究内外部环境变化，审时度势，对社会政策方面的驱动、上位规划及标准的影响进行综合评价，为提高控规的适应性出谋划策。

第二节 主要内容

一、目标一致性评价

（一）规划控制一致性评价

基于 CAD 与 GIS 并行综合分析平台的控规动态维护成果，运用定性、定量、定位等方法，将控规调整实施情况与 2010 版控规进行对比分析、做出合理评价。

1. 土地使用控制

与 2010 版控规相比，规划各类用地比例结构合理，基本保持了规划用地结构的延续性；除规划村镇建设用地、发展备用地、公益性公共设施预留地、其他公共设施用地外，新区大部分主要用地缓步增长；其中商业金融业用地和住宅用地增幅较大。经分析，村镇建设用地规模的减少反映了新区农村建设用地整理取得了初步的效果，土地集约化程度进一步提高；生态用地规模的增加，说明新区对于基础性生态用地的保护力度以及推进城镇内部的生态建设管控力度加大，正朝着建设生态城市的目标努力；其他各类城市建设用地规模的变化情况则与各功能区新编制单元的规划批复以及发展建设需求直接相关。

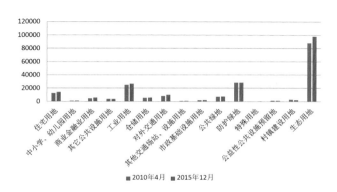

滨海新区规划主要用地规模变化示意图

2. 建筑容量控制

总建筑规模增长幅度较大，其中商业金融业、住宅建筑规模增长明显。经分析，商业金融业、住宅建筑规模增长主要源于新批复的单元。

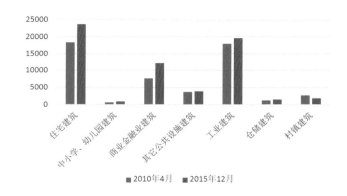

滨海新区规划主要用地建筑规模变化示意图

滨海新区规划主要用地建筑规模（增幅较大）主要增长区域

滨海新区规划主要用地建筑规模（增幅较大）主要增长区域

3. 开发强度控制

各类主要用地的开发强度均有所提高，村镇建设用地虽然用地和建筑规模减小，但容积率增加较大，这与滨海新区农村城市化后土地开发强度的提高有关；商业金融业用地、住宅用地容积率增幅较大应给予高度重视。

4. 人口规模控制

2009 版总体规划修编确定，滨海新区 2020 年常住人口规模为 600 万人，同时考虑流动人口折算计入 60 万人、通勤人口折算计入 40 万人，新区需要为 600 ~ 700 万人提供载体保障。

2010 版控规确定，常住人口规模为 534.8 万人（存在部分未编制区域），2015 年控规的住宅建筑规模有所增加。经计算，与 2010 年相比增加了 178 万人，即 2015 年控规规划人口达到 713 万人，基本符合总规提出的为 600 ~ 700 万人提供载体保障的要求。

（二）规划实施有效性评价

从整体实施效果主要分析控规针对不同区域，在编制时是否符合该区域发展定位与特色，从而对规划实施有效性做出评价。

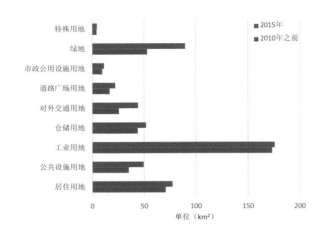

控规实施前后主要用地规模变化示意图

1. 整体实施效果

（1）用地方面。

从现有用地增长数据看，新区这几年的发展重点采用了交通先行的方式，目前新区绿地增长了 36.46 km²，居所有用地增长量之首，达到建设用地的 17%。对外交通用地也增长了 18.63 km²，进一步完善了新区对外的交通联系，方便新区的对外发展。

新区的居住用地与公共设施用地均有一定的发展，其中，居住用地的比例较 2010 年有所下降，公共设施的比例有所上升，说明新区近年来的发展更加重视第三产业与配套服务设施的建设。

新区工业用地所占比例由 2010 年的 40.1% 下降到 33.4%，说明新区正在进行产业转型。

新区市政公用设施建设取得了一定成绩，用地增长了 1.68 km²，占建设用地比例的 2.16%。

（2）人口方面。

2010 年滨海新区现状常住人口为 248.2 万人，2010 版已批复控规规划人口 534.8 万人，2015 年滨海新区现有常住人口总数达到 291.4 万人。新区总人口规模实现度为 54.5%，四片区中人口规模实现度最高的片区为南片区，人口规模实现度达 82.1%，其他三片区人口规模实现度均为 29.9% ~ 57.8%。从数据变化情况可以看出滨海新区现有常住人口规模与规划人口规模相距较大。滨海新区人口处于持续缓慢增长状态，与控规的人口控制意图相符，但人口规模实现程度较低。

2. 各区域实施情况

滨海新区范围内存在城区、产业功能区和生态区三大区域类型。

（1）城区——以塘沽为例。

塘沽城区地处滨海新区核心城区，位于海河发展轴上，是比较成熟的城市生活区，规划面积约 21.2 km²。在 2010 版控规的基础上，结合城市设计成果，以控规动态维护为手段，在保护旧城区风貌特色的同时，积极推进旧城区的更新改造，实现了旧城保护和城市发展的完美结合；通过对单元内的建筑更新和环境改造，从根本上提高了居住环境质量，完善了城市功能，形成了特色鲜明的老城区。

从现有用地构成情况看，随着控规的逐步实施，塘沽城区的现有工业用地和仓储用地大幅减少，产业结构、用地结构日趋合理；在居住用地减少的同时，公共设施用地、道路交通用地和绿地增多，体现了配套设施的日益完善以及民生工程建设的显著效果。

旧城区（尤其是有大量历史文化遗产的旧城区）保护、整治和更新是一个非常复杂的社会过程。塘、汉、大城区现存有大量历史文化遗产，尤其是工业遗产，如永利制碱厂旧址、塘沽火车站旧址等。近年来，工业遗产保护规划虽然逐渐受到重视，但是其保护规划还缺少具体的实施准则和量化标准，无

法在控规中落实，严重制约了对老城区历史风貌的保护。

（2）产业功能区——以北塘经济区为例。

北塘经济区规划面积约 10 km²，其控规编制结合城市设计体现了"可持续"和"弹性规划"的核心理念。几年来，随着控规的逐步实施，以规划确定的"低层高密度"的开发模式、"窄路密网"的布局形式，打造近人尺度和朴素友善的开放性社区，依托自身优势强化区域特色，将其积极打造成为滨海新区企业总部聚集区、具有中国北方特色的宜居小镇、现代化服务业聚集区和旅游集散中心。北塘经济区采取边建设边招商的模式，结合规划确定的适度弹性，以应对开发市场的变化，逐步形成了总部经济、金融产业、文化产业、信息产业的聚集，通过这些产业之间的良性互动，形成合力，共同发展。

新区目前各产业功能区发展定位、规模和速度不尽相同，应充分结合各自的开发建设特点，在控规编制中深入研究土地兼容性和指标弹性。

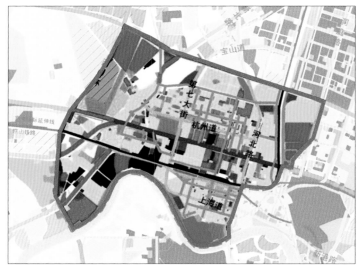

2010 年现状图

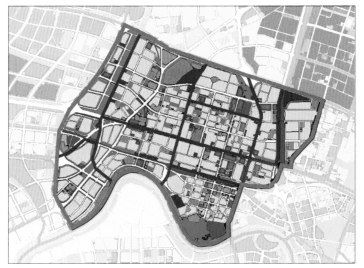

2010 年控规图

2014 年现状图

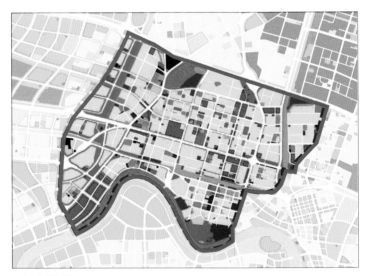

2014 年控规图

城市设计示意图

控规示意图

（3）生态区——以永定新河生态单元为例。

永定新河生态单元现状以耕地、苇地和水域为主，伴有少量的村镇用地，规划面积约 43.8 km²。在 2010 版控规的基础上，通过对现有用地和周边规划的整合，形成郊野公园方案以指导具体建设。

生态区的控规编制在我国还处于尝试阶段，但是其作用不容忽视。目前有关生态用地保护的规划大多为宏观层面，如城市总体规划中的空间管制专项等，并无具体的保护措施，没有落实到具体的指标上，所以作为中观层面的控制性详细规划在承接上位规划要求时存在着无法进行指标量化的问题，难以将其作为规划依据指导具体建设，从而不能有效地保护生态区。

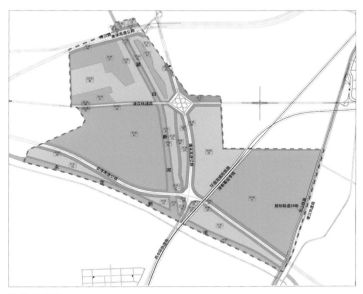

控规示意图

二、管理有效性评价

（一）控规的编制与审批

目前新区的控规是按照统一的技术标准、统一的成果形式和统一的审查程序进行的，针对不同区域的定位与特点，控制内容各有侧重：老城区以填平补齐、提升改造为重点；新城区重点强调高水平建设，适度超前配置各类公共设施和基础设施；生态区以保护生态环境为前提，合理布局基础设施。

为适应城市发展需要，规范新区控规的调整和审批程序，新区政府于 2011 年 11 月颁布了《滨海新区控制性详细规划调整管理办法》（津滨政发〔2011〕71 号），明确了控规调整的分类和相应的审批程序。根据该管理办法，将滨海新区控制性详细规划调整分为重大调整、一般调整和局部调整三类。控规调整管理办法的实施对于规范控规调整程序，提高规划管理的科学性、严肃性起到了重要作用。

北三河郊野公园示意图

（二）控规的维护与调整

1. 控规维护情况

在控规全覆盖成果标准化、统一格式的前提下，基于 CAD 和 GIS 并行综合分析平台，建立了滨海新区控规成果实时更新数据库，实现了"一张图管理"，可更直观、全面地掌控新区的发展情况，及时把握新区动态，适应新区当前快速发展的形势要求。几年来控规动态维护工作以"宜居生态型新城区"建设为重点，主要对以下几个方面的展开发挥了重要作用：深化完善控规的上位规划，确定新区良性发展的核心内容；适应行政体制改革，确保功能区快速发展；加快示范小城镇建设，推进农城化进程；推进城市基础设施建设及产业结构优化，提升区域服务水平；完善基本的公共服务体系，提高社会保障能力和城市服务功能；继续推进盐田和围海造陆区域的控规编制与审批。

2. 控规调整情况

从项目类型看，重大调整项目数量略有下降，这反映了随着上位规划及各类专项规划的落实、产业结构的优化，新区控规已趋于稳定；一般及局部调整项目的急剧增加，反映出新区的开发建设速度加快，面临着城市建设和市场的双重压力，新区控规要迅速做出反应。从项目分布看，一般及局部调整项目集中在建设热点地区，以核心片区居多。从调整原因看，过多的控规调整也反映了目前控规适应性还需加强。

三、环境适应性评价

从内外部环境变化对控规实施的影响进行研究，包括以下几方面：目前滨海新区总体规划的修编对控规提出了新的要求；建设部对 2012 年落实新的用地分类标准的要求；滨海新区街镇及功能区调整对控规单元的划分产生影响，"一单元，多管理主体"会增加控规管理的难度，同时对土地出让和项目落位造成严重影响；地方新标准对控规的编制和公共服务设施配置产生的影响；现行城市地区控规编制方法和标准较难适应新区涉农街镇控规编制的实际情况。

四、评估工作小结

本次控规评估是在动态维护和实施情况的基础上，对现行控规的调整情况和实施效果进行了初步评价。目前评估工作仍在继续，为了使控规成为规划管理者有力的管理工具，更加科学有效地指导城乡开发建设，准备继续对如下几方面内容进行重点分析。

（一）土地出让与控规实施的关系

控规的诞生与发展与土地出让密不可分，作为拟定规划条件、经营城市的直接依据，将规划、管理和建设三者有机结合。通过对土地出让数据的分析直接反映控规对规划管理的支撑作用。

（二）城市建设与控规实施的关系

控规在规划体系中承上启下，以量化的指标将总体规划的宏观控制转化为对城市建设的微观控制，以指导城市开发建设，规范建设行为。通过将控规调整、土地出让和建设实施情况进行综合分析，更反映出控规的实施效果和面临的新问题，为规划主管部门作出行政许可、实施管理提供了依据。

（三）社会经济发展与控规实施的关系

控规通过对具体地块的使用性质、开发强度以及空间环境等基于社会经济利益的重新组织和协调，使其共存于有序的发展过程中，在综合协调各部门、开发商和公众利益的同时在对市场经济的不确定性。通过分析可以检验控规的时效性，反映社会经济诉求，引导控规在现有的基础上，向精细化的方向迈进。

第五章 控规全覆盖工作总结

滨海新区控制性详细规划全覆盖从开始编制到今天已近十年，回顾整个历程，新区控规全覆盖工作是在滨海新区快速发展时期，对控规统筹编制的一次探索，总体来说是成功的，适应了滨海新区快速发展的要求。经过十年的努力奋斗，滨海新区城市规划建设已取得了显著的成绩。但是，与国内外先进城市相比，滨海新区目前仍然处在发展初期，未来的任务还很艰巨，还有许多课题需要解决，对控规全覆盖编制取得的成绩和存在问题也需要认真总结，通过不断总结经验和不足，以明确下一步的工作重点和方向。

第一节 编制特色

2006 年 5 月，滨海新区被纳入国家发展战略。2006 年 8 月，我们启动了新区全覆盖，并用一年左右时间基本完成了新区控规全覆盖的前期准备工作；2007 年 11 月，新区控规全覆盖工作正式开展；2008 年《城乡规划法》颁布实施，同年天津成立重点规划指挥部，相继开展了包括天津市空间发展战略规划和滨海新区城市总体规划在内的 119 项重点规划的编制工作。从上述情况可以看出，在新区控规全覆盖工作的初期，需要与国家政策和不断调整深化的上位规划等内容进行反复对照，这就要求新区控规全覆盖工作要做好如下三个方面的工作：

一是要落实《城乡规划法》的要求。2008 年 1 月 1 日起施行的新修订的《城乡规划法》，对控规的编制、审批、修改程序及其在规划管理中的地位做出了明确规定，从国家层面上首次以法律条文的形式确定了控制性详细规划作为规划管理基本依据的法律地位。使编制和实施控制性详细规划，成为城市规划管理部门必须履行的法律义务。

二是要保持控规的相对稳定性。与新区控规全覆盖密切相关的两个上位规划分别为 2006 年和 2009 年的新区城市总体规划，2009 年的总规结合市重点规划指挥部期间编制天津市空间发展战略规划进行了修订，使这两版总规在人口规模、空间规模、产业发展、重大项目等方面存在一定的差异，比如人口规模从 290 万人调整为 600 万人，空间规模从 510 km^2 调整为 720 km^2，航空航天产业落户新区，南港工业区和生态城的出现以及中心商务区地位的提升等等。这一系列变化都要求对新区控规全覆盖工作进行消化吸收，以指导下一步的具体建设。

三是要统筹城乡发展。2008 年实施的《城乡规划法》已经明确提出"加强城乡规划管理，协调城乡空间布局，改善人居环境，促进城乡经济社会全面协调可持续发展"的要求，为新区控规全覆盖工作提供了坚实的法律基础。

新区控规结合上述情势，努力探索城市快速发展时期城乡统筹控规的编制方法，在将 2270 km² 的用地面积划分为建设区和生态区两种类型用地的基础上，按照"统一规程、细化专项；试点探索、全面铺开；汇总整理、反馈修订"的步骤，将其分为 250 个规划编制单元开展编制。整体工作呈现五大特色。

特色一：统筹城乡控规一体化编制，实现控规全覆盖和无缝拼接。

本次控规从传统的城市建设用地规划拓展到城乡非建设用地规划，按照全覆盖和无缝拼接的原则，将滨海新区划分 38 个分区、250 个规划单元，首先实现规划编制单元全覆盖。针对建设用地和生态用地、老城区和新城区、工业区和生活区的不同情况，将控规成果按照编制深度分成两个层面，即控制性详细规划和土地细分导则，重点地区还将同步编制城市设计导则，按照"一控规、两导则"的原则来管理。非建设用地主要控制道路红线、绿化绿线、市政黄线、铁路黑线、河流蓝线"五线"，两个层面控规编制内容深度各有侧重，以满足规划管理需求。

特色二：建立"一控规一导则"的控规编制管理体系。

综合考虑新区在快速发展阶段所面临的紧迫性和不确定性以及与此相适应的科学管理的要求，新区控规按照"总量控制、分层编制、分级管理、动态维护"的总体思路，建立了"一控规一导则"的控规编制管理体系，使规划编制、调整修改、审批公开相互衔接，为精细化管理提供了保障。

"控规"重点控制保障新区的基本城市功能和良好环境的四大核心内容，即：公益性公共设施、市政工程设施、道路交通设施和生态绿地。以"单元"为单位，结合主导功能和总体规模，对核心内容进行分解、控制和指导。土地细分导则是在控规基础上对单元内地块的深化和细化，确定用地性质、用地面积、建筑密度、容积率等指标，并对配套设施的类型、规模、建设方式等内容进行明确控制，与规划管理、土地出让紧密衔接。

城市设计导则针对重点地区展开编制，是在控规基础上对空间形态要素的引导，控制重点地区的空间形态特征、开放空间系统、建筑的体量、风格、色彩等内容，以满足高品质城市环境建设和精细化管理的要求。

特色三：以不同的主导控制指标引领各功能区的发展建设要求，避免各自为政。

在以先进制造业为主要特征的临空产业区控规单元的编制过程中，考虑到常规的公共服务设施已经不能适应其发展需求，结合该产业特点，我们提出"生产型公共服务设施"的概念，包括行业管理服务、企业支持服务、人才资源服务、资本技术服务、信息交流服务五项内容，并结合区内公共服务中心布局进行落位。另据相关专项规划预计，新区制造业及从业人员比重将保持高增长的趋势。为此，我们开展了蓝领公寓专题研究，通过对蓝领工人的社会属性、生活需求以及商业业态等多方面的分析研究，提出了蓝领公寓用地的规划控制指标，并结合企业的特定需求进行了统筹布局。在以研发转化为主要特征的滨海高新区控规单元的编制过程中，考虑到高素质科技研发人才对生活品质的追求，我们提高了配套服务功能的用地比例，配建一定规模的总部基地、高科技展馆、现代艺术馆、商业街区、商务酒店等城市服务项目，通过编制城市设计导则，努力营造在大自然中研发的商务花园、濒水而居的生态住区和 24 小时活力的现代商圈，将城市生活与研发产业融为一体。在以国际航运中心和国际物流中心为主要功能的天津港集装箱物流中心控规单元的编制过程中，为适应国际贸易与航运服务的发展需求，我们调整了写字楼、酒店、商业、居住等业态的用地比例；重点梳理了对外集疏运交通体系。着眼"宜居生态型新城区"的定位要求，为妥善处理好建设区和生态区的关系，新区控规对与建设区关系密切的生态敏感区，采取了控规手段进行适度的控制。以确保生态系统的完整性和连续性为前提划分生态分区；严格划定鸟类栖息地、贝壳堤等生态敏感区的保护范围；确保市政、交通等区域性基础设施建设与生态环境的协调发展。结合生态敏感区的自身特征，对生态用地人为活动、生态涵洞的开口位置、生态区级别等方面的内容提出了控制要求，并提出了相应的控制指标。

特色四："双总双分"的技术统合方式，确保控规的系统性和科学性。

在整体性编制过程中，我们采用了"双总双分"的技术统合方式，以确保控规成果的系统性和科学性。"双总"即总体把控、汇总整理；"双分"即分单元编制、分单元调整。

总体把控：在先行制定统一工作程序、技术规范和标准的基础上，开展了五个系统性专题研究，对 11 个专项规划进行了综合协调，对不能满足控规编制深度要求的专项进行了深化，对文教体卫等公益性设施系统落位，对系统性基础设施进行总体控制，为分单元编制提供依据。

分单元编制：以系统性专项规划为依据，分单元开展编制，协调各系统在单元内的布局，把系统性的要求落实到各个单元。

汇总整理：在分单元编制完成后，对单元成果进行汇总整理，检验人口总量、用地结构等系统性内容的落实情况，查找分单元编制过程中系统性考虑不足的欠缺，提出各单元需要补充、完善的内容。

分单元调整：结合汇总整理中发现的问题，对规划单元成果进行了修改完善，确保系统性内容能够在各单元中得到落实。

特色五：结合新区特点，补充用地分类。

在滨海新区控制性详细全覆盖工作全面铺开的初始阶段，我们结合国家颁布的《城市建设用地分类与规划建设用地标准 (GBJ － 137)》、在天津市控规编制的用地分类标准的基础上，编制了《滨海新区控制性详细规划用地分类和代码标准》，在控规全覆盖工作中发挥了重要的作用，达到了预期的效果。初步汇总完成之后，新区控规编制工作进入二次深化阶段。

在对上述技术要求进行总结的基础上，我们进一步与中心城区控规、环外控规的编制技术要求开展了对接。结合前一阶段在初步汇总工作中发现的问题和新区特点，我们在执行《天津市控制性详细规划城市用地分类和各类配套设施配建要求》的基础上，补充了轨道线路用地（S41）、公益性公共设施预留地（USC）和发展备用地（F），以进一步规范新区控规的编制工作，为后期控规汇总工作和数据库的建立奠定基础。

第二节　实施管理特色

一、调整管理

为规范滨海新区控制性详细规划调整程序，依据国家和天津市有关规定，借鉴了上海浦东新区、深圳等地区控规调整的经验和做法，自 2010 年 4 月批准执行控规全覆盖成果后，2010 年 5 月滨海新区政府及时出台了《滨海新区控制性详细规划调整管理暂行办法》。通过一年时间试行后，经过认真分析总结，不断完善，2011 年将其修订为《滨海新区控制性详细规划调整管理办法》（简称《管理办法》）。它的实施对于规范控规调整程序，提高规划管理科学性、严肃性，同时提高控规调整审批效率起到了重要作用。按照《管理办法》，控规调整分为重大、一般和局部三类。对控规确定的街坊主导属性有重大调整的、公益性用地调整为非公益性用地、居住用地提高容积率等属重大调整，由相关管委会提出调整申请，报滨海新区人民政府同意后，组织编制控规调整方案，调整方案经专家审查、部门审查、公示后，由滨海新区人民政府审批。工业、仓储用地控规调整，以及公益性用地增加、城市支路调整等属局部调整，由功能区规划管理部门组织编制控规调整方案，由功能区管委会批准，报新区规划和国土资源局备案。其余控规调整属一般调整，各管委会组织编制控规调整论证报告和调整方案，经专家审查、部门审查、公示后，报新区规划和国土资源管理局批准。通过对不同调整类型进行细分，简化了控规调整程序，缩短了调整时间，较好地适应了新区经济快速发展的需求。

二、信息系统及动态维护

滨海新区控规全覆盖编制成果来之不易，而日常的管理和动态维护更为重要。因此，在控规全覆盖成果完成后，搭建了控规 GIS 系统平台，完成了控规管理信息系统。对于以后的调整内容均需制定 GIS 数据，审批后应更新控规数据库，数据更新时间须在审批后的 7 天以内，保证控规数据库中数据动态调整、实时更新。

三、实施评估

控规的实施评估能够对控规的编制情况进行总结，对实施的效果进行反馈，对规划管理非常重要。从 2011 年开始，我们开展了每年一次的控规实施评估工作。每年年初，开始对上一年的控规调整情况进行分析，按照区域、类型统计调整量，并分析调整原因，编写评估报告，上报滨海新区规划和国土资源局。据统计，从 2010 年 4 月滨海新区控规全覆盖批准实施至 2014 年底，新区和各功能区共开展各类控规调整 292 个，其中重大调整 51 个，其他调整 241 个。总体来看，控规的调整都有合适的理由，都按照规定的程序进行，调整数量和规模也在合理范围内。

第三节　总结反思

通过对滨海新区控规全覆盖工作系统的总结，我们发现无论是在控规编制还是在实施管理上还存在一些问题和不足，需要在下一次控规修编中给予重视并加以妥善解决。

一、控规全覆盖基本完成，还有部分区域控规没有覆盖

经批准的控规，基本覆盖了滨海新区海滨大道以西的陆域，以及海滨大道以东的天津港全部、临港经济区北区和中区、南港工业区一期、滨海旅游区的部分区域；临港经济区南区、滨海旅游区的二期拓展区、南港工业区二期拓展区由于计划的填海造陆工程还未实施或完成，规划不太确定，因此控规没有编制，只是根据总规，与邻近控规单元在对外交通、市政设施方面进行了衔接。另外，中部新城（塘沽盐场）和大港油田的总体规划和相关研究正在编制中，因此，控规还未编制完成。

二、控规编制与道路和轨道定线结合，但深度还不够

这次庞大的控规编制工作之所以能够有序进行，归功于前期的充分准备、详细的工作方案、统一技术标准等，其中一项非常重要的前期工作是高快速路、铁路、主干道和轨道线的定线。道路交通和市政管线是城市的骨架和血管，各单元控规编制必须以此为基础，要保证其畅通无阻。除塘、汉、大老城区和开发区之外，新区道路没有系统的定线，因此全新区范围的定线工作量大，难度也很大，特别是地铁轨道交通，由于当时轨道线网规划刚开始，深度不够，但如果本次控规不对其加以控制，由于近期城市建设非常快，未来问题将会很多。经过规划人员的努力，全新区高快速路、铁路、主干道和轨道线的定线先期完成，确保了控规编制工作的开展，也保证了各种定线在控规单元中得到落实。

近年来，新区高速铁路、公路和道路交通建设取得了很大进展，从中，可以看到控规发挥的作用。随着近期轨道交通的启动建设，这一点更加明显。但是，由于当时的条件限制，定线不可能非常准确。自2010年以来，我们安排进行了包括次干道在内的道路正式定线工作，发现与控规一些部分有细微的不一致，需要在下一次控规修编时解决。

三、农村地区的控规深度不够

按照《城乡规划法》的要求，出让每一寸土地都需要以控规为依据，而农村地区和城市存在较大差异，不能将城市控规的编制方法简单地移植到农村，必须探索适应农村地区规划管理和行政许可的控规编制方法。在本轮控规全覆盖中，涉农街镇基本上被纳入生态单元，规划重点是控制道路交通、市政和绿化廊道以及大型市政设施布局等内容，规划充分考虑了其与现有村庄的关系。但是，由于土地利用总体规划中将所有村庄用地集中到镇区，以实施城镇化，而村庄规划都不作保留，所以控规没有对村庄进行深入规划，对现有村庄仅标出了建设用地范围，村庄建设缺少规

划依据。对于镇区，均按照城区标准和模式进行编制，但对现有人口、经济情况、镇区特点和特色没有进行深入了解，编制的控规同城市控规一样，缺乏特色。由于广大农村和生态地区的控规编制是个全新的课题，没有成熟的经验和完善的基础资料，虽然最初对北三河周边农田的生态系统进行了试点研究，但由于各种原因，没有在全部农村地区推广，这需要结合土地利用总体规划的改革来进行。

四、控规中更多考虑城市规划的内容，对土地权属等情况考虑较少

土地产权是市场经济中非常重要的内容，是现代城市规划必须重点考虑的问题。由于对此认识还不深，土地权属情况资料不齐，所以，新区控规全覆盖更多强调对道路、管线、公益性设施以及土地使用的控制，对土地产权问题考虑得很少，造成部分区域规划和土地两层皮。道路定线、绿带设置、配套设施均按照国家、天津市相关标准进行控制，这在技术上是合理的，但在实施过程中经常出现由于拆迁问题，而导致道路线型的变化，学校、医院等公益性配套设施位置的调整，影响规划的实施。同时，在后期规划管理中，也会遇到现有权属单位申请改扩建，由于产权边界与控规的地块边界不符，即使相差无几，也需要调整控规的情况。

五、控规成果精细化程度不够，对区域特点、道路和绿线宽度等精细化设计考虑不足

虽然滨海新区普遍开展了城市设计，城市设计覆盖率比较高，但是，由于一些城市设计深度不够，没有详细的城市设计导则作为基础，控规与城市设计的结合只有一些表面的概念和思路，而控规编制依然是按照国家、天津市的传统的、"一刀切"的规范标准来进行，导致控规和城市设计实际是两张皮；从建成效果看，通常呈现的是道路和绿带过宽、建筑界面不连续的景象，效果不好。如中部新城起步区，控规意图是按照窄街廓、密路网的模式布局，形成亲切宜人的居住环境，但在具体控规编制时，虽然增加了路网密度，但依然按照习惯分成主次干道和支路等级，而且还按照道路等级设置相应宽度的绿带，实施建设时再加上建筑退线，最后形成"宽马路，小街坊"的奇特景象。因此，要结合城市设计水平的提高，细化控规编制技术规定，对不同区域采用不同的标准，保证控规的精细化和高品质。

六、控规实施调整的程序应进一步改革完善

我国的控规经过 30 多年的发展已经形成了比较完善的制度体系，《中华人民共和国城乡规划法》《城市规划编制办法》等法律法规对控规的编制、审批和调整程序有明确的规定，滨海新区作为国家综合配套改革试验区，结合自身发展中的控规全覆盖编制时间关系、不确定因素多等实际情况，制定了《滨海新区控制性详细规划调整管理办法》，共分三类进行管理，较好地满足了发展需求，也获得了外地新区参观反馈及城市规划管理部门的赞许和共鸣。如何进一步做好提升工作？一是要进行修编，提高控规水平；二是要进一步完善管理规定，深化改革。2015 年底召开的中央城市工作会议，2016 年 2 月发布《中共中央国务院关于进一步加强城市规划建设管理工作的若干意见》，都提出要深化城市管理体制改革，为城市发展提供有力的体制机制保障。

第四部分　相关文件
Part 4 Relevant Documents

第一章　专项研究

2007 年初至 10 月底，在控规编制开始前，我们进行了近一年的前期准备，开展了五项专项研究，主要包括：总体规划指标分解专项研究、空间管制专项研究、公共服务设施布点专项研究、市政廊道和设施布局专项研究、交通场站设施布局专项研究，主要将滨海新区总体规划（2005—2020 年）的核心指标分解到各控规分区、单元中，细化滨海新区空间管制的区域和要求，并将区域型的公共服务设施和系统性的市政、交通设施定位、定量。

第一节　总体规划指标分解专项研究

《天津滨海新区城市总体规划（2005—2020 年）》（简称滨海新区总体规划）已经编制完成。在规划中，确定滨海新区 2020 年的城镇常住人口规模为 290 万人，城市建设用地规模为 510 km²。为了进一步深化和落实《天津滨海新区城市总体规划（2005—2020 年）》的要求，需要将总体规划确定的人口和用地指标进行分解，以有效地指导滨海新区控制性详细规划的编制，突出城市总体规划对滨海新区发展的指导作用。

一、滨海新区人口规模和用地规模的概念分析

（一）城市人口规模的概念

有关城市人口规模的概念比较多，包括常住人口、户籍人口、暂住人口、流动人口等等，但基本上可以分为两类：一类是按照人口的流动情况划分，可以分为常住人口、暂住人口、流动人口、通勤人口等；一类是按照户籍情况划分，可以分为户籍人口和外来人口等。

1. 按照人口流动情况分类

常住人口指实际经常居住在某地区一定时间（半年以上）的人口。按人口普查和抽样调查规定，主要包括以下内容。

（1）除离开本地半年以上（不包括在国外工作或学习的人）的全部常住本地的户籍人口。

（2）户口在外地，但在本地居住半年以上者，或离开户口地半年以上而调查时在本地居住的人口。

（3）调查时居住在本地，但在任何地方都没有登记常住户口，如手持户口迁移证、出生证、退伍证、劳改劳教释放证等尚未办理常住户口的人，即所谓"口袋户口"的人。

暂住人口是指离开本人常住户口所在地的市区或乡

（镇），在本省行政区域内暂住十日以上的下列人员。

（1）从事建筑、运输、装卸及其他包工的。

（2）从事商业、服务业、修理业、加工业和种植业的。

（3）机关、团体、部队、企事业单位及个体工商户招聘、雇用的各类工作人员。

（4）外地机关、团体、企事业单位及各种经营组织设立的办事机构无本机构驻地常住户口的。

（5）外来探亲、访友、疗养、寄读以及其他无驻地常住户口的。外国人，港、澳、台同胞来本省暂住的，按照旅馆业的有关规定登记管理。

流动人口是指居住地处于不断变动过程中的人口。流动人口包括从甲地到乙地联系公务的人员，从事商品生产、交换和各种劳务活动的人员，探亲访友人员等。这部分人对公共设施、集贸市场、道路交通都有影响。

通勤人口是指劳动、学习在某区域范围内，而户籍和居住在某区域范围外的职工和学生，这部分人对该区域的生产建筑和部分的公共设施以及基础设施的规模有较大的影响。

2. 按照户籍情况划分

户籍人口指公民依照《中华人民共和国户口登记条例》，已在其经常居住地的公安户籍管理机关登记了常住户口的人。这类人口不管其是否外出，也不管外出时间长短，只要在某地注册有常住户口，则为该地区的户籍人口。户籍人口数一般是通过公安部门的经常性统计月报或年报取得的。在观察某地人口的历史沿革及变动过程时，通常采用这类数据。

外来人口是指现住地与户口登记地不一致的人，具体的讲就是指那些现居住在本市半年以上但其户口登记在外省市的人口，或现居住在本市不足半年但其离开户口登记地半年以上的外省市的人口。

（二）滨海新区人口规模的概念

滨海新区作为天津市的一个部分，是具有特定功能的区域。该区域既包括滨海新区核心区、大港新城、汉沽新城等相对独立且功能完备的城市，也包括天津滨海国际机场、天津港等区域性的交通设施，还包括天津经济开发区西区（简称开发区西区）、大港油田、滨海高新技术产业区（简称滨海高新区）等相对集中的功能区。在这样的区域中，人口的居住情况相当复杂，既有常住在滨海新区范围内工作、学习和生活的常住人口，也有在滨海新区内就业和学习的外来流动人口，以及在中心城区等区域居住，但在滨海新区内工作的通勤人口，等等。因此，滨海新区的人口规模的分析，应该从滨海新区的人口特征出发，从各类人口对城市设施的要求出发进行分析，来确定滨海新区的人口规模概念。

滨海新区人口对城市设施的要求分析

项目	居住设施	中、小学，幼儿园	商业金融设施	文化娱乐	体育运动	医疗卫生	备注
常住人口	需要	需要	需要	需要	需要	需要	居住半年以上
暂住人口	需要	适当提供	需要	需要	需要	需要	居住10日以上半年以下
流动人口	临时住所	不需要	适当提供	适当提供	适当提供	适当提供	居住在10日以内
通勤人口	休息场所	不需要	少量提供	少量提供	少量提供	少量提供	不在滨海新区居住

对于常住人口来说，由于居住时间比较长，需要城市为其提供完备的配套服务设施；对于暂住人口来说，由于居住的时间较长，对各种城市设施配套要求也比较高；对于流动人口来说，只需要适当的提供临时居所，对中小学、商业金融及其他的配套设施有一定的需求；对于通勤人口，仅需要提供临时的休息场所和少量的其他城市配套设施。

考虑到暂住人口和流动人口对城市设施的配套要求，本着为滨海新区的发展提供完备设施保障的要求，暂住人口和流动人口的一部分配套设施要求可以加入常住人口中间进行考虑。考虑到流动人口和通勤人口的特征，本着保障交通和市政设施发展的原则，将流动人口的另一部分加入到通勤人口中间进行考虑。这样，滨海新区的人口就可以分为常住人口和通勤人口两类。

滨海新区的常住人口是指在滨海新区内居住，需要新区为其提供居住用地和中小学等居住设施、商业金融设施、文化娱乐设施、医疗卫生设施和体育运动设施等完备设施服务的人口。

滨海新区的通勤人口是指不在滨海新区内长期居住，需要新区为其提供蓝领公寓等临时居所、提供少量的其他配套设施的人口。

滨海新区的总人口是指滨海新区的常住人口和通勤人口的总和。

滨海新区的人口规模是指滨海新区的总人口规模。

（三）建设用地规模的概念

滨海新区内的建设用地是指建造建筑物、构筑物的土地。包括城镇建设用地、独立工矿用地、区域性交通设施用地、填海的新增土地等。

其中，城镇建设用地是指滨海新区内的城镇居民点用地，其规模计入滨海新区城镇建设用地指标，包括滨海新区核心区、新城、中心镇和一般建制镇的用地，还包括功能区的部分用地。

滨海新区的用地规模是指滨海新区内的建设用地规模。

二、滨海新区指标分解原则

滨海新区作为带动区域发展的引擎，不是单一城市的概念，而是由若干功能区域和城市组成的具有一定功能的城市地区。因此，滨海新区的人口和建设用地的研究不应局限在城市建设用地的框架内，而应将扩展到包括机场、港口、独立工矿区等内容的建设用地概念中进行研究，人均建设用地指标也应在建设用地的概念内计算。

作为综合改革试验区的滨海新区，不仅要成为经济发展和城市建设上的典范，还要做到人均建设用地指标要低于全市平均水平，人均生态绿地指标要高于主城区的平均水平，在节约集约利用土地、保护生态环境等方面成为典范，真正做到全面落实科学发展观，科学发展和谐发展率先发展。

（一）坚持科学发展观，节约和集约利用土地

人口和用地指标的分解要本着坚持科学发展观，节约和集约利用土地的原则进行，努力提高土地的利用效益，力争人均建设用地指标控制在全市平均水平以下。

（二）坚持以人为本，保障配套设施的供给

人口和用地指标的分解要充分考虑到滨海新区内各类人口的需求特征，与控规的编制的需求对接，为居住、教育、医疗、体育等各类配套设施的规划提供依据。

（三）注重居住和就业的平衡

人口和用地指标的分解要充分考虑到居住和就业的关系，在就业岗位附近就近提供居住用地，减少通勤成本和交通量，避免城市问题的发生。

（四）保持合理的人口密度

人口和用地指标的分解要注重保持滨海新区核心区、新城，以及各功能区内部合理的人口密度，在保证良好人居环境的前提下，促进滨海新区人气的聚集，保证各项城市基础设施的合理配置和高效利用。

三、滨海新区指标分解思路

（一）划分人口和就业平衡区

根据《天津滨海新区城市总体规划（2005—2020年）》和滨海新区人口的特征，可以将滨海新区划分为四个人口和就业平衡区，即东丽津南—中心城区平衡区、汉沽平衡区、塘沽—港口平衡区、大港平衡区。在每个平衡区内，人口和就业是均衡的，即每个平衡区内的就业人口及其带眷都在该平衡区内居住。

（二）预测每个控规编制单元人口规模和用地规模

根据《天津滨海新区城市总体规划（2005—2020年）》《天津市小城镇及新农村布局规划》和《天津临空产业区（航空城）总体规划》等功能区规划，结合各个控规编制单元中的用地特征，借鉴国内外相关地区的经验，预测各个控规编制单元中的就业人口。在就业人口的基础上，分解出各个控规编制单元常住就业人口和通勤人口。对于常住就业人口，分析带眷情况，计算常住人口。将常住人口和通勤人口加和，即得到控规编制单元的总人口规模。

根据《天津滨海新区城市总体规划（2005—2020年）》《天津市小城镇及新农村布局规划》和《天津临空产业区（航空城）总体规划》等功能区规划，将建设用地和城市建设用地的指标按照控规编制单元进行汇总。

最后，将各个控规单元汇总，不计算滨海新区内部的通勤人口，得到滨海新区的总人口规模和用地规模。

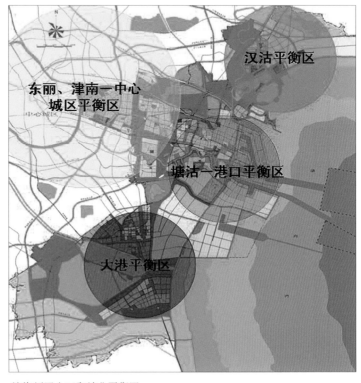

滨海新区人口和就业平衡区

四、东丽、津南—中心城区平衡区指标分解

在滨海新区范围内，东丽区和津南区内有航空城、开发区西区、滨海高新区、现代冶金产业区等功能区，同时也有东丽湖居住区、葛沽镇等区域。这些区域的特征是：生产功能突出，城市功能不完善，就业和居住的平衡应该放在更大区域中去考察。因此，东丽、津南的滨海新区部分应和中心城区共同组成居住就业平衡区。

（一）东丽湖休闲旅游度假区（0501）

东丽湖组团是以居住为主要功能的区域，人口基本上为常住人口。

根据《天津滨海新区城市总体规划（2005—2020年）》，东丽湖休闲旅游度假区规划常住人口为10万人，规划城市建设用地面积为10 km²。

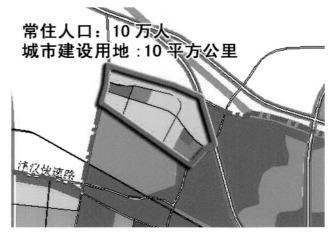

东丽湖休闲旅游度假区人口和建设用地分布示意

（二）滨海高新区（0502）

根据《天津滨海高新技术产业区总体规划》，滨海高新区内城市建设用地共计22.81 km²。滨海高新区内的研发生产区共计12 km²，按照每km2就业人口1万人计算，共有就业人口12万人；城市服务区共计约2 km²，按照每km²就业人口2万人计算，共有就业人口4万人。整个滨海高新区就业人口共计16万人。

通过分析台湾新竹科学园、上海张江高新区等高新技术产业区的人口和就业的分布状况，这些区域的就业人口中约有50%在附近居住。为保证滨海高新区具有持续城市活力，满足就业人口减少通勤成本，在工作地居住的要求，规划借鉴成功高新区的发展经验，预测居住人口和就业人口。

按照50%的就业人口在附近居住的要求，则滨海高新区的通勤人口为8万人。根据滨海高新区的自身特点，按照居住人口和就业比为1.8：1计算滨海高新区常住人口约为15万人。

滨海高新区人口和建设用地分布示意

（三）开发区西区（0503）

根据《天津滨海新区城市总体规划（2005—2020年）》，开发区西区城市建设用地共计41 km²。

参考现状开发区的情况，约28 km²的用地内有10万人的就业人口，初步估算开发区西区约有15万人的就业人口。考虑到居住和就业的关系，其中约8万就业人口在区内居住，另外7万就业人口通勤。按照居住人口和就业比为1.8 ∶ 1计算开发区西区常住人口约为14.4万人。

滨海开发区西区人口和建设用地分布示意

（四）现代冶金工业区（0504）

根据《海河中下游现代冶金产业区总体规划》，现代冶金产业区城市建设用地面积为23.77 km²。

根据海河中下游现代冶金产业区总体规划，现代冶金产业区的产业用地共计1902 ha。预计每平方千米产业用地提供就业岗位数为5000个，则总就业岗位为9.5万人。按照50%的就业人口在附近居住的要求，则现代冶金工业区的通勤人口为5万人。根据现代冶金工业区的自身特点，按照居住人口和就业比为1.8 ∶ 1计算现代冶金工业区常住人口约为9万人。

现代冶金产业区人口和建设用地分布示意

（五）葛沽镇区（0505）

根据葛沽镇总体规划，2020 年葛沽镇的常住人口规模为 15 万人，城市建设用地规模为 16.26 km²。

葛沽镇人口和建设用地分布示意

（六）军粮城镇区（0506）

根据军粮城镇总体规划以及军粮城镇区在滨海新区范围内的比重，推算出军粮城镇区控规编制单元的常住人口规模为 10 万人，城市建设用地规模为 18.49 km²。

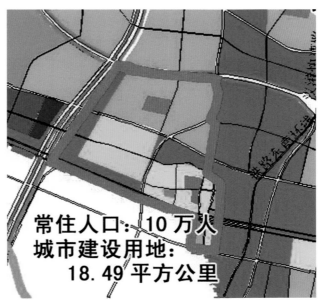

军粮城镇区人口和建设用地分布示意

（七）民航学院（0507）

根据航空城总体规划，结合民航学院控规编制单元在航空城中的用地比重，推算民航学院控规编制单元的常住人口为 2 万人，通勤人口为 1.14 万人。根据滨海新区城市总体规划，量取民航学院控规编制单元的城市建设用地规模为 11.66 km²。

民航学院人口和建设用地分布示意

（八）机场（0508）

根据航空城总体规划，结合机场控规编制单元在航空城中的用地比重推算机场控规编制单元的通勤人口为 6.3 万人。根据滨海新区总体规划，量取机场控规编制单元的城市建设用地规模为 7.04 km²，建设用地 27.34 km²。

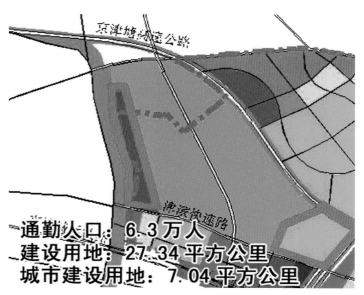

机场人口和建设用地分布示意

（九）空港物流加工区（0509）

根据航空城总体规划，结合空港物流加工区控规编制单元的各类用地在航空城中的用地比重，推算空港物流加工区控规编制单元的常住人口为 6.40 万人，通勤人口数为 15.77 万人。根据滨海新区城市总体规划，量取空港物流加工区控规编制单元城市建设用地规模为 26.5 km²。

空港物流加工区人口和建设用地分布示意

（十）民航科技基地（0510）

根据航空城总体规划，结合民航科技基地控规编制单元的各类用地在航空城中的用地比重，推算民航科技基地控规编制单元的常住人口为 6.43 万人，通勤人口为 6.49 万人。根据滨海新区城市总体规划，量取民航科技基地控规编制单元的城市建设用地规模为 17.13 km²。

民航科技基地人口和建设用地分布示意

五、汉沽平衡区指标分解

（一）杨家泊农业养殖区（0101）

杨家泊农业养殖区主要以农业用地为主，属于建设用地的主要包括北疆电厂和杨家泊镇两处。根据小城镇新农村规划，杨家泊常住人口 2.5 万人，城市建设用地 3 km²；根据北疆电厂选址规划，北疆电厂通勤人口为 0.05 万人，建设用地为 4.67 km²。

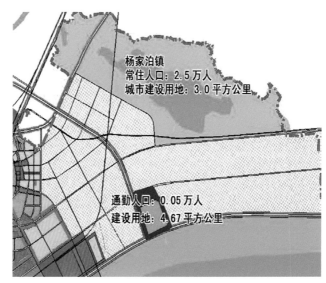

杨家泊农业养殖区人口和建设用地分布示意

（二）汉沽盐场发展区（0102）

汉沽盐场发展区的建设用地主要为环渤海中心渔港的用地。根据环渤海中心渔港规划，汉沽盐场发展区的常住人口数为 7.5 万人，通勤人口数为 5.5 万人，建设用地规模为 13.5 km²。

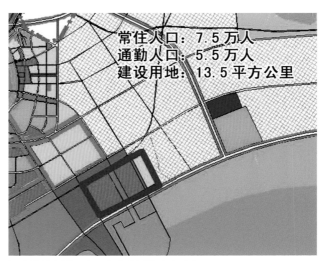

汉沽盐场发展区人口和建设用地分布示意

（三）汉沽城区（0103）

根据滨海新区总体规划，汉沽城区的常住人口数为25万人，城市建设用地为 37 km²。

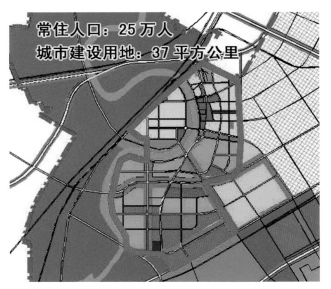

汉沽城区人口和建设用地分布示意

（四）茶淀葡萄种植区（0104）

杨家泊农业养殖区主要以农业用地为主，属于建设用地的主要为茶淀镇。根据小城镇新农村规划，茶淀镇常住人口 0.8 万人，城市建设用地 1 km²。

茶淀葡萄种植区人口和建设用地分布示意

（五）海滨休闲旅游区陆域（0105）和海滨休闲旅游区海域（0106）

根据海滨休闲旅游度假区总体规划以及度假区陆域和海域的用地布局的情况，预测陆域部分的常住人口为 5 万人，在度假区就业的通勤人口为 4.8 万人，旅游人口为 7 万人，建设用地为 40.6 km²；预测海域部分的常住人口为 5 万人，在度假区就业的通勤人口为 1 万人，旅游人口为 3 万人，建设用地为 45.6 km²。

海滨休闲旅游度假区人口和建设用地分布示意

六、塘沽—港口平衡区指标分解

（一）永定新河湿地生态区（0201）

该区域只包括农村居民点，没有城镇人口和建设用地。

（二）胡家园新区（0202）

根据滨海新区总体规划，滨海新区核心区的常住人口规模为 160 万人。根据胡家园新区居住用地占滨海新区核心区居住用地的比重，推测胡家园新区控规编制单元的常住人口为 22.01 万人。根据滨海新区总体规划，胡家园新区控规编制单元城市建设用地规模为 22.51 km²。

胡家园新区人口和城市建设用地分布示意

（三）塘沽海洋高新区（0203）

根据滨海新区总体规划，滨海新区核心区的常住人口规模为 160 万人。根据塘沽海洋高新区居住用地占滨海新区核心区居住用地的比重，结合现状，推测塘沽海洋高新区控规编制单元的常住人口为 6 万人。根据滨海新区总体规划，塘沽海洋高新区控规编制单元城市建设用地规模为 17.05 km²。

塘沽海洋高新区人口和城市建设用地分布示意

（四）北塘新区（0204）

根据滨海新区总体规划，滨海新区核心区的常住人口规模为 160 万人。根据北塘新区居住用地占滨海新区核心区居住用地的比重，推测北塘新区控规编制单元的常住人口为 11.49 万人。根据滨海新区总体规划，北塘新区控规编制单元城市建设用地规模为 7.91 km²。

北塘新区人口和城市建设用地分布示意

（五）开发区（0205）

开发区工业区的常住人口主要为蓝领公寓的工人，目前已入住大概为 4 万人，在建蓝白领公寓以及服务外包基地的配套公寓总的单身人口容量为 4 万人，工业区常住人口应为 8 万。目前，开发区内有就业岗位约 10 多万个，本着适当留有余地的原则，估算开发区内未来有就业岗位 15 万个，其中有 8 万人在开发区内常住，7 万人通勤。

开发区人口和城市建设用地分布示意

（六）中心商业商务区（0206）

根据滨海新区总体规划，滨海新区核心区的常住人口规模为 160 万人。根据中心商业商务区居住用地占滨海新区核心区居住用地的比重，推测中心商业商务区控规编制单元的常住人口为 62.17 万人。根据滨海新区总体规划，中心商业商务区编制单元城市建设用地规模为 47.5 km^2。

中心商业商务区人口和城市建设用地分布示意

（七）胡家园次中心区（0207）

根据滨海新区总体规划，滨海新区核心区的常住人口规模为 160 万人。根据胡家园次中心区居住用地占滨海新区核心区居住用地的比重，推测胡家园次中心区控规编制单元常住人口为 50.39 万人。根据滨海新区总体规划，胡家园次中心区编制单元城市建设用地规模为 42.23 km^2。

胡家园次中心区人口和城市建设用地分布示意

（八）散货物流区（0208）

根据散货物流中心服务区规划，推算散货物流区常住人口规模为 0.6 万人。根据滨海新区总体规划，散货物流区建设用地规模为 24.94 km^2。

散货物流区人口和建设用地分布示意

发展备用地人口和建设用地分布示意

（九）官港水库休闲区（0209）

官港水库休闲区以生态用地为主，没有城镇人口和建设用地。

（十）发展备用地（0210）

根据滨海新区总体规划量取用地面积，常住人口按照 1 万人／ km^2 推算。

（十一）塘沽盐场发展区（0211）

塘沽盐场发展区以盐业生产用地为主，没有城镇人口和建设用地。

（十二）东疆港区（0401）

根据东疆港总体规划，东疆港区的常住人口数为 4.6 万人。目前，机械化水平较低的情况下，天津港总就业人口为 2 万，建成后最多增加到 4 万，东疆港区就业的通勤人口估计为 2 万人。根据滨海新区总体规划，东疆港区建设用地为 37.45 km^2。

（十三）北疆港区（0402）

根据天津港的就业人口情况，推算保税区和港区的总就业通勤人口为 2 万人。根据滨海新区总体规划，北疆港区建设用地为 27.43 km^2。

东疆港区人口和建设用地分布示意

北疆港区人口和建设用地分布示意

（十四）南疆港区（0403）

　　根据天津港的总就业人口情况，推算南疆港区的总就业通勤人口为 2 万人。根据滨海新区总体规划，南疆港区建设用地为 21.38 km^2。

南疆港区人口和建设用地分布示意

（十五）临港工业区（0404）

　　根据滨海新区总体规划，临港工业区建设用地为 60.53 km^2；根据临港产业区规划，临港工业区一期就业人口 7 万人。临港工业区其余用地按照每平方千米 25 000 人计算，就业人口 20 万人，共计 27 万人。临港工业区就业人口的居住用地结合滨海新区核心区的居住用地统筹考虑，临港工业区内部适当考虑公寓用地。

临港工业区人口和建设用地分布示意

（十六）临港产业区（0405）

根据临港产业区总体规划，临港产业区建设用地为120 km²，常住人口规模为 40 万人，就业人口规模为 34 万人。考虑到临港产业区估算的 34 万人就业人口就近居住应与整个临港产业区统筹考虑，通勤人口估算为 50%，即 17 万人。

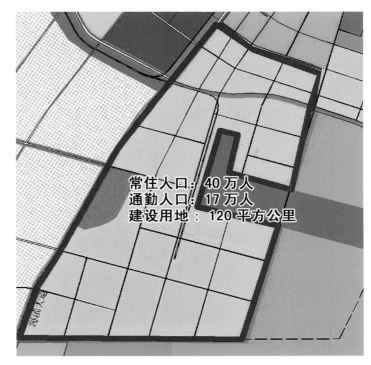

常住人口：40 万人
通勤人口：17 万人
建设用地：120 平方公里

临港产业区人口和建设用地分布示意

七、大港平衡区指标分解

（一）大港城区（0301）

根据滨海新区总体规划，大港城区的常住人口数为 45 万人，城市建设用地为 60.91 km²。

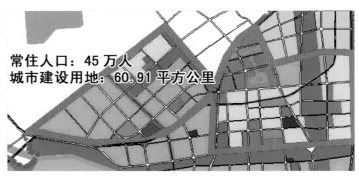

常住人口：45 万人
城市建设用地：60.91 平方公里

大港城区人口和建设用地分布示意

（二）三角地化工区（0302）

根据滨海新区总体规划，三角地化工区建设用地为34.37 km²。根据发改委滨海化工区发展总体规划，预测三角地化工区的就业通勤人口为2万人。

（三）大港水库生态区（0303）

大港水库生态区以生态用地为主，没有城镇人口和建设用地。

（四）油田化工区（0304）

根据滨海新区总体规划，油田化工区建设用地为25.21 km²。根据发改委滨海化工区发展总体规划，预测油田化工区的就业通勤人口为1万人。

（五）大港油田及化工区（0305）

根据大港油田总体规划的初步估算，大港油田及化工区的常住人口为23万人，建设用地规模为47.42 km²。

（六）太平镇农业种植区（0306）

太平镇农业养殖区主要以农业用地为主，属于建设用地的主要包括太平镇和小王庄镇两处。根据小城镇新农村规划，太平镇常住人口3万人，城市建设用地3.6 km²；小王庄镇常住人口1.5万人，城市建设用地1.8 km²。

八、数据汇总

滨海新区内的总建设用地规模为1023.31 km²，其中，城镇建设用地规模为542.68 km²；滨海新区内的总人口规模为496.49万人，其中常住人口436.79万人，通勤人口59.70万人。在城镇建设用地范围内的人口规模为378.32万人。

按照建设用地和总人口规模统计，滨海新区人均建设用地206 m²，约为天津市的2020年的人均建设用地指标2/3（根据土地利用总体规划，天津2020年建设用地总量为4000 m²，人均296 m²）。

通勤人口：2万人
城市建设用地：34.37 平方公里

三角地化工区人口和建设用地分布示意

通勤人口：1万人
建设用地：25.21 平方公里

常住人口：23万人
建设用地：47.42 平方公里

大港油田及化工区和油田化工区人口和建设用地分布示意

根据《滨海新区生态绿地系统规划》，按总人口规模统计，人均生态绿地326 m²，高于主城区人均约174 m²的生态绿地水平（根据天津总规，主城区2020年生态绿地约1192 km²）。

天津滨海新区城镇人口、用地指标分解表

名称		现状			规划 2020 年			
		城镇人口 /万人	建设用地 /km²	备注	城镇总人口 /万人		建设用地 /km²	备注
滨海新区	汉沽分区 (01)	杨家泊农业养殖区 (0101)	0.41	4.47	人口包括村镇非农业人口,用地为所有村镇建设用地	常住人口	2.50	3.00	根据小城镇新农村的村镇人口和城镇建设用地计算。其中,杨家泊 2.5 万人,3 km²
						通勤人口	0.05	4.67	建设用地指北疆电厂的建设用地。人口根据北疆电厂的选址规划确定
		汉沽盐场发展区 (0102)	0.22	0.88	人口包括村镇非农业人口,用地为所有村镇建设用地	常住人口	7.50	13.50	人口和建设用地是环渤海中心渔港用地,按照环渤海中心渔港规划的相关数据
						通勤人口	5.50		
		汉沽城区 (0103)	12.00	23.85	汉沽城区的人口和城市建设用地	常住人口	25	37	按照滨海新区总体规划的数据
		茶淀葡萄种植区 (0104)	0.14	2.03	人口包括村镇非农业人口,用地为所有村镇建设用地	常住人口	0.80	1.00	根据小城镇新农村中的中心镇人口和建设用地计算。大田 0.8 万人,1 km²
		海滨休闲旅游区陆域 (0105)	0.29	11.71	人口包括村镇非农业人口,用地为所有村镇建设用地	常住人口	5.00	40.60	人口和用地根据滨海休闲旅游区总体规划
						通勤人口	4.80		指陆域的就业人口,不包括旅游人口,根据滨海旅游区总体规划推测
						旅游人口	7.00		根据滨海总规的旅游人口预测得出,按照用地布局的情况进行大致分配
		海滨休闲旅游区海域 (0106)	0.00	0.00	为填海造陆地区	常住人口	5.00	45.60	人口和用地根据滨海休闲旅游区总体规划
						通勤人口	1.00		是指海域的就业人口
						旅游人口	3.00		根据滨海总规的旅游人口预测得出,按照用地布局的情况进行大致分配
		小计	13.06	42.94	小计中的数据包含不计入 290 和 510 的数据	—	55.80	145.37	小计中的用地数据包含不计入 510 的数据总人口是指在汉沽平衡区的总人口,其中,不包括其中内部流动的人口,但包括旅游人口
	塘沽分区 (02)	永定新河湿地生态区 (0201)	0.03	1.20	人口包括村镇非农业人口,用地为所有村镇建设用地	常住人口	0.00	0.00	该区域只包括农村居民点,没有城镇人口
		胡家园新区 (0202)	46.98	108.98	滨海新区总体规划的统计结果	常住人口	22.01	22.51	人口根据该分区居住用地占滨海新区核心区居住用地的比重,用总人口 160 万人核算出,并结合区县意见修改。建设用地图纸量取
		塘沽海洋高新区 (0203)				常住人口	6.0	17.05	人口根据该分区居住用地占滨海新区核心区居住用地的比重,用总人口 160 万人核算出,并结合区县意见修改。建设用地图纸量取
		北塘新区 (0204)	—	—	—	常住人口	11.49	7.91	人口根据该分区居住用地占滨海新区核心区居住用地的比重,用总人口 160 万人核算出,并结合区县意见修改。建设用地图纸量取
		开发区 (0205)	—	—	—	常住人口	8.00	28.54	开发区工业区的常住人口主要为蓝领公寓的工人,目前已入住大概为 4 万人,在建蓝白领公寓以及服务外包基地的配套公寓总的单身人口容量为 4 万人,工业区常住人口应为 8 万。目前,开发区内有就业岗位约 10 多万个,本着适当留有余地的原则,估算开发区内未来有就业岗位 15 万个,其中有 8 万人在开发区内常住,7 万人通勤
						通勤人口	7.00		
		中心商业商务区 (0206)	—	—	—	常住人口	62.17	47.50	人口根据该分区居住用地占滨海新区核心区居住用地的比重,用总人口 160 万人核算出,并结合区县意见修改。建设用地图纸量取

名称			现状			规划 2020 年			
			城镇人口/万人	建设用地/km²	备注	城镇总人口/万人		建设用地/km²	备注
滨海新区(03)		胡家园次中心区 (0207)	—	—	—	常住人口	50.39	42.23	人口根据该分区居住用地占滨海新区核心区居住用地的比重，用总人口 160 万人核算出，并结合区县意见修改。建设用地图纸量取
		散货物流区 (0208)	—	—	—	常住人口	0.60	24.94	根据散货物流中心的服务区规划，按照人均 15m² 推算
		官港水库休闲区 (0209)	0.00	0.00	—	常住人口	0.00	0.00	无城镇建设用地和人口
		发展备用地 (0210)	0.00	0.00	—	常住人口	25.00	24.86	根据图纸量取用地面积，人口按照 1 万人／km² 配置
		塘沽盐场发展区 (0211)	0.00	0.00	—	常住人口	0.00	0.00	无城镇建设用地和人口
		小计	47.01	110.08	—		185.66	215.54	小计中的数据包含不计入 290 和 510 的数据，不包含内部流动人口
	大港分区(03)	大港城区 (0301)	—	—	—	常住人口	45.00	60.91	按照滨海总规的数据，结合控规单元的划分进行调整，大港城区和三角地之为滨海新区总规数据
		三角地化工区 (0302)	—	—	—	常住人口	0.00	34.37	按照滨海总规的数据，结合控规单元的划分进行调整，同时按照图纸量取数据修正，比滨海总规多了 2 个 km²；人口根据发改委的就业岗位预测，就业岗位 2 万人左右，提供一定的蓝领公寓
			—	—	—	通勤人口	2.00		
		大港水库生态区 (0303)	0.00	0.00	—	常住人口	0.00	0.00	城镇建设用地和人口不存在
		油田化工区 (0304)	0.00	2.50	化工产业用地约 180 ha，仓储（油库等）用地约 70 ha	常住人口	0.00	25.21	用地根据图纸量取；人口根据发改委的就业岗位预测，就业岗位 2 万人左右，提供一定的蓝领公寓
						通勤人口	1.00		
		大港油田及化工区 (0305)	13.50	25.20	根据油田总规	常住人口	23.00	47.72	人口根据大港油田总规的估测数据，用地根据滨海新区总规图纸量取
		太平镇农业种植区 (0306)	1.50	2.01	根据中心镇规划	常住人口	4.50	5.40	根据小城镇新农村中间的中心镇人口和建设用地计算。其中，太平镇 3 万人，3.6 km²；小王庄镇 1.5 万人，1.8 km²
		小计	15.00	29.71	—		72.50	173.61	小计中的数据包含不计入 290 和 510 的数据，不含内部流动人口
	天津港分区(04)	东疆港区 (0401)	0.00	0.00	填海造地区	常住人口	4.60	37.45	人口根据东疆港总规的估测数据，用地根据滨海新区总规图纸量取
						通勤人口	2.00		目前，机械化水平较低的情况下，天津港总就业人口为 2 万，以后建成后最多增加到 4 万，东疆港区估计 2 万人
		北疆港区 (0402)	0.00	14.96		常住人口	0.00	27.43	北疆港区就业人口 1 万人，估算保税区就业人口 1 万人
						通勤人口	2.00		
		南疆港区 (0403)	0.00	6.70		常住人口	0.00	21.38	用地根据滨海新区总体规划图纸量取
						通勤人口	2.00		
		临港工业区 (0404)	0.00	0.00	填海造地区	常住人口	0	60.53	用地根据滨海新区总体规划图纸量取，根据临港产业区规划，临港工业区一期就业人口 7 万人，其余用地按照每 km² 5000 人计算，就业人口 20 万人，共计 27 万人。临港工业区就业人口的居住用地结合滨海新区核心区的居住用地统筹考虑，临港工业区内部适当考虑公寓用地
						通勤人口	27		

名称			现状			规划 2020 年			
			城镇人口/万人	建设用地/km²	备注	城镇总人口/万人		建设用地/km²	备注
滨海新区	东丽津南分区（05）	临港产业区（0405）	0.00	0.00	填海造地区	常住人口	40.00	120.00	根据临港产业区规划的数据；考虑到临港产业区估算的 34 万人就业人口就近居住应与整个临港产业区统筹考虑，所以通勤人口估算为 50%，即 17 万人
						通勤人口	17.00		
		小计	0.00	21.66	—		94.60	266.79	小计中的数据包含不计入 290 和 510 的数据，不包含内部流动人口
		东丽湖休闲旅游度假区（0501）	—	—	—	常住人口	10.00	10.00	根据滨海新区总体规划得出
		滨海高新区（0502）	—	—	—	常住人口	15.00	22.81	根据滨海高新区总体规划
						通勤人口	8.00		
		开发区西区（0503）	—	—	—	常住人口	14.40	41.00	参考现状开发区的情况，约 28 km² 的用地内有 10 万人的就业人口，则 41 km² 内应有 15 万人的就业人口，其中按照 8 万人附近居住，另外 7 万通勤，再按照 1.8 : 1 的比例配居住人口，则常住人口为 14.4 万人
						通勤人口	7.00		
		现代冶金工业区（0504）	—	—	—	常住人口	9.00	23.77	用地根据功能区规划，就业人口按照就业人口每 km2 工业 0.5 万人计算。算出 9.5 万人，其中 4.5 万就业人口就近居住，另外 5 万人为通勤人口。4.5 万就业带来的常住人口数约为 9 万人。同时用居住用地校核
						通勤人口	5.00		
		葛沽镇区（0505）	—	—	—	常住人口	15.00	16.26	人口和用地根据葛沽镇总体规划
		军粮城镇区（0506）	—	—	—	常住人口	10.00	18.49	人口根据用地占军粮城镇的总用地的比例，占三分之二，用地根据图纸量取，包括北部的工业用地 8.49 和南部的居住 10
		民航学院（0507）	—	—	—	常住人口	2.00	11.66	人口根据航空城总规；用地根据图纸量取
						通勤人口	1.14		
		机场跑道区	—	—	—	常住人口	0.00	27.34	根据图纸量取，不计入 510 和 290
						通勤人口	2.47		
		机场（0508）	—	—	—	常住人口	0.00	7.04	建设用地根据图纸量取，没有量取机场的用地
						通勤人口	3.83		
		空港物流加工区（0509）	—	—	—	常住人口	6.40	26.50	人口根据该分区居住用地占航空城居住用地的比重，用总人口 15 万人核算出，建设用地图纸量取，几方加和等于滨海航空城数据
						通勤人口	15.77		
		民航科技基地（0510）	—	—	—	常住人口	6.43	17.13	人口根据该分区居住用地占航空城居住用地的比重，用总人口 15 万人核算出，建设用地图纸量取，几方加和等于滨海航空城数据
						通勤人口	6.49		
		小计	—	—	—	小计	137.93	222.00	小计中的数据包含不计入 290 和 510 的数据，不包含内部流动人口
	建设用地合计		—	—	—	—	496.49	1023.31	—
	城市建设用地合计		—	—	—	—	378.32	554.68	—
	总规数据		—	—	—	—	290.00	510.00	—

注：上表中灰色背景的数据指的是生态区和大型基础设施以及独立工矿用地，属于建设用地，该用地不计入城市建设用地的范畴；白色背景的属于城市建设用地。

第二节　空间管制专项研究

一、规划背景与目的

2006 年 5 月 26 日，国务院下发《推进天津滨海新区开发开放有关问题的意见》，正式宣布天津滨海新区成为全国综合配套改革试验区，是继深圳经济特区、浦东新区之后，又一带动区域发展的新的经济增长极。

《意见》明确天津滨海新区的功能定位是：依托京津冀、服务环渤海、辐射"三北"、面向东北亚，努力建设成为我国北方对外开放的门户、高水平的现代制造业和研发转化基地、北方国际航运中心和国际物流中心，逐步成为经济繁荣、社会和谐、环境优美的宜居生态型新城区。

《意见》指出推进天津滨海新区开发开放的主要任务是：以建立综合配套改革试验区为契机，探索新的区域发展模式，为全国发展改革提供经验和示范，并给予了一定的政策，支持天津滨海新区进行土地管理改革。在有利于土地节约利用和提高土地利用效率的前提下，优化土地利用结构，创新土地管理方式，加大土地管理改革力度。

因此在滨海新区城市总体规划修编工作基本完成后，为确保规划的有效实施，更好地发挥规划的服务职能与引导作用，为滨海新区控规的编制提供依据，编制滨海新区空间管制专项规划，以协调滨海新区各类空间资源，促进滨海新区的开发建设。

二、对空间管制规划的理解

空间管制规划是随着城市发展和城市化进程而形成的城市管理新理念，从被动的因开发建设需要而进行的规划，转向对各类脆弱资源的有效保护和利用及关键基础设施的合理布局。以生态承载力为依据，以空间资源分配为核心，以经济、社会、生态的和谐发展为目标，从社会发展的整体利益、长远利益出发，建立空间准入机制，引导区域各类空间的开发建设，控制和改善区域环境，强化规划的服务职能与引导作用，制定公共政策，为实施城市管理提供更为准确、完善的依据。

三、规划现状概况

天津滨海新区地处于华北平原北部，位于山东半岛与辽东半岛交汇点上、海河流域下游、濒临渤海，北与河北省丰南区为邻，南与河北省黄骅市为界，地理坐标位于北纬 38°40′至 39°00′，东经 117°20′至 118°00′。滨海新区拥有海岸线 153 千米，陆域面积 2270 km²，海域面积 3000 km²。滨海新区依托中心城区，拥有中国最大的人工港、雄踞环渤海经济圈的核心位置，与日本和朝鲜半岛隔海相望，直接面向东北亚和迅速崛起的亚太经济圈，置身于世界经济的整体之中，自改革开放以来，经济快速增长，外资大量进入，成为中国北方发展最快的地区之一。滨海新区不仅具有巨大的发展潜力而且拥有丰富的自然资源——天津古海岸与湿地国家级自然保护区和天津市北大港湿地市级自然保护区以及大量的湿地和文物资源。

（一）自然保护区

1. 天津古海岸与湿地国家级自然保护区

1992 年 10 月 27 日国务院以"国函〔1992〕166 号"文批准建立的天津古海岸与湿地国家级自然保护区，主要保护对象是古海岸遗迹贝壳堤、牡蛎滩和七里海湿地生态系统，保护区面积990 km²（保护区分为核心区、缓冲区、试验区）；在滨海新区范围内主要是古海岸遗迹贝壳堤和部分牡蛎滩。

（1）古海岸遗迹贝壳堤。

贝壳的古海堤形成于距今5200～500年，是世界三大贝壳堤（另外两个是巴西苏里南地区和美国路易斯安那）之一——天津贝壳堤的重要组成部分，在国际第四地质研究中占有重要的位置。七里海贝壳堤是沧海桑田的真实记录，对研究海洋学、湿地生态学等多学科具有重要价值。天津陆地堆积平原中自然向海排列有Ⅰ、Ⅱ、Ⅲ、Ⅳ四道贝壳堤，与现代海岸线大体平行呈垄岗状不连续分布，代表了四个时期海岸的位置。自陆向海排列有四道贝壳堤，反映了不同时期海岸线的变迁。第一道贝壳堤大约在大港区沈青庄至黄骅市苗庄一线，距今5200～4000年。第二道贝壳堤分布在张贵庄至巨葛庄一线，距今3800～3000年，堤上发现有西周和战国文物。第三道贝壳堤从宁河芦台闸口到歧口一带，距今2500～1100年。第四道贝壳堤靠近现代海岸线，距今700～500年。

（2）俵口牡蛎滩。

牡蛎滩位于俵口乡俵口村南，是深埋在3m以下的地下牡蛎遗骸堆积体，距今7000～2000年，总面积（核心区、缓冲区）23.6 ha，被中外专家称为"极其珍贵的天然博物馆"，是世界上迄今发现的规模最大、分布最广、序列最清晰的古海岸遗迹。

核心区范围东经117°34′，北纬39°19.5′，核心区面积16.5 ha。

以1993年前开挖海神庙南大坑西界与田埂小路北侧交汇处为基点，向北延伸至100 m处；向南延伸至曾口河北河堤堤脚，作为西边界；以该坑东侧与田埂小路交汇处为起始点，北延100m，南延至曾口河北堤脚为东边界；曾口河北堤脚为南边界，并与七里海湿地缓冲区边界接界；东西边界北端连线为北边界。

缓冲区范围从核心区东、西、北边界各向外推50m处为缓冲区边界，其南部边界重合（为曾口河北堤脚）。缓冲区面积7.1 ha。

实验区范围 为潮白新河、蓟运河、卫星河所包容的近似三角形区域。隋家庄（117°25′E，39°26′N）—苗庄（117°49′E，39°26′N）—蔡家堡（117°49′E，39°10′N）—北塘（117°43′E，39°06′N）—乐善庄（117°32.5′E，39°16.5′N）—造甲城（117°25′E，39°16.5′N）。总面积79276.4 ha。

2. 天津市北大港湿地自然保护区

2001年12月31日经天津市政府批准建立的天津市北大港湿地自然保护区（市级），主要保护对象是湿地生态系统及其生物多样性包括鸟类和其他野生动物、珍稀濒危物种资源，保护区面积434.95 km²（其中核心区172.27 km²，缓冲区241.28 km²，试验区21.40 km²）；

北大港水库位于大港区中心地带，库区东面与津歧公路相隔1 km，距渤海湾6 km；西面通过马圈引河再经马圈闸与马厂碱河沟通，并与赵连庄9个村庄毗邻；东南部隔穿港公路与大港油田毗邻；北面紧临独流减河行洪道右堤紧邻。

北大港水库是华北地区最大的人工水库，建于1974年，库区占地面积16 400 ha，占全区面积的6.8%。设计库容5亿m³，库内地面高程最低2.8 m（大沽高程），最高4.5 m，一般海拔高程3.5 m。主堤前有方浪林台，台顶宽30m左右，台顶高7.5 m。在库内距主堤坝轴线200～1000 m处，筑有防波堤一道，总长35.48 km。北大港水库的水源，主要来自西部的马厂减河和西北部的独流减河。

（1）动植物资源。

北大港水库库区植物资源十分丰富，生长快、蕴藏量大，是天津市淡水鱼的集中产区和造纸工业的原料基地。

由于北大港水库水浅泥厚，水深 1 ~ 2 m 之间，阳光可直射到底层，库底有很多腐殖质存在，水域广阔，极有利于浮游植物和水生植物的繁茂生长，因而水草丛生，水质肥沃，是鱼类及水产动物栖息、生长繁殖的良好场所，资源十分丰富，历史上最高渔业产量，日产万斤（1 斤 = 0.5kg）左右。

主要经济鱼类有：鲫、鲤、白、鳊、草鱼、乌鲤和赤眼鳟等 10 余种，产量最多的是鲫鱼。另外，还有自然生长的泥鳅、鳝鱼、虾等水生生物。

（2）野生动物资源。

水禽数量日渐增加，特别实在候鸟迁徙的季节，有十几种国家一、二级保护种类在此栖息，近一两年发现在此越冬的天鹅，最多时达数百只。常年在此栖息、繁殖的鸟类也很多，如黑嘴鸥等共计 30 余种。

（3）生物资源。

北大港水库库区植物属于"暖温带落叶阔叶林区域"中的隐域植被，有沉水型植物 11 种，浮水性植物 2 种，挺水型植物 7 种，隶属于 9 科 15 属，加上库边湿生及中生植物共 26 科、53 属 60 种。

① 植被。

水库库区内所产的大量水生维管束植物，其中尤以作为工业原料使用的挺水型植物芦苇和蒲草的产量最高。

芦苇香蒲群落分布在水库南北端沼泽化的淤泥中，生长高大茂密，覆盖度常在 90% 以上；芦苇群落分布在水库四周，从水深 50 cm，直到湿土地带，或高出水面台地均有大量分布，生长非常旺盛，群落成分复杂，植株高度有的可达 2 m。

② 林果树木。

北大港水库大提林台可绿化面积为 120 ha，自 1983 年开始积极开展绿化造林工作，十四年间，已绿化面积 93 ha。现有成活树木 20.8 万株（丛），其中紫穗槐 14 ha、11.85 万丛，白蜡 17 ha、21.5 万株，榆树、椿树 8 ha、0.86 万株，果树 14 ha、0.4 万株。目前，水库环形大提树木茂密，绿树成荫，形成可观景象。

（二）湿地

天津湿地的类型有泄湖湿地、湖泊湿地、人工湿地、沼泽湿地、河流湿地、滩涂湿地等。天津地处海河流域下游，素有"九河下梢"之称，北有蓟运河、潮白河、北运河、永定河、西有大清河，子牙河、南运河诸水系，各水系汇集天津入海。由于天津地势低洼和历史上的洪涝影响，使得天津坑塘洼淀星罗棋布，再加上新中国成立后兴建的众多大、中、小型水库，这些水面洼淀已成为天津极为重要的自然资源。

滨海新区现存湿地有人工湿地、沼泽湿地、河流湿地、滩涂湿地、盐田湿地等。

1. 人工湿地

（1）北大港水库（详见自然保护区现状说明）。

（2）沙井子水库。

沙井子水库位于大港区西南部，在青静黄排水渠以北，红旗路以南，联盟村以西。1978 年建成投入使用，占地面积 680 ha，库容 0.2 亿 m³，主堤长 12.2 km。该库历史上是河道形成的洼地，建库主要作用为蓄水、灌溉和水产养殖。

沙井子水库水源取自青静黄排水渠，目前水库主要以水产养殖为主，水库内的生态环境和动植物资源与北大港水库基本一致，库区有芦苇地 6 个，面积 341 ha，芦苇生长茂密，库区水面大，水质良好，给候鸟栖息和繁衍提供了良好的自然生态环境。1997 年曾有 300 多只大天鹅在此落脚栖息。

（3）钱圈水库。

钱圈水库 1978 年建成投入使用，位于大港区西北部，在马厂减河以南，北大港农场以北，钱圈村东，马圈引河以西，占地面积约 900 ha，其中水面面积 867 ha，围堤长 12 km，设计库容 0.27 亿 m³。该水库历史上是自然洼淀，与北大港水库在地理形成上基本一致，水库蓄水主要来自马厂和青静黄排水渠。水库内物种资源丰富，芦苇茂密，吸引了十几种鸟类在此栖息。

（4）东丽湖

东丽湖坐落在天津市东部东丽区境内，距市中心地区 24 km，其向南 15 km 为海河下游工业区，向东 19 km 为滨海新区，地理位置优越，交通条件四通八达。东丽湖占地面积 910 ha，其中水面 800 ha，湖边周长 12 km。

该湖是为农灌目的而开挖的平原型水库，建成于 1978 年，库容 2200 万 m³，正常水位 6 m，最低水位 3 m。该地区土壤类型为生壤质轻度盐化潮土，枯水季节底下水位在 1 m 以下。

东丽湖部分水域用于鱼类养殖，水质条件良好，湖水放养银鱼、河蟹、鲤鱼、鲢鱼、草鱼等 20 多种水产品，每年约有 10 万只野禽在湖边繁衍生息。

水域中浮游生物有各类浮游动物草虾类幼体、浮游植物中的丝状蓝藻、丝状绿藻、圆筛藻、舟形藻、菱形藻、黄绿藻等。

该区域处于山岭子地热带，地热资源丰富，现有 1800 m 深地热井一口，自流 450 t/h，出水温度达 97°C。目前已利用地热养鱼，并建成年产 5000 t 的矿泉水厂。

2. 沼泽湿地

沼泽湿地主要指芦苇地，目前我市沼泽湿地主要集中在塘沽区、大港区、宁河县和武清区。沼泽湿地总面积为 22317 ha。

3. 河流湿地

（1）行洪河道。

① 蓟运河。

州、沟两河在宝坻区张古庄汇合后称蓟运河，经蓟县、宝坻区和河北省玉田县、宁河县、汉沽至塘沽区青拖汇入永定新河后入海，河道全长 189.0 km。左岸依次有兰泉河、双城河、还乡河、津塘运河等支流汇入，右岸有箭杆河、鲍丘河汇入，并有西关引河、卫星引河把潮白新河与蓟运河连通。蓟运河为平原河道，蜿蜒曲折，纵坡平缓，古为航运河道，今为行洪排沥之用。蓟运河在九王庄节制闸以上的 2.0 km 河段兼有引滦入津输水功能，汛期行洪、排沥与输水之间的矛盾突出，小河口以上 24 km 河段为单一河床，河道狭窄，两堤险工多，小河口至江洼口段 42 km 为复式河床，遥堤行洪，堤内河滩地已建有村庄 30 个，人口 3 万多人，绝大部分为河北省玉田县，每遇洪水即受威胁；江洼口至阎庄段河长 40 km，河套地建有扩麦埝，目前用其作坊洪堤，阎庄子以上原设计流量 400 ~ 454 m³/s，阎庄以下河段原设计行洪 1188 m³/s。蓟运河虽在 1973 年经过治理，由于投资不足，提防标准低，部分堤段以村台代堤，且阎庄以下河段并未治理，再加上 1976 年地震影响和沿河堤防沉降，河道淤积等，现有河道行洪能力已不足原设计的 1/2。

② 潮白新河。

自吴村闸以下的河道经 1972 年调直扩宽，经宝坻区、宁河县、至塘沽区宁车沽防潮闸段称潮白新河，河道主要为宣泄潮白新河洪水入海，自吴村闸下 22.8 km 河段按 20 年一遇标准设计流量为 2850 m³/s。坐岸纳引句入潮分泄 5

年一遇洪水 830 m³/s 以后，河道行洪能力增至 3200 m³/s。至里自沽节制闸上。右岸又纳青龙湾减河（五年一遇设计流量 900 m³/s）。里自沽节制闸以下河道按行洪 5 年一遇设计流量为 2100 m³/s，左岸白毛庄附近建有分洪闸，5 年一遇洪水向黄庄洼分洪 1360 m³/s。

潮白新河在天津境内自张家庄以下长 81 km，河道自上游向下游，依次建有朱刘庄 15 孔低水闸，胡各庄 18 孔拦河低水闸，里自沽 18 孔节制闸和乐善庄橡胶坝，均为蓄水、灌溉之用，里自沽闸上淤泥严重，影响泄洪。

③ 永定新河。

永定新河于 1971 年人工开挖而成，主要承泄永定河洪水。河道起自永定河、北运河汇合处的屈家店，于北塘注入渤海，是永定河、北运河、潮白河、蓟运河的共同入海通道。河道长 62 km，上段 14 km 为两河三堤，左为永定新河，设计流量为 1020 m³/s，右为新引河，设计流量为 380 m³/s。大张庄闸以下河段按五十年一遇设计行洪能力为 1400 m³/s，下游左岸依次纳入机排河、北京排污河、津塘运河、潮白新河和蓟运河；右岸纳入金钟河、北塘排污河，河宽由上段的 500 m 扩展为 700 m，涉及泄洪能力有 1400 m³/s 增至 4640 m³/s。

永定新河河口未建挡潮闸，受潮汐作用影响，河道淤积十分严重，至 1989 年已淤积 2500 万 m³，1987 年以来，虽安排了河道全断面清淤，至 1992 年共清淤 1600 余万 m³，清至桩号 28 km 左右，并建挡潮堰，但堰下淤积速率加快，泄洪能力持续下降，加上芦苇丛生，堤防沉降等，现状河道泄洪能力降为 380 m³/s 左右，该河作为天津市区的北部防线，待治理。

④ 独流减河。

独流减河始挖于 1953 年，后经 1968 年扩建，西起进

洪闸，东至工农兵闸，全长 70 km，原设计流量 3200 m³/s（现为 3600 m³/s），主要承泄大清河洪水，枯水时兼做河道水库蓄水。由于多年没有大水，防潮闸上下淤积严重，据 1988 年实测，闸下 3 km 内淤积严重，据 1988 年实测，闸下 3 km 内淤积量达 240 万 m³，最大淤积深度 5 m，同时行洪道内芦苇丛生，芦苇总面积达 68.7 km²，水位壅高较大，堤防下沉，右堤超高严重不足，加上千米桥梁底高程低，严重阻水等，泄洪能力已降至 2000 m³/s，亟待治理。

⑤ 子牙新河。

该河始于献县枢纽，至我市大港区马棚口入海，全长 143.2 km，流经静海县 3 km 入黄骅市，后入大港区 26.2 km，主河槽设计流量 600 m³/s，主槽加滩地行洪 6000 m³/s。自开挖后一直未经大洪水考验，主河槽淤积严重，滩地择被辟为耕地，再加上种植高秆作物，已对行洪产生严重障碍。

⑥ 马厂减河。

马厂减河始于九宣闸，主要分泄南运河洪水，原河道全长 40 km，流经静海县、大港区、塘沽区；期中右岸自 3 至 13.7 km 段在河北省青县境内，该河道于塘沽区新城西入海河。独流减河开挖时将原河道截断分为南北段，南段仍为分洪输水河道，已入北大港水库为主。1983 年在独流减河右堤，南台、北台村之间兴建三孔箱型尾闸，控制马厂减河输水和防止独流减河高水位倒灌溉，设计流量 120 m³/s，北段改为排沥输水河道，设计流量 50 m³/s。

⑦ 沙井子行洪道。

沙井子行洪道分泄大清河洪水入海。

⑧ 海河干流。

海河自南运河与北运河交汇处，即三岔口以下称海河。干流全长 72 km，横贯天津中心城区、东丽区、津南区，于

塘沽区汇入渤海。海河在历史上是北运河、永定河、大清河、子牙河南运河的入海尾闾，20世纪六七十年代根治海河后，部分河系另辟入海通道，由于海河干流本身缺乏治理，加上海两岸地面大幅度下沉，河道普遍淤积，海口段淤积尤为严重，致使河道行洪能力骤减，自1991年以来，正按照规划对海河干流进行治理，力争到2000年恢复800 m³/s的行洪能力。原设计行洪流量1200 m³/s，一度降至不足250 m³/s左右。

（2）排沥河道

除以上8条行洪河道外，滨海新区还有排沥河道包括洪泥河以及三级河道等。

4. 滩涂湿地

滨海新区沿海潮间带高程0～3.5 m，宽度3000～7300 m，坡降0.4%～1.4%。海岸类型为堆积型平原海岸，即典型的粉沙、淤泥质海。其特点是岸线平直、地貌类型比较简单，潮滩宽广平坦，岸滩变化动态十分活跃。海岸带的鸟类资源较丰富，各种经济鸟类有31种，沿海的河洼地是鸟类南北迁徙的驻足地，群鸟云集成为海岸带的一大特色。芦苇、黄须菜和垂柳是天津海岸植物资源的三件宝，另外，天津的沿海的旅游资源非常丰富，浅海、沙滩适于开发建设旅游项目，我市的滩涂及浅海，有着丰富的贝类资源，汉沽以南三四十千米海域可采到牡蛎，潮间带曾是渤海三大毛蚶渔场之一，此外，潮间带还有扇贝、脉红螺、四角蛤蜊等多种贝类资源。

近年来，由于泥沙疏浚的堆积，恶化了沿海潮间带穴居贝类的栖息环境，堵塞了贝类呼吸及摄食的通道。检测结果表明，沿海潮间带水质现在普遍受到有机物和石油的污染，水中COD、石油、六六六及铜等均有超标。另外，各断面不同程度受到汞的污染，底质中汞含量的高值区出现在蔡家堡和北塘口断面。据污染类型划分法，污染严重的区域位于北塘口和大沽口两个断面，说明南北排污河排放城市废水归海域污染的影响。渤海湾生物体中重金属含量基本上属正常，尚未发现有严重的积累，基本未超过规定的标准，由此分析重金属对生物的污染是轻微的。通过调查，目前沿海潮间带生物，无论生物密集度还是生物量，均以大沽口断面为最低。

（三）文物资源分布现状

1. 塘沽

（1）塘沽城区及东部文物埋藏分布区。

保护范围北以新港四号路为界，西以河北路和河南路为界，南以南疆铁路为界，东到海。

本区有全国重点文物保护单位1处：大沽口炮台；区县级文物保护单位3处：潮音寺，北洋水师大沽船坞旧址，塘沽火车站旧址。

（2）塘沽北部文物埋藏区。

北以区界为界，西以塘汉公路和京山铁路为界，南以第十三大街为界，东到海。本区以明清海防遗存为主。

本区分布有区县级文物保护单位1处：北塘炮台遗址；

尚未核定公布为文物保护单位的不可移动文物2处：北塘仁正营炮台遗址、北塘右营炮台遗址。

2. 汉沽区

（1）汉沽城区及东部文物埋藏区。

西以蓟运河为界，北以汉南铁路为界，东以小神堂村和大神堂村一带为界，南以大丰路和汉葱路为界，本区以相关盐业遗存最具代表性。

本区有尚未核定公布为文物保护单位的不可移动文物毛家灶煎盐遗址，思家坨煎盐遗址，小盐河，永济桥，重修盐母庙碑等多处。

（2）汉沽南部文物埋藏区。

西以蓟运河为界，北以创业村一带为界，东边沿着水渠直接到海，南部沿着区界到海滩。以明清海防遗存为主。

本区有尚未核定公布为文物保护单位的不可移动文物北塘义胜营炮台遗址，营城炮台遗址等。

3. 大港区

大港区的遗址主要分布于北大港水库的西部和南部，年代从战国、汉到明。具有遗址密集，年代跨度大的特点。此外，大港还有为数不少的抗日战争和解放战争的战斗纪念地，具有很好的现实教育意义。

（1）大港南部地下文物埋藏区。

保护范围北以青静黄排水渠为界，东以沙井子水库一带为界，西和南以区界为界。代表性遗址有沙井子墓群，远景三遗址，红星遗址，翟庄子遗址，窦庄子墓群，窦庄子铜造像出土点，小丁庄遗址，后庄户遗址，枣园庄遗址，邱庄子遗址和苏家园遗址。

（2）大港东南部文物埋藏区。

保护范围北以南环路为界，西以胜利街以东一带为界，南以独流减河为界，东以区界为界。代表性遗址和遗迹有上古林遗址、建国村遗址、上古林沉船。

此外，大港区还有尚未核定公布为文物保护单位的不可移动文物深青庄遗址、渡口桥抗日战争纪念地、潮淙桥革命纪念地、中塘遗址和马棚口遗址。

4. 东丽区

（1）东丽区西部文物埋藏区。

分布范围：北侧京津塘路；西侧为张贵庄街界和程林街界；南侧为海河；东侧为丰年村街界乡间路至西杨场村，保护内容为张贵庄墓群。

（2）东丽区东部文物埋藏分布区。

分布范围：东侧为军粮城界和无瑕街届；南侧为海河；西侧为西碱河和幺六乡界；北侧为军粮城界。

东丽区东部文物埋藏区是以军粮城城址为中心向四周辐射的集遗址、墓葬和地上文物为一体的多样性集中区域。军粮城城址、刘台北遗址、杨台遗址、务本遗址、务本三村遗址、西南辇遗址、大郑庄遗址和白沙岭遗址等汉代、魏晋和唐代时期的遗址，刘台唐墓，塘洼唐墓，和李公德政碑，东丽区重点文物保护单位姥姆庙。

5. 津南区

（1）葛沽历史文化名镇保护区。

分布范围：葛沽镇城区。

葛沽镇历史文化悠久，尤以民间文化丰富多彩。本区有区县级文物保护单位1处：津东书院；尚未核定公布为文物保护单位的不可移动文物1处，郑家大院。

（2）津南区北部文物埋藏分布区。

分布范围：北以葛沽镇北、双桥河镇、咸水沽镇北部边界一线为界，南以晋津高速公路一线为界、东、西均以乡镇界为界；主要包括葛沽镇北部、双桥河镇、咸水沽镇、辛庄镇南部、八里台镇北部地区。

本区有天津市级文物保护单位1处：巨葛庄遗址；区县级文物保护单位1处：老姆庙；尚未核定公布为文物保护单位的不可移动文物近20处：二道桥遗址，五登房遗址，田家场东遗址，田家场南遗址，东泥沽遗址，邓岑子遗址，泥沽寨址，建明村墓群，商家岑子墓群，双桥碑，新开卫津河碑，沟洫碑，胡橘芬德政碑，孟家祠堂，振华造纸厂旧址，惠威小学旧址，孟恩远墓。

（3）津南区南部文物埋藏分布区。

分布范围：北、南、东三面均以乡镇界为界，西以津南水库东、南岸及乡镇界为界；主要包括八里台镇东南部地区。

本区分布有尚未核定公布为文物保护单位的不可移动文物8处：李家疃遗址，韩家洼遗址，毛家沟遗址，刘家沟遗址，南义心庄遗址，中义心庄遗址，三顷地墓群，义心庄沉船等。

（4）津南区东南部文物分布区。

分布范围：北、西两面均以乡镇界为界，南以东风村及坨子地村北的乡村公路一线为界，东以马房村及黄营村西的乡村公路一线为界；主要包括小站镇西南部地区。

津南区有天津市级文物保护单位1处——周公祠；尚未核定公布为文物保护单位的不可移动文物3处：马厂减河，讲武堂旧址，小站小学堂旧址等。

四、规划存在的问题

（一）气候的恶化

城市的快速发展，人口和建筑密度的增加，城区扩大，水域面积相对减少，导致热岛效应和干岛效应，气候逐渐恶化。

1. 平均气温升高

在全球变暖的背景下，天津市城市发展使城市热岛效应强度增加，造成城市气温不断上升、城乡温差不断加大。近30年来，天津四个代表站年平均气温上升的总体趋势明显且呈阶段性。

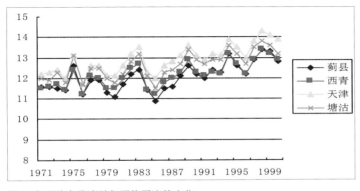

近30年天津各代表站年平均温度的变化

2. 相对湿度下降

市区和西青的湿度差异也表明了城市干岛现象的存在。在天津各代表站年平均相对湿度的逐年变化趋势中，市区、蓟县、塘沽近年呈下降趋势。

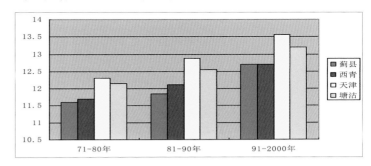

温度的年代际变化

3. 日照时数减少

多年研究表明，日照时数的减少是城市气候的特征之一，是大气环境污染的结果，也就是气溶胶增加的结果。天津市四个典型站的日照时数均有减少的趋势。

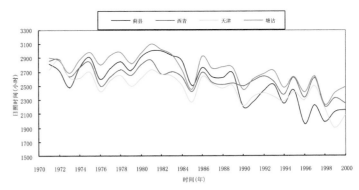

年日照时数的变化

（二）水资源严重短缺

滨海新区地表水资源量少，大清河一般年份已无入境水量，而已建工程蓄水能力已超过可利用的水资源量，因此该地区地表水资深层地下水严重超采，造成地面沉降。自1967年至2002年塘沽区累计地面沉降最大值达3.15 m。

海河干流作为天津备用水源地和主要景观河道，汛期污染严重。

（三）地质构造复杂

滨海新区跨越了沧县隆起、黄骅坳陷两个地质构造单元，区内包括有：沧东断裂、海河断裂等壳断裂和汉沽断裂盖层断裂以及其他一般性断裂。

海河河道带砂土液化现象较多，古河道较发育，地面稳定性较差。

沧东断裂，沧东断裂属壳断裂，是沧县隆起和黄骅坳陷两大地持构造单元的分界线，第四纪以来仍有活动的迹象。

另外塘沽城区南侧，属典型的盐渍土，该地区软土厚度超过10 m，地基土工程性质较差。

综上所述土壤条件较差，土地退化严重；地表水量短缺，水体环境恶化；热岛效应明显，空气质量较差；森林规模较小，生态效益不明显；防护林带缺乏，网络体系不健全；生物丰度偏低，植被覆盖率不足等是影响滨海新区生态安全的主要问题。

临港工业区人口和建设用地分布示意图

五、空间管制区规划原则

（1）经济社会发展与生态环境保护相协调的原则。从整体利益、长远利益出发，通过管

制与协调实施，协调各类空间资源关系，充分发挥整体竞争优势，实现区域空间的可持续发展。

（2）控制与引导相结合的原则。对于不同地域的生态特征、服务功能、空间资源利用的属性等因素，城镇的发展特征，引导和控制各类建设合理、有效地利用空间。

（3）与其他相关规划协调的原则。管制区划和管制规则以《滨海新区城市总体规划（2005－2020年）》为依据，加强与保护区规划、旅游规划、防洪规划等规划的协调、衔接，保证规划建设的连续性。

（4）提高规划实施的可操作性原则。通过合理划定管制分区，为规划编制和规划管理提供了具体实施管制的规则。

六、空间管制区规划依据

（1）国家和天津市相关法律、法规、政策、标准。

（2）天津市城市规划条例。

（3）《天津市城市总体规划》（2005－2020年）。

（4）天津市滨海新区城市总体规划（2005－2020年）。

（5）滨海新区综合交通规划（2006－2020年）。

（6）其他相关资料（滨海新区非定线路网、滨海新区绿地系统规划、自然保护区坐标、中心镇规划等等）。

七、滨海新区生态结构

根据景观生态学原理，针对滨海新区生态安全格局中存在的问题，构建"三横""三纵""三片区"生态安全格局，以优良的自然生态环境资源为核心，构筑以农田、水系、湿地为基底、大型生态廊道为骨架、生态敏感区和类型丰富的游憩地为斑块的多层次、多功能、立体化、网络式的绿色空间结构体系。

滨海新区的生态布局结构为："三横""三纵""三片区"。

"三横"：以隔离和净化公路、铁路污染为功能，形成陆域三条通海的绿色廊道。

"三纵"：以贝壳堤的保护、河渠、岸线的生态控制为依托，为动物的迁徙提供通道，并具有防止水土流失、调控洪水等功能，形成连接北部黄港水库湿地生态区和北大港水库湿地自然保护区的生态廊道。

"三片区"：是北大港水库湿地自然保护区、黄港水库湿地生态区和杨家泊生态控制区。具有保护水资源，调节和改善自然气候状况，保护生物物种的多样性。

八、四类管制区的界定

1. 禁止建设区

禁止建设区是指市域范围内具有重大自然和人文价值的场所与空间以及如进行建设可能对人民生命财产造成危害的地区。包括自然保护区的核心区，风景名胜区和国家公园的核心景区，地表水源一级保护区的管理范围，地下水源保护区，基本农田保护区和主要行洪通道的管理范围。该地区严格禁止与保护无关的各类建设活动，对已有的与保护无关的建筑物和构筑物予以拆除。

2. 控制建设区

控制建设区是指市域范围内对各类建设具有生态敏感性的地区，以及因自然灾害等原因不宜建设的地区。包括自然保护区缓冲区和实验区、风景名胜区和国家公园的非

核心景区、生态控制用地、地表水源一级保护区的保护范围、地下水源准保护区和蓄滞洪区。该类地区应对各类建设活动予以严格控制。

3. 适宜建设区

适宜建设区是指市域范围内规划沿"一轴两带"城市发展方向的重点建设地区。包括中心城区和外围城镇组团，滨海新区的核心区、新城、中心镇、一般建制镇以及其他适宜建设发展用地。该类地区是城市发展优先选择的地区。

4. 协调建设区

协调建设区是指禁止建设区、控制建设区和适宜建设区以外的地区，是适宜建设区和控制建设区之间的空间缓冲与过渡，可以进行适度建设。

九、管制类型

根据不同的生态特征和生态服务功能（如：自然资源与文化景观、生物多样性保护与水源涵养、水资源保护与城市生态环境调节作用等），将禁止建设区和控制建设区划分为自然保护区、饮用水水源、水库、河渠、蓄滞洪区、生态控制区和市政综合管廊七大管制类型；将适宜建设区划分为"三城"（塘沽城区、汉沽新城、大港新城）"四镇"（葛沽镇、军粮城、杨家泊镇、太平镇）"七区"（航空城、东丽湖休闲度假区、开发区西区、滨海高新区、海河下游现代冶金工业区、大港油田化工区和天津港区）；协调建设区划分为盐场发展区、临港产业区、养殖加工区和海滨休闲旅游区四种管制类型。

十、管制规模

综合分区管制区规模

序号	区县名称	面积／km²				占百分比／（%）			
		禁止	控制	适宜	协调	禁止	控制	适宜	协调
1	塘沽综合分区	63.58	153.38	179.29	157.94	11.47	27.68	32.35	28.50
2	汉沽综合分区	26.99	176.52	45.79	212.18	5.85	38.25	9.92	45.98
3	大港综合分区	289.93	520.95	176.25	0.54	29.35	52.75	17.85	0.05
4	津南东丽综合分区	33.43	119.53	165.39	0	10.50	37.55	51.95	0.00
5	天津港综合分区	20.44	38.7	149.31	125.5	6.12	11.59	44.71	37.58
Σ	滨海新区	434.37	1009.08	716.03	496.16	16.36	38.00	26.96	18.68

备注：

① 表中的占百分比为各区各类管制区，占本区用地面积的百分比；滨海新区各类管制区所占百分比，为占滨海新区总用地面积的百分比。

② 塘沽综合分区 554.19 km²，汉沽综合分区 461.48 km²，大港综合分区 987.67 km²，津南东丽综合分区 318.35 km²，天津港区 333.95 km²，滨海新区总用地面积 2655.64 km²。

十一、管制规则

1. 自然保护区

（1）天津古海岸与湿地国家级自然保护区、天津市北大港湿地自然保护区。

（2）自然保护区的建设管理执行《自然保护区土地管理办法》《自然保护区条例》《中华人民共和国文物保护法》。

天津古海岸与湿地国家级自然保护区、天津市北大港湿地自然保护区、天津市大黄堡湿地自然保护区，同时执行《海洋自然保护区管理办法》《天津古海岸与湿地国家级自然保护区管理办法》

（3）自然保护区的核心区划为禁止建设区；核心区内禁止一切建设活动。

（4）自然保护区的缓冲区和实验区划为控制建设区，在自然保护区缓冲区内，不得建设任何生产设施；在自然保护区的实验区内，不得建设污染环境、破坏资源或者景观的生产设施。

（5）自然保护区的撤销及其性质、范围、界线的调整或者改变，应当经原批准建立自然保护区的部门批准。

（6）自然保护区内的建设项目必须经城市规划行政主管部门审批通过，方可实施。

2. 饮用水地表水源

（1）地表水源的建设管理执行《饮用水水源地保护区污染防治管理规定》《天津市引滦工程管理办法》和《天津市引黄济津保水护水管理办法》。

（2）饮用水水源是指北塘水库和北大港水库。

（3）饮用水水源的管理范围划为禁止建设区；停止一切农业生产活动，退耕还林，严格禁止与水源保护无关的任何建设活动。

（4）地下水源是指天津石化、蓟县城关、蓟县大康庄、西龙虎峪、宁河北、武清北、大钟庄洼、黄庄洼、宁河北等地区的地下水源。

3. 水库

（1）水库是指东丽湖、宁车沽水库、黄港一库、黄港二库、营城水库、官港湖、钱圈水库、沙井子水库、李二湾水库。

（2）库区管理范围划为禁止建设区；禁止在库区管理范围内取土、建房等一切建设活动与水库利用无关的水利设施。

管理范围为库区及堤防外坡脚以外 20 m 内。

（3）保护范围是指管理范围以外 20 m 范围。库区保护范围划为控制建设区；库区保护范围内，禁止建房、取土、修建坟墓、堆放物料、弃置垃圾污物。

（4）禁止建设与水库保护方向不一致的参观、旅游等项目。

（5）钱圈水库、沙井子水库、李二湾水库同时执行自然保护区管制规则。

4. 河渠

（1）河渠是指一、二、三级河道、输水明渠和行洪渠道。

（2）蓟运河为引滦入津输水河道；马厂减河（九宣闸至尾闸）、独流减河、独流减河北深槽（十 m 河口至万家码头）、海河（二道闸以上）；蓟运河、潮白河、永定新河、子牙新河、海河干流、为行洪渠道。

（3）根据河渠的使用功能，其建设管理执行《天津市河道管理条例》《天津市引滦工程管理办法》《天津市引黄济津保水护水管理办法》，天津市行洪河道基本要求进行设计管理。

（4）一、二级河道管理范围划为禁止建设区；在河渠管理范围内，禁止建设与河渠保护方向不一致或妨碍河渠使用功能的项目，经规划部门审批通过方可建设与河渠利用相关的水利设施。

（5）一、二级河道保护范围和三级河道划为控制建设区；禁止在河渠保护范围内，打井、钻探、爆破、采砂等危害堤防安全的活动；禁止在三级河道内取土、倾倒垃圾污物，如进行填埋水面、搭建建筑物或构筑物等建设活动，必须经城市规划行政主管部门审批通过后，方可实施。

天津市行洪河道基本要求一览表

水系	河流名称	起止地点		河道宽度/m	纵坡	设计流量/m³/s	防洪标准/年
		起	止				
北三河	蓟运河	九王庄	防潮闸	300	1/10000	400～1300	20
	潮白河	张甲庄	宁车沽	420～800	1/4000～1/13000	3600～3060	50
永定河	永定新河	屈家店	北塘口	500～700	1/13000	1400～4640	100
大清河	独流减河	进洪闸	工农兵	685～850	0	3600	50
子牙河	子牙新河	蔡庄子	海口闸	2280～3600	1/15400	5500	50
海河干流	海河干流	金钢桥	海河闸	100～350	—	800	50

5. 蓄滞洪区

（1）滨海新区境内蓄滞洪区是团泊洼和沙井子行洪道2处。

（2）蓄滞洪区的建设管理执行《天津市蓄滞洪区管理办法》。

（3）蓄滞洪区的围堤管理范围、保护范围及蓄滞洪水的场所均划为控制建设区。

蓄滞洪区围堤的管理范围是从围堤内、外坡脚各向外延伸30 m；保护范围是从管理范围外沿各向外延伸30 m。

（4）蓄滞洪区的土地利用、开发和各项建设必须符合防洪的要求。在指定的分洪、口门附近和洪水主流区域内，禁止修建阻碍行洪的各类建筑物。

（5）各级人民政府，应当严格控制者滞洪区内人口的增长，限制向蓄滞洪区内安置移民。

6. 生态控制用地

生态控制用地内现状村镇执行中心镇规划、小城镇新农村规划，对于依据规划需要迁并的村镇不得扩大规模。

（1）市重点公园的核心景区划为禁止建设区；市重点公园的非核心景区划为控制建设区。

（2）规划未经批准的，市重点公园内不得进行一切建设活动。

（3）外环绿化带、外环线以外500 m的范围，潮白河、马厂减河、独流减河的生态廊道的管理范围以外50～300 m的范围，蓟运河生态廊道的管理范围以外50～500 m，海河生态廊道的管理范围以外50～100 m的范围，贯穿滨海新区南北的两条绿化廊道绿化廊道500～1000 m的范围均划为控制建设区。建设要求以绿化为主，可以进行农业耕种。

（4）外环绿化带与绿化廊道绿地率不小于90%；河渠两侧的生态廊道绿地率不小于80%。

（5）占地面积10 ha以上的大型水面划为控制建设区。大型水面可以用于养殖和蓄水，禁止取土、倾倒垃圾污物；进行填埋水面、建房等建设活动，必须经城市规划行政主管部门审批通过后，方可实施。

7. 市政综合管廊

（1）输水管线、输水暗渠、电力高压走廊、煤气高压管廊、油品长输管廊等控制范围，划为控制建设区。控制范围内禁止建设相关管廊设施以外的一切建筑物和构筑物。

（2）给水、燃气、油品等地下管道系统通道控制宽度50 m；电力高压走廊综合管廊控制宽度100 ～ 200 m；电力高压走廊单管廊控制宽度应符合相关规定。

电力高压走廊宽度 /m

走廊位置		35 kV	110 kV	220 kV	500 kV
建设用地范围内	单回	15	20 ～ 25	35	75
	双回	15 ～ 20	25 ～ 30	40	—
非建设用地范围内	单回	15 ～ 20	25	35	75
	双回	20	30	40	—

8. 地震、地质

（1）地震监测设施周围和地震断裂带附近进行建设的，其建设管理执行《中华人民共和国防震减灾法》和《天津市防震减灾条例 (2004 年)》

（2）地震监测台：新建、扩建、改建建设工程，应当避免对地震观测环境造成妨害。确实无法避免的重点建设工程，建设单位在工程设计前应当征得市或者区、县地震工作主管部门的同意，并增建抗干扰工程或者迁移地震监测设施。

（3）编制城市规划过程中，要充分考虑地震构造环境。选择建筑场地，必须避开地震活动断层。对于下列新建、扩建、改建的对社会具有重大价值或者有重大影响以及可能发生严重次生灾害的建设工程，必须对其场地进行地震安全性评价。

公路以及铁路上长度大于 500 m 的多孔桥梁或者跨度大于 100 m 的单孔桥梁。

市级广播中心、电视中心、电视发射台以及功率大于 200 kW 的广播发射台、电信和邮政枢纽。

铁路特大型站的候车楼、地下铁路，机场中的候机楼、航管楼、大型机库。

单机容量大于 30 万 kW 或者规划容量大于 80 万 kW 的火力发电厂，500 kV 和 220 kV 的变电站。

80 m 以上的高层建筑物、构筑物。

500 张床位以上的医院，6000 个座位以上的大型体育馆，1200 个座位以上的大型影剧院，建筑面积在 10 000 m² 以上的、人员活动集中的多层大型公共建筑。

市级城市供水、供气、供电、交通调度控制中心。

生产和贮存易燃易爆、剧毒或者强腐蚀性产品的设施，研究、中试生产和存放剧毒生物制品和天然人工细菌、病菌的较大型建筑。

水库大坝、堤防以及其他可能发生严重次生灾害的大型建设工程。

利用核能和贮存、处置放射性物质的建设工程。

位于地震动参数区划分界线两侧各八千米区域内的大型建设工程。

占地范围较大、位于复杂工程地质条件区域的大型厂矿企业以及新建开发区。

（4）由于自然产生和人为诱发的对人民生命和财产安全造成危害的地质现象，主要包括崩塌、滑坡、泥石流、地面塌陷、地裂缝、地面沉降等，其建设管理执行《地质灾害防治条例》和《地质灾害防治管理办法》。

（5）地质灾害危险区内，禁止从事容易诱发地质灾害的各种活动。

城市建设、有可能导致地质灾害发生的工程项目建设和在地质灾害易发区内进行工程建设，在申请建设用地之前必须进行地质灾害危险性评估。评估结果由市地质矿产行政主管部门认定。不符合条件的，规划行政主管部门不予办理建设用地审批手续。

9. 空域

（1）对滨海国际机场、滨海商务机场（2个）周边地区的建设管理执行《中华人民共和国民用航空法》《中华人民共和国民用航空安全保卫条例》《民用机场建设管理规定》以及《中华人民共和国保守国家秘密法》《中华人民共和国军事设施保护法》

（2）天津滨海国际机场内水平面空域限高不得超过47.16 m，锥形面空域限高不得超过147.16 m，起飞爬升面空域限高不得超过152.02 m；滨海商务机场内水平面空域限高不得超过45 m，锥形面空域限高不得超过80 m（以上均为黄海高程）

10. 文物保护

（1）文物是指具有历史、艺术、科学价值的古文化遗址、古墓葬、古建筑、石窟寺和石刻、壁画及历史文化街区、村镇等。

（2）历史文化名城和历史文化街区、村镇所在地的县级以上地方人民政府应当组织编制专门的历史文化名城和历史文化街区、村镇保护规划，并纳入城市总体规划。

（3）文物保护单位的保护范围内不得进行其他工程的建设。但因特殊情况需要在文物保护单位的保护范围内进行其他工程建设的，必须保证文物保护单位的安全，并经核定公布该文物保护单位的人民政府批准，在批准前应当征得上一级人民政府文物行政部门同意。

（4）在文物保护单位的建设控制地带内进行工程建设，不得破坏文物保护单位的历史风貌；工程设计方案应当根据文物保护单位的级别，经相应的文物行政部门同意后，报城乡建设规划部门批准。

11. 塘沽城区

（1）范围为东至海滨大道，南至津晋高速公路，西至唐津高速公路，北至杨北公路，规划建设用地规模215.54 km²。

（2）塘沽城区是天津市的双核心之一，是滨海新区的核心区，以科技研发转化为重点，大力发展高新技术产业和现代制造业，增强为港口服务的职能，积极发展商务、金融、物流、中介服务等现代服务业，提升城市的综合功能，发展成为特大型海滨城市。

12. 汉沽新城

（1）汉沽新城东至大丰路，南至津汉快速路，西至津汉路、蓟运河，北至汉沽区行政界，规划建设用地面积37 km²，规划人口25万人。

（2）汉沽新城是东部滨海发展带北部的重要节点，建设成为环渤海地区的滨海旅游、休闲、度假基地；积极发展新兴海洋产业（包括现代海洋渔业），逐步成长为中等海滨城市。

（3）汉沽新城划分为北部居住、中部产业、南部旅游服务业三个分区，两大居住组团分布蓟运河东西两岸，扩建改造东部老城区的同时积极建设蓟运河西岸居住新区。产业区由汉沽化工区、精细化工区、新产业区组成，产业区建设除增加新产业园区作为汉沽研发转化基地外，以维持现状为主，不再做大规模扩大建设；城区南部旅游商业服务区将成为滨海旅游基地重要的旅游配套设施区。

13. 大港新城

（1）大港新城东至海景大道、汉港公路，南至独流减河北岸，西至葛万公路，北到津港公路、板港公路，城区规划建设用地面积 95.28 km²。

（2）大港新城是东部滨海发展带南部的重要节点，国家级石化基地，重点发展石油化工产业，建设成为现代化石油化工基地和原油、成品油集散中心；高等教育及产业技术研发基地，努力建设生态可持续发展的中等海滨城市。

14. 军粮城镇

（1）军粮城镇镇区建设用地范围北至津滨高速公路南侧，东至原镇区规划十七号路西侧，南至津塘公路北侧、西至规划环外环快速路东侧，建设用地 18.49 km²。

（2）性质与职能：中心城区与滨海新区之间以商业、服务业及居住功能为主的新城镇。

（3）符合空域限高要求。

15. 葛沽镇

（1）葛沽镇镇区范围北至海河南岸，东至规划路，南至规划滨海大道北侧、西至规划路，建设用地规模 16.26 km²。

（2）性质与职能：葛沽是滨海新区 6 个特色组团之一，以现代工业制造业和创意文化产业为经济支柱的生态宜居新城镇。

16. 杨家泊镇

（1）杨家泊镇镇区建设用地范围北至东尹公路，东至十八经路，南至规划的芦堂公路、西至一经路、二经路，建设用地面积 2.58 km²。

（2）性质与职能：依托滨海新区的天津东北部经济强镇，应建设成为以特色水产养殖、加工、旅游为主导产业的生态宜居新城镇。

17. 太平镇

（1）太平镇镇区建设用地范围北至太平镇镇区现状高压线北侧，东至现状排水渠，南至子牙新河北侧、西至规划路西侧，建设用地 5.4 km²。

（2）性质与职能：以金属制品及石化为主导，田园文化休闲城镇。

18. 临空产业区

（1）四至范围为：东至津歧快速路、北至津汉快速路、西至外环东路、南至京山铁路和津滨快速路，建设用地 89.67 km²。

（2）性质与职能：以民航科技产业为核心，以航空物流、展贸、加工制造为基础的、具有良好生态条件的特色城市功能区。包括机场、民航学院、空港物流加工和民航科技基地三个功能区。

机场：滨海国际机场及向东扩建部分，东至京塘高速公路、南至津滨高速公路，西至外环线，北至程林庄延长线、津汉公路以南，建设用地 34.38 km²，具有机场运营和具有保税功能的国际航空物流为主要职能。

　　民航学院：东至环外环、南至京山铁路、西至外环辅道、北至津滨高速公路，总占地 11.66 km²。主要以教学、培训为主要职能。

　　空港物流加工区：东至东金公路，南至津滨高速公路、西至京津塘高速公路，北至津汉快速路，规划建设用地规模 43.63 km²。以航空物流、民航产业、临空产业、临空会展商贸、民航科教、航空高新技术产业研发与制造为主要功能的现代化生态型产业区。

　　（3）符合空域限高要求。

19. 东丽湖休闲度假区

　　以休闲度假为特色的功能区。规划建设用地面积 10 km²。

20. 开发区西区

　　以发展电子信息、汽车、生物制药、光机电一体化、新能源、新材料等高新技术产业为主要功能的现代制造和研发转化区。规划建设用地 41 km²。

21. 滨海高新区

　　国家级研发转化基地。规划城镇建设用地面积 2.81 km²。

22. 现代冶金工业区

　　发展现代冶金、装备制造等产业为主要功能的产业发展区。规划建设用地 18 km²。

23. 大港油田及化工区

　　重点以发展石油炼化及加工工业。建设用地 70 km²。

24. 天津港区

　　以发展港口经济和海洋经济的重要空间载体的国际物流中心。建设用地 80 km²。

25. 协调建设区

　　盐场发展区、临港产业区、养殖加工区、海滨休闲旅游区（海域部分）在研究论证的基础上，经专家评议、政府决策、规划审批通过后，方可实施建设。

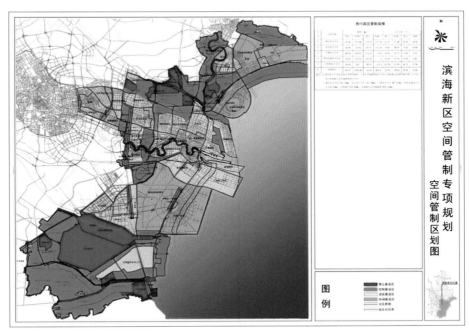

滨海新区空间管制区划图

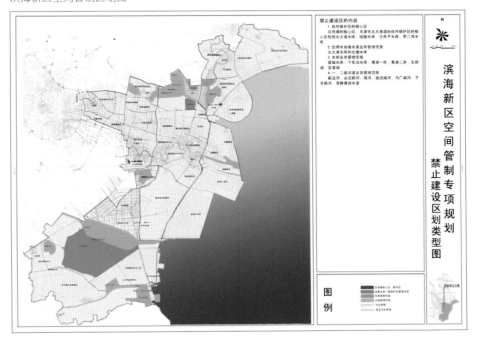

滨海新区禁止建设区划类型图

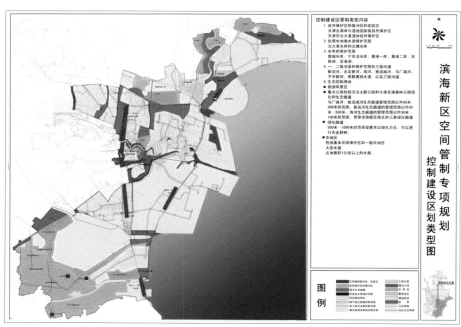

滨海新区控制建设区划类型图

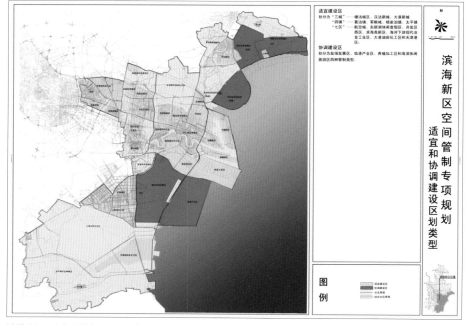

滨海新区适宜和协调建设区划类型图

第三节　公共服务设施布点专项研究

一、工作思路

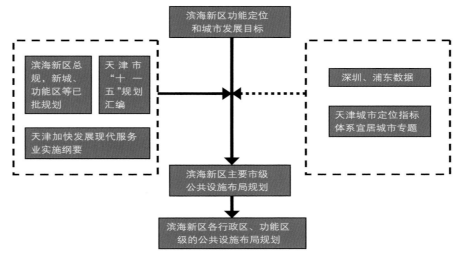

工作思路

二、滨海新区的城市定位、发展目标

城市定位：依托京津冀、服务环渤海、辐射"三北"、面向东北亚，努力建设成为我国北方对外开放的门户、高水平的现代制造业和研发转化基地、北方国际航运中心和国际物流中心，逐步成为经济繁荣、社会和谐、环境优美的宜居生态型新城区。

城市发展目标如下：

（1）现代制造和研发转化基地。

（2）我国北方国际航运中心和国际物流中心。

（3）区域现代服务业中心和休闲旅游目的地。

（4）服务和带动区域经济发展的综合改革试验区。

（5）宜居的生态城区。

三、滨海新区公共设施的主要问题

（一）公共设施的整体水平与滨海新区功能定位的差距较大

（1）现有商业金融设施难以适应现代服务业发展需求，不利于加快建设"两个中心"。

（2）休闲旅游设施规模不足，影响滨海新区进一步提升区域旅游吸引力。

（3）文教体卫等公益性公共设施不足，降低滨海新区的宜居程度。

滨海新区与宜居城市标准的部分指标对比

条目	滨海新区现状	2010 年天津市宜居城市指标	2020 年天津市宜居城市指标
每十万人拥有公共图书馆个数	0.43	—	5.5
每十万人拥有文化馆个数	0.21	0.96	4
千人病床数	3.6	5	6 以上

（二）公共设施数量、规模偏低，落后于上海浦东新区、深圳经济特区

（1）与滨海新区纳入国家发展战略的地位不符。

（2）不利于吸引更多跨国企业、国内大型企业来滨海新区发展。

（3）不利于在全球范围内吸引高端人才来滨海新区创业安居。

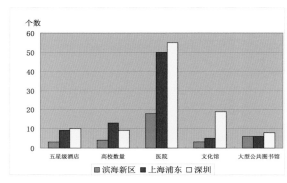

滨海新区、浦东新区、深圳主要公共设施数

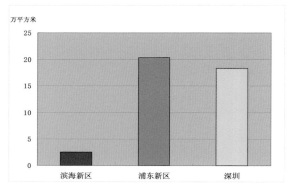

滨海新区、浦东新区、深圳会展场馆面积比

（三）尚未形成完善的多层级公共设施服务体系

（1）滨海新区核心区缺乏实现区域辐射能力的大型公共设施。

（2）各新城、功能区的公共设施尚不完备，城市服务功能不强。

（3）公共设施主要集中于开发区、塘沽城区，布局不均衡，影响城市整体发展水平。

（4）公共服务设施档次不高，不能满足人们日益增长的物质文化需要。

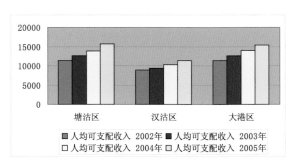

塘、汉、大三区城市居民家庭人均可支配收入情况（2003—2005 年）

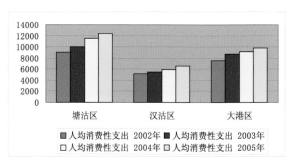

塘、汉、大三区城市居民家庭人均消费性支出情况（2003—2005 年）

四、国内发达城市市级公共设施布局借鉴

（一）上海浦东新区

市级公共中心沿东西向轴带布局，即城市总体规划确定的从虹桥机场至浦东国际机场的东西向发展轴，其东段为浦

东新区小陆家嘴—世纪大道—浦东国际机场。形成浦东现代化城区景观标志轴的集中体现和现代服务业走廊，而市级的公共设施基本上是布局在这一走廊上。

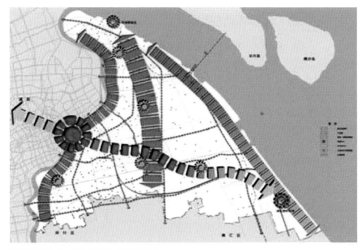

浦东新区"一轴三带"发展布局

上海市各类公共活动中心规划布局

1. 上海浦东新区花木分区行政文化中心

花木分区行政文化中心是浦东新区政府办公、科技文化、市民活动的中心，占地 10.6 km²。这里有浦东新区行政办公中心（占地面积 6.7 ha，总建筑面积 8.6 万 m²）、区法院、区检察院、公安局浦东新区分局、浦东进出口商品检验检疫局、浦东新区人民武装部、新上海科技城（占地面积 6.8 ha，总建筑面积 9 万 m²）、新区图书馆（建筑面积 1 万 m²）、新区政府接待中心、新国际博览中心（33 万 m²）等大型公共建筑，上海地铁二号线在世纪大道下穿过并在此设有车站。

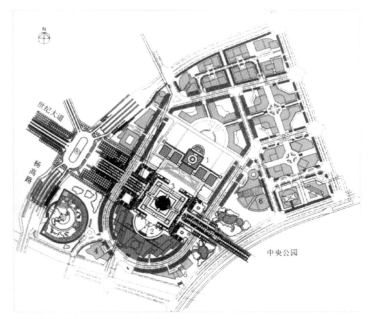

上海浦东新区花木分区行政文化中心

2. 上海陆家嘴商务中心区

陆家嘴商务中心区是上海商务中心区（总用地约 3.3 km²，规划总建筑面积约 1000 万 m²，包括陆家嘴中心区、外滩及南、北外滩等）的核心。陆家嘴商务中心区以"滨江绿地＋中央绿地＋沿发展轴绿带"的旷地系统作为结构基本要素，分为东、西、南、北、中 5 个次区，总用地面积 168.12 ha，建设用地 80.34 ha（47.79%），绿化用地 36.35 ha（21.62%），总建筑面积 4.19 万 m²，功能包括金融办公、酒店、商业服务、文化娱乐及居住等。核心区开发强度（容积率）为 10，高层带为 8 ～ 10，一般地块为 6 ～ 8，滨江带为 2 ～ 4，文化设施为 2。全区平均净容积率为 5.20。

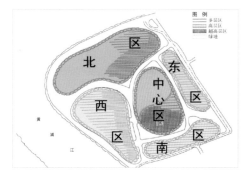

陆家嘴商务中心区规划分区示意

3. 上海浦东商业中心

新上海商业城，占地 14.4 ha，建筑面积 80 万（包括地下面积），它同时也是上海市级商贸中心，是目前我国规模最大的商业设施项目。该商业城包括第一八佰伴（新世纪商厦）、三鑫世界商厦等 18 幢单体楼宇（商厦）。目前，已形成百货、电脑、家电、建材等四大主要市场，年销售额达到 20 亿元，占浦东新区零售总额的 10%，每天的客流量达到 10 万人次，双休日高达 20 万人次。

上海浦东商业中心室内景观

4. 上海浦东新国际博览中心

新国际博览中心东距浦东国际机场 35 km，西距虹桥国际机场 32 km。上海磁悬浮列车和地铁 2 号线在中心附近汇聚，与多条公交线路编织起的交通网络拉近了中心与城市的各个角落的距离。

中心目前拥有 20.35 万 m^2 展览面积，其中室内为 10.35 万 m^2，室外为 10 万 m^2，并配有各种完善的现场服务设施。全面扩建将于 2010 年完成，届时室内面积将达到 20 万 m^2，室外面积 13 万 m^2。

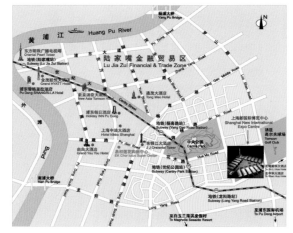

海浦东新国际博览中心区位

5. 上海浦东源深体育中心

源深体育发展中心占地面积 16.08 ha，活动面积达 4 万 m^2，拥有 2 万观众席的标准足球场、400 m^2 国际标准足球场、400 m^2 国际标准跑道田径场、综合球类馆和标准网球场。

上海浦东源深体育中心

（二）深圳经济特区

深圳市的重要的公共活动中心布局在东西向重点发展轴上。

深圳市城市布局结构规划图

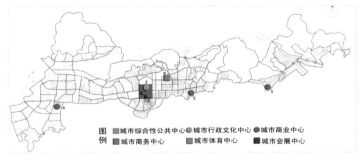

深圳市城市布局结构规划图

1. 深圳市行政文化中心

位于深圳市福田中心区北片区，规划总用地 67.2 ha，总建筑面积 33.7 万 m²。行政文化中心功能集中在市民中心内，市民中心跨于中心区北区的中轴线上，内容包括政府办公、博物馆（旧馆 1 万 m²，新馆规划 3.2 万 m²）、工业展览馆、档案馆、会堂及市民活动、庆典场所（广场）等。该区还有文化中心、青少年宫、中心广场、水晶岛等其他公共设施。

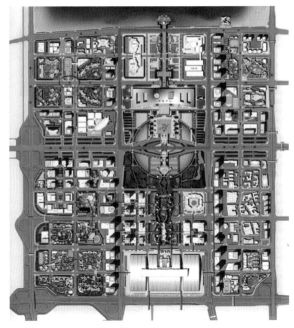

深圳福田中心区行政文化中心总平面

2. 深圳福田中心区商务中心

位于深圳市福田中心区南片区，规划总用地 108.1 ha，总建筑面积 254 万 m²。该区提供了金融办公、酒店、会议展览、商业零售及居住功能，共提供了约 15 万个就业岗位。核心区办公建筑的容积率控制在 7 左右，在 CBD 核心区与周边居住区之间规划有低密度开发的社区公园，作为缓冲，同时也是商业活动与交通集散的区域。

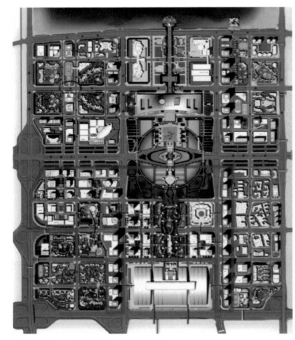

深圳福田中心区商务中心总平面

深圳大剧院

4. 深圳市级文化设施

目前，深圳市已建成和在建的市级主要文化设施有 24 个，总占地面积约 40.99 万 m²，总建筑面积 70.12 万 m²，主要包括：深圳大剧院、深圳博物馆、深圳美术馆、深圳图书馆、深圳画院、市群众艺术馆、深圳歌剧院（规划）、深圳科学馆新馆（规划）等。

5. 举办 2011 年世界大学生运动会的体育场馆

深圳奥林匹克体育中心（规划）：规划为 26 届世界大学生运动会主会场，规划 6～8 万人体育场、1.8 万人体育馆，以及相关配套设施，占地 1 km²。

深圳湾体育中心（规划）：规划于 2010 年建成，将承担第 26 届世界大学生运动会的部分项目。规划占地面积为 30.77 ha，总建筑面积约 15 万 m²。

6. 其他市级体育场馆

深圳体育场、游泳跳水馆、国际自行车赛场。

3. 深圳国际会展中心

位于深圳福田中心区商务中心以南，规划占地面积 22.1 ha，功能以展览和会议为主，兼顾相关的展示、演示、表演和宴会等功能。设计要求能举办 6000 个国际标准展位的超大型展会或同时举办各设有 2000 个国际标准展位的大中型展览，最小独立场馆可设 400 个展位；会议主场馆按多功能设置，能举办容纳 3000 人的国际会议，计划总建筑面积 25 万 m²，其中展览部分 18.4 万 m²，会议部分 1.6 万 m²。

五、滨海新区市级公共设施布局的原则和重点

（一）布局原则

（1）规划布局要体现滨海新区城市定位的特征。

（2）满足人们日益增长的生活水准要求，健全公益性公共服务设施。

（3）与城市用地结构调整结合，以公共设施建设促进土地利用优化。

（4）结合重大交通枢纽设施、交通组织进行大型公共设施规划布局。

（5）根据大型公共设施本身特点及其对环境的要求进行布局。

（6）考虑城市景观组织要求。

（7）考虑公共设施合理的建设顺序。

（8）充分利用城市原有基础。

（二）布局重点

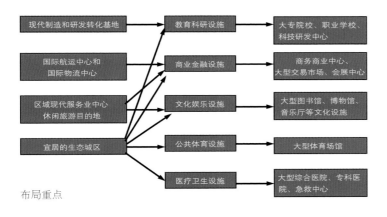

布局重点

六、滨海新区城市公共活动中心规划

滨海新区综合配套改革试验区的国家战略地位要求具备多样化、高级化的公共服务职能。

借鉴上海浦东新区、深圳的经验，结合滨海新区自身特点，滨海新区的公共设施空间结构将依托沿海河和京津塘高速公路的城市发展主轴、沿海城市发展带，形成以下 8 类滨海新区级的公共活动中心。

（1）行政文化中心。

（2）商务商业中心。

（3）内外贸中心。

（4）商品流通中心。

（5）会展中心。

（6）娱乐休闲中心。

（7）体育中心。

（8）教育科研中心。

滨海新区主要公共活动中心布局示意

（一）行政文化中心

近期保留滨海新区管委会，考虑到滨海新区综合配套改革试验区在行政管理方面的先行先试举措，未来有可能形成新的滨海新区行政管理机构。

可在滨海新区核心区内沿海河轴线选址，规划一处滨海新区行政文化中心，占地 30 ~ 35 ha，本着集约用地的原则，集中设置滨海新区级的主要行政办公机构、博物馆、档案馆、市民活动、庆典场所（广场）等。

滨海新区行政文化中心

（二）商务商业中心

主要承担为国际航运物流和现代制造业服务的商务、金融、会展、商业、信息、中介、文化娱乐等城市服务职能。

滨海新区中心商务商业区

1. 中心商务商业区

开发 CBD：占地 158 ha，总建筑面积 250 万 m²，其中：商务建筑面积约 90 万 m²，金融保险类建筑面积约 20 万 m²，商业建筑面积约 50 万 m²。规划 1 ~ 2 个大型文化娱乐设施，3 ~ 5 家五星级酒店。

于家堡 CBD：占地 346 ha，总建筑面积 630 万 m²，其中：商务建筑面积约 230 万 m²，金融保险类建筑规模约 50 万 m²，商业建筑面积约 190 万 m²。规划 3 ~ 5 个大型文化娱乐设施，规划五星级酒店 3 ~ 5 家。

解放路和天碱中心商业区：占地 354 ha，商业建筑面积 280 万 m²。

响锣湾外省市商务区：占地 30 ha。

2. 国际邮轮母港基地

在东疆港南部规划国际邮轮母港基地，规划商业金融用地 45 ~ 50 ha，包括商业、餐饮、娱乐和 1 ~ 2 家五星级酒店等配套设施。

3. 海员综合服务区

在海河大桥以东，通过新港船厂搬迁，建设面向国际海员和海外游客的国际性消费娱乐区，用地规模 30 ha。

（三）内外贸中心

这类公共活动中心主要为滨海新区发展国际贸易、国际航运、国际物流服务。

1. 东疆保税港区商务贸易中心区

吸引从事港口、物流及外贸的国内外公司、旅游公司和金融机构等入驻。包括商业金融用地规模约 60 ha，商务贸易用地规模约 32 ha。规划五星级酒店 3 ~ 5 家，吸引世界知名免税店入驻。

东疆保税港区商务贸易中心区

2. 国际贸易与航运服务中心区

以天津国际贸易与航运服务中心（占地 1.23 ha，建筑面积 5.9 万 m²）为核心，建设 88 ha 的国际贸易与航运服务中心区，规划一批综合办公写字楼、商务公寓、五星级酒店（1～2 家）和影剧院等文化娱乐设施，为天津港国际航运与国际贸易服务。

国际贸易与航运服务中心区

（四）商品流通中心

根据滨海新区的地方特色，规划建设一批面向全国、知名度高的生产、生活资料要素市场专业市场。

（1）在大神堂渔港规划汉沽水产品批发市场，规划占地 3 ha。

（2）提升天津滨海国际汽车城水平（位于天津港保税区天保大道北侧），占地 5.52 ha，建筑面积 2.9 万 m²。

（3）在胡家园津塘公路沿线，规划布局金属材料交易集散中心，占地约 20 ha。

（4）提升华北建材陶瓷批发市场水平（位于胡家园津塘公路沿线），占地 45 ha。

（5）在空港物流加工区规划空港汽车交易市场，规划占地 25-30 ha。

（6）提升新洋货市场的水平，占地约 2 ha。

（五）会展中心

这类公共活动中心直接服务于滨海新区高新技术产业、现代制造业，推动天津会展业发展。

1. 天津国际会展中心

在空港物流加工区规划以临空产业和高新技术产业为主要特色的大型商贸会展中心，规划占地面积 100 ha，包括展览馆、会议中心、综合商务信息中心、2～3 家五星级酒店、写字楼、公寓及配套娱乐休闲设施。

2. 天津滨海国际会展中心

位于泰达大街以北，东海路以西地段，占地 8 ha。

3. 海洋会展博览中心

位于填海部分的主轴线以西，海滨大道以东，利用与旅游经济有明显的互动性的特点，借助主题公园及酒店的终站式服务功能，发展国际标准的海洋会展博览中心，带动本地区向综合性旅游发展。规划用地面积 75 ha。

天津滨海国际会展中心

（六）体育中心

这类公共活动中心为滨海新区开展市级、区域级大型体育活动服务，作为天津市举办 2013 年东亚运动会的主场馆之一，塘沽、汉沽、大港的区级体育场馆可作为辅助场馆承担部分项目。

（1）在海滨休闲旅游区，规划一处滨海新区文化体育中心，作为申办 2013 年全运会、举办 2013 年东运会的主场馆之一，规划 6～8 万人体育场、2 万人体育馆，以及相关配套设施，占地约 100 ha。

（2）在大港区生态高教园区，建设天津市残疾人体育训练中心，占地 3～5 ha。

（3）完善提升泰达足球场（7.5 ha）等现有大型体育场馆的功能。

（七）娱乐休闲中心

这类公共活动中心是体现滨海新区休闲文化的重点区域，开展国际文化娱乐活动的重要平台。

1. 主题公园游乐区（海滨休闲旅游区内）

派拉蒙主题公园，占地 420 ha；天津国际游乐港，占地 470 ha，其中包括极地海洋世界（占地 5 ha）、东方水世界、游艇俱乐部等内容。

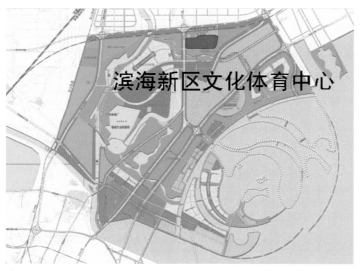

滨海新区文化体育中心

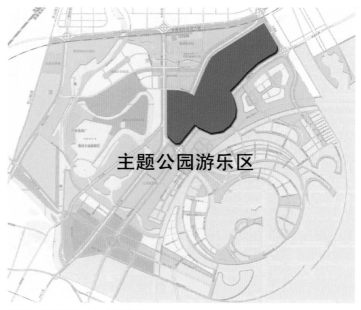

滨海休闲旅游区主题公园游乐区

2. 北塘渔人码头

规划占地 10 ha（不含水域面积），建设游艇码头、渔船码头、餐饮娱乐、酒店等。

3. 海滨浴场

适度发展塘沽海滨浴场，规划用地控制在 10 km²，要处理好与滨海化工区发展的关系，成为滨海新区产业配套的重要生活区和旅游基地。

（八）教育科研中心

它的主要职能是为滨海新区提升科技研发转化能力，为产业发展提供研发人才、职业技术人才。

1. 天津大学科技园

充分发挥开发区的天津大学科技园（本市唯一的国家级大学科技园）的科技转化优势，成为一流的技术创新基地、高新技术企业孵化基地、创新创业人才聚集和培养基地、高新技术产业辐射基地，该园区位于开发区泰达大街以北，南海路以西，占地约 13 ha。

2. 开发区学院区

位于开发区西北部，占地 1.6 km²，其周边依托泰达工业园区和森林公园，是研究型、综合型、创新型的一流大学区，现有泰达职业技术学院，规划将万博公学用地改为天津海运职业学院，规划建设天津科技大学分校区。同时，将原开发区学院区北大青鸟软件学院用地规划为天津国际生物医药联合研究院（"国家生物医药国际创新园"核心项目），规划为集研发、企业孵化、生产贸易为一体的医药产业园区，规划占地约 20 ha。

3. 航空教学培训与科研区

依托中国民航大学建设，在津滨快速路以南，京山线以北，机场大道以西，规划占地 621 ha（其中可开发土地 347 ha），该区要吸引民航高校科研机构集聚，强化民用航空领域中高级人才的教育与培训工作，引进和建立一批国家

重点实验室、研究中心和博士后流动站，积极承担起国家级重点科研项目和民航科研工作。

航空教学培训与科研区

4. 生态高教育园区

规划面积 800 ha，重点发展高等职业教育和劳动技能培训，努力完善南开大学滨海学院、天津医科大学临床医学院、天津外院滨海校区、天津法官学院、天津检察官学院等院校的教学设施，筹建 1 所以实施本科层次教育为主的综合性海洋大学，力争新建 1 所由国内知名大学和国外高水平大学合作举办且直接服务于新区经济社会发展的综合性普通高校。建设中德职业技术学院、天津市海洋与石油化工职业技能培训鉴定基地、华苑职业技术专修学校。设立 15 所以上的高校和培训机构。

5. 高新区研发中心

高新区内规划建设若干个科技孵化器、1～2 所研究院，规划形成滨海新区应用技术的基础研究和产业转化研究中心，规划占地 40～50 ha。

高新区研发中心

6. 海洋高科技研发中心

规划建设以现代海洋高新产业研究为主体的高科技研究机构聚集区，规划占地 50 ~ 100 ha。

七、滨海新区主要公共设施布局

（一）行政办公设施规划

近期保留滨海新区管委会、天津经济技术开发区管委会和天津港保税区管委会，远期规划滨海新区行政文化中心（见上文）。

调整优化三城区的行政办公用地布局：完善现有塘沽区行政中心；在汉沽新城南部组团规划行政办公用地，现状行政办公用地规划为行政次中心；大港新城在迎宾街一带形成新的行政中心。

其他功能区根据人口，规划相应的行政中心。

（二）商业金融设施规划

1. 滨海新区级（见上文）

规划形成由 1 个中心商务商业区、1 个国际贸易与航运服务中心区、1 个商务贸易中心区、1 处海员综合服务区、1

处国际邮轮母港基地、15 ~ 20 家五星级酒店、3 个大型会展博览中心、6 个大型商品交易市场构成的滨海新区级的商业金融设施服务体系。

2. 汉沽区

新城北部组团规划区级商务商贸中心，现状新开中路商业中心规划为汉沽区级商贸副中心。

3. 大港区

保留大港区老城现有区级商贸金融中心，结合港东新城新行政区，建设区级商贸会展中心。

4. 其他地区

依照相应人口规模，设置相应商业服务设施。

（三）文化娱乐设施规划

1. 滨海新区级

结合中心商务商业区，规划 4 ~ 6 个大型文化娱乐设施（滨海新区图书馆、滨海新区音乐厅、滨海新区科技馆、滨海新区美术馆等）；结合行政文化中心，规划 3 ~ 5 个大型文化场馆（博物馆、档案馆、市民活动中心等）；结合海洋会展博览中心，规划建设 1 个海洋博物馆，占地约 8 ~ 10 ha；规划建设派拉蒙主题公园、天津国际游乐港（见上文）；规划建设派拉蒙主题公园、天津国际游乐港、海滨浴场。

2. 塘沽区

新洋商城以南地区，结合现有文化设施，新建塘沽文化艺术中心、档案馆等公共设施，续建塘沽文化墙，重建塘沽图书馆，形成塘沽区文化娱乐中心。

3. 汉沽区

在新城南部组团规划区级文化娱乐中心，改造北部组团文化娱乐设施。结合版画文化、盐文化设置博物馆。

4. 大港区

在东部新城区规划区级的文化娱乐中心。

5. 其他地区

结合相应商业服务设施，依照人口规模，设置相应的文化娱乐设施。

（四）体育设施规划

1. 滨海新区级

在海滨休闲旅游区规划1个滨海文化体育中心（见上文）（申办2013年全运会，举办2013年东亚运动会）（见上文），提升塘沽区现有体育场馆水平，大港区内规划1个残疾人体育训练中心。

2. 塘沽区

保留塘沽体育场、塘沽体育馆、天津滨海职业学院体育场、开发区现有泰达体育场、泰达第二体育场。

3. 汉沽区

在现有体育场馆基础上，完成汉沽体育场、汉沽体育馆的更新改造工程，并通过落实土地置换，在汉沽体育场西侧建设汉沽区体育中心。

4. 大港区

在现有场馆基础上，规划建设综合性的大港体育中心，占地约10 ha。

5. 其他地区

在航空城、高新区等重要功能区结合商业设施规划相应的体育馆。

（五）医疗卫生设施规划

1. 滨海新区级

规划形成由2所综合性医院、2所专科医院、1处急救指挥中心构成的滨海新区级的医疗体系。

（1）2所综合性医院。

对泰达医院进行易地扩建，新址紧邻泰达国际心血管医院，规划成为滨海新区最大规模的综合性医院(集医疗、教学、科研、预防、康复于一体)，占地面积4.4 ha，建筑面积7.8万 m²。

改扩建塘沽医院，提高医疗水平，努力建成滨海新区的医疗、抢救、科研、教学和交流中心。规划占地6.3 ha，建筑面积6万 m²。

（2）2所专科医院。

泰达国际心血管医院（三甲医院），占地面积11 ha，建筑面积9万 m²。

重建塘沽中医院（三甲医院），占地1.26 ha。

在泰达急救中心（目前已迁到泰达国际心血管医院急诊部）基础上，建立滨海新区急救指挥中心，规划占地0.5～1 ha。

2. 塘沽区

在现有主要医院基础上，结合塘沽医院建设塘沽区疾病预防与控制中心。

3. 汉沽区

实施天化医院与中医医院合并。改扩建汉沽医院成为区级中心医院。在北部组团形成区级医疗卫生中心。

4. 大港区

构建以大港医院、大港油田职工总医院为核心的现代化医疗卫生体系。

（六）教育科研设施规划

1. 滨海新区级

在现有院校基础上，规划形成3所国际学校、8～9所高校独立学院、2所高校分校区、8所高等职业技术学院、8所优质中等职业学校、6个教育科研中心。

（1）3所国际学校。

在现有的泰达国际学校（小学，规划占地8 ha）基础上，适应新区需要，分别在今后国际人口集聚程度较高的塘沽城区、高新技术产业园区内各筹建1所可招收外国人员子女的国际学校（设置从幼儿园到高中的全套教育阶段），占地面积约15～20 ha/个，以全面提高国际化水平。提供优惠政策，鼓励外国教育机构设立外籍人员子女学校。

（2）8～9所高校独立学院。

滨海新区现有6所高校独立学院：南开大学滨海学院、天津外国语学院滨海外事学院、天津医科大学临床医学院、中国法官学院天津分院、天津检察官学院、中国民用航空大学。在现有基础上，向南部扩大中国民用航空大学的校区，规划用地110 ha，适应航空产业发展需求。在于家堡地区规划建设国际商学院，为金融系统人才建立培训基地，用地规模达25 ha。在大港区高教园区内，积极筹建1所实施本科层次教育为主的综合性海洋大学，直接服务于天津海洋产业发展和国际航运中心建设，规划占地20～25 ha。积极利用国内和国外优质高教资源，力争在大港区高教园区新建1所由国内知名大学和国外高水平大学合作举办的，直接服务于新区经济社会发展的综合性普通高校。

（3）2所高校分校区。

继续完善滨海新区现有2所高校分校区设施水平，即天津科技大学泰达校区（规划47 ha）、南开大学泰达学院（9 ha）。

（4）8所高等职业技术学院。

滨海新区现有5所高等职业技术学院，它们是：天津滨海职业学院、天津工程职业技术学院、天津开发区职业技术学院（开发区学院区内）、天津国土资源与房屋职业技术学院、天津生物工程职业技术学院（开发区西区内，占地20 ha）、天津海运职业学院（位于开发区学院区内的原万博公学用地规划为天津海运职业学院，占地约12 ha）。在现有基础上，在大港生态高教园区内，建设中德职业技术学院、华苑职业技术专修学校、信息技术学院，每所学校占地12～20 ha。

（5）8所优质中等职业学校

滨海新区目前具有招生资格的中等职业学校有6所，普通中专有：塘沽区中等专业学校、港口管理中等专业学校、汉沽区中等专业学校、滨海中等专业学校，职业高中有：塘沽区第一职业中等专业学校、东丽区职业教育中心学校。规划以现有的天津国际经济贸易学校筹建以经济、管理、电子商务等学科为特色的职业技术学院，占地12～20 ha。开发区西区内规划建设1所服务于电子、汽车和机械制造的职业学院，占地12～20 ha。

（6）6个教育科研中心（见上文）。

2. 塘沽区

保留现有各类职业学校用地，重点办好塘沽区第一职业中专、滨海职业学院。不断壮大创业服务中心、滨海生产力促进中心、津滨科技园等孵化器，充分发挥开发区天津滨海职业技能开发中心的作用。

3. 汉沽区

城北部组团提升现有学校水平，南部组团吸引各类研发机构进入汉沽新城新南组团。

4. 大港区

在高教区发展天津滨海中专，建立天津市海洋与石油化工职业技能培训鉴定基地、特殊教育学校。依托高教区，老城区向北侧延展建设科技创新区和中小企业孵化区。

（七）其他公共设施规划

（1）根据城市发展和人口分布以及人民群众的生活需要，合理安排和建设其他社会公共服务设施，促进各项社会事业与城市整体建设的协调发展。加强社会防控体系设施建设，维护社会安定。

（2）应充分重视社会福利设施用地布局，重点安排福利院、敬老院等设施用地，在塘沽城区设立 2～3 处滨海新区级的养老院，2～3 处儿童福利院（每处 2～3 ha）。加快塘沽、汉沽、大港三区公益性区级敬老院、公墓区、火葬场的建设。

八、公共设施预留用地指标

滨海新区正处于超常规的快速发展进程中，各种产业功能区的迅速发展，将会吸引大规模人口，使得大型公共设施（特别是公益性公共设施）在用地规模上需要留足空间，不仅考虑常住人口还应当考虑通勤人口的需求。同时，随着经济社会的发展，人们生活方式的转变，滨海新区公共设施在类型上将不断丰富，需要从用地规模上留出一定的弹性指标，因此，本规划提出公共设施预留用地这一用地类型，以期为滨海新区远景的公共设施发展预留足够的发展空间。

从滨海新区的控规分区划分情况看，可以分为六类：① 城市功能区；② 产业功能区；③ 旅游功能区；④ 生态功能区；⑤ 港口功能区；⑥ 小城镇及其他功能区。

公共设施预留用地应主要分布在人口密集、生活性服务业、生产性服务业发达的城市功能区、产业功能区内，前者是为了适应城市综合服务功能提升的需要，满足居民生活需求，后者是为了生产性服务业的壮大提供发展空间。本次公共设施预留用地不考虑天津港综合分区。

（一）塘沽综合分区的公共设施预留用地

按照"天津滨海新区城镇人口、用地指标分解表"，塘沽综合分区常住人口 185.66 万人，通勤人口为 7 万人，为了满足通勤人口对公共设施的需求，将通勤人口折半计算，与常住人口之和作为预测公共设施总规模的人口基础，该人口基数为 189.16 万人。

滨海新区的分区类型划分

综合分区	分区	类型
汉沽综合分区	杨家泊农业养殖分区	小城镇及其他功能区
	汉沽盐场发展区分区	小城镇及其他功能区
	茶淀葡萄种植区分区	小城镇及其他功能区
	汉沽城区分区	城市功能区
	化工区分区	产业功能区
	海滨休闲旅游区陆域分区	旅游功能区
	海滨休闲旅游区海域分区	旅游功能区
塘沽综合分区	永定新河湿地生态分区	生态功能区
	胡家园新区分区	城市功能区
	塘沽海洋高新区	产业功能区
	胡家园次中心区	城市功能区
	北塘新区	旅游功能区
	开发区分区	产业功能区
	中心商务商业区	城市功能区
	散货物流区	小城镇及其他功能区
	发展备用地分区	城市功能区
大港综合分区	大港城区	城市功能区
	滨海化工区（北区）分区	产业功能区
	大港水库生态区	生态功能区
	滨海化工（南区）分区	产业功能区
	大港油田及化工区	产业功能区
	太平镇农业种植区	小城镇及其他功能区
天津港综合分区	东疆港分区	港口功能区
	北疆港分区	港口功能区
	南疆港分区	港口功能区
	临港工业区分区	产业功能区
	临港产业区分区	产业功能区
津南东丽综合分区	东丽湖休闲度假区	旅游功能区
	滨海高新区	产业功能区
	开发区西区	产业功能区
	现代冶金产业区	产业功能区
	葛沽镇分区	小城镇及其他功能区
	军粮城镇分区	小城镇及其他功能区
	机场分区	小城镇及其他功能区
	民航学校	小城镇及其他功能区
	空港物流加工区	产业功能区

参照由建设部组织天津市城市规划设计研究院编制的《城市公共设施规划规范》（2006 年稿），对塘沽综合分区的公共设施的总体规模进行预测，经过分析，可以得出，塘沽综合分区的公共设施预留用地规模为 5.3 km²。考虑到

发展备用地分区目前还未有规划，姑且按照相应的公共设施用地指标（占用地比例的10.8%，人均公共设施用地为10.8m²）进行公共设施预留用地规模预测，同时对塘沽综合分区内的各控规分区的公共设施预留用地规模进行预测。

姑且按照相应的公共设施用地指标（占用地比例的10.8%，人均公共设施用地为10.8 m²）进行公共设施预留用地规模预测，同时对塘沽综合分区内的各控规分区的公共设施预留用地规模进行预测。

经过分析可以得出，塘沽综合分区的公共设施预留用地规模为5.3 km²。考虑到发展备用地分区目前还未有规划，

塘沽综合分区公共设施总用地规模预测

计算方法	计算指标	基数	公共设施用地规模 /km²	公共设施用地规模综合值 /km²
按用地计算	占中心城区规划用地比例 13.5%	190.6 km²	25.73	21.19
按人口计算	人均用地 11.2 m²/ 人	189.16 万人	21.19	

注：塘沽综合分区的用地基数，不考虑生态区和大型基础设施以及独立工矿用地。

滨海新区塘沽综合分区现有规划的公共设施规模数据汇总

所在综合分区名称	所在分区名称	规划名称	公共设施地规模 /km²
塘沽综合分区	中心商务商业区	滨海新区中心商务商业区总体规划（2005 - 2020）	2.66
	胡家园新区分区	滨海新区总体规划（2005 - 2020）	2.43
	塘沽海洋高新区	滨海新区总体规划（2005 - 2020）	2.12
	胡家园次中心区	滨海新区总体规划（2005−2020）	3.73
	散货物流区	滨海新区总体规划（2005−2020）塘沽区图	0.79
	北塘新区	滨海新区总体规划（2005−2020）	1.35
	开发区分区	滨海新区先进制造业产业区总体规划（2007−2020）	1.20
	葛沽镇分区	天津市津南区葛沽镇总体规划（2006−2020）	1.94
	东丽湖休闲度假区	滨海新区总体规划（2005−2020）	0.67
	小计	—	16.89

注：上表中灰色背景的数据指的是大型基础设施以及独立工矿用地，归入非城镇建设区范畴，不再进行公共设施预留用地的指标分解；白色背景的属于城镇建设区，进行公共设施预留用地的指标分解。

滨海新区塘沽综合分区公共设施预留用地指标分解

综合分区	分区	常住人口 / 万人	用地规模 / km²	按常住人口比例计算 / km²	按用地比例计算 / km²	综合值 / km²	弹性系数
塘沽综合分区	胡家园新区分区	22.01	22.51	0.39	0.37	0.38	0.16
	塘沽海洋高新区	6	17.05	0.11	0.28	0.19	0.09
	胡家园次中心区	50.39	42.23	0.89	0.70	0.79	0.21
	开发区分区	8	28.54	0.14	0.47	0.31	0.26
	中心商务商业区	62.17	47.5	1.09	0.79	0.94	0.35
	发展备用地分区	25	24.86	2.69	2.69	2.69	—
	小计	173.57	182.69	5.30	5.30	5.30	0.31

注：弹性系数是以各分区的公共设施预留用地的预测值占已有总体规划的公共设施规模计算出来的。

（二）汉沽综合分区的公共设施预留用地

由于汉沽综合分区内，具备城市功能的地区主要为汉沽城区、化工区、海滨休闲旅游区，公共设施的空间布局主要集中在汉沽城区、海滨休闲旅游区，鉴于海滨休闲旅游区在进行总体规划时，已经充分考虑了公共设施的长远发展，因此，仅针对汉沽城区进行公共设施预留用地的规模预测。

按照"天津滨海新区城镇人口、用地指标分解表"，除去海滨休闲旅游区外，汉沽综合分区其他地区的常住人口共35.8 万人，通勤人口为 5.55 万人，为了满足通勤人口对公共设施的需求，将通勤人口折半计算，与常住人口之和作为预测公共设施总规模的人口基础，该人口基数为 38.58 万人。

对汉沽综合分区的公共设施的总体规模进行预测。经过分析可以得出，汉沽综合分区的公共设施预留用地规模为 0.44 km²，该指标应全部计入汉沽城区分区内，弹性系数为 0.11。

汉沽综合分区公共设施总用地规模预测

计算方法	计算指标	基数	公共设施用地规模 / km²	公共设施用地规模综合值 / km²
按照用地比例计算	占中心城区规划用地比例 12.3%	37 km²	4.55	4.55
按照人口规模计算	人均用地 12.4 m²/ 人	38.58 万人	4.78	

注：汉沽综合分区的用地基数，仅考虑汉沽分区、化工区分区。

滨海新区汉沽综合分区现有规划的公共设施规模数据汇总

所在综合分区名称	所在分区名称	规划名称	公共设施地规模 /ha
汉沽综合分区	汉沽城区分区	汉沽新城总体规划（2006—2020）	4.11
	小计	—	4.11

（三）大港综合分区的公共设施预留用地

大港综合分区内，大港城区应预留足够的公共设施，为整个综合分区服务，而其他分区内的公共设施基本上仅需要满足本分区内的发展需求，其规模按照相应地区的总体规划考虑，不给予公共设施预留用地的指标分解。

按照"天津滨海新区城镇人口、用地指标分解表"，大港综合分区常住人口 72.5 万人，通勤人口为 3 万人，为了满足通勤人口对公共设施的需求，将通勤人口折半计算，与常住人口之和作为预测公共设施总规模的人口基础，该人口基数为 74 万人。

对大港综合分区的公共设施的总体规模进行预测。由表经过分析可以得出，大港综合分区的公共设施预留用地规模为 0.15 km²，该指标应全部计入大港城区分区内，弹性系数为 0.02。

大港综合分区公共设施总用地规模预测

计算方法	计算指标	基数	公共设施用地规模 / km²	公共设施用地规模综合 / km²
按照用地比例计算	占中心城区规划用地比例 12.3%	60.91 km²	7.49	8.33
按照人口规模计算	人均用地 12.4 m²/ 人	74 万人	9.18	

注：大港综合分区的用地基数，仅考虑大港城区。

（四）津南东丽综合分区的公共设施预留用地

滨海新区大港综合分区公共设施规模数据汇总

所在综合分区名称	所在分区名称	规划名称	公共设施地规模 / ha
大港综合分区	大港城区	大港新城总体规划（2006—2020）	7.90
	滨海化工区（北区）分区	天津滨海化工区空间布局报告书（2006—2015）	0.28
	小计	—	8.18

津南东丽综合分区内，考虑到几个重要产业功能区（空港物流加工区、滨海高新区、开发区西区、现代冶金产业区）的发展需求，公共设施的作用，是以生产性服务为主，生活性服务为辅，各产业区的用地主要为产业用地，进行公共设施预留用地的规模预测应当主要以其服务的人口为基数进行计算。

按照"天津滨海新区城镇人口、用地指标分解表"，津南东丽综合分区常住人口 88.23 万人，通勤人口为 49.7 万人，为了满足通勤人口对公共设施的需求，将通勤人口折半计算，与常住人口之和作为预测公共设施总规模的人口基础，该人口基数为 113.08 万人。

对津南东丽综合分区的公共设施的总体规模进行预测，经过分析可以得出，津南东丽综合分区的公共设施预留用地规模为 1.01 km²。对津南东丽综合分区内的各控规分区的公共设施预留用地规模进行预测。

津南东丽综合分区公共设施总用地规模预测

计算方法	计算指标	基数	公共设施用地规模 / km²
按照人口规模计算	人均用地 11.2 m² / 人	113.08 万人	12.66

表 4.1.16 滨海新区津南东丽综合分区公共设施规模数据汇总

所在综合分区名称	所在分区名称	规划名称	公共设施地规模 / ha
津南东丽综合分区	滨海高新区	天津滨海高新技术产业区总体规划（2006 — 2020 年）	2.95
	现代冶金产业区	海河中下游现代冶金产业区总体规划（2006 — 2020 年）	0.74
	空港物流加工区	天津临空产业区（航空城）总体规划（2005 — 2020 年）	5.26
	开发区西区	天津经济技术开发区西区总体规划（2003 — 2020 年）	2.34
	小计	—	11.65

滨海新区津南东丽综合分区公共设施预留用地指标分解

综合分区	分区	常住人口 / 万人	用地规模 / km²	按常住人口比例计算 / km²	按用地比例计算 / km²	综合值 / km²	弹性系数
津南东丽综合分区	滨海高新区	15	22.81	0.30	0.18	0.24	0.08
	开发区西区	14.4	41	0.28	0.32	0.30	0.13
	现代冶金产业区	9	23.77	0.18	0.18	0.18	0.24
	空港物流加工区	12.83	43.63	0.25	0.34	0.29	0.05
	小计	51.23	131.21	1.01	1.01	1.01	0.09

滨海新区各分区的公共设施预留用地指标分解汇总表

综合分区	分区	公共设施预留用地指标分解／km²	弹性系数
塘沽综合分区	胡家园新区分区	0.38	0.16
	塘沽海洋高新区	0.19	0.09
	胡家园次中心区	0.79	0.21
	开发区分区	0.31	0.26
	中心商务商业区	0.94	0.35
	发展备用地分区	2.69	—
汉沽综合分区	汉沽城区分区	0.44	0.11
大港综合分区	大港城区分区	0.15	0.02
津南东丽综合分区	滨海高新区	0.24	0.08
	开发区西区	0.30	0.13
	现代冶金产业区	0.18	0.24
	空港物流加工区	0.29	0.05
合计	—	6.9	0.15

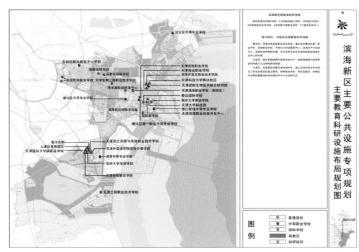

滨海新区主要教育科研设施布局规划图

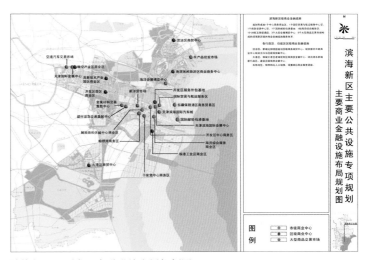

滨海新区主要商业金融设施布局规划图

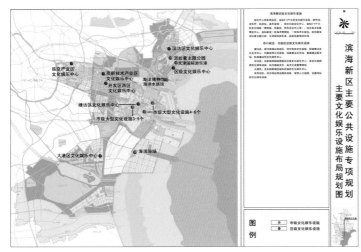

滨海新区主要文化娱乐设施布局规划图

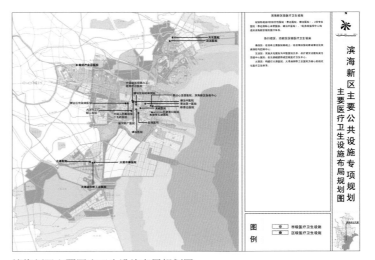

滨海新区主要医疗卫生设施布局规划图

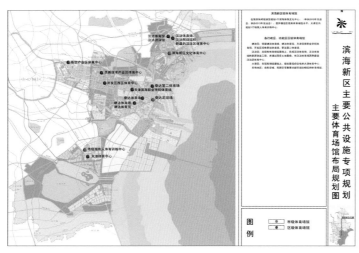

滨海新区主要体育场馆布局规划图

3、规划目标

滨海新区将依托京津冀，服务环渤海，辐射"三北"，面向东北亚，建成高水平的现代制造和研发转化基地，北方国际航运中心和国际物流中心，成为宜居的海滨新城。调整能源结构，发展热电联产，积极推进清洁能源和可再生能源利用，有计划、有步骤地逐步淘汰现有小型燃煤锅炉，减少环境污染，保护生态环境，实现可持续发展战略，建设现代化园林城市。

4、规划原则

（1）能源供应的安全原则

目前城市对能源供应的依赖性越来越强，能源供应的中断将给城市经济带来极大的损害，北美、欧洲的大面积停电和我国南方经济发达地区电力短缺都对城市经济和地区经济的发展造成很大伤害，因此，能源供应安全性就成为能源利用的首要问题。

（2）能源供应和能源开发利用的可持续发展原则

城市的生存与发展都离不开能源供应和利用，必须从可持续发展的角度来分析城市能源供应和利用，既要满足城市发展对能源需求总量的增长需要，又要兼顾能源利用对城市生态环境的影响，从能源的可供性和生态环境的承载能力综合分析，优化能源结构，保障社会可持续发展。

（3）能源节约的原则

为了实现城市可持续发展，必须树立能源节约意识，推广节能技术，提高能源利用效率，推动节能型社会的建设。

（4）因地制宜的原则

由于地区条件不同和城区发展的不均衡性，各地区能源利用模式也会不尽相同，应该充分依托地区优势，取长补短确定科学合理的能源结构，实现多元化的能源利用形式。

5、各专项规划方案

主要包括：电力系统规划、燃气系统规划、供热系统规划及原油、成品油输送系统。

三、市政综合管廊规划

规划的市政综合管廊基本沿城市主干道路、铁路及河道两侧分布，一侧控制为电力高压走廊通道（架空线）；另一侧控制为给水、燃气、油品等地下管道系统通道。

第五节　交通场站设施布局专项研究

一、滨海新区交通场站设施现状

滨海新区现有交通场站设施包括：公路长途客运枢纽、公交首末站、公共停车场以及加油加气站等，各交通场站设施基本情况和问题如下：

（一）公路长途客运枢纽

目前，滨海新区公路长途客运枢纽共有4处。

滨海新区公路长途客运枢纽一览表

序号	客运站	建站时间	占地面积／m²	日均发送旅客／万人
1	塘沽	1997年	11 900	3420
2	汉沽	1998年	9200	1400
3	大港	1997年	20 000	500
4	大港油田	1989年	20 000	3500

（二）公路货运枢纽

滨海新区现有公路货运枢纽包括邓善沽货运站、汉沽货运站、北塘货运站等货运站和北疆集装箱物流中心、南疆散货物流中心、开发区工业物流中心、保税区国际物流运作区、空港国际物流区等物流园区。各货运枢纽现有情况如下。

邓善沽货运站（天津市塘沽滨海物流中心）：位于滨海新区中心区的海河南岸，毗邻塘沽化工工业园区，距天津港南疆港区8 km，于2003年初建成投产。拥有场区面积48870 m²，仓储库房7584 m²，二层交易展厅一座，面积2531 m²，露天堆场、停车场等1.5万m²。经营业务正由单一的仓储向物流配送转变，经营产品主要有化工原料、食品药材、机械设备、石油化工、汽车等。

汉沽货运站：位于汉沽东外环，于2002年竣工并投入使用，占地1.9 ha。由于汉沽货运站临近化工产品集聚地和天津港，功能以泰达化工区的化工原料、产品运输组织以及服务唐山方向货物集疏港为主。2005年，该货运站成品货运量、货运周转量分别为50万t和6800万t/km，仓储吞吐量达到60万t。

北塘货运站（危险品物流中心）：位于汉沽区芦汉路，于2005年建成投产，总占地面积10万m²，库房面积3000 m²，停车场1.4万m²，堆场面积6000 m²，主要为汉沽化工基地提供物流服务。

北疆集装箱物流中心正在建设中，规划占地5.4 km²，其27万m²的示范区已正式开始运作。

南疆散货物流中心已完成6 km²土地平整、80万m²堆场并投入运营，并已与25家企业达成场地使用的合作意向。

开发区工业物流中心建场28万m²，并已铺设铁路专用线，将许多跨国公司和物流企业引入园区。

保税区国际物流运作区已建成汽车展厅和现代化立体仓库，区内建成了10万m²的示范区，形成了国际物流的集散分拨配送体系、展贸结合的市场交易体系、工贸一体的进出口加工体系。

空港国际物流区占地1.2 km²，现已正式投入运营，占地2.5万m²的海关监管库也已正式投入运行。

（三）公交首末站

现在滨海新区范围内共有各种公交首末站 19 处，其中汉沽区 3 处、大港区 2 处、塘沽区 8 处、开发区 5 处、保税区 1 处。

现有滨海新区公交首末站一览表

序号	区域	场站名称	占地面积 / m²	建筑面积 / m²	运营公司
1	汉沽区	汉沽火车站	1700	—	汉沽公司
2		汉沽车队	3600	—	汉沽公司
3		汉沽中心站	10 300	—	汉沽公司
4	大港区	大港火车站	4000	414.84	三公司
5		三号院	5000	—	二公司
6	塘沽区	塘沽 102 站	6946	514.23	塘沽公司
7		102 付站	4000	211.86	塘沽公司
8		大梁子渡口	1984	45.38	塘沽公司
9		水线渡口	160	106	塘沽公司
10		三块板	261	122	塘沽公司
11		110 站	2450	100.37	塘沽公司
12		新河庄	3469	261.62	塘沽公司
13		中心站	5411.5	298	塘沽公司
14	开发区	泰达洞庭路三大街	6000	—	泰达
15		泰达东海路	5000	—	泰达
16		泰达学院区	4000	—	泰达
17		天江公寓	6000	—	泰达
18		开发区一大街	3000	—	泰达
19	保税区	保税区	2000	—	泰达

（四）公共停车场

滨海新区目前公共停车场严重匮乏，特别是在重点旅游景区、商业区、大型医院和物业管理小区供需矛盾突出。

（五）加油站

滨海新区目前共有各种加油站 186 处，其中汉沽区 30 处、大港区 64 处、塘沽区 79 处、海河下游地区 13 处。

二、规划原则

（1）以推进滨海新区开发开放，建设"我国北方国际航运中心和国际物流中心，区域性综合交通枢纽和现代服务中心"发展目标为指导，充分发挥天津在环渤海区域乃至全国的服务、辐射和带动作用。

（2）坚持可持续发展，建设节约型社会。服从城市总体规划、土地利用总体规划，适应城市产业布局和产业结构调整的需要，从总体布局、节点选址、功能定位等方面进行科学、合理规划，提高资源利用效率，集约利用土地。

（3）坚持综合性交通运输的发展理念。充分利用天津各种交通运输方式齐全的优势，与港口、机场、铁路站点形成紧密的结合或衔接，从而提高综合运输效益。

（4）坚持"公交优先"原则，建设与滨海新区相适应的公共交通网络。

（5）完善区域内停车设施网络的规划建设，确保不同区域的停车泊位密度与泊位组成结构和人口、岗位、土地开发现状以及土地利用规模相适应。

三、滨海新区交通场站设施布局

（一）公路长途客运枢纽

基于枢纽服务分区，规划在滨海新区内共规划建设一主四辅共五个客运枢纽。

一个主枢纽。主要服务于滨海新区内的省际客运，相应分区范围内的城际客运和市域客运。

四个辅助枢纽。主要服务于相应分区范围内的城际客运和市域客运。

滨海新区客运枢纽一览表

级别	客运枢纽	功能
主枢纽	塘沽城际站	省际客运、城际客运、市域客运
辅助枢纽	胡家园	城际客运、市域客运
	军粮城	城际客运、市域客运
	汉沽城际站	城际客运、市域客运
	大港	城际客运、市域客运

1. 塘沽城际综合枢纽

功能：城际铁路、公路客运、轻轨、城市公交、出租车。

位置：与京津塘城际铁路塘沽城际枢纽结合布设。

规划占地面积：30 000 m²，包括如下功能：公路客运、城市公交、出租车。

2. 胡家园综合枢纽

功能：公路客运、城市公交、出租车。

位置：塘沽区胡家园立交桥附近。

规划占地面积：59 000 m²，包括如下功能：公路客运、城市公交、出租车。

3. 军粮城综合枢纽

功能：公路客运、轻轨、城市公交、出租车。

位置：与军粮城轻轨站结合布设。

规划占地面积：20 000 m²，包括如下功能：公路客运、城市公交、出租车。

4. 汉沽城际综合枢纽

功能：城际铁路、公路客运、轻轨、城市公交、出租车。

位置：与津唐城际铁路汉沽枢纽结合布设。

规划占地面积：20 000 m²，包括如下功能：公路客运、城市公交、出租车。

5. 大港综合枢纽

功能：公路客运、城市公交、出租车。

位置：世纪大道与津歧路交口。

规划占地面积：20 000 m²，包括如下功能：公路客运、城市公交、出租车。

（二）公路货运主枢纽

根据滨海新区空间结构及产业功能区分布，结合用地布局规划、城市对外交通网的分布以及现有物流园区（中心），从服务区域和产业发展角度规划布置公路货运主枢纽。

滨海新区公路货运主枢纽布局图

北疆集装箱物流中心、南疆散货物流中心、开发区工业物流中心、空港物流园区已经完工或正在建设中，本次规划将上述物流园区（中心）直接纳入主枢纽系统。

1. 北疆集装箱物流中心（建设中）

位置：北疆集装箱物流中心位于天津港五港池以西250 m至海滨大道、保税区以北至六港池之间。

功能定位：建设成为面向国际市场和内陆腹地的现代化集装箱物流服务区，主要承担集装箱集散、海陆中转联运、仓储、配送、信息服务、报关三检等功能。

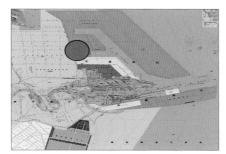

滨海新区北疆集装箱物流中心区位图

2. 南疆散货物流中心（建设中）

位置：塘沽区海晶集团盐场范围内，东临海滨大道快速路，北靠大沽排污河。

功能定位：建设成为面向内陆腹地和国际市场的散货物流服务区，具备散货海陆中转联运、仓储、加工增值、污染治理、交易、报关等主要功能。

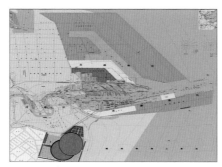

滨海新区南疆集装箱物流中心区位图

3. 空港物流加工区物流中心（建设中）

位置：空港物流加工区西端。

功能定位：为环渤海区域提供国际、国内航空物流服务，具备陆空中转联运、仓储、加工增值、配送等功能，并负责空港物流加工区、开发区西区、滨海高新技术产业区的物流配送。

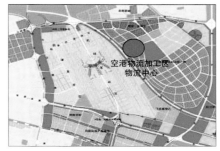

滨海新区空港物流加工区物流中心区位图

4. 开发区工业物流中心（已完成建设）

位置：经济技术开发区西北角。

功能定位：开发区内的第三方国际物流服务区，承担开发区货物的中转、联运和货运代理工作，并具备报关、联检等功能。

除上述4个现有物流中心外，规划还将新增四个物流园区（中心），包括以下内容。

滨海新区开发区工业物流中心区图

5. 汉沽物流园区

位置：汉沽区杨家泊镇附近。

功能定位：担负天津港东北方向的货物集港任务；承担汉沽化工区原料和产品、北疆电厂原料和燃料配送的货运组织工作；负责汉沽区农副产品的运输、仓储及其他物流增值服务，并能够为经过本区域的货物运输提供维修和保养服务。

滨海新区汉沽物流园区区位图

6. 北塘西物流园区

位置：结合北塘西编组站进行设置。

功能定位：担负为滨海新区－北京方向提供货运组织服务；向塘沽区高新技术产业区、滨海新区核心区的配送中心集散货物。

滨海新区北塘西物流园区区位图

7. 海河下游物流中心

位置：葛沽镇规划工业区内。

功能定位：主要承担海河下游地区的冶金工业区的原料和产品的货运组织工作。

滨海新区海河下游物流中心区位图

8. 大港物流园区

位置：大港区万家码头车站以南。

功能定位：主要承担大港石化基地、临港化工基地、大港油田和油田化工区的生产和销售的货运组织任务；向大港城区、大港油田的配送中心集散货物。

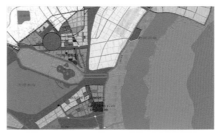

滨海新区大港物流中心区位图

（三）公交首末站

1. 核心区

（1）规模。

参考国家规范，控规中公交首末站布设按照每万规划人口安排 15 辆公交车，每辆公交车的使用面积按 100 m^2 计，即 1500 m^2／万人。同时公交首末站覆盖率应满足 R = 1000 m 的覆盖范围。

考虑到实际公交首末站的停车功能，建议每处公交首末站占地不小于 3000 m^2。

（2）位置。

公交首末站布设应靠近居住区，且临近低等级道路（次干路、支路），特别注意设置在次干路（及以上）与次干路（及以上）相交路口处时应保证距交叉口大于 60 m。

2. 产业区

（1）规模。

对于以工业用地为主的地区，公交首末站覆盖率要适当扩大，应满足 R = 2000 m 的覆盖范围。

考虑到实际公交首末站的停车功能，建议每处公交首末站占地不小于 3000 m^2。

（2）位置。

公交首末站布设应靠近居住区，且临近低等级道路（次干路、支路），特别注意设置在次干路（及以上）与次干路（及以上）相交路口处时应保证距交叉口大于 60m。

（四）公共停车场

1. 核心区

对原有停车设施严重不足的区域，应考虑设置公共停车场。公共停车设施布局应尽量小而分散，推荐泊位数在 50 ～ 200 个之间，服务半径以 400 ～ 600 m 为宜。公共停车场可以考虑和其他设施合建。

另外，从引导公共交通出行的角度出发，建议紧密结合枢纽点进行布局，在配合公交首末站、快速公交车站及轨道交通车站的基础上规划公共停车设施，主要供"停车－换乘"使用，引导换乘城市公共交通进入中心区，同时应配建足够数量的非机动车停放场地。

2. 产业区

严格按照《天津市建设项目配建停车场（库）标准》配建停车泊位。

同时，从引导公共交通出行的角度出发，建议紧密结合枢纽点进行布局，在配合公交首末站、快速公交车站及轨道交通车站的基础上规划公共停车设施，主要供"停车－换乘"使用，引导换乘城市公共交通进入中心区，同时应配建足够数量的非机动车停放场地。

（五）加油加气站

1. 规模

参考国家规范，控规中加油加气站的服务半径应满足 900 ～ 1200 m。

考虑到实际加油加气站的功能要求，建议每处加油站占地不小于 2500 m^2，每处加油加气站占地不小于 4500 m^2。

2. 位置

加油加气站布设应靠近交通方便地区，但应远离主干路路口，即可设置在低等级道路（次干路、支路）的相交路口、路段及主干路路段。

第二章 编制技术标准

2007 年初至 10 月底，在控规编制开始前，我们进行了近一年的前期准备，制定了统一的技术标准，主要包括：《滨海新区控制性详细规划编制要求》《城市规划区划分及编码规则》《居住用地编制技术要求》《产业用地编制技术要求》《"六线"控制要求》《现状调查技术要求》《停车设施配建标准》《用地分类和代码标准》《数据文件技术要求》等，它们在控规编制中起到了很好的作用。

第一节 《滨海新区控制性详细规划编制要求》

滨海新区被纳入国家宏观发展战略，成为中国经济增长的第三极，担负着带动区域经济振兴的重要职能。在这一经济快速发展的背景下，要实现城市规划对新区发展的超前引导和有效管理，必须迅速在滨海新区规划区内的所有用地上建立起城市土地使用须遵守的空间规则。

控制性详细规划（简称控规）是政府对城市建设实施调控和管理的最直接、最具体的手段。编制《滨海新区控制性详细规划编制要求》的目的在于：从宏观控制的角度，着重规定用于保证新区基本城市功能和健康发展的宏观内容；从规划管理的角度，提出规划管理人员进行具体项目审批的技术依据；从组织编制的角度，实现新区控规编制的标准化和规范化。形成面向规划管理的高质量的控制性详细规划系统，确保滨海新区总体规划的实施，以指导滨海新区开发建设。

本编制规程的制定，是依据国家城市规划行政主管部门颁布的《城市规划编制办法》和其《实施细则》，以及已经颁布施行的国家和地方相关标准完成的。

《滨海新区控制性详细规划编制要求》内容主要包括：控制性详细规划成果的构成；文本、图则和说明书的编制内容及深度规定；管理细则和管理图则的编制内容及深度规定等内容。

本要求的制定原则如下：

（1）与建设部现住建部《城市规划编制办法实施细则》（1995，6）相衔接，参照国内控规先进城市的现行相关规定和内容要求。

（2）与建设部现住建部《工程建设标准编写规定》（1996，12）相适应。

（3）以《天津市控制性详细规划编制规程（2004）》为依据。

（4）全面覆盖滨海新区 2270 km² 的城市规划区。

（5）强调公益性或非营利性配套公共／公用设施的用地保证。

（6）控规内容和深度对不同类型的规划编制单元有所侧重，以增强对不同城区和产业区的针对性。

（7）重视与本编制规定相关的各项管理法规和技术标准的协调一致。

（8）结合新区特点，在控规的成果形式、控制内容等方面尝试创新。

1. 总则

1.1 根据建设部加强控制性详细规划编制的要求，依据建设部城市规划编制办法及实施细则，为落实滨海新区纳入国家宏观发展战略的总体部署，结合滨海新区的发展和规划实际，制定《滨海新区控制性详细规划编制要求》。在滨海新区规划区内开展控制性详细规划应符合本规定要求。

1.2 滨海新区控制性详细规划应以满足规划管理需求为导向、突出宏观控制的强制性内容为要求，在全面整合已有各项规划成果的基础上，全面覆盖滨海新区规划区，为规划实施管理提供依据。

1.3 对于新开发地区或开发条件尚不成熟的地区，本次控规可参照《滨海新区控制性详细规划用地分类和代码》的标准将其划分至"大类"或"中类"。对按"大类"或"中类"划分的地块，应结合后继的土地整理和土地出让工作再进行具体深化和用地的细分。

1.4 本规定未包括的内容，应符合现行国家和地方有关法律、法规和其他规范性文件的规定。

2. 术语和编号

2.1 术语和编号通则

术语和编号是指制定和执行控制性详细规划必须共同遵守的通用技术规定。该文件由天津市城市规划行政主管部门统一编制，可作为滨海新区控制性详细规划的通用附加说明附在文本之后，以供查阅。

2.1.1 编号规则

为突出城市规划的公共政策属性，滨海新区控制性详细规划应实现规划区的全覆盖。为实现全覆盖并保证各片区规划的无缝衔接，根据滨海新区的城市空间布局结构，划定了规划编制单元，以此作为研究和开展滨海新区控制性详细规划的基本空间单位。

规划编制单元的边界可以根据实际情况进行调整，涉及的相邻规划编制单元边界应同时加以调整并备案。规划编制单元可以根据实际情况进一步划分为"规划编制次单元"，次单元应是规划编制单元的子单元。

规划编制单元的划分详见《滨海新区城市规划区划分及编码规则》。

2.1.2 控制指标名词解释及计算方法

本章解释的名词含义仅适用于指标体系中所涉及的名词。

（1）地块。

按《滨海新区控制性详细规划用地分类和代码》规定的城市用地分类标准划分的城市用地单元。

（2）用地面积。

指上述"地块"的净面积。

（3）用地性质。

某一地块按《城市用地分类与规划建设用地标准》划分的土地利用的类别。

（4）建筑面积。

控制指标表中的"建筑面积"是指"地块内总建筑面积"，即地块范围内所有建筑物地面以上各层建筑面积之总和。

公共配套设施的"建筑面积"是指公共配套设施自身的总建筑面积。

（5）容积率。

一定地块内，总建筑面积与用地面积的比值。容积率是衡量建筑用地使用强度的一项重要指标。容积率的值是无量纲的比值，通常以地块内建筑物的总建筑面积对地块面积的倍数表示。

计算公式表示如下：

容积率 = 地上总建筑面积 ÷ 用地面积

图则中所提容积率一般为上限值，即须小于或等于，特殊情况下可限定控制区间。

（6）行政办公及生活服务设施用地所占比例。

项目用地范围内行政办公、生活服务设施占用土地面积或分摊土地面积与项目总用地的比值。

计算公式表示如下：

行政办公及生活服务设施用地所占比例=（行政办公面积＋生活服务设施占用土地面积或分摊土地面积）÷项目总用地面积

（7）建筑密度（建筑覆盖率）。

一定地块内所有建筑物的基底总面积占用地面积的比例（%）。建筑密度是反映建筑用地经济性的主要指标之一。

计算公式表示如下：

建筑密度 = 建筑基底面积之总和 ÷ 建筑用地面积 ×100%

图则中所提建筑密度均为上限值，即须小于或等于。

（8）绿地率。

地块内各类绿地面积的总和与地块用地面积的比率（%）。

计算公式表示如下：

绿地率 = 绿地面积总和 ÷ 地块用地面积 ×100%

绿地面积的计算包括：公共绿地、宅旁绿地、公共服务设施所属绿地，但不包括屋顶、天台和垂直绿化。

图则中所提绿地率均为下限，即须大于或等于。

（9）绿化覆盖率。

地块内全部绿化种植物水平投影面积之和与地块用地面积的比率（%）。

计算公式表示如下：

绿化覆盖率 = 绿化种植物水平投影面积之和 ÷ 地块用地面积 ×100%

图则中所提出绿化覆盖率均为下限，即须大于或等于。

（10）居住户数。

地块内住宅中居住的总户数。住宅是指供家庭居住使用的建筑物。图则中所提居住户数为允许提供的最大居住户数，即须小于或等于。

（11）居住人口。

指在地块内的住宅和宿舍中居住的人口，不包括在旅馆等其他建筑中居住的人口。宿舍是指供学生或单身职工集体居住而不配置独立厨房的建筑物。

图则中所提居住人口数量为允许居住的最大人口数量，即须小于或等于。

（12）建筑退线。

地块内建筑物垂直投影外轮廓线必须后退于地块边界的距离限值。

图则中所提建筑退线均为最小距离限值，即须大于或等于。

（13）建筑限高。

地块内所有建筑物室外地坪起到其计算最高点不得超过的最大高度限值。

有关建筑物高度的计算方法遵照有关技术规定执行。

（14）公共开放空间。

指地块内能够全天开放供公众使用的空间。室内公共开放空间的面积可不计入地块建筑面积。公共开放空间的补偿办法参照另行的有关规定执行。

（15）配建停车位。

地块内必须建设的与建设项目配套的机动车停车位数。

图则所提配建停车位数量为下限，即须大于或等于。

（16）社会公共停车场（库）。

占据独立用地的、对社会开放的露天停车场地或停车库。

（17）转弯半径。

又称道路平曲线半径，指道路平面线形中路线转向处圆曲线的半径。

（18）转角半径。

在平面交叉口处为保证右转车辆能按一定速度顺利转弯，而将转角处缘石做成圆曲线的半径。

（19）道路红线 。

规划的城市道路（包括居住区内道路）路幅的边界线。规划的城市道路路幅的边界线反映了道路红线的宽度，它的组成包括：通行机动车、非机动车和行人交通所需的道路宽度；敷设地下、地上工程管线和城市公用设施所需增加的宽度；种植行道树所需的宽度。

任何建筑物、构筑物不得越过道路红线。

（20）禁止开口路段。

地块周边不准直接向城市道路开设机动车出入口的路段。

（21）其他名词的定义及有关技术指标的计算方法。

凡本章未列明的名词的定义及有关技术指标的计算方法应符合其他有关技术规定的要求。

2.2 配套设施通用图形符号

通用图形图例尺寸在 1：000 地形图上为 15 mm×15 mm，在其他比例尺图上按同比例缩放。

配套设施通用图形符号图例

序号	类别	符号	含义
1	教育	中	中学
2		小	小学
3		幼	幼儿园、托儿所
4	社会管理	★	街道办事处（街道或镇级）
5			居委会或社区管理机构（居住小区级）
6			社区服务中心（居住小区级）
7		法	民事法庭（区级、街道或镇级）
8		工	工商所（街道或镇级）
9		税	税务所（街道或镇级）
10			派出所（街道或镇级）
11			巡警队（区级、街道或镇级）
12			交通中队（区级、街道或镇级）

续表

序号	类别	符号	含义
13	医疗卫生		医院（市级、区级、街道或镇级）
14			门诊部（市级、区级、街道或镇级）
15			社区健康服务中心（居住小区级）
16	老龄服务		老年人服务及护理中心（区级）
17			敬老院（街道或镇级）
18			老年人活动站（居住小区级）
19	文化		综合文化活动中心
20			图书馆（街道或镇级）
21			文化活动站（居住小区级）
22			青少年活动中心（街道级、镇级或居住小区级）
23	体育健身		居民活动场地
24			健身房
25			游泳池
26			篮球场
27			排球场
28			网球场
29			羽毛球场
30	商业服务		银行营业所
31			音像书店
32			综合商业
33			集贸市场
34	交通		社会公共停车场（库）
35			人行天桥
36			人行地下通道
37			公交场站
38			地铁出入口
39			净空限制
40			加油站
41			汽车加气站

续表

序号	类别	符号	含义
42			消防站
43			给水泵站
44			雨水泵站
45			污水泵站
46			变电站
47			高压走廊
48			电缆终端站
49			微波站
50			微波通道
51	市政环卫		电话局
52			邮政局
53			锅炉房或供热站
54			燃气罐站
55			调压站
56			燃气抢修站
57			燃气服务站
58			垃圾转运站
59			公共厕所

注：有些设施需单独占地，有些设施可与建筑结合考虑。

3．控制性详细规划成果的构成

控制性详细规划成果分为两部分：第一部分包括：文本、图则和说明书；第二部分包括：管理细则和管理图则。

4．文本、图则和说明书的编制内容及深度规定

4.1 文本

4.1.1 总则

以条文的方式阐明适用范围、调整和变更的依据、审批及生效日期和解释权所属部门。

4.1.2 规划单元的功能定位和规划结构

以条文的方式阐明规划单元的功能定位和规划结构等内容。

4.1.3 土地使用

按照《滨海新区控制性详细规划用地分类和代码》中的"大类",以条文的形式阐明本规划单元内的各类土地的性质和规模。

新建区规划单元内须预留不少于3%的配套设施预留地,具体位置结合规划布局设置。

规划用地汇总表

序号	类别名称			面积／m²	占规划总用地比例／（%）
1	规划总用地				
2	其中	城市建设用地			
			居住用地		
			公共设施用地		
			工业用地		
			仓储用地		
			对外交通用地		
			道路广场用地		
			市政公用设施用地		
			绿地		
			特殊用地		
			预留地		
3	其中	水域和其他非城市建设用地			
			水域		
			耕地		
			园地		
			林地		
			牧草地		
			村镇建设用地		
			弃置地		
			露天矿用地		

4.1.4 配套设施

以条文的方式阐明本规划单元内各类配套设施（包括:城市公共设施、居住区公共服务设施、道路交通设施、市政公用设施四类）的控制要求。

以条文方式阐明规划单元内需保留与新建的各类市政公用设施的数量和规模。

以条文的方式阐明本规划单元内保留与新建的各类交通"场、站、点"设施的数量、位置及用地规模。交通"场、站、点"设施主要包括:公交首末站、公交停车场、公交保养场、长途客运站、公共停车场库、轨道车场及加油站等。

4.1.5 道路交通规划

明确本规划编制单元内的道路系统、铁路系统、轨道交通系统和交通"场、站、点"设施及航道通航的控制要求。

4.1.6 市政工程规划

给水工程规划需确定供水来源、水厂、供水设施的建设;排水工程规划需确定排水体制、排水出路、污水处理厂、雨污水泵站等设施的建设;电力工程规划需确定电源、35 kv及以上变电站及高压走廊控制的建设;电信工程规划需确定电信服务局所的建设;燃气工程规划需确定气源来源、燃气储配站等燃气设施的建设;供热工程规划需确定供热热源、供热热源点的建设。

4.1.7 绿地系统

以条文的方式阐明本规划编制单元内各类绿地的控制要求。（对生态控制区的有关规定写入本章）

4.1.8 城市设计导则

以条文的方式阐明本规划编制单元内需要重点控制的地段或地区和在下一步修建性详细规划中需要进行城市设施控制的地段或地区。

4.1.9 规划编制单元控制要求

以表格的方式阐明本规划编制单元内各街坊的主导属性、人口规模、绿地、配套设施等内容并进行规定（其中绿地及配套设施的数量和规模为强制性指标，位置为引导性指标）。

街坊的划分以主次干道为界，街坊的建议规模为20～60 ha。

规划编制单元控制内容一览表

街坊编号	主导属性	用地面积/hm²	人口规模/人	总建筑规模/万 m²	公共绿地		公共服务设施			市政公用设施			道路交通设施			备注
					数量	规模	设施名称	规模	数量	设施名称	规模	数量	设施名称	规模	数量	

4.2 图则

图则包括：规划图、市政工程规划图、道路交通规划图。

4.2.1 规划图。

除现有保留用地外，规划用地参照《滨海新区控制性详细规划用地分类和代码》的原则按"大类"或"中类"划出各类用地的性质及用地范围、绿地及道路网络。（将公共服务设施、市政公用设施及道路交通设施按配套设施通用图形符号图例落实到图中，必要时可分别绘制）

图中应包含规划编制单元的位置示意图（标明规划区的地理位置、与周边地区的关系及交通联系）。

4.2.2 道路交通规划图。

图上必须注明地块周围道路（包括交叉口）的边界控制范围。如有禁止机动车行驶的商业步行街，应注明其起始控制点位置。

4.2.3 市政工程规划图。

图上须注明区域性市政设施站点用地和大型市政通道地下及地上空间控制的宽度或高度。具体包括：

市政设施用地：水厂、污水处理厂、供水泵站（包括调节水池、高位水池和加压泵站）、燃气高中压调压站、抢修站、服务站；污泥处置厂、污水泵站和雨水泵站；35 kv及以上变电站；电话局、邮政局；供热热源点等单独用地设施；独立占地的环卫设施。

大型市政通道：高压走廊、微波通道、需在道路红线外布置的大型管线走廊、区域性主干管应通过本区所要求的地面控制宽度。

其他特殊设施控制要求（河道蓝线控制、铁路及轨道交通黑线控制）。

4.3 说明书

4.3.1 前言

阐明编制规划的背景及主要过程，包括本控制性详细规划的委托、编制、公开展示、修改和审批过程等。

4.3.2 现实情况与分析

通过调查了解上层次规划对本规划单元的规划要求及其现状基础资料，分析研究现实存在的主要问题及影响未来发展的主要因素并做出评价。编制规划说明书须收集以下基础资料：

（1）总体规划、分区规划及各类专项规划对本规划单元的规划要求，相邻地区已批准或拟定的规划资料。

（2）自然条件及分析。

（3）土地利用现状：包括用地分类（按《滨海新区控制性详细规划用地分类和代码》的要求分至中类或小类）和开发方式等。

（4）用地地籍：阐明已划拨或出让用地的用地单位及用地红线和性质等使用权情况。

（5）人口分布现状。

（6）建筑物状况：包括建筑用途、面积、层数、建筑质量及已批未建建筑等。

（7）公共配套设施的类型、规模和分布。

（8）道路的红线、坐标、断面，交通设施的分布与面积等。

（9）市政公用设施及管网布局状况。

（10）所在地区的历史文化传统、建筑特色及环境特征等资料。

（11）所在地居民及用地单位对现状的综合意见及规划意愿。

（12）相关主管部门的规划意向。

（13）在用地现状图和规划图中加入地籍图所界定的各用地单位界限，并在说明书中对地块界限的调整进行进一步说明，以增强规划实施的可操作性。

4.3.3　规划依据、原则与目标

阐明规划编制的主要依据以及必须遵循的指导原则，明确规划中所要解决的问题，对本规划单元发展前景做出预测和分析，提出发展目标。

4.3.4　功能定位与规模

通过全方位的分析归纳，明确本规划单元在地区环境中的功能与发展方向，确定规划期内控制的人口规模与建设用地规模。

4.3.5　规划布局

确定本规划单元内的用地结构与功能布局，明确各类用地的分布及规模。

4.3.6　用地控制

确定本规划编制单元内的有关开发强度控制、高度控制、建筑退线及地块划分等控制要求。

4.3.7　绿地系统规划

详细说明本规划编制单元内各类绿地的位置和规模等内容。（对生态控制区的有关规定写入本章）

4.3.8　建筑面积规模预测

根据规划控制指标所规定的容量要求，推算出规划范围内地块容许建筑的最大限值，再加以归类统计，将其作为建筑的建设规模限量。附表如下。

建筑面积规模一览表

建筑类型	单位	建筑面积	备注
住宅建筑	m²		
公共服务设施建筑	m²		
工业建筑	m²		
仓储建筑	m²		
其他建筑	m²		
合计	m²		

4.3.9　配套设施

确定各类城市公共设施、居住区公共服务设施、市政公用设施及道路交通设施的项目种类、数量、分布与规模。

4.3.10 城市设计要求

落实、深化上层次规划城市设计的要求，研究本地区的环境特征、景观特色及空间关系。并提出城市空间景观设计的控制原则和措施。

（1）本规划区及周边绿化系统及开敞空间系统的城市设计。

（2）本规划区及周边高层建筑分布系统的城市设计。

（3）本规划区及周边旅游观光系统的城市设计。

（4）重点地区城市设计应提出建筑色彩、风格以及夜景灯光、广告或标志设置等要求。

4.3.11 道路交通规划

现状及存在问题的分析；规划依据；规划道路的等级、功能、红线位置、断面、重要交叉口形式；规划铁路（包括普通铁路、城际铁路、高速铁路）的等级、功能及用地控制要求；规划客运轨道线路和站、场位置；交通"场、站、点"设施的位置与用地规模。

4.3.12 市政工程规划

（1）现实情况及主要问题。

（2）规划依据。

（3）用水标准选定、用水量预测、加压泵站、水厂及其他主要给水设施和构筑物用地规模和定位。

（4）排水体制、暴雨强度公式、排污标准、污水量预测、雨水泵站污水泵站或污水处理厂的规模及用地。

（5）用电标准、地块负荷计算、电源、35 kV 及以上变电站用地范围与规模、高压走廊控制宽度。

（6）电信预测标准与规模、邮政服务，确定电话局、模块局、邮政支局（所）和其他通信设施容量和用地规模。

（7）燃气用气标准及气量、供气方式，区域性燃气抢修站、高中压调压站，煤气服务站等站点容量和用地规模。

（8）热负荷标准、供热方式，供热热源布置原则、热源点服务范围。

4.3.13 其他附表

包括"现状用地汇总表""规划用地汇总表""配套设施规划一览表"等。

5. 管理细则的编制内容及深度规定

5.1 管理细则

5.1.1 概述

以条文的方式阐明管理细则应包含的内容以及本规划编制单元的强制性指标、引导性指标及管理细则的适用范围、生效日期和解释权所属部门。

5.1.2 土地使用

以条文的方式阐明土地使用性质的调整和地块合并与细分的相关规定。

5.1.3 土地开发强度

以"地块控制指标一览表"的方式阐明对各类不同性质地块的土地利用性质的具体控制要求。

地块控制指标一览表

街坊号	地块编号	用地性质代码	用地性质	用地面积／m²	容积率	建筑密度／（%）	建筑限高／m²	绿地率／（%）	配套设施项目		备注是否保留现状
									设施名称	建设规模方式	

注：非重点地区不需填写建筑限高。

5.1.4 配套设施

以条文的形式阐明本规划单元内配套设施的内容及其数量、规模和位置。配套设施的数量和规模原则上不可调整，确需调整的，须以条文的形式阐明调整的依据、内容，并明确相应的审批程序。

5.1.5 道路交通规划

以条文的方式阐明本规划单元内道路、铁路、轨道调整原则和审批程序及交通"场、站、点"设施的调整原则。

5.1.6 市政工程规划

以条文的方式阐明本规划单元内长输管线、高压走廊、微波通道等市政廊道的调整原则和审批程序。

5.1.7 城市设计指引

参照《滨海新区控制性详细规划重点地区城市设计导则》的有关要求，针对重点地区提出确保主要公共空间环境质量尤其是绿化和视觉景观控制的原则和要求。

5.1.8 名词解释

5.2 管理图则

5.2.1 现状图

参照《滨海新区控制性详细规划用地分类和代码》画出现有各类用地范围、用地性质、道路网络、公共配套设施、道路交通设施、市政公用设施等，必要时可分别绘制。

主要用地单位情况一览表

序号	单位名称	用地性质代码	用地面积／m²	建筑面积／m²

5.2.2 规划图

按照规划确定的用地性质，按本次规划用地分类标准的小类或中类画出规划各类用地的边界，在统一格式的地块信息栏内标注地块编号及用途代码。图面必须包括现状测绘地形图，并应结合现状根据各用地单位尤其已出让地块的土地权属界限划分地块（规划图只反映批准规划的用地性质，不表示已批准规划的用地界限）。

沿道路、河流、铁路两侧的绿化带，按照管理部门有关规定，落实在规划期内可实现的绿带地块（面积计入绿地）和控制绿线（规划期实现可能性小，绿带用斜线填充，面积不计入绿地）。

图内附"地块控制指标一览表"

5.2.3 道路交通规划图

标明各级道路的名称、平面、断面等重要技术参数；主要交叉口形式、禁止开口路段；铁路和客运轨道线路和站、场的控制用地；道路交通设施如公交首末站、社会停车场、加油站、货运场站等位置与用地界限或面积要求。

5.2.4 市政工程规划图

按照城市规划对市政工程管理的需要，进行市政工程设施布置规划。

（1）给水工程规划确定供水来源；确定水厂、供水加压泵站的规模、用地位置。

（2）排水工程规划确定雨水泵站的能力和用地规模、平面位置；确定污水处理厂、污水泵站的能力和用地规模、平面位置；确定污泥处置场的用地规模、平面位置；确定排水河道的边线。

（3）电力工程规划确定电源；确定35 kv及以上变电站位置、容量和用地面积规模；高压走廊平面位置和控制宽度、电压等级、线路走向。

（4）电信工程规划确定电信服务局所；确定电话局、邮政支局（所）平面位置用地大小和容量规模。

（5）燃气工程规划确定气源来源；确定燃气储配站、服务站、抢修站、高高压调压站、高中压调压站等燃气场站平面位置、用地大小、容量规模。

（6）供热工程规划确定供热热源；确定供热热源点的位置、规模和用地范围。

第二节　《滨海新区控制性详细规划城市规划区划分及编码规则》

为实现控制性详细规划（简称控规）在滨海新区城市规划区内的全覆盖，须合理划分规划编制单元，将其作为组织控制性详细规划编制的基础。

本规定确定了"综合分区—分区—行政区—规划编制单元—街坊—地块"六级体系的城市规划地域划分，通过合理的编码，确保每一地块的唯一性，为建立规划成果信息系统打好基础。

上述六级体系中，规划编制单元是编制控制性详细规划的基本单元。在城市规划区范围内，城市建设用地和非建设用地之间的规划基础不一，一般来说，城市建设用地内的城区、产业区等已编制过总体规划，可以根据规划结构比较容易地划分出规划编制单元。为实现滨海新区城市规划区的控制性详细规划全覆盖，本规定原则上划定了城市建设用地的规划编制单元；城市非建设用地及村庄和集镇建设用地的规划编制单元原则上暂不划定，而仅划分至"分区"。伴随着控规工作的逐步深化，可以根据编码规则，逐个确定规划编制单元。

1. 总则

1.1 地域划分

根据滨海新区总体规划确定的城市布局结构，确定"综合分区—分区—行政区—规划编制单元—街坊—地块"六级地域划分体系。

其中，规划编制单元是编制控制性详细规划的基本单位。编制控制性详细规划时，也可根据需要合并若干个规划编制单元一同进行编制，也可将规划编制单元进一步细分为次单元进行编制组织。

1.2 地域边界及调整

地域边界划分应根据城市规划确定的城市结构、用地性质、地理特征以及行政界线确定。

各级地域边界可以根据规划编制时的实际做出调整。边界调整时，相邻地域边界也应做相应调整，以确保无缝衔接。

1.3 地域划分的原则

1.3.1 "综合分区—分区—行政区—规划编制单元"四级由天津市规划局滨海新区分局划分，确定编码；"街坊—地块"两级由规划设计单位划定、确定编码。

1.3.2 在总体规划确定的城区、产业区范围内，可根据城市规划结构先行确定规划编制单元；在总体规划确定的城市非建设用地及村庄和集镇建设用地的规划编制单元内可以视社会经济发展背景另行确定。

2. 综合分区

2.1 综合分区划分

根据新区总体规划结构，滨海新区城市规划区内共划分为5个综合分区。即：汉沽综合分区、塘沽综合分区、大港综合分区、津南东丽综合分区、天津港综合分区。（按照由北至南、由东至西的次序）。

2.2 综合分区的边界

综合分区划分主要以产业功能区的界线、地理特征和区行政边界相结合的方式来确定。

3. 分区

3.1 分区的划分原则

在新区总体规划确定的城市规划建设用地范围内，分区的边界由城区及产业区的地界以及其他条件确定。

非建设用地及村庄和镇区用地结合乡镇界线及自然特征确定。

按照上述原则，在滨海新区 5 个综合分区的基础上进一步划分为 38 个分区。

3.2 汉沽综合分区

汉沽综合分区划为 7 个分区，即：

杨家泊农业养殖分区；

汉沽盐场发展分区；

汉沽城区分区；

化工区分区；

茶淀葡萄种植分区；

海滨休闲旅游区陆域分区；

海滨休闲旅游区海域分区。

3.3 塘沽综合分区

塘沽综合分区划分为 11 个分区，即：

永定新河湿地生态分区；

胡家园新区分区；

塘沽海洋高新区分区；

北塘新区分区；

开发区分区；

中心商务商业区分区；

胡家园次中心区分区；

散货物流区分区；

官港水库休闲区分区；

发展备用地分区；

塘沽盐场发展区分区。

3.4 大港综合分区

大港综合分区划分为 6 个分区，即：

大港城区分区；

滨海化工（北区）分区；

大港水库生态区分区；

滨海化工（南区）分区；

大港油田及化工区分区；

太平镇农业种植区。

3.5 天津港综合分区

天津港综合分区分为 5 个分区，即：

东疆港分区；

北疆港分区；

南疆港分区；

临港工业分区；

临港产业分区。

3.6 津南东丽综合分区

津南东丽综合分区分为 9 个分区，即：

东丽湖休闲度假区分区；

滨海高新区分区；

开发区西区分区；

现代冶金产业区分区；

葛沽镇分区；

军粮城镇分区；

民航学院分区；

机场分区；

空港物流加工区分区。

4. 行政区

4.1 行政区确定的原则

依据天津市统计局关于行政区代码的规定来确定。

4.2 行政区划分及代码

滨海新区规划区内共包含5个行政区，各行政区代码如下：

塘沽区—07；

汉沽区—08；

大港区—09；

东丽区—10；

津南区—12。

4.3 海域部分代码

天津市统计局关于行政区代码的规定未包含海域部分，为满足本次控规的编制要求，海域部分的代码暂定为19。

5. 规划编制单元

5.1 规划编制单元确定的原则

在滨海新区规划区建设用地范围内，依据各城区及产业区总规的规划结构确定规划编制单元，一般面积在 $2 \sim 10 \text{ km}^2$ 之间。

滨海新区规划区非建设用地及村庄和镇区用地内的规划编制单元本规定暂不明确。

5.2 依据上述原则，本规划共划定了约300个规划编制单元（具体数量待最终控规汇总确定）。已确定的规划编制单元详见附表和附图。本规划对涉及非建设用地及村庄和镇区用地的分区未划定规划编制单元。未及划定规划编制单元的地区在今后开展控制性详细规划编制前，将由天

津市规划局滨海分局在规划编制技术要求中明确其单元边界及编码。

5.3 规划编制单元使用规则

一般情况下，规划编制单元是开展控制性详细规划的基本单位。

开展控制性详细规划编制时，可根据具体情况将一个规划编制单元进行拆分或将若干规划编制单元进行合并，其编号仍从属其原有规划编制单元进行。

6. 街坊

6.1 街坊的含义

街坊是为了落实重要强制性内容、兼顾规划实施管理的可操作性、方便规划管理查阅而划分的结构单元。应以图则单元为载体，进一步通过划分地块来全面表述规划确定的各类强制性及指导性指标。

6.2 街坊划分时需考虑因素

（1）城区、产业区界限范围；

（2）明显的四至及围合界线（如主次干道、重要河流、铁路等）；

（3）土地使用性质的同一性和内在功能的关联性；

（4）合理的公共设施服务半径；

（5）适度的用地规模。

7. 地块

7.1 地块的含义

地块是规划用地强度赋值的基本单位。

7.2 地块划分时需考虑因素

（1）保持用地性质的完整性和协调性；

（2）尊重现有土地权属；

（3）便于土地出让。

8．编码规定

8.1 编码及命名权限

规划编制单元及以上的编码由天津市规划局滨海分局统一赋予。

街坊及地块的编码由规划设计单位赋予。

规划编制单元的命名由设计单位赋予，以最终汇总结果为主。

8.2 编码体系

由六级 11 位码构成。

（1）综合分区码：2 位代码，由汉语拼音字头大写字母作为代码。

（2）分区码：1 位代码， 由小写英文字母作为代码。

（3）行政区代码：2 位代码，详见本规定中的 4.2 和 4.3 章节。

（4）规划编制单元码：2 位代码，XX 作为规划编制单元代码（X 为 1～9 的阿拉伯数字）

（5）街坊码：2 位代码，01～99 作为代码。

（6）地块码：2 位代码，01～99 作为代码。

8.3 编码规则

规划编制单元及以上的编码由天津市规划局滨海分局统一按自北向南，由西向东编排。

街坊及地块编码，由规划设计单位按自北向南，由西向东编排。

现控规单元编码一览表

综合分区	分区		
汉沽综合分区 HG	杨家泊农业养殖分区（a）	08	HGa08－
	汉沽盐场发展分区（b）	08	HGb08－
	汉沽城区分（c）	08	HGc08－
	化工区分区（d）	08	HGd08－
	茶淀葡萄种植区（e）	08	HGe08－
	海滨休闲旅游区陆域分区（f）	07	HGf07－
		08	HGf08－
	海滨休闲旅游区海域分区(g)	19	HGg19－
塘沽综合分区 TG	永定新河湿地生态分区（a）	07	TGa07－
	胡家园新区分区（b）	07	TGb07－
	塘沽海洋高新区分区（c）	07	TGc07－
	北塘新区分区（d）	07	TGd07－
	开发区分区（e）	07	TGe07－
	中心商业商务区分区（f）	07	TGf07－
	胡家园次中心区分区(g)	07	TGg07－
	散货物流区分区(h)	07	TGh07－
	发展备用地分区(i)	07	TGi07－
	塘沽盐场发展分区（g）	07	TGg07－
大港综合分区 DG	大港城区分（a）	09	DGa09－
	滨海化工（北区）分区（b）	09	DGb09－
	大港水库生态分区（c）	09	DGc09－
	滨海化工（南区）分区（d）	09	DGd09－
	大港油田及化工区分区（e）	09	DGe09－
	太平镇农业种植区（f）	09	DGf09－
	官港水港休闲区分区（g）	09	TGg09－
		12	TGg12－
天津港综合分区 GK	东疆港分区（a）	19	GKa19－
	北疆港分区（b）	19	GKb19－
	南疆港分区（c）	19	GKc19－
	临港工业分区（d）	19	GKd19－
	临港产业分区（e）	19	GKe19－
津南东丽综合分区 JD	东丽湖休闲度假区分区（a）	10	JDa10－
	滨海高新区分区（b）	10	JDb10－
		07	JDb07－
	开发区西区分区（c）	07	JDc07－
		10	JDc10－
	现代冶金工业区分区（d）	07	JDd07－
		10	JDd10－
	葛沽镇分区（e）	12	JDe12－
	军粮城镇分区(f)	12	JDf12－
	机场分区(g)	10	JDg10－
	民航学院分区(h)	10	JDh10－
	空港物流加工区分区(i)	10	JDi10－

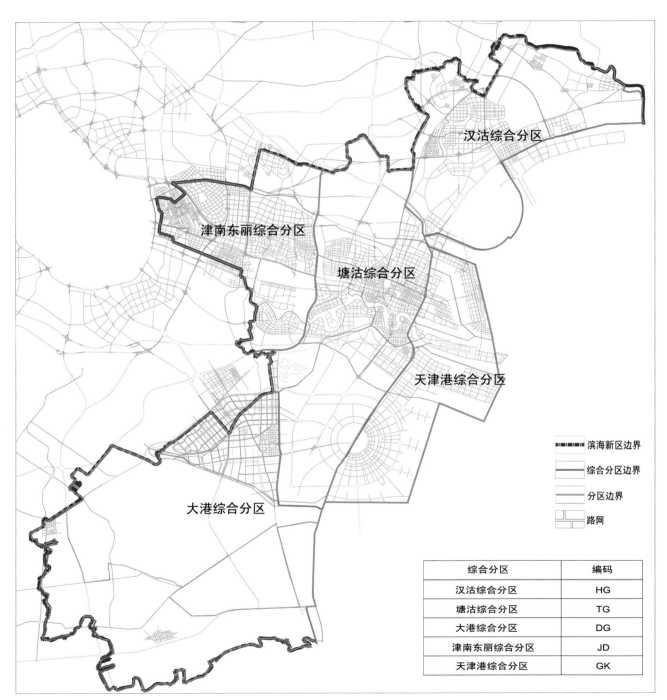

汉沽综合分区

津南东丽综合分区

塘沽综合分区

天津港综合分区

大港综合分区

|▬▬▬▬ 滨海新区边界
|▬▬▬▬ 综合分区边界
|▬▬▬▬ 分区边界
| 路网

综合分区	编码
汉沽综合分区	HG
塘沽综合分区	TG
大港综合分区	DG
津南东丽综合分区	JD
天津港综合分区	GK

综合分区及分区位置示意图

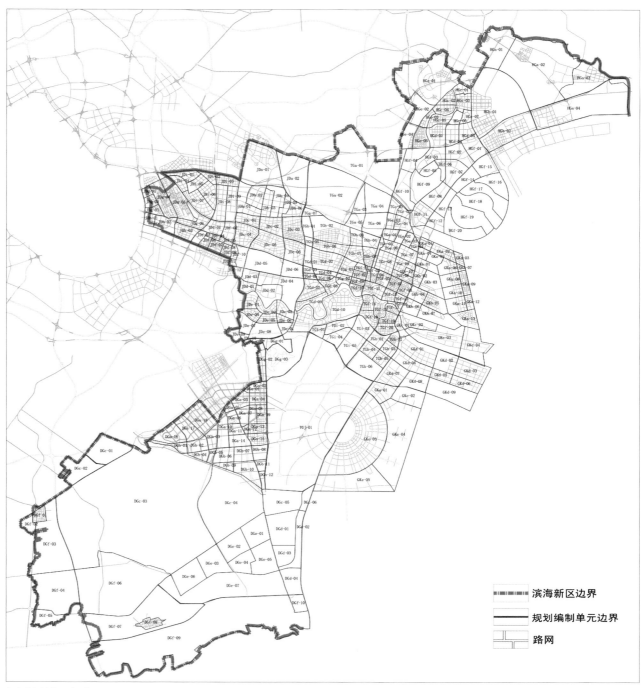

规划编制单元划分示意图

第三节 《滨海新区控制性详细规划居住用地编制技术要求》

1. 总则

1.1 本技术标准适用于滨海新区控制性详细规划中居住用地。

1.2 居住用地内控制要素的确定应参照《滨海新区控制性详细规划编制规定》执行，居住用地控制要素的具体数值和规范格式，应参照本技术要求执行。

2. 编制技术要求

2.1 一定城区或功能区范围内的居住用地容纳的人口总数（计算方法按照人均建筑面积 30 m² 进行计算）不应超过该城区或功能区的总人口指标，人均居住用地不应小于 22 m²。

2.2 居住用地地块的划分以 5 ~ 50 ha 为宜，旧区或位于城区核心地区的居住地块宜采用下限，位于城区边缘的地块宜采用上限。

2.3 位于滨海新区总体规划居住用地布局规划中确定的 19 个居住区内的居住用地模式选择应符合下表规定，其范围内的居住用地控制指标要素应符合右栏表的规定：

各个居住区的居住模式选择

序号	居住区名称	所处城区或功能区	居住模式选择
1	汉沽河西居住区	汉沽城区	多层中密度
2	汉沽河东居住区	汉沽城区	多层中密度
3	东丽湖居住区	滨海高新技术产业园区（靠近）	底层低密度
4	航空城居住区	临空产业区	底层低密度
5	开发区西居住区	先进制造业产业区	底层低密度
6	北塘居住区	塘沽城区	高层高密度

续表

序号	居住区名称	所处城区或功能区	居住模式选择
7	海滨旅游度假居住区	滨海休闲旅游区	底层低密度
8	军粮城居住区	临空产业区（靠近）	底层低密度
9	塘西居住区	塘沽城区	多层中密度
10	无暇居住区	先进制造业产业区	底层低密度
11	塘沽老城区居住区	滨海中心商务商业区	超高层超高密度
12	胡家园新区居住区	塘沽城区	多层中密度
13	葛沽居住区	先进制造业产业区（靠近）	多层中密度
14	西沽居住区	滨海中心商务商业区（靠近）	高层高密度
15	东沽居住区	滨海中心商务商业区	超高层超高密度
16	中塘居住区	大港城区	多层中密度
17	大港港东居住区	大港城区	多层中密度
18	大港老城区居住区	大港城区	多层中密度
19	油田组团居住区	滨海化工区	多层中密度

注：在空港、海港等地区由于对建筑的高度、体量等有特殊要求，因此无法满足本标准的，以符合当地特殊要求为准

各类居住模式控制指标一览表

居住模式	建筑高度 / m	容积率	建筑密度 /%	绿地率 /%
超高层超高密度	≥ 45	≥ 2.0	≤ 20	≥ 35
高层高密度	30 ~ 45	1.2 ~ 2.0	≤ 22	≥ 35
多层中密度	12 ~ 30	0.6 ~ 1.2	≤ 27	≥ 40
底层低密度	≤ 12	≤ 0.6	≤ 35	≥ 45

2.4 鼓励 TOD 发展模式，在交通条件较好的地区（地铁和轻轨站的影响范围内），可以按照下表的标准，提高容积率标准：

TOD 容积率奖励办法

单独站		换乘站	
影响范围	容积率上调最大幅度	影响范围	容积率上调最大幅度
500 m	50%	500 m	100%
1000 m	20%	1000 m	50%

2.5 居住用地控制要素中的"绿地率"一项，在滨海新区核心区（包括塘沽城区、天津经济技术开发区、天津港和天津港保税区）范围内，该值一般不应小于35%，在其他范围内一般不应小于40%。

2.6 居住用地中公建配套项目中如现在已有或已有明确规划用地范围的，应在图中明确用地范围和用地属性。如果属于本次规划中新增的项目并无法明确其用地范围的，应以图戳的形式在图纸上标明，并在地块控制指标一览表中"配套设施项目名称及规模"按照2.8条的要求进行说明。

2.7 对于用地范围内具有以图戳形式表示公建配套项目的居住用地，其控制要素中的"公建配套指标及规模"一项，必须包含以下3个方面：①配套项目的名称；②用地及建筑规模；③建设要求（说明是否需要独立占地）。

配套设施项目名称及规模的要求

项目名称	用地规模	容积率	建设要求
菜市场 1 处	用地规模 2000 m²	建筑规模 1500 m²	独立设置
托幼 1 处	用地规模 4000 m²	建筑规模 1200S	独立设置

2.8 有关配套设施的配置标准应符合现行的《天津市新建居住区公共服务设施定额指标》有关要求。

附 件 居住模式选择

1. 居住模式的分类

居住用地的指标确定，应在统筹考虑该城区或功能区内的居住模式的前提下进行。考虑到我国现状，并且在未来很长一段时间内居住区的建设都是依靠市场化成片开发的推动，其产物必然是封闭的居住型社区（包括居住组团、居住小区和居住区），因此，根据以往的经验和天津市中心城区实际开发的案例，以这种封闭的居住型社区为基础的居住模式，主要可以分为以下几类：

居住模式的分类

居住模式	最高层数	容积率	绿地率/（%）	特点
超高层超高密度	≥15	≥3.5	35	主要位于城市的中心区，或者快速轨道交通结点，紧靠市级城市商业、商务核心地带，周围教育、医疗、休闲等配套设施完善。以步行和公共交通为主要通勤方式。空间组织上主要服从高度聚集的城市功能，布局非常紧凑，往往成为地区的地标之一，缺乏足够的公共活动空间
高层高密度	≤15	≤2.0	35	主要位于城市核心与边缘的中间地区，具有较便捷的交通连接，紧靠区级商业、教育、医疗、休闲等配套设施。通勤方式多样，公交、小汽车、步行都可以实现。空间组织上仍然主要服从高密的要求，形式比较单一呆板，布局较紧凑，较缺乏足够的公共活动空间
多层中密度	≤7	≤1.2	40	主要位于城市边缘区，城乡接合部地区，距城市服务功能区域有一定的距离，需主要依靠小汽车作为通勤手段。居住区内公共活动空间充裕，布局形式多样，宜创造出适宜相互交流的公共空间

续表

居住模式	最高层数	容积率	绿地率/（%）	特点
底层低密度	≤4	≤0.6	45	主要位于城市新开发的地区，往往被农村所包围，有时靠近自然风景区，距离城市功能区域非常远，必须要依靠小汽车作为通勤手段。居住区内具有大量的私人户外活动空间，布局自由，生态环境优美

2. 各类居住模式的控制要素

居住模式的选择与一个地区的发展阶段、区位条件、交通条件等因素都有密不可分的关系，同时会对一个城市或城区的整体城市空间形态产生巨大的影响。因此在控制性详细规划中，对于居住用地，应考虑到居住模式的选择。因此，应增加对于居住用地中高度的严格控制，各类居住模式相对应的居住用地控制要素如下：

居住模式选择

居住模式	建筑高度/m	容积率	建筑密度/（%）	绿地率/（%）
超高层超高密度	≥45	≥2.0	≤20	≥35
高层高密度	30~45	1.2~2.0	≤22	≥35
多层中密度	12~30	0.6~1.2	≤27	≥40
底层低密度	≤12	≤0.6	≤35	≥45

3. 滨海新区居住模式的分布分析

滨海新区东侧临海、南北狭长、地势平坦。滨海新区的总体规划中规划了19个居住区的布局，分别位于3个生态城区和7个产业功能区内。不同的城区和产业功能区由于定位不同，区位条件不同，为其所配套的居住区的居住模式也不应相同。

根据实际经验表明，在城市化功能高度积聚的地区，由于地价的因素，往往形成超高层超高密度或者高层高密度式的开发；在城市核心区的边缘新拓展地区，或者高收入产业集聚的地区，由于地价相对较低，往往形成人口密度较低，居住环境尺度较宜人的居住环境。

因此，在滨海新区内各个城区和功能组团的居住模式应该是相互变化的，根据滨海新区所处的特殊沿海狭长地理位置，以及城区沿海南北向的布局、功能区交通干线东西向的布局特点，考虑滨海新区内的居住模式应形成 T 型结构。也就是塘沽城区和滨海新区中心商务商业区范围内的居住模式应该是整个滨海新区内层数最高密度最大的，汉沽和大港在南北两翼的两个城区层数和密度比较高，在沿高新技术发展轴的主要功能组团内，则可以更多采用较低的层数和密度的居住模式。

这样，一方面居住模式与其向服务的城市和产业功能相适应，同时力图与滨海新区整体的城市设计相符合，形成 T 字形结构中，交叉点高度最高、密度最大，然后向南北两侧和西侧依次递减的富有韵律的"天际线"模式。

4. 滨海新区各个居住区居住用地的居住模式选择

滨海新区总体规划居住用地布局规划中确定的 19 个居住区，由于各区区位不同，基于上述的滨海新区居住用地模式分布研究，各个居住区内的居住用地模式选择应符合下表规定，其范围内的居住用地控制指标要素应符合第二部分中表内的规定。

居住模式选择

序号	居住区名称	所处城区或功能区	居住模式选择
1	汉沽河西居住区	汉沽城区	多层中密度
2	汉沽河东居住区	汉沽城区	多层中密度
3	东丽湖居住区	滨海高新技术产业园区（靠近）	底层低密度
4	航空城居住区	临空产业区	底层低密度
5	开发区西居住区	先进制造业产业区	底层低密度
6	北塘居住区	塘沽城区	高层高密度
7	海滨旅游度假居住区	滨海休闲旅游区	底层低密度
8	军粮城居住区	临空产业区（靠近）	底层低密度
9	塘西居住区	塘沽城区	多层中密度
10	无暇居住区	先进制造业产业区	底层低密度
11	塘沽老城区居住区	滨海中心商务商业区	超高层超高密度
12	胡家园新区居住区	塘沽城区	多层中密度
13	葛沽居住区	先进制造业产业区（靠近）	多层中密度
14	西沽居住区	滨海中心商务商业区（靠近）	高层高密度
15	东沽居住区	滨海中心商务商业区	超高层超高密度
16	中塘居住区	大港城区	多层中密度
17	大港港东居住区	大港城区	多层中密度
18	大港老城居住区	大港城区	多层中密度
19	油田组团居住区	滨海化工区	多层中密度

第四节　《滨海新区控制性详细规划产业用地编制技术要求》

1. 适用范围

本编制办法适用于滨海新区产业区类型园区控制性详细规划的编制与管理。

2. 规范性引用文件

附件一　关于发布和实施《工业项目建设用地控制指标（试行）》的通知（国土资发〔2004〕232 号）

附件二　天津市人民政府关于批转市规划和国土资源局拟定的天津市各级开发区、园区工业建设项目用地主要控制指标技术规定（试行）的通知（津政发〔2004〕51 号）

3. 基本思路

我院以天津市规划局正在编制的《天津市建设项目用地规划控制技术指标规定》中"第二章　工业项目用地规划控制技术规定"的内容为基础，结合对滨海新区高新技术产业区、现代冶金加工区、先进制造产业区等控制性详细规划编制试点的体会，针对滨海新区产业园区类型提出以下规划编制办法。

4. 规划布局原则

（1）工业建设项目用地宜集中布局，原则上应向工业园区、开发区集中。有气体污染物排放的工业不应布置在城市上风向位置，有水污染物排放的工业不应布置在城市上游地区。

（2）二、三类工业用地应单独布置，不应与居住、公共设施及其他功能区相混合；并与其他非工业用地之间保持一定的卫生距离，符合相关的防护距离规定。

（3）三类工业用地严禁在水源保护区和旅游区内选址，除目前已规划的临港工业区外，不应设置在滨海新区的沿海地带，防止对渤海湾的环境污染。

（4）产生有害气体及污染物的工业用地或工业园区与其他用地之间应建卫生防护林带，其宽度不得少于 50 m。

（5）都市工业园区（楼宇）必须与都市经济社会发展相适应，应重点发展"无污染、广就业"的都市型工业，突出发展高新技术企业以及研发型、服务型产业，发展劳动密集型、技术密集型企业。都市工业园区容积率原则上不低于 1。

5. 控制指标体系编制

（1）本规定中的工业建设项目用地通过容积率、建筑密度、投资强度、单位面积产值、行政办公及生活服务设施用地所占比例五项指标进行控制。

（2）工业建设项目各行业用地控制应符合下表所示的指标标准；其中一类工业容积率指标上限为 2.0，二类工业为 1.5，三类工业为 1.0；各项目绿地率应当满足《天津市城市绿化条例》的相关规定。

工业建设项目用地控制指标值（节选）

行业代码	名称	容积率	建筑密度 / （%）	投资强度 / （万元／ha）	单位面积产值 / （万元／ha）	企业内部行政办公用地比例／（%）
13	农副食品加工业	≥ 0.60	≥ 50%	≥ 1510	≥ 6060	5%
14	食品制造业	≥ 0.60	≥ 45%	≥ 4900	≥ 2450	5%
15	饮料制造业	≥ 0.55	≥ 45%	≥ 2060	≥ 1680	5%
16	烟草制品业	≥ 0.80	≥ 40%	≥ 7600	≥ 5800	5%
17	纺织业	≥ 0.70	≥ 40%	≥ 1550	≥ 2970	6%
18	纺织服装、鞋、帽制造业	≥ 0.65	≥ 40%	≥ 1250	≥ 3120	7%
19	皮革、毛皮、羽毛(绒)及其制品业	≥ 0.65	≥ 40%	≥ 1010	≥ 4950	6%
20	木材加工及木：竹、藤、棕、草制品业	≥ 0.45	≥ 40%	≥ 300	≥ 1540	5%
21	家具制造业	≥ 0.65	≥ 45%	≥ 1020	≥ 3110	5%
22	家具制造业	≥ 0.60	≥ 55%	≥ 990	≥ 3450	6%
23	印刷业和记录媒介的复制	≥ 0.85	≥ 50%	≥ 1990	≥ 2620	7%
24	文教体育用品制造业	≥ 0.65	≥ 35%	≥ 1510	≥ 2870	5%
25	石油加工、炼焦及核燃料加工业	≥ 0.55	≥ 40%	≥ 1550	≥ 4860	7%
26	化学原料及化学制品制造业	≥ 0.55	≥ 45%	≥ 2420	≥ 3720	5%
27	医药制造业	≥ 0.75	≥ 45%	≥ 3850	≥ 2760	7%
28	化学纤维制造业	≥ 0.60	≥ 40%	≥ 840	≥ 1990	5%
29	橡胶制品业	≥ 0.80	≥ 45%	≥ 1560	≥ 3530	6%
30	塑料制品业	≥ 0.60	≥ 40%	≥ 1560	≥ 2900	5%
31	非金属矿物制品业	≥ 0.35	≥ 30%	≥ 1060	≥ 2160	5%
32	黑色金属冶炼及压延加工业	≥ 0.35	≥ 35%	≥ 1745	≥ 5680	5%
33	有色金属冶炼及压延加工业	≥ 0.60	≥ 30%	≥ 1330	≥ 4130	5%
34	金属制品业	≥ 0.70	≥ 45%	≥ 1580	≥ 4370	5%
35	通用设备制造业	≥ 0.75	≥ 50%	≥ 1700	≥ 3640	7%
36	专用设备制造业	≥ 0.55	≥ 40%	≥ 1940	≥ 3800	6%
37	交通运输设备制造业	≥ 0.75	≥ 50%	≥ 3230	≥ 6020	5%
39	电气机械及器材制造业	≥ 0.70	≥ 40%	≥ 3350	≥ 6670	7%
40	通信设备、计算机及其他电子设备制造业	≥ 0.70	≥ 40%	≥ 5780	≥ 7150	7%
41	仪器仪表及文化、办公用机械制造业	≥ 0.60	≥ 45%	≥ 2100	≥ 3440	5%
42	工艺品及其他制造业	≥ 0.60	≥ 50%	≥ 1070	≥ 3530	5%
43	金属废料和碎屑的加工处理	≥ 0.55	≥ 40%	≥ 720	≥ 3950	5%

（3）天津市各区域（包括各行政区域、国家级开发区）的工业建设项目用地的投资强度和单位面积产值指标标准在右表规定的基础上乘以相应的区域调整系数获得，即：根据区域的年度 GDP 值，自行对照系数表选取下一年度的区域调整系数；各区域调整系数如下表所示：

区域调整系数对照表

天津市各区域 GDP (亿元)	区域调整系数
[300，+CO)	1.20
[250，300)	1.10
[250，200)	1.00
[200，150)	0.90
(0，150)	0.80

注：国家级开发区取调整系数1.2，高新技术产业园区取调整系数1.0。

6. 公共服务设施规划

滨海新区内的产业区选址，目前大多远离城市建成区，无法在近期共享周边城市公共服务设施，因此在控制性详细规划中须明确提出各类公共设施的定位与定量要求。

6.1 公共服务设施分类

6.1.1 生活型公共服务设施

生活型公共服务设施包括规范要求的五大类设施：教育、医疗卫生、文娱体育、公安消防、商业。

生活型公共服务设施规划一览表

序号	类别	项目	数量		所在地块号	是否要求独立建设
			现状	规划		
1	教育	托幼				
		小学				
		中学				
2	医疗服务	社区卫生服务中心				
		社区卫生服务站				
		敬老院				
3	文娱体育	综合文化活动中心				
		文化活动站				
		员工体育运动场				
		小区公园				
4	公安消防	派出所				
		消防站				
5	商业	综合商业				
		综合服务				
		储蓄所				

备注：上述生活型公共服务设施指标暂参照《天津市新建居住区公共服务设施定额指标》（DB29-7-2000）执行。要求"独立建设"的设施均为用地规模，要求"结合公建建设"的设施均为建筑规模。

6.1.2 生产型公共服务设施

生产型公共服务设施包括五类设施：行政管理服务、企业支持服务、人力资源服务、资本技术服务、信息交流服务。这五类公共服务设施可结合产业区内的综合配套服务区或办公建筑统一布置与预留。

生产型公共服务设施规划一览表

序号	类别	数量		所在地块号	是否要求独立建设
		现状	规划		
1	行政管理服务（园区管委会、物业管理、工商、税务所）				
2	企业支持服务（律师、会计事务所、高新企业认证与注册、知识产权与技术交易、资产评估、进出口代理、工程咨询管理）				
3	人力资源服务（人事代理、人力测评、人力培训）				
4	资本技术服务（种子期创业基金、风险投资、金融、证券、信托、保险分支机构）				
5	信息交流服务（政策法规服务、园区报社、商务酒店、小型会展）				

7. 落实城市设计要求

第一层次 总体城市设计引导：根据城市设计的空间景观要求，以单元图则的形式强化对城市公共空间系统的规划控制，针对单元内规划为重点地段的地区提出维护公共空间环境质量尤其是绿化和视觉景观控制的原则要求。重点突出"天环＋环行景观水系""路方地方"的主体景观架构。

第二层次 局部城市设计引导：在明确城市空间结构特征的基础上，在街坊内部形态格局设计方面进行深入研究与优化分析，实行有效城市设计控制。在该层面以分图图则的形式，根据轴线、结点、地标、开放空间、视觉走廊等空间结构元素的关系，提出需要控制地块的建筑群的体量、高度、色彩和形式等要求。

8. 高新技术产业区专项要求

我院结合目前正在编制的《滨海新区高新技术产业区起步区控制性详细规划》，在总体规划与起步区城市设计的基础上，吸收近年来国内外在高新产业园区方面的先进规划理念，在本编制办法内针对高新技术产业区的特点，提出以下几方面的专项要求，以供参考。

8.1 增加用地分类

在城市用地分类标准中增加研发产业用地大类一项。城市用地分类标准中与高新技术研发转化有关的用地分类有科研设计用地（C65）、一类工业用地（M1）、办公用地（C1），为适应高新技术园区建设管理的需要，在规划中特提出增加研发产业用地（HM），并制定相应的规划控制指标。

8.2 用地分类细划

依照企业发展流程细划研发产业用地至中类，细划为研发用地（HM1）与产业用地（HM2）。两类用地在用地规模、生产流程、组织管理方面均有所不同。

研发产业用地分类细化表

用地代码			用地名称	范围
大类	中类	小类		
HM	—	—	研发产业用地	高新技术企业的标准实验室、中试实验室、专用厂房、库房及其附属设施等用地，包括专用铁路、码头和道路（园区以外的专用线应计入铁路用地）
—	HM1	—	研发用地	高新技术企业为产品研制而设置的标准实验室、中试实验室及其公共孵化楼等用地。此类产业没有产业废弃物，且不需过长的制造带，可与高密度的办公楼进行综合运营
—	HM2	—	产业用地	高新技术企业为成规模生产产品而设置的专用厂房、库房及其附属设施等用地

8.3 研发用地划分标准（实验室—基本地块—用地街坊）

研发产业用地是滨海高新区用地类型的主体核心，应采用整体规划、精明细分和弹性使用的方式，以应对企业成长生命周期中的不确定性。

研发用地弹性使用：标准研发群组可以依研发市场的状况而逐步扩展。基于创新企业成长的生命周期模式，以及由创业到成熟到壮大各个时期的不同需求，厂区的肌理由 100 m×100 m 的地块单元构成，可以应对快速变迁的市场需求。在标准地块内布局，再以未来出让的不同面积尺寸（1 ha－2 ha－4 ha）进行弹性组合。 在今后的土地出让中，行政主管部门可动态而弹性地组合出 1 ha、1.5 ha、2 ha、3 ha 等小地块，满足企业对 100 m 见方的创业期需求，200 m～300 m 见方的成熟期需求，以及 700 m～800 m 见方的壮大期需求。

8.4 控制指标体系

本规定中的工业建设项目用地通过容积率、建筑密度、投资强度、单位面积产值、行政办公及生活服务设施用地所占比例五项指标进行控制。但在滨海新区高新技术产业区内以科技研发转化为主要职能，无法应用"单位面积产值"来作为其衡量标准，因此建议取消该项控制指标。

根据高新技术产业对厂房、生产流程、设备工艺等方面的特殊要求，将产业研发用地的容积率、建筑密度、建筑退线三项指标由强制性指标变为指导性指标，将投资强度、行政办公及生活服务设施用地所占比例、绿地率作为强制性指标，以保证园区土地的集约利用和园区整体绿地率能够达到园林城市标准。

附件一　关于发布和实施《工业项目建设用地控制指标（试行）》的通知

（国土资发〔2004〕232号）

各省、自治区、直辖市国土资源厅（国土环境资源厅、国土资源和房屋管理局、房屋土地资源管理局、规划和国土资源局），解放军土地管理局，新疆生产建设兵团国土资源局：

为贯彻落实《国务院关于深化改革严格土地管理的决定》（国发〔2004〕28号），加强工业项目建设用地管理，促进建设用地的集约利用，我部研究制定了《工业项目建设用地控制指标（试行）》（以下简称《控制指标》），现发布实施。

第一条　各级国土资源管理部门要严格执行《控制指标》与相关工程项目建设用地指标，从严控制供地。不符合《控制指标》要求的工业项目，不予供地或对项目用地面积予以核减。对因工艺流程、生产安全、环境保护等有特殊要求确需突破《控制指标》的，在申请办理建设项目用地预审和用地报批时应提供有关论证材料，确属合理的，方可通过预审或批准用地，并将项目用地的批准文件、土地使用合同等供地法律文书报省（区、市）国土资源管理部门备案。

第二条　市、县国土资源管理部门在供应土地时，必须依据《控制指标》的规定，在土地使用合同或《划拨用地决定书》等供地法律文书中明确约定投资强度、容积率等控制性指标要求及违约责任。不能履行约定条件的用地者，应承担违约责任。

第三条　省（区、市）国土资源管理部门要切实加强对《控制指标》实施情况的监督管理，积极探索在招商引资、促进工业化进程中集约用地的好经验、好做法，总结典型，加大宣传推广的工作力度，不断完善和规范实施《控制指标》的程序与办法。要加强对工业用地利用状况的评价与分析，大力推进工业用地的集约利用。要根据本地区实际，在符合《控制指标》要求的前提下，制定本地的工业项目建设用地控制指标，并报部备案。

第四条　我部将根据社会经济发展、技术进步、集约用地要求和《控制指标》的实施情况，适时修订《控制指标》。

附件二　　工业项目建设用地控制指标（试行）

第一条 为认真贯彻落实"十分珍惜、合理利用土地和切实保护耕地"的基本国策，促进建设用地的集约利用和优化配置，提高工业项目建设用地的管理水平，制定本工业项目建设用地控制指标（以下简称"控制指标"）。

第二条 本控制指标是对一个工业项目（或单项工程）及其配套工程在土地利用上进行控制的标准。

第三条 本控制指标是国土资源管理部门在建设用地预审和审批阶段核定工业项目用地规模的重要标准，是工业企业和设计单位编制工业项目可行性研究报告和初步设计文件的重要依据。

工业项目所属行业已有国家颁布的有关工程项目建设用地指标的，应与本控制指标共同使用。

第四条 本控制指标由投资强度、容积率、建筑系数、行政办公及生活服务设施用地所占比重四项指标构成。工业项目建设用地必须同时符合四项指标。具体如下：

（一）工业项目投资强度控制指标应符合相关的规定；

（二）容积率控制指标应符合相关的规定；

（三）工业项目的建筑系数应不得低于30%；

（四）工业项目所需行政办公及生活服务设施用地面积不得超过工业项目总用地面积的7%。严禁在工业项目用地范围内建造成套住宅、专家楼、宾馆、招待所和培训中心等非生产性配套设施。

第五条 工业项目建设应采用先进的生产工艺、生产设备，缩短工艺流程，节约使用土地。对适合多层标准厂房生产的工业项目，应进入多层标准厂房，原则上不单独供地。

第六条 工业项目建设要严格控制厂区绿化率，在工业开发区（园区）或工业项目用地范围内不得建造"花园式工厂"。

第七条 本控制指标由正文、控制指标应用说明、城市等别划分、《国民经济行业分类注释》共四部分组成。

第八条 本控制指标适用于新建工业项目，改建、扩建工业项目可参照执行。

投资强度控制指标

单位：万元／ha

地区分类 行业代码	一类 市县等别 一二三四	二类 第五、六等	三类 第七、八等	四类 第九、十等	五类 第十一、十二等	六类 第十三、十四等	七类 第十五等
13	≥ 1680	≥ 1350	≥ 975	≥ 675	≥ 570	≥ 510	≥ 380
14	≥ 1680	≥ 1350	≥ 975	≥ 675	≥ 570	≥ 510	≥ 380
15	≥ 1680	≥ 1350	≥ 975	≥ 675	≥ 570	≥ 510	≥ 380
16	≥ 1680	≥ 1350	≥ 975	≥ 675	≥ 570	≥ 510	≥ 380
17	≥ 1680	≥ 1350	≥ 975	≥ 675	≥ 570	≥ 510	≥ 380
18	≥ 1680	≥ 1350	≥ 975	≥ 675	≥ 570	≥ 510	≥ 380
19	≥ 1680	≥ 1350	≥ 975	≥ 675	≥ 570	≥ 510	≥ 380
20	≥ 1350	≥ 1080	≥ 780	≥ 540	≥ 450	≥ 405	≥ 380
21	≥ 1575	≥ 1260	≥ 915	≥ 630	≥ 525	≥ 480	≥ 380
22	≥ 1680	≥ 1350	≥ 975	≥ 675	≥ 570	≥ 510	≥ 380
23	≥ 2250	≥ 1800	≥ 1305	≥ 900	≥ 750	≥ 675	≥ 380
24	≥ 1680	≥ 1350	≥ 975	≥ 675	≥ 570	≥ 510	≥ 380

续表

地区 分类 行业 代码	一类 市 县 等 别 一 二 三 四	二类 第五、 六等	三类 第七、 八等	四类 第九、 十等	五类 第十一、 十二等	六类 第十三、 十四等	七类 第十 五等
25	≥ 2250	≥ 1800	≥ 1305	≥ 900	≥ 750	≥ 675	≥ 380
26	≥ 2250	≥ 1800	≥ 1305	≥ 900	≥ 750	≥ 675	≥ 380
27	≥ 3375	≥ 2700	≥ 1965	≥ 1350	≥ 1125	≥ 1020	≥ 380
28	≥ 3375	≥ 2700	≥ 1965	≥ 1350	≥ 1125	≥ 1020	≥ 380
29	≥ 2250	≥ 1800	≥ 1305	≥ 900	≥ 750	≥ 675	≥ 380
30	≥ 1800	≥ 1440	≥ 1050	≥ 720	≥ 600	≥ 540	≥ 380
31	≥ 1350	≥ 1080	≥ 780	≥ 540	≥ 450	≥ 405	≥ 380
32	≥ 2700	≥ 2160	≥ 1575	≥ 1080	≥ 900	≥ 810	≥ 380
33	≥ 2700	≥ 2160	≥ 1575	≥ 1080	≥ 900	≥ 810	≥ 380
34	≥ 2250	≥ 1800	≥ 1305	≥ 900	≥ 750	≥ 675	≥ 380
35	≥ 2700	≥ 2160	≥ 1575	≥ 1080	≥ 900	≥ 810	≥ 380
36	≥ 2700	≥ 2160	≥ 1575	≥ 1080	≥ 900	≥ 810	≥ 380
37	≥ 3375	≥ 2700	≥ 1965	≥ 1350	≥ 1125	≥ 1020	≥ 380
39	≥ 2700	≥ 2160	≥ 1575	≥ 1080	≥ 900	≥ 810	≥ 380
40	≥ 3825	≥ 3060	≥ 2235	≥ 1530	≥ 1275	≥ 1155	≥ 380
41	≥ 2700	≥ 2160	≥ 1575	≥ 1080	≥ 900	≥ 810	≥ 380
42	≥ 1350	≥ 1080	≥ 780	≥ 540	≥ 450	≥ 405	≥ 380
43	≥ 1350	≥ 1080	≥ 780	≥ 540	≥ 450	≥ 405	≥ 380

续表

行业分类		容积率
代码	名称	
30	塑料制品业	≥ 0.8
31	非金属矿物制品业	≥ 0.5
32	黑色金属冶炼及压延加工业	≥ 0.4
33	有色金属冶炼及压延加工业	≥ 0.4
34	金属制品业	≥ 0.5
35	通用设备制造业	≥ 0.5
36	专用设备制造业	≥ 0.5
37	交通运输设备制造业	≥ 0.5
39	电气机械及器材制造业	≥ 0.5
40	通信设备、计算机及其他电子设备制造业	≥ 0.8
41	仪器仪表及文化、办公用机械制造业	≥ 0.8
42	工艺品及其他制造业	≥ 0.8

容积率控制指标

行业分类		容积率
代码	名称	
13	农副食品加工业	≥ 0.8
14	食品制造业	≥ 0.8
15	饮料制造业	≥ 0.8
16	烟草加工业	≥ 0.8
17	纺织业	≥ 0.6
18	纺织服装鞋帽制造业	≥ 0.8
19	皮革、毛皮、羽绒及其制品业	≥ 0.8
20	木材加工及竹、藤、棕、草制品业	≥ 0.6
21	家具制造业	≥ 0.6
22	造纸及纸制品业	≥ 0.6
23	印刷业、记录媒介的复制	≥ 0.6
24	文教体育用品制造业	≥ 0.8
25	石油加工、炼焦及核燃料加工业	≥ 0.4
26	化学原料及化学制品制造业	≥ 0.6
27	医药制造业	≥ 0.6
28	化学纤维制造业	≥ 0.6
29	橡胶制品业	≥ 0.6

附件三 天津市人民政府关于批转市规划和国土资源局拟定的天津市各级开发区、园区工业建设项目用地主要控制指标技术规定（试行）的通知

（津政发〔2004〕51 号）

各区、县人民政府，各委、局，各直属单位：

市人民政府领导同志同意市规划和国土资源局拟定的《天津市各级开发区、园区工业建设项目用地主要控制指标的技术规定（试行）》，现转发给你们，望遵照执行。

二〇〇四年四月三十日

天津市各级开发区、园区工业建设项目用地主要控制指标的技术规定（试行）

第一条 为贯彻十分珍惜、合理利用土地和切实保护耕地的基本国策，全面落实科学发展观，实现我市各级开发区、园区（以下简称开发区）建设用地的集约利用和优化配置，提高工业建设项目用地的管理水平，适应我市工业建设和发展的需要，依据《中华人民共和国土地管理法》和《天津市土地管理条例》，特制定本规定。

第二条 本规定为我市强制性技术规定。本规定所称的工业建设项目用地主要控制指标由项目投资强度、土地利用强度两项指标构成。

第三条 开发区新建工业建设项目应符合国家和我市产业政策，必须按照投资强度、土地利用强度确定合理的用地规模，并纳入土地利用年度计划。对用地面积超过行业用地定额指标的项目，原则上不批准用地。必须严格控制国家产业政策限制的工业建设项目用地。

第四条 工业改、扩建项目应充分利用原有的生产、辅助、公用工程等设施和场地，其用地规模控制可参照本规定执行。

第五条 开发区工业建设项目除应执行本规定外，还应符合国家现行的有关标准、规范的规定。

第六条 工业项目建设应积极推广应用多层标准厂房，对适合于多层标准厂房生产的行业，原则上应采用多层标准厂房进行生产。

第七条 开发区建设应按照批准的总体规划实施，对分期实施的，每期项目占地规模应根据实际入区企业的数量、规模和控制指标等因素合理确定。对项目建设开发过程中存在土地闲置问题的，按《闲置土地处置办法》（国土资源部令第 5 号）有关规定处理。

第八条 开发区建设应充分利用城市已有的基础设施和社会福利设施，其建设应与经济社会发展水平相衔接，合理确定用地规模，科学规划功能分区和用地结构，提高土地集约利用程度。工业建设项目原则上应向开发区集中。

第九条 开发区应统一建设市政、公用基础设施、绿化设施，并按功能分区合理集中布置行政管理及生活服务设施。其中，绿地率不低于 35%，生活服务设施用地总面积不

得超过开发区规划用地总面积的 7%，并禁止建设别墅。

第十条 工业建设项目用地内严禁建造成套职工住宅、专家楼、宾馆和招待所等设施，并根据工业项目建设规模合理确定行政办公用房占用土地面积，其规模应控制在项目总用地面积的 5% 以内。

第十一条 开发区工业建设项目投资强度应按区域经济发展水平的差异作适当修正，修正幅度不宜低于规定中的相应区域投资强度区域修正系数。

第十二条 本规定自颁布之日起实施。

天津市规划和国土资源局

二〇〇四年四月十四日

开发区工业建设项目用地控制指标

类型	投资强度（万元 ha，万元：人民币）	土地利用强度
国家级开发区	≥ 3600	≥ 0.6
市级开发区	≥ 2000	≥ 0.5
其他开发区	≥ 700	≥ 0.4

投资强度区域修正系数

区 县	修正系数
天津经济技术开发区	1.25
西青区	1.25
天津港保税区	1.25
天津新技术产业园区	1.0
北辰区	1.0
武清区	1.0
汉沽区	1.0
大港区	0.75
东丽区	0.75
塘沽区	0.75
津南区	0.75
静海县	0.75
蓟 县	0.75
宝坻区	0.75
宁河县	0.5

第五节 《滨海新区控制性详细规划"六线"控制要求》

1. 总则

1.1 "六线"控制的概念

"六线"控制是指对城市紫线、红线、黑线、蓝线、绿线和黄线的控制。其中,"紫线"是指国家历史文化名城内的历史文化街区的保护范围界线以及优秀历史建筑和风貌建筑的保护范围界线;"红线"是指规划确定的道路、公路两侧的控制线;"黑线"是指规划确定的铁路和轨道交通的控制线;"蓝线"是指规划确定的江、河、湖、库、渠和湿地等地表水体保护和控制的地域界线;"绿线"是指连接滨海新区绿地系统各组成部分的带形绿化和区域性绿地、生态廊道、森林公园、湿地公园、自然保护区及城市各类绿地的规划界线;"黄线"是指对滨海新区发展全局有影响的、规划中确定的、必须控制的城镇基础设施用地的控制界线。

1.2 编制目的

为落实和深化天津滨海新区城市总体规划,加强对滨海新区历史建筑及风貌历史街区的保护、绿化用地的控制、河湖水系的管理,保障滨海新区道路和基础设施的正常、高效运转,促进滨海新区城市功能和定位的实现,满足滨海新区控制性详细规划的编制和规划管理的需要,特制定本要求。

1.3 适用范围

1.3.1 天津滨海新区陆域总面积 $2270 \, km^2$。包括塘沽、汉沽、大港三个行政区的全部用地及津南、东丽两个行政区的部分用地。

1.3.2 天津滨海新区城区(包括塘沽城区、汉沽城区、大港城区)及各产业功能区(包括先进制造产业区、滨海化工区、滨海中心商务商业区、海港物流区、临空产业区、海滨休闲旅游区、滨海高新技术园区、临港产业区)的控制性详细规划试用本要求。

1.3.3 天津滨海新区城区及各产业功能区以外地区的控制性详细规划可参照本规定执行。

1.4 编制依据

根据《中华人民共和国城市规划法》《中华人民共和国文物保护法》《天津市城市规划条例》《城市规划编制办法》《城市紫线管理办法》《城市蓝线管理办法》《城市绿线管理办法》《城市黄线管理办法》等法律、法规及《天津市城市总体规划(2005-2020年)》《天津滨海新区城市总体规划(2005-2020年)》和相关技术规范,针对天津滨海新区实际情况编制。

1.5 编制原则

从保护历史文脉、传承历史文化,改善人居环境、提升城市功能,促进经济、社会健康发展的原则出发,协调处理好建筑、道路、河湖水系、绿化与基础设施建设之间的关系,明确"六线"的控制范围与要求,以保证滨海新区控制性详细规划的科学性、规范性和可操作性。

2. 紫线控制要求

2.1 紫线界定

本规定所称紫线,指天津市作为国家历史文化名城,在滨海新区范围内的历史文化街区的保护范围界线,以及经市级以上人民政府公布保护的文物及风貌建筑的保护范围界线。主要包含以下内容:

2.1.1 依据《天津市城市总体规划（2005—2020 年）》以及滨海新区文物及风貌建筑的现存情况，划定具有保护价值的历史保护街区的具体范围。

2.1.2 依据天津市文物保护单位名录，对国家级、市级文物保护单位的保护范围进行划定。

2.1.3 依据天津市首批、二批及三批挂牌的风貌建筑名录，对风貌建筑的保护范围进行划定。

2.1.4 在规划编制过程中，还应根据实际情况，挖掘地域文脉特色，对各控规单元内虽没有列入国家或天津市文物、风貌保护建筑名录中，但仍有一定保留价值的历史建筑、传统特色街区，也要划定其保护范围，提出相应的保护措施，并积极向文保部门申请，登记入册。

2.2 控制内容

2.2.1 对列入保护名录的各文物保护单位及风貌建筑的地址、现有使用情况、建筑面积、用地面积、背景材料等予以说明。

2.2.2 对于文物保护单位，除了划定其保护范围界线以外，还应结合周边的规划建设情况，划定其相应的保护层次，并提出建设控制要求。

2.2.2.1 绝对保护区。

定义：指文物保护单位本身及其风貌环境所组成的核心地段。

保护要求：不得随意改变其现状，不得实施日常维护外的任何修理、改造、新建工程及其他任何有损环境景观的项目。在必要的情况下，对其外貌、内部结构体系、功能布局、内部装修、损坏部分的整修应严格在原址上依原样修复，并同时遵守其他有关法律、法规的规定。

2.2.2.2 建设控制区。

定义：为了确保绝对保护区风貌、特色的完整性而必须进行建设控制的地区。

保护要求：各项修建工作都应在规划管理、文保等有关部门批准后方可进行。其建设活动应以维修、整理、修复及内部更新为主；其建筑的内部应服从对文物古迹的保护要求；其外观造型、体量、材料、色彩、高度都应与保护对象相适应，较大的建筑活动和环境变化应遵照专家委员会的评审意见再行安排。

2.2.2.3 环境协调区。

定义：为了保证文物保护单位及其周边地段整体协调所应控制的区域。

保护要求：此范围内的新建建筑物或原有建筑物的更新改造，可在不破坏整体风貌与环境的前提下，适当放宽对其建筑形式的限制。对不符合要求的已有建筑，应停止其建设活动，并在适当的条件下予以改造。该保护范围内的一切建设活动均应经规划管理部门审核、批准后方可进行。

2.3 控制要求

2.3.1 文物及风貌建筑已经被破坏，不再具有保护价值的，需由所在区人民政府向天津市人民政府提出专门报告，经批准后方可不列入本次规划的紫线范围内。

2.3.2 历史保护街区内的各项建设必须坚持保护真实的历史文化遗存，维护街区的传统格局和风貌，改善基础设施、提高环境质量的原则。

2.3.3 在滨海新区紫线范围内进行建设活动，凡涉及文物保护单位的，应当符合国家有关文物保护的法律、法规的规定。

3. 红线控制要求

3.1 红线界定

本规定所称红线指规划确定的道路、公路两侧的控制线。

3.2 控制内容及要求

3.2.1 公路红线控制。

滨海新区内通过的高速公路红线控制宽度为 100 m；一级国道干线公路红线控制宽度为 80 m；一级市道干线公路红线控制宽度为 60 m；二级公路红线控制宽度为 40 m。

3.2.2 互通立交桥红线控制

滨海新区内规划互通立交桥匝道外侧边线往外 15m 为立交桥红线控制范围。

3.2.3 道路红线控制。

道路系统按功能划分为快速路、主干路、次干路、支路四个等级。其中，快速路红线控制宽度为 60 ～ 100 m，主干路红线控制宽度为 40 ～ 80 m。

主干路以上级别的道路，原则上不可做调整，如确需调整，须经规划主管部门认可，并报请天津市人民政府审议；另外，根据滨海新区的实际情况，次干路以下级别的道路可根据规划布局，在不改变道路功能的前提下适当调整，但必须报请天津市规划局批准。

4. 黑线控制要求

4.1 黑线界定

本规定所称黑线指规划确定的铁路、轨道交通两侧的控制线。

4.2 控制内容及要求

4.2.1 铁路线控制。

4.2.1.1 高速铁路（含城际铁路）。

滨海新区城区及各产业功能区区内段为外侧轨道中心线以外各 40 m；滨海新区城区及各产业功能区区外段为外侧轨道中心线以外各 50 m。

4.2.1.2 一级正线。

为外侧轨道中心线以外 32 m。

4.2.1.3 二级正线。

为外侧轨道中心线以外 25 m。

4.2.1.4. 三、四级铁路（主要指专用线）。

为外侧轨道中心线以外 15 m。

4.2.2 轨道交通控制。

轨道交通上下行线路平行的，线路中心线两侧各 20 m；车站段线路中心线两侧各 25 m，长 290 m 为黑线范围。

轨道交通上下行线路分开的，轨道中心线两侧各 20 m 为黑线范围，特殊线路段除外。

5. 蓝线控制要求

5.1 蓝线界定

本规定所称蓝线指在滨海新区内，由天津市城市总体规划确定的大中型水库、一、二级河道（含其他水面），水源水库、输水河道和湿地自然保护区等城市地表水体保护和控制的地域界线。

5.2 控制内容

本规定重点提出河道（含其他水面）、水库、水源地分级保护的范围和控制要求，明确大中型水库和一级行洪河道的名称、起止点、容量、流量等情况。

5.3 控制要求

蓝线控制要求以《天津市河道管理条例》《天津市引滦水源污染防治管理条例》《天津市城市总体规划（2005-2020年）》和《天津滨海新区总体规划（2005-2020年）》为依据，重点明确了滨海新区内涉及的水源水库和输水河道的保护要求。

5.3.1 大中型水库蓝线控制线。

滨海新区内大中型水库蓝线控制线沿水库堤防外坡脚设置。

5.3.2 一级河道蓝线控制线。

滨海新区内一级河道蓝线控制线沿河道堤防外坡脚设置，对于城区和各产业功能区范围内不宜设置护堤的河道，蓝线控制线在沿河道上口线外侧 10 m 处设置。

5.3.3 二级河道蓝线控制线。

滨海新区内二级河道蓝线控制线沿河道堤防外坡脚设置，对于城区和各产业功能区范围内不宜设置护堤的河道，蓝线控制线为沿河道上口线位置。

5.3.4 其他水面蓝线控制线沿水面外边界设置。

5.3.5 滨海新区内一、二级河道两侧用地根据《天津市河道管理条例》加以控制。

5.3.6 水源水库和输水河道的保护和控制。

城市水源水库和输水河道需根据相关规定，设置一定的保护范围。滨海新区内涉及的水源水库主要包括北塘水库和北大港水库；输水河道主要包括马厂减河和洪泥河。

5.3.6.1 警戒区范围与控制要求。

（1）警戒区的范围。

① 参照引滦水源保护要求，水源水库警戒区范围在水库堤防外坡脚以内。

② 参照引滦水源保护要求，位于输水河道两堤外坡脚以内。

（2）警戒区内禁止行为的控制。

① 排放油类、酸液、碱液和含有放射性物质的废水以及有毒有害废液。

② 排放污水、工业废水。

③ 堆放、贮存和倾倒工业废渣、垃圾、粪便、固体废弃物以及其他有毒有害物质。

④ 新建、扩建、改建与供水设施、水电设施和保护水源无关的建设项目。

⑤ 饲养畜禽和从事集约化水产养殖。

⑥ 进行各种旅游和旅游服务活动。

⑦ 进行水上体育和娱乐活动。

5.3.6.2 一级保护区范围与控制要求。

（1）一级保护区的范围。

① 参照引滦水源保护要求，水源水库一级保护区范围为水库堤防外坡脚向外扩延 500 m。

② 参照引滦水源保护要求，输水河道一级保护范围为两堤从外坡脚向外各扩延 500 m，城区和各产业功能区段适当缩小其范围（建议从两堤外坡脚向外各扩延 100 m）。

（2）一级保护区内禁止行为的控制。

① 排放油类、酸液、碱液和含有放射性物质的废水以及有毒有害废液。

② 向水体排放污水、工业废水。

③ 堆放、贮存和倾倒工业废渣、固体废弃物以及其他有毒有害物质。

④ 新建、扩建与供水设施、水电设施和保护水源无关的建设项目。

5.3.6.3 二级保护区范围与控制要求。

（1）二级保护区的范围。

城市水源水库参照引滦水源保护要求，二级保护区的范围为水库堤防外坡脚向外扩延 5 km 的一级保护区以外的范围。

（2）二级保护区内禁止行为的控制。

① 新建、扩建向水体排放污染物的建设项目。

② 超过国家和本市规定的污染物排放标准或者总量控制要求，排放污染物。

5.3.7 湿地自然保护区。

根据有关规定，湿地自然保护区划分为核心区、缓冲区和试验区。其中，核心区为保存完好的天然状态的生态系统以及珍稀、濒危动植物的集中分布地，禁止任何单位和个人进入；核心区外围可以划定一定面积的缓冲区，只准进入其中从事科学研究观测活动；缓冲区外围划为实验区，可以进入从事科学试验、教学实习、参观考察、旅游以及驯化、繁殖珍稀、濒危野生动植物等活动。

滨海新区内涉及的湿地自然保护区包括由沙井子、钱圈水库组成的北大港湿地保护区和由东丽湖、黄港一库、黄港二库、北塘水库、宁车沽水库组成的水库湿地保护区集群。具体控制范围详见《滨海新区空间管制专项规划》。

6. 绿线控制要求

6.1 绿线界定

本规定所称"绿线"指连接滨海新区绿地系统各组成部分的带形绿化和区域性绿地、生态廊道、森林公园、湿地公园、自然保护区及城市各类绿地的规划界线。

6.2 控制内容

针对滨海新区范围内的铁路、轨道交通、公路、立交桥、一、二级河道、其他需要保护的水面、滨海新区城区和各产业功能区内部不同等级、功能的道路和基础设施，提出相应的后退红线、蓝线和黄线的具体规定，作为规划绿线控制线；区域性绿地、生态廊道、森林公园、湿地公园、自然保护区绿线控制范围参照《滨海新区空间管制专项规划》。

6.3 控制要求

6.3.1 铁路两侧绿线控制。

6.3.1.1 滨海新区内通过的高速铁路（含城际铁路）以铁路控制用地界线为基准线，两侧各后退 20 m 为规划绿线。

6.3.1.2 一级、二级正线以铁路控制用地界线为基准线，两侧各后退 18 m 为规划绿线。

6.3.1.3 三、四级铁路（主要指专用线）以铁路控制用地界线为基准线，两侧各后退 15 m 为规划绿线。

6.3.2 轨道绿线控制。

6.3.2.1 滨海新区内轨道控制线两侧各后退 10 m 为规划绿线。同时，还应满足环保法规方面的要求。

6.3.3 公路绿线控制。

参照天津市规划局 2001 年 1 月下发的《关于加强我市城乡公路两侧规划管理的意见》，滨海新区内通过的公路绿线控制如下：

6.3.3.1 滨海新区城区及各产业功能区区外段。

高速公路红线两侧各后退 100 m 为规划绿线；一级国道干线公路、一级市道干线公路红线两侧各后退 50 m 为规划绿线；二级公路红线两侧各后退 40 m 为规划绿线。

6.3.3.2 滨海新区城区及各产业功能区区内段。

高速公路、一级国道干线公路、一级市道干线公路、二级公路红线两侧各后退 20 m 为规划绿线。

6.3.4 互通立交桥周围绿线控制。

6.3.4.1 互通式立交以立交起坡点对应的立交桥红线为基准线，两侧各后退 50 m 为规划绿线。

6.3.4.2 分离式立交按照对应道路两侧的绿线要求，规划立交绿化控制线。

6.3.5 河流两侧及其他需要保护的水面周围绿线控制。

6.3.5.1 一级河道控制线两侧各后退 50 m 为规划绿线。

6.3.5.2 二级河道控制线两侧各后退 35 m 为规划绿线。

6.3.5.3 其他需要保护的水面，以蓝线为基准，后退 5-10m 为规划绿线。

6.3.6 道路绿线控制。

6.3.6.1 滨海新区城区及各产业功能区区外段。

快速路、主干路红线两侧各后退 50 m 为规划绿线。

6.3.6.2 滨海新区城区及各产业功能区区内段。

快速路、主干路和次干路穿越塘沽城区按照内环以内、内环与中环之间、中环与外环之间分别进行绿线控制，支路两侧可不规划绿线；快速路、主干路穿越汉沽城区、大港城区和各产业功能区区内段红线两侧各后退 20～30 m 为规划绿线；次干路穿越汉沽城区、大港城区和各产业功能区区内段红线两侧各后退 10～20 m 为规划绿线；支路穿越汉沽城区、大港城区和各产业功能区区内段红线两侧的规划绿线控制在 10 m 以内。具体情况如下：

6.3.6.3 塘沽城区。

快速路内环以内红线两侧各后退 10 m，内环与中环之间红线两侧各后退 20 m，中环与外环之间红线两侧各后退 30 m 为规划绿线；主干路内环以内红线两侧各后退 5 m，内环与中环之间红线两侧各后退 10 m，中环与外环之间红线两侧各后退 20 m 为规划绿线；次干路内环以内红线两侧各后退 5 m，内环与中环之间红线两侧各后退 8 m，中环与外环之间红线两侧各后退 10 m 为规划绿线；支路两侧可不规划绿线。

6.3.6.4 汉沽城区、大港城区。

快速路、主干路红线两侧各后退 20 m 为规划绿线；次干路红线两侧各后退 10 m 为规划绿线；支路两侧可不规划绿线。

6.3.6.5 先进制造产业区（包括东区、中区、西区）。

快速路、主干路红线两侧各后退 20 m 为规划绿线，次干路红线两侧各后退 10 m 为规划绿线，支路两侧可不规划绿线。

6.3.6.6 海河下游现代冶金产业区。

快速路、主干路红线两侧各后退 30 m 为规划绿线，次干路红线两侧各后退 20 m 为规划绿线，支路红线两侧各后退 10 m 为规划绿线。

6.3.6.7 临空产业区。

快速路、主干路红线两侧各后退 20 m 为规划绿线；次干路红线两侧各后退 10 m 为规划绿线；支路两侧可不规划绿线。

6.3.6.8 滨海高新技术园区。

快速路、主干路红线两侧各后退 20 m 为规划绿线；次干路红线两侧各后退 10 m 为规划绿线；支路两侧可不规划绿线。

6.3.6.9 临港产业区。

快速路、主干路红线两侧各后退 20 m 为规划绿线；次干路红线两侧各后退 10 m 为规划绿线；支路两侧可不规划绿线。

6.3.6.10 海滨休闲旅游区。

快速路、主干路红线两侧各后退 20 m 为规划绿线；次干路红线两侧各后退 10 m 为规划绿线；支路两侧可不规划绿线。

6.3.6.11 滨海化工区。

快速路、主干路红线两侧各后退 30 m 为规划绿线；次干路红线两侧各后退 20 m 为规划绿线；支路红线两侧各后退 10 m 为规划绿线。

6.3.6.12 海港物流区。

快速路、主干路红线两侧各后退 30 m 为规划绿线；次干路红线两侧各后退 20 m 为规划绿线；支路红线两侧各后退 10 m 为规划绿线。

6.3.6.13 滨海中心商务商业区。

规划绿线控制参照塘沽城区道路绿线控制要求执行。

6.3.6.14 对于滨海新区城区和各产业功能区内的重要景观道路可适当增加到 50 m 宽的道路绿化控制线。

6.3.7 区域性绿地绿线控制。

6.3.7.1 区域绿地。

包括承接七里海湿地保护区的区域绿地、北大港古泻湖湿地保护区区域绿地，其绿线控制范围参照《滨海新区生态绿地系统规划》执行。

6.3.7.2 生态廊道。

包括茶金公路东侧城市大型绿廊、唐津高速沿线城市大型绿廊、海滨大道沿线城市大型绿廊、海河两岸城市大型绿廊、海岸带生态廊道，其绿线控制范围参照《滨海新区生态绿地系统规划》执行。

6.3.7.3 森林公园。

包括官港森林公园、开发区森林公园、塘沽森林公园，其绿线控制范围参照《滨海新区生态绿地系统规划》执行。

6.3.7.4 湿地公园。

主要指营城湖湿地公园，其绿线控制范围参照《滨海新区生态绿地系统规划》执行。

6.3.7.5 自然保护区。

包括由沙井子、钱圈水库组成的北大港湿地保护区和由东丽湖、黄港一库、黄港二库、北塘水库、宁车沽水库组成的水库湿地保护区集群，其绿线控制范围参照《滨海新区生态绿地系统规划》执行。

6.3.8 基础设施绿线控制。

6.3.8.1 取水、供水、排水设施绿线控制。

城市水厂、给水加压泵站用地边界以外 10 m 范围内为规划绿线；

城市污水处理厂、再生水泵站、单独设置的排水泵站用地边界以外 10 m 范围内为规划绿线；

6.3.8.2 环卫设施绿线控制。

城市生活垃圾卫生填埋场用地边界以外 100 m 范围内为规划绿线；生活垃圾焚烧厂用地边界以外 10 m 范围内为规划绿线。

6.3.9 其他绿线控制。

6.3.9.1 城市公园。

城市公园建设在符合《公园设计规范（CJJ48）》有关规定。

6.3.9.2 社区公园。

社区公园是指为市民提供户外休憩、娱乐、运动、观赏等活动空间，其面积应大于 500 ㎡。

6.3.9.3 防护绿地。

沿海滨大道防护林带：控制绿线宽度 100 m。

卫生防护林带：产生有害气体及污染物的工厂应建设卫生防护林带，宽度不得少于 50 m。

6.3.9 对于特殊行业在满足绿化控制线规定外，还应遵循不同行业规范规定和环保要求。

以上绿线规划要求一经批准，将作为城市绿地严格控制，绿线内的用地不得改作他用，不得违反法律法规、强制性标准以及批准的规划进行开发建设。

7. 黄线控制要求

7.1 黄线界定

本规定所称黄线是指对滨海新区发展全局有影响的、规划中确定的、必须控制的城镇基础设施用地的控制界线。

7.2 控制内容

黄线控制主要包括滨海新区取水、供水、排水、环卫设施、供电、供热、供气和通信设施以及交通设施等内容。

7.3 控制要求

7.3.1 取水、供水、排水和环卫设施黄线控制线。

7.3.1.1 城市水厂、水源设施、供水设施黄线控制线为各厂、站、设施用地边界。

7.3.1.2 城市污水处理厂、雨污水排水设施黄线控制线为污水处理厂、雨污水设施用地边界。

7.3.1.3 城市再生水水厂、再生水供水设施黄线控制线为再生水水厂、再生水供水设施用地边界。

7.3.1.4 城市垃圾焚烧厂、填埋场、处理厂、处置厂等环卫设施黄线控制线为各环卫设施用地边界。

7.3.2 供电、供热、供气和通信设施黄线控制线。

7.3.2.1 城市电力电厂、热电厂、输变电设施黄线控制线为各厂、站、设施用地边界。

7.3.2.2 城市煤气厂、液化石油气储配站、天然气储配站、燃气调压站等城市燃气设施黄线控制线为各厂、站、设施用地边界。

7.3.2.3 城市供热站、供热泵站等供热设施黄线控制线为各厂、站、设施用地边界。

7.3.2.4 城市邮政通信枢纽、邮政局、电信局、卫星站、微波站、广播电台、电视台等通信设施黄线控制线为各设施用地边界。

7.3.2.5 城市供电高压走廊宽度应符合相关规定。

7.3.3 交通设施控制要求。

滨海新区控制性详细规划预留公交客运站、社会停车场、加油站等交通场站设施用地，其具体规定参照相关设计规范要求。

以上设施经规划批准后，将作为滨海新区重要基础设施进行严格控制，除特殊情况外，不得以任何理由侵占。

8. 附则

8.1 本要求主要依据为现行相关规划和规定，今后这些规划和规定如若调整，本规定中所涉及的内容，也要相应调整。

8.2 本要求自发布之日起试行，由天津市规划局负责解释。

国家级文物保护单位明细

序号	行政区域	地址	名称	年代	文物保护等级
1	塘沽	塘沽区大沽口海河	大沽口炮台	1858－1900年	国家级

市级文物保护单位明细

序号	行政区域	地址	名称	年代	文物保护等级
1	塘沽	塘沽区新华路天津碱厂俱乐部内	黄海化学工业研究社旧址	1922－1937年	市级

区、县级文物保护单位明细

序号	行政区域	地址	名称	年代	文物保护等级
1	东丽区	东丽区无暇街	姥姆庙	清	区级
2	津南区	葛沽镇	津东书院	清	区级

风貌建筑明细

序号	行政区域	地址	名称	年代	文物保护等级
1	东丽区	东丽区幺六桥乡向阳村	天主教堂	—	—
2	津南区	津南区葛沽镇东大街	药王庙	—	—
		津南区葛沽南大街	郑家大院	—	—
3	大港区	—	大港区赵连庄洋闸	—	—

天津市一级行洪河道情况表（滨海新区范围内）

序号	河名	起止地点 起	起止地点 止	河道长度 / km	河道宽度 / m	设计流量 / (m³／s)
1	海河干流	金钢桥	海河闸	72.0	100～350	1200
2	永定新河	屈家店	北塘	62.0	500～700	1400
3	蓟运河	九王庄	防潮闸	189.0	300	九王庄400
4	潮白新河	张甲庄	宁车沽	81.0	420～800	柴家埠上3200 下2100
5	独流减河	进洪闸	工农兵闸	70.3	685～850	3200
6	子牙新河	蔡庄子	海口闸	29.0	2280～3600	6000
合计	—	—	—	1095.1	—	—

天津市大中型水库情况表（滨海新区范围内）

水库名称	水库类型	所在区县	正常蓄水位	总库容亿/ m³	水面面积/ km²	占地面积/ km²
北大港水库	大	大港区	7.0	5.0	149.0	179.0
黄港一库	中	塘沽区	3.5	0.1	6.8	7.1
黄港二库	中	塘沽区	5.9	0.5	12.3	12.6
北塘水库	中	塘沽区	5.0	0.2	7.1	7.3
营城水库	中	汉沽区	5.2	0.3	7.0	8.5
钱圈水库	中	大港区	5.0	0.3	9.0	9.2
沙井子水库	中	大港区	5.5	0.2	6.8	7.0

注：表中北塘水库、北大港水库为引江水源水库。

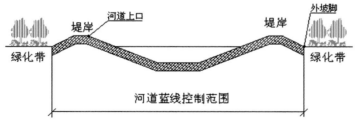

河道蓝线控制示意图

$$L = 1/2\,d\,(A) + m + 1/2\,d\,(B)$$

式中：　　L —— 高压走廊控制总宽度（m）；

d（A）—— A 走廊控制宽度（m）；

m —— A、B 走廊高压线塔中间距离（m）；

d（B）—— B 走廊控制宽度（m）。

各等级电力高压走廊控制宽度（单位：d）

电压等级		走廊控制宽度
500 kV		75
220 kV	双回	40
	单回	35
110 kV	双回	25 ~ 30
	单回	20 ~ 25
35 kV	双回	15 ~ 20
	单回	15

注：双回指同塔（杆）架设双回输电线路，单回指同塔（杆）架设单回输电线路。

各等级电力走廊高压线塔中间距离（单位：m）

电压等级	500 kV	220 kV	110 kV	35 kV
500 KV	75	55	50	45
220 KV	55	35	30	25
110 KV	50	30	25	20
35 KV	45	25	20	15

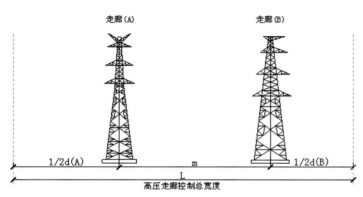

电力高压走廊宽度示意图

第六节　《滨海新区控制性详细规划现状调查技术要求》

1. 现状调查范围与时限

天津市滨海新区控制性详细规划现状调查范围为新区的全部用地，面积 2270 km²。

土地利用现状图和数据统计截止到 2006 年底。

2. 现状调查用地分类

本控规结合国家颁布的《城市建设用地分类与规划建设用地标准 (GBJ137)》，制定的天津市滨海新区控制性详细规划土地分类表划分到小类（没有小类按中类划分）。

3. 现状调查的主要内容

3.1 人口调查

调查以地块为基本单位内的居住人口或单位职工人数，并填表。

3.2 用地调查

3.2.1 用地规模大于 500 m² 的以地上建筑物使用性质为主导，小于 500 m² 的用地归入相邻地块。

3.2.2 对于居住区或居住小区用地，标明中、小学、幼儿园及相对独立的绿地范围。

3.2.3 对混合使用用地性质的确定，结合地块建筑物数量的比例，以比例大的作为地块主导性质。

3.2.4 对现有建筑已经拆除尚未建设的用地，标注为空地。

3.3 基础设施调查

3.3.1 标明各类交通设施的用地范围。

公交首末站、公共停车场、加油站、客运站等交通设施的位置。

3.3.2 标明市政公用设施的用地范围。

（1）给水工程。

调查现状水厂、调节池、加压站的情况。

（2）排水工程。

调查现状排水设施，防洪、防潮设施情况。

（3）电力工程。

调查现状 35 kV 以上变电站以及独立占地电力设施情况。

（4）电信工程。

调查现状电信和邮政设施情况。

（5）燃气工程。

调查现状燃气设施情况。

（6）环卫设施。

调查现状环卫设施分布情况。

（7）其他市政公用设施。

调查其他市政公用设施（如供热、消防等）的情况。

3.4 建筑情况调查

地块划分原则：以不同的建设年代和高度划分最小地块。

3.4.1 建筑容量调查

以地块为基本单元，调查单元内的总建筑容量，分出住宅建筑面积和其他建筑面积，并填表。

3.4.2 建筑高度调查

调查各地块内的建筑高度，建筑高度划分四个高度区，分别为 A（10 m 以下）、B（10 ～ 24 m）、C（24 ～ 50 m）和 D（50 m 以上）。在地形图上用颜色标明。

3.4.3 建筑建设年代调查

调查各地块内建筑建设年代，建设年代划分五个阶段，分别为1949年以前、1950年至1976年、1977年至1986年、1987年至1996年和1997年至今，在地形图上用颜色（图例）标注。

标注属性块

建设年代	—
建筑高度	—
建筑容量	—

模块属性中的建筑高度、建设年代分别用代码表示，建筑容量以地块内实际统计量为准。

3.4.4 配套设施

配套设施现状图调查包括中学、小学、托幼园、街道办事处、居委会等38项，调查中应标明各项配套设施的位置（不分大小、不分是否独立占地），各类配套设施项目以统一下发的图戳标注，如中学—9，并填表。

3.4.5 各区局提供本区范围内的"土地利用详查图"

4. 地块编码

4.1 编码规定

滨海新区控规的单元编码按照市统计局编排的顺序进行界定。各行政区编码界定为：塘沽区-07、汉沽区-08、大港区-09、东丽区-10、津南区-12。

4.2 编码原则

4.2.1 行政区编码：由两位数字码（01～99）表示。

4.2.2 分区编码：由两位数字码（01～99）表示。

4.2.3 控规单元编码：由两位数字码（01～99）表示。

4.2.4 街坊编码：由两位数字码（01～99）表示。街坊编码按从西向东，由北到南的顺序编排。

4.2.5 地块编码：由两位数字码（01～99）表示。地块编码按从西向东，由北到南的顺序编排。

4.2.6 各区只对街坊和地块进行编码。

4.3 编码示例

XX — XX — XX — XX — XX

↓　　　↓　　　↓　　　↓　　　↓

行政区　分区（功能区）　控规单元　街坊　　地块

5. 制图要求

5.1 坐标

图纸可使用数字化地形图（DWG文件）或栅格图（TIF文件），坐标统一1990年天津市任意直角坐标系，原图插入点为（0，0）。

5.2 软件

图纸均使用AUTOCAD2004软件或以上版本绘制。

5.3 线型

5.3.1 行政区界限为闭合的粗点划线，颜色为红色。

5.3.2 地块线为互为搭接的细实线（Polyline）围合而成，线宽为2，颜色为黑色。

5.4 标注

5.4.1 标注点（左下点）在地块范围内。

5.4.2 标注属性块以下发属性块为准。

地块编码
用地代码

5.5 电子表格

电子表格文件类型应为WORD或EXCEL格式，表格中的字母均为大写字母。

5.6 图例与制图

土地使用功能图例与制图规定

标识符	层名	颜色	线型	制作要求	内容及备注
O	备用层	WHITE	CONTINOUSE	—	不允许占用
DK	地块界线	WHITE	CONTINOUSE	搭接的 Pline 线	线宽 2
DKXX	地块信息	WHITE	CONTINOUSE	insert	地块号码和用地代码
DXT	地形图	—		存放地形图	—

6. 工作方法

6.1 由滨海分局负责组织协调，布置此项工作。

6.2 规划院负责组织制定现状调查技术要求。

6.3 具体作业部门建议由各区规划管理部门负责，根据各区已有 1/2000 图纸，对照影像图和近几年变化情况绘制各区土地利用现状图，并填表。

6.4 由规划院配合滨海分局负责技术指导与成果验收。

7. 时间安排与成果要求

7.1 培训：由滨海分院配合滨海分局组织相关作业部门进行培训，解读天津市滨海新区控制性详细规划现状调查技术要求，培训时间两天。

7.2 调查：各作业部门从任务布置到完成现状调查工作所需要时间为 30 天。

7.3 审核验收：由滨海分局组织对各作业部门完成的现状调查成果进行审核验收，其中塘沽区 2 天，汉沽区 1 天，大港区（含油田）2 天，天津港、保说区、开发区、津南 1 天，东丽区 1 天，共需 7 天。

7.4 成果要求：各作业部门在审核验收的基础上完善、修改，提供现状图（AUTOCAD）和电子表格。内容包括"三张图、三张表"，所需时间为 7 天。

7.4.1 现状调查表—土地利用现状图；

XX 行政区 XX 分区 XX 控规单元现状调查表

序号	街坊	地块	单位名称	所属街道	用地面积 / ha	用地代码	总建筑面积 /m²	建筑基底面积 /m²	总人口（人）	停车泊位（个）	规模	已拆未建	已批规划	备注
—	—	—	—	—	—	—	—	—	—	—	—	—	—	—
—	—	—	—	—	—	—	—	—	—	—	—	—	—	—
—	—	—	—	—	—	—	—	—	—	—	—	—	—	—
—	—	—	—	—	—	—	—	—	—	—	—	—	—	—
—	—	—	—	—	—	—	—	—	—	—	—	—	—	—
—	—	—	—	—	—	—	—	—	—	—	—	—	—	—
—	—	—	—	—	—	—	—	—	—	—	—	—	—	—
—	—	—	—	—	—	—	—	—	—	—	—	—	—	—
—	—	—	—	—	—	—	—	—	—	—	—	—	—	—
—	—	—	—	—	—	—	—	—	—	—	—	—	—	—
—	—	—	—	—	—	—	—	—	—	—	—	—	—	—
—	—	—	—	—	—	—	—	—	—	—	—	—	—	—
—	—	—	—	—	—	—	—	—	—	—	—	—	—	—
—	—	—	—	—	—	—	—	—	—	—	—	—	—	—
—	—	—	—	—	—	—	—	—	—	—	—	—	—	—

注：① 已批规划指可实施的修建性详细规划；

② 凡符合已拆未建或已批规划的在此栏打"✓"；

③ 总人口可根据不同用地性质理解为居住人口或职工人数；

④ 规模指独立占地的配套设施对应的水、电、气、热、通信等内容。

7.4.2 建筑情况现状调查表—建筑质量现状分布图（年代、高度、容量）。

XX 行政区 XX 分区 XX 控规单元建筑现状调查表

序号	街坊	地块	建筑容量 / m²	建设年代	备注
—	—	—	—	—	—
—	—	—	—	—	—
—	—	—	—	—	—
—	—	—	—	—	—
—	—	—	—	—	—
—	—	—	—	—	—
—	—	—	—	—	—
—	—	—	—	—	—
—	—	—	—	—	—

7.4.3 配套设施现状调查表—配套设施现状分布图（盖戳）。

XX 行政区 XX 分区 XX 控规单元配套设施现状调查表

序号	类别	项目	数量	所在街坊或单独地块号	是否独立建设
1	教育	中学			
		小学			
		托幼园			
2	社会管理	街道办事处			
		居委会			
		社区服务中心			
		公安派出所			
		刑侦队			
		交通管理队			
		治安检查卡口			
3	医疗卫生	医院（设住院部）			
		社区卫生服务中心			
		社区卫生服务站			
4	老龄服务	老年人服务及护理中心			
		敬老院			
5	文化	综合文化活动中心			
		文化活动站			
6	体育	居民活动场地			
7	商业服务	综合商业与服务			
		菜市场			
8	道路交通	社会公共停车场库			
		公交场站			
		地铁出入口			
		加油加气站			
		风亭			
9	消防	消防站			
	给水	给水泵站			
	排水	雨水泵站			
		污水泵站			
	电力	35 kV 及以上变电站			
	邮电	邮政局			
		电话局			
	供热	锅炉房或供热站			
	燃气	燃气抢修站			
		调压站			
		燃气罐站			
	环卫	垃圾转运站与环卫清扫班			
		公厕			

7.4.4 各区在提交现状调查成果时，提供已批未建规划（控规、修建性详规）电子图。

7.5 汇总建库：滨海新区现状调查汇总所需要的时间为 20 天；建立现状调查基础信息库所需要的时间为 20 天，与汇总同时进行。

第七节　滨海新区控制性详细规划用地分类和代码

结合国家颁布的《城市建设用地分类与规划建设用地标准 (GBJ－137)》，天津市滨海新区控制性详细规划土地分类表划分到小类（没有小类按中类划分）。

天津市滨海新区控制性详细规划土地分类表

用地代码			用地名称	范围
大类	中类	小类		
R			居住用地用地	居住小区、居住街坊、居住组团和单位生活区等各种类型的成片或零星的用地
	R1		一类居住用地	市政公用设施齐全、布局完整、环境良好、以低层住宅为主的用地，不包括中小学和幼儿园用地
		R11	住宅用地	住宅建筑用地
		R12	公共服务设施用地	居住小区及小区级以下的公共设施和服务设施用地。如粮店、菜店、副食店、服务站、储蓄所、邮政所、居委会、派出所等用地，不包括中小学和幼儿园用地
		R13	道路用地	居住小区及小区级以下的小区路、组团路或小街、小巷、小胡同及停车场等用地
		R14	绿地	居住小区及小区级以下的小游园等用地
	R2		二类居住用地	市政公用设施齐全、布局完整、环境较好、以多、中、高层住宅为主的用地，不包括中小学和幼儿园用地
		R21	住宅用地	住宅建筑用地
		R22	公共服务设施用地	居住小区及小区级以下的公共设施和服务设施用地。如粮店、菜店、副食店、服务站、储蓄所、邮政所、居委会、派出所等用地，不包括中小学和幼儿园用地。
		R23	道路用地	居住小区及小区级以下的小区路、组团路或小街、小巷、小胡同及停车场等用地
		R24	绿地	居住小区及小区级以下的小游园等用地。
	R3		三类居住用地	市政公用设施比较齐全、布局不完整、环境一般，或住宅与工业等用地有混合交叉的用地，不包括中小学和幼儿园用地
		R31	住宅用地	住宅建筑用地
		R32	公共服务设施用地	居住小区及小区级以下的公共设施和服务设施用地。如粮店、菜店、副食店、服务站、储蓄所、邮政所、居委会、派出所等用地，不包括中小学和幼儿园用地

续表

用地代码			用地名称	范围
大类	中类	小类		
		R33	道路用地	居住小区及小区级以下的小区路、组团路或小街、小巷、小胡同及停车场等用地
		R34	绿地	居住小区及小区级以下的小游园等用地。
	R4		四类居住用地	以简陋住宅为主的用地，不包括中小学和幼儿园用地
		R41	住宅用地	住宅建筑用地
		R42	公共服务设施用地	居住小区及小区级以下的公共设施和服务设施用地。如粮店、菜店、副食店、服务站、储蓄所、邮政所、居委会、派出所等用地，不包括中小学和幼儿园用地
		R43	道路用地	居住小区及小区级以下的小区路、组团路或小街、小巷、小胡同及停车场等用地
		R44	绿地	居住小区及小区级以下的小游园等用地
	Rs		中小学、幼儿园用地	中小学用地、幼儿园用地
C			公共设施用地	居住区及居住区级以上的行政、经济、文化、教育、卫生、体育以及科研设计等机构和设施的用地，不包括居住用地中的公共服务设施用地
	C1		行政办公用地	行政、党派和团体等机构用地
		C11	市属办公用地	市属机关、如人大、政协、人民政府、法院、检察院、各党派和团体，以及企事业管理机构等办公用地
		C12	非市属办公用地	在本市的非市属机关及企事业管理机构等行政办公用地
	C2		商业金融业用地	商业、金融业、服务业、旅馆和市场等用地
		C21	商业用地	综合百货商店、商场和经营各种食品、服装、纺织品、医药、日用杂货、五金交店、文化体育、工艺美术等专业、零售、批复商店及其附属的小型工场、车间和仓库等用地
		C22	金融保险业用地	银行及分理处、信用社、信托投资公司、证券交易所和保险公司以及外国驻本市的金融和保险机构等用地
		C23	贸易咨询用地	各种贸易公司、商社及其咨询机构等用地
		C24	服务业用地	各种饮食、照相、理发、浴室、洗染、修理和交通售票用地
		C25	旅馆业用地	旅馆、招待所、度假村及其附属设施等用地
		C26	市场用地	独立地段的农贸市场、小商品市场、工业品市场和综合市场用地

续表

用地代码			用地名称	范围
大类	中类	小类		
C	C3		文化娱乐用地	新闻出版、文化艺术团体、广播电视、图书展览、游乐等用地
		C31	新闻出版用地	各种通讯社、报社和出版社等用地
		C32	文化艺术团体用地	各种文化艺术团体等用地
		C33	广播电视用地	各级广播电台、电视台和转播台、差转台等用地
		C34	图书展览用地	公共图书馆、博物馆、科技馆、展览馆和纪念馆等用地
		C35	影剧院用地	电影院、剧场、音乐厅、杂技场等演出场所，包括各单位对外营业的同类用地
		C36	游乐用地	独立地段的游乐场、舞厅、俱乐部、文化宫、青少年宫、老年活动中心等用地
	C4		体育用地	体育场馆和体育训练基地等用地，不包括学校等单位内的体育用地
		C41	体育场馆用地	室内外体育运动用地，如体育场馆、游泳场馆、各类球场、溜冰场、赛马场、跳伞场、摩托车场、射击场，包括附属的业余体校用地
		C42	体育训练用地	为各类体育运动专设的训练基地用地
	C5		医疗卫生用地	医疗、保健、卫生、防疫、康复和急救设施等用地
		C51	医院用地	综合医院和各类专科医院等用地，如妇幼保健院、精神病院、肿瘤医院
		C52	卫生防疫用地	卫生防疫站、专科防治所、检验中心、急救中心和血库等用地
		C53	休疗养用地	休养所和疗养院等用地
	C6		教育科研设计用地	高等院校、中等专业学校、科学研究和勘测设计机构等用地，不包括中学、小学和幼托，该用地归入居住用地
		C61	高等学校用地	大学、学院、专科学院和独立地段的研究生院、军事院校用地
		C62	中等专业学校用地	中等专业学校、技工学校、职业学校，不包括附属与普通中学内的职业高中用地
		C63	成人与业余学校用地	独立地段的电视大学、夜大学、教育学院、党校、干校、业余学校和培训中心用地
		C64	特殊学校	聋哑盲人学校及工读学校等用地
		C65	科研设计	科学研究、勘测设计、观察测试、科技信息和科技咨询等机构，不包括附设于单位内的研究设计机构等用地
	C7		文物古迹用地	具有保护价值的古遗址、古墓葬、古建筑、革命遗址等用地
	C9		其他公共设施用地	除以上之外的公共设施用地，如宗教活动场所、社会福利院用地
M			工业用地	工矿企业的生产车间、库房及其附属设施等用地，包括专用铁路、码头和道路（厂区以外的专用线应计入铁路用地），不包括露天矿用地

续表

用地代码			用地名称	范围
大类	中类	小类		
M	M1		一类工业用地	对居住和公共设施等环境基本无干扰和污染的用地，如电子工业、缝纫工业、工业品制造工业等用地
	M2		二类工业用地	对居住和公共设施等环境有一定干扰和污染的用地，如食品工业、医药制造工业、纺织工业用地
	M3		三类工业用地	对居住和公共设施等环境有严重干扰和污染的用地，如冶金、大中型机械制造、化学、造纸、制革、建材等工业用地
	M4		研发产业用地	高新技术企业的标准实验室、中试实验室、专用厂房、库房及其附属设施等用地，包括专用铁路、码头和道路（园区以外的专用线应计入铁路用地）
		M41	研发用地	高新技术企业为产品研制而设置的标准实验室、中试实验室及其公共孵化楼等用地。此类产业没有产业废弃物，且不需过长的制造带，可与高密度的办公楼进行综合运营。
		M42	产业用地	高新技术企业为成规模生产产品而设置的专用厂房、库房及其附属设施等用地
W			仓储用地	包括国家、省、市的储备仓库、转运仓库、批发仓库和物资部门的供应仓库、厂外专用地段的仓库。其仓储企业的库房、堆场和包装加工车间及其附属设施等用地
	W1		普通仓库	以库房建筑为主的储存一般货物的仓库用地
	W2		危险品仓库	存放易燃、易爆和剧毒等危险品专用仓库用地
	W3		堆场用地	露天堆放货物为主的仓库用地
	W4		物流用地	物流用地
T			对外交通用地	铁路、公路、港口等城市对外交通运输及其附属设施等用地
	T1		铁路用地	铁路站场和线路等用地
	T2		公路用地	一、二、三级公路线路及长途客运站、公路管理站等用地
		T21	高速公路用地	高速公路用地
		T22	一、二、三级公路	一、二、三级公路用地
		T23	长途客运站用地	长途客运站用地
	T3		管道运输用地	运输煤炭、石油和天然气等地面管道运输用地
	T4		港口用地	海港和河港的陆域部分（包括码头作业。辅助生产区和客运站）
		T41	海港用地	海港港口用地
		T42	河港用地	河港港口用地
	T5		机场用地	民用及军用的机场用地。包括飞行区、航站区等用地，不包括净空控制范围用地
S			道路广场用地	市级、区级和居住区级的道路、广场和停车场等用地
	S1		道路用地	主次干道、支路，包括交叉路口，不包括居住、工业用地内部道路
		S11	主干道用地	快速干道和主干道用地
S	S1	S12	次干道用地	次干道用地
		S13	支路用地	主次干道用地间的联系道路用地
		S19	其他道路用地	除主次干道和支路外的道路用地，如步行街、自行车专用道等用地
	S2		广场用地	公共活动广场用地，不包括单位内的广场用地
		S21	道路广场用地	交通集散为主的广场用地
		S22	游憩集会广场用地	游憩、纪念和集会等为主的广场用地
	S3		社会停车场库用地	公共使用的停车场和停车库用地，不包括各类用地配建的停车场
		S31	机动车停车场库	机动车停车场库用地
		S32	非机动车停车场库	非机动车停车场库用地
	S4		交通设施用地	公共交通和货运交通等设施用地
		S41	公共交通用地	公共汽车、出租汽车、有轨、无轨电车和地下铁路（地面部分）的停车场、保养场、车辆段和首末站等用地
		S42	货运交通	货运公司车队的站场等用地
		S49	其他交通设施	除以上之外的交通设施，如交通指挥中心、交通队、教练场、加油站、汽车维修站等用地

续表

用地代码			用地名称	范围
大类	中类	小类		
S	S1	S12	次干道用地	次干道用地
		S13	支路用地	主次干道用地间的联系道路用地
		S19	其他道路用地	除主次干道和支路外的道路用地,如步行街、自行车专用道等用地
	S2		广场用地	公共活动广场用地,不包括单位内的广场用地
		S21	道路广场用地	交通集散为主的广场用地
		S22	游憩集会广场用地	游憩、纪念和集会等为主的广场用地
	S3		社会停车场库用地	公共使用的停车场和停车库用地,不包括各类用地配建的停车场
		S31	机动车停车场库	机动车停车场库用地
		S32	非机动车停车场库	非机动车停车场库用地
	S4		交通设施用地	公共交通和货运交通等设施用地
		S41	公共交通用地	公共汽车、出租汽车、有轨、无轨电车和地下铁路(地面部分)的停车场、保养场、车辆段和首末站等用地
		S42	货运交通	货运公司车队的站场等用地
		S49	其他交通设施	除以上之外的交通设施,如交通指挥中心、交通队、教练场、加油站、汽车维修站等用地
U			市政公用设施用地	市级、区级和居住区级市政公用设施用地
	U1		供应设施用地	供水、供电、燃气和供热等设施用地
		U11	供水用地	独立地段的水厂及其附属构筑物用地
		U12	供电用地	变电站所、高压塔基等用地
		U13	供燃气用地	储气站、调压站、罐装站和地面输气管等用地
		U14	供热用地	大型锅炉房、调压、调温站和地面输热管廊等用地
	U2		消防设施用地	消防设施用地
	U3		邮电设施用地	邮政、电信和电话等设施用地
	U4		环境卫生设施用地	环境卫生设施用地
		U41	雨水、污水处理用地	雨水、污水、排渍站、处理厂等用地
		U42	粪便垃圾处理用地	粪便、垃圾的收集、转运、堆放、处理等设施用地
	U5		施工与维修设施	房屋建筑、设备安装、市政工程、绿化和地下构筑物等施工及养护维修设施等用地
	U6		殡葬设施用地	殡仪馆、火葬场、骨灰存放处和墓地等设施用地
	U9		其他市政公用设施用地	除以上之外的市政公用设施,如防洪等设施用地
G			绿地	市级、区级和居住区级的公共绿地及生产防护绿地,不包括专用绿地、园地和林地
	G1		公共绿地	向公众开放,有一定游憩设施的绿化用地,包括其范围内的水域
		G11	公园	综合性公园、纪念性公园、动物园、植物园、古典园林、风景名胜公园和居住区公园
		G12	街头绿地	沿道路、河湖和城墙,设有一定游憩设施或起装饰性作用的绿化
	G2		生产防护绿地	园林生产绿地和防护绿地
		G21	园林生产绿地	提供苗木、草皮和花卉的圃地
		G22	防护绿地	用于隔离、卫生、安全的防护林带及绿地
	G3		高尔夫球场用地	高尔夫球场用地
D			特殊用地	特殊性质的用地
	D1		军事用地	直接用于军事目的的军事设施用地,如指挥机关、营区、训练场、试验场、军用洞库、仓库、军用通信、导航、观测台,不包括部队家属生活区
	D2		外事用地	外国驻华使馆、领事馆及其生活设施等用地
	D3		保安用地	监狱、拘留所、劳改所和安全保卫部门,不包括公安局和分局

续表

用地代码			用地名称	范围
大类	中类	小类		
E			水域和其他用地	除以上各大类用地之外的用地
	E1		水域	河、湖和渠道等水域
	E2		耕地	种植农作物的用地
		E21	菜地	种植蔬菜为主的耕地
		E22	灌溉水田	种植水稻、莲藕、席草等水生作物的耕地
		E29	其他耕地	除以上之外的耕地
	E3		园地	果园、桑园、茶园、橡胶园等园地
	E4		林地	生长乔木、竹类、灌木等林木的土地
	E5		牧草地	生长各种牧草的土地
	E6		村镇建设用地	集镇、村庄等农村居民点生产和生活的村镇建设用地
		E61	村镇居住用地	以农村住宅为主的用地
		E62	村镇企业用地	村镇企业及其附属设施
		E69	村镇其他用地	村镇其他用地
	E7		弃置地	由于各种原因未使用或不能使用的盐碱地、沼泽地等
	E8		露天矿用地	各种矿藏的露天开采用地
K			空地	已拆、未建用地

第八节 《滨海新区控制性详细规划停车设施配建标准》

1. 总则

1.1 为加强配建停车场（库）的规划管理，减少因配建停车场（库）不足带来的停车矛盾，规范配建停车场（库）建设，根据国家和天津市有关法规，制定本《标准》。

1.2 本《标准》适用于天津市规划城、镇区。

1.3 停车场的设置应结合城市规划布局和道路交通组织需要，合理布局。

1.4 停车场（库）的规划设计应节约用地，可采用地下、地面、停车楼、立体停车库等多种形式，充分利用地下空间、人防工程作为停车场地。

1.5 停车场（库）内车位的布置应以保证安全、疏散方便，占地面积小为原则。

1.6 公共建筑、住宅配建停车场（库）标准除应执行本标准的规定外，尚应符合国家现行的有关标准、规范的规定。

2. 一般规定

2.1 机动车停车场（库）出入口及停车场内，必须按照国家标准设置交通标志，施划交通标线以指明停车场场内通道和停车位。

2.2 建设项目配建停车设施应与建设项目基地出入口、主体建筑主要人流出入口及基地内道路之间有合理顺畅的交通联系。对于吸引大量人流、车流聚集的公共建筑，宜按照分区就近布置原则，适当分散安排停车场地。停车场（库）的出入口应保证有良好的通视条件，出入口不宜设在主干道上，确需设在主干路上不得左转进出；可设在次干路或支路上；不得设在交叉路口、人行横道、公共交通停靠站以及桥梁、隧道引道处。出入口距离人行过街天桥、地道、桥梁、隧道引道、铁路平交道口、主要交叉口的距离应大于 80 m。

2.3 配建机动车停车场的停车位指标包括外来机动车辆和本建筑所属机动车辆，如本建筑所属机动车辆数超过配建机动车停车位总数的 40% 时，超出部分必须另行配建相应的停车位；配建非机动车停车场的停车位指标仅指吸引外来的非机动车辆，本建筑所属的非机动车停车场应按职工人数的 50% ～ 70% 配建专用非机动车停车场。

2.4 新建建筑面积大于 1000 m² 的民用建筑物，应按本标准要求设置停车设施。改建、扩建的建筑物总建筑面积大于 1000 m²，其建筑面积增加部分应按本标准的要求配建停车设施，原建筑物配建不足部分应在改扩建工程中按不足车位的 50% 补建。

2.5 建设项目配建的停车设施原则上设置在建设项目规划允许用地范围内，并与主体建筑位于道路的同侧。遇情况特殊，可设置在建设项目用地范围外 200 m 范围内。

2.6 统一规划建设的建筑群体，各建筑物配建停车设施的设置标准必须与其规模、性质相对应，在满足配建停车设施总指标前提下，可统一安排，合理布置，对分期建设的建筑群体应先建或等比例建设停车设施。

2.7 为大型体育场馆配套建设的机动车停车场和非机动车停车场应分组布置。其停车场出口的机动车流线和非机动车流线不应交叉，并应与城市道路顺向衔接。

2.8 建设项目配建停车场（库）不得占用城市绿地，居住区内的配建停车场（库）应与居住区建筑相结合，不能对居住区环境产生影响。

2.9 居住区内配套公建的配建停车位指标应按国家标准 GB50180-1993（城市居住区规划设计规范）的规定执行。

2.10 机动车停车场（库），其车位指标低于 50 个停车位时，可设一个出入口，其宽度宜采用双车道；50～300 个停车位的停车场，出入口数不得少于两个；大于 300 个停车位的停车场，出入口数不得少于三个。停车场（库）出口和入口宜分开设置，出口和入口之间的净距离应大于 20 m。出口和入口分开设置的出入口宽度应大于或等于 3 m，出口和入口合并设置的出入口宽度应大于或等于 6 m，出口和入口之间必须有交通标志、标线及隔离设施。

2.11 自行车停车场，其车位指标低于 500 个停车位时，可设一个出入口；500～1500 个停车位的停车场，出入口数不得少于两个；大于 1500 个停车位的停车场，应分组设置，每组应设 500 个停车位，并应各设有一个出入口。出入口宽度应大于 2.5 m。

2.12 建设项目配建的停车位指标，机动车以小型汽车为计算当量，非机动车以自行车为计算当量。核算车位时，各类车型车位按下表所列换算系数换算成当量车型车位进行计算。

设计用标准车型外廓尺寸及各类车型换算系数表

车型		换算系数	项目		
			车辆几何尺寸／m		
			长	宽	高
机动车	铰接车	3.5	18	2.5	4.0
	大型汽车	2.5	12	2.5	4.0
	中型汽车	2.0	8.7	2.5	4.0
	小型汽车	1.0	5.0	1.8	1.6
	微型汽车	0.7	3.2	1.6	1.8
非机动车	自行车	1.0	1.9	0.6	1.15
	二轮摩托车	1.5	2	1	1.2
	三轮车	2.5	3.5	2.5	1.2
	助力车	1.2	2	0.8	1.15

注：① 三轮摩托车可按微型车尺寸计算。

② 二轮摩托车停放按非机动车管理。

2.13 配建停车设施其设计必须符合相关国家规范。停车场内停放的机动车之间的净距应符合相关规定。

车辆纵横向净距表

车辆类型		微型汽车和小汽车	大中型汽车和铰接车
车间纵向净距		2.0 m	4.0 m
车背对停时车尾间距		1.0 m	1.0 m
车间横向净距		1.0 m	1.0 m
车与围墙、护栏及其他构筑物之间	纵向	0.5 m	0.5 m
	横向	1.0 m	1.0 m

注：多层停车库及地下停车库的净距离按国家标准 GB50067-97（汽车库、修车库、停车场设计防火规范）的规定执行。

2.14 机动车停车场通道的最小转弯半径应符合相关规定。

机动车停车场通道最小转弯半径表

车辆类型	最小转弯半径／m
铰接车	13.0
大型汽车	13.0
中型汽车	10
小型汽车	7.0
微型汽车	7.0

2.15 机动车停车场通道的最大纵坡应符合相关规定。

停车场通道最大纵坡度

车型	直线	曲线
铰接车	8%	6%
大型汽车	10%	8%
中型汽车	12%	10%
小型汽车	15%	12%
微型汽车	15%	12%

3. 配建指标

3.1 住宅：根据住宅建筑面积分为两类。第一类：每户建筑面积大于 100 m²；第二类：每户建筑面积小于或等于 100 m²。居住区地面停车率（居住区内居民汽车的停车位数量与居住户数的比率）不宜超过 15%。

住宅配建停车场指标表

类别	单位	
	小车位／户（机动车）	辆／户（非机动车）
	指标	
第一类	1.0	1.5
第二类	0.7	1.8

3.2 办公楼：根据使用对象分为写字楼、行政办公、科研办公三类，具体配建停车场指标见下表。

办公楼建筑配建停车场指标表

类别	单位	
	小车位 /100 m² 建筑面积（机动车）	辆 /100 m² 建筑面积（非机动车）
	指标	
写字楼	1.5	3.0
行政办公	1.2	4.0
科研办公	0.8	3.0

注：① 工厂办公，其配建停车设施可在工厂用地范围内统一集中设置
② 建筑面积在 20 000 m² 以上的办公类建筑每增加 1000 m² 建筑面积，增加部分的配建指标折减 10%，但最高不得超过 50% 的折减率。

3.3 商业场所分为普通商业和超市两类。

商业场所类建筑配建停车场指标表

普通商业	0.8	7.0
类别	单位	
	小车位 /100 m² 建筑面积（机动车）	辆 /100 m² 建筑面积（非机动车）
	指标	
超市（大于 1 万 m²）	1.5	10.0

3.4 金融分为两类，第一类包括：银行及分理处、信用社、信托投资公司、保险公司、外国驻本市的金融和保险机构；第二类指证券交易所，具体配建停车场指标见下表。

金融类建筑配建停车场指标表

类别	单位	
	小车位 /100 m² 建筑面积（机动车）	辆 /100 m² 建筑面积（非机动车）
	指标	
第一类	0.5	6.0
第二类	0.3	15.0

3.5 旅馆类建筑配建停车场指标应符合相关规定。

旅馆类建筑配建停车场指标表

类别	单位	
	小车位 /100 m² 建筑面积（机动车）	辆 /100 m² 建筑面积（非机动车）
	指标	
三星及三星以上	0.4	1.0
其他	0.2	1.0

3.6 餐饮、娱乐类建筑配建停车场指标应符合相关规定。

餐饮、娱乐类建筑配建停车场指标表

类别	单位	
	小车位 /100 m² 建筑面积（机动车）	辆 /100 m² 建筑面积（非机动车）
	指标	
餐饮、娱乐	2.0	6.0

3.7 医院类建筑配建停车场指标应符合相关规定。

医院类建筑配建停车场指标表

类别	单位	
	小车位 /100 m² 建筑面积（机动车）	辆 /100 m² 建筑面积（非机动车）
	指标	
三级（市级）	0.5	0.3
二级（区级）	0.4	0.4
一级（卫生院）	0.3	0.5

3.8 博览类建筑配建停车场指标应符合相关规定。

博览类建筑配建停车场指标表

类别	单位	
	小车位 /100 m² 建筑面积（机动车）	辆 /100 m² 建筑面积（非机动车）
	指标	
博物馆、图书馆	0.2	5.0
展览馆	0.4	8.0

3.9 游览场所配建停车场指标应符合相关规定。

游览场所配建停车场指标表

类别	单位	
	小车位 /100 m² 建筑面积（机动车）	辆 /100 m² 建筑面积（非机动车）
	指标	
市区	0.1	0.5
其他地区	0.12	0.3

3.10 体育场（馆）配建停车场指标应符合相关规定。

体育场（馆）配建停车场指标表

类别	单位	
	小车位 /100 座（机动车）	辆 /100 座（非机动车）
	指标	
一类体育场馆	5.0	35.0
二类体育场馆	4.0	35.0

注：一类体育场馆指大于 15 000 座的体育场和大于 4000 座的体育馆；二类体育场馆指小于或等于 15 000 座的体育场和小于或等于 4000 座的体育馆。

3.11 学校配建停车场指标应符合相关规定。

学校配建停车场指标表

类别	单位	
	小车位 /100 名学生（机动车）	辆 /100 名学生（非机动车）
	指标	
小学	1.0	20.0
初（高中）	2.0	70.0
大学	4.0	80.0
成人教育	5.0	70.0

3.12 影剧院配建停车场指标应符合相关规定。

影剧院配建停车场指标表

单位	小车位 /100 座 （机动车）	辆 /100 座 （非机动车）
指标	15	40

3.13 未列入以上分类建筑的配建停车场，可根据停车场的实际需求，参照执行。

3.14 对商业文化街和商业步行街等商业建筑小而密集的地区可采用集中配建与分散配建相结合的原则配建停车场地。

3.15 主体功能不明确的综合性建筑物配建停车位总数按各类性质及其规模分别计算后累计。建筑物按配建指标计算出的车位数，尾数不足 1 个的以 1 个计算。

3.16 有大量货物装卸的公共建筑，应在基地内部道路上设置货物出入口，并符合下列要求：

3.16.1 旅馆建筑每 10 000 m² 建筑面积设置一个装卸车位，不足 10 000 m² 的按一个装卸车位设置。当装卸车位超过三个时，每增加 20 000 m² 的建筑面积设置一个装卸车位。

3.16.2 办公类建筑每 10 000 m² 建筑面积设置一个装卸车位，当装卸车位超过三个时，每增加 20 000 m² 的建筑面积设置一个装卸车位。

3.16.3 商业场所每 5000 m² 建筑面积设置一个装卸车位，不足 5000 m² 的按一个装卸车位设置。当装卸车位超过三个时，每增加 10 000 m² 设置一个装卸车位；当装卸车位超过五个时，每增加 15 000 m² 设置一个装卸车位。

3.16.4 批发交易市场按每 300 m² 营业场地设置一个装卸车位。

3.16.5 装卸车位尺寸应不小于 4 m×8 m，装卸车位不得占用城市道路设置。

3.17 吸引大量出租车的旅馆、饭店、娱乐场所、办公、医院等公共建筑应在主体建筑人流出入口附近设置专用出租车候客区，并符合下列要求：

3.17.1 办公类建筑每 2000 m² 建筑面积设置一个出租车位，当超过 8 个车位时，每增加 4000 m² 建筑面积设置一个出租车位。

3.17.2 旅馆类建筑每 15 个床位设置一个出租车位，当超过 8 个车位时，每增加 30 个床位设置一个出租车位。

3.17.3 医院类建筑每 25 个床位设置一个出租车位，当超过 6 个车位时，每增加 50 个床位设置一个出租车位。

3.17.4 商业、娱乐、餐饮类建筑面积不足 2000 m² 的，设置一个出租车位。大于 2000 m² 建筑面积的，每增加 1000 m² 建筑面积，增设一个出租车位，当超过 8 个车位时，每增加 2000 m² 建筑面积，增设一个出租车位。

3.17.5 体育场（馆）类、影剧院类建筑每 100 个座位，设一个出租车位。

3.18 所有有急诊门诊的二级医院应增配一个救护车位、所有有急诊门诊的三级医院应增配两个救护车位

3.19 停车场的占地面积与车辆的停放方式有关，在规划阶段，地面停车场按每个车位占地 30 m² 计，停车楼和地下停车库按每个车位占建筑面积 35 m² 计，装卸车位按每个车位占地 60 m² 计，出租车位按每个车位占地 30 m² 计，救护车位按每个车位占地 40 m² 计，自行车停车场用地按每个车位占地 1.5 m² 计。

附　件　天津市建设项目配建停车场（库）标准

条文说明

本标准考虑到制定标准的科学性和实施管理的可操作性，在总结我市及其他城市已有经验基础上，提出一种较实际，方便操作的分类，使之能概括现有城市建设项目配建停车场需求的基本情况，将城市建设项目分成 12 大类，26 小类。对交通类建筑如汽车站、火车站、码头、航空港，因数量少，特殊性大，难于确定具体配建指标，故未列入本标准，建设时应根据建设项目的交通影响分析为依据确定配建停车位数。

第一条　随着小汽车逐步进入家庭，居住区内小汽车停放的矛盾越来越突出，从目前已建成较完整的居住区、居住小区的抽样调查情况看，按原《规则》配建的停车位明显偏低，已经不能满足停车需求，本标准做了较大调整。对政府扶持及社会保障性质住房的配建停车位，本标准不做具体规定，在详细规划中结合具体情况适当考虑，原则上不少于 20 个机动车停车位／百户。居民停车场（库）的布置应方便居民使用。

第二条　办公类建筑是产生停车位供不应求矛盾的主要建筑类型，在停车需求调查中，公务停车占全部停车的 41.54%。对于这类停车需求较大的建筑类型，所给的配建停车位整体指标比较高，否则停车矛盾越来越大。写字楼指以出租为主的综合性办公楼，因该种办公楼比单一行政办公楼的使用单位多，停车指标也高；行政办公指市属、区属机关，如人大、政协、人民政府、法院、检察院、各党派和团体、

企事业管理机构、在本市的非市属机关及企事业管理机构等单位；科研办公指各科研院、设计院、科技信息、科技咨询机构等。

第三条　商业场所也是停车需求较大的建筑类型，因我市目前超市数量较多，规模较大，这类建筑与相同面积的其他商业场所相比，停车需求量大许多，故单列一小类。普通商业指：综合百货商店、小商品市场、综合市场、小于 10 000 m² 的小型超市等。

第四条　本标准考虑将金融类建筑划入办公类建筑，但由于金融类建筑有它的特殊性，特别是证券所，自行车停放矛盾较大，故本次修订将其单独分类。

第五条　旅馆类建筑依据本市调查数据及参考国内其他城市的配建标准及机动车发展趋势确定，并考虑到旅馆特点，还需配建出租车停车泊位。

第六条　餐饮、娱乐类建筑主要指饭店、酒店、游乐场、舞厅、俱乐部等。

第七条　原《规则》对医院分为两级，本标准根据卫生部对医院的分类标准分为三级。

第八条　博物馆、图书馆类建筑的停车场供需矛盾不大，基本上以停车需求调查数据来确定指标。展览馆停车需求的平峰与高峰反差很大，若以低限核定，高峰难于满足，若以高限控制，低峰又会造成闲置、浪费。所以考虑将两者结合，采用比平峰值略高的指标，满足一般情况下的停车需求。特殊情况下，如有展销活动时，应利用周围停车设施和交通组

织、交通管制给予解决。

第九条 游乐场所主要指公园、青少年活动中心、游乐场、游乐园等。

第十条 体育场馆指室内外体育场所，如体育场馆、游泳场馆、各类球场，不包括学校等单位及居住区内的体育场所。同样体育场（馆）停车需求的平峰与高峰反差很大，若以低限核定，高峰难于满足，若以高限控制，低峰又会造成闲置、浪费。所以考虑将两者结合，采用比平峰值略高的指标，满足一般情况下的停车需求。特殊情况下，如大型文体活动时，应利用周围停车设施和交通组织、交通管制给予解决。

第十一条 原《规则》没有学校类配建停车指标，目前的主要矛盾是学生自行车的停放。由于小学一般允许五年级以上学生骑车上学，故对小学的配建车位也提出了要求。配建机动车停车位是为教职员工考虑的，因不同学校的学生数与教职员工数有一个相对的比例关系，因此本标准以学生人数为计量单位。

第九节 《滨海新区控制性详细规划数据文件技术要求》

电子数据是指上述文字和图形的电脑数据成果。这部分成果是技术档案的组成部分，是规划信息系统的数据来源，必须保证其准确性和规范性。控制性详细规划编制单位在向规划主管部门提交规划编制成果时，必须以光盘形式提交一套控制性详细规划的电子数据成果，其内容包括：文本文件和图形文件。

1. 文本文件

文本文件采用含有编排信息的 Word 格式，"文本"文件名取为 ***WB.DOC，"规划说明书"取名为 ***SM.DOC，内容详见前述章节的规定。完整的控制性详细规划文本文件由以下部分组成：

***WB.DOC—该控制性详细规划的文本。

***SM.DOC—该控制性详细规划的说明书。

2. 图形文件

图形文件包括图则、规划图和分图图则三部分内容。其提交格式采用 AutoCAD（VER14 以上版本）生成的 DXF 格式文件。图形文件的坐标系必须是采用 1990 年天津市任意直角坐标系，非此坐标系时（特别是栅格影像图），必须在转换至天津市任意直角坐标系后，方可进行相应的设计工作，图形文件的总图类和专项类应符合分层（表）、色彩（表）等标准。

完整的控制性详细规划图形文件由以下部分组成：

完整的控制性详细规划图形文件的组成

项目	序号	名称	说明
总图类	1	***ZT.DWG	该规划的土地利用规划总图
	2	***XZ.DWG	该规划的用地现状图
	3	***FT-XX(单元号).DWG	该规划的某单元规划分图
专项类	4	***BH.DWG	地块划分编号图
	5	***PT.DWG	公共设施规划图
	6	***DT.DWG	道路网络规划图
	7	***GS.DWG	给水工程规划图
	8	***YS.DWG	雨水工程规划图
	9	***WS.DWG	污水工程规划图
	10	***DL.DWG	电力工程规划图
	11	***DX.DWG	电信工程规划图
	12	***RQ.DWG	燃气工程规划图
	13	***GR.DWG	供热工程规划图
	14	***QW.DWG	区域位置示意图
地形图类	15	***DXT.DWG	地形图（若引用了栅格图应提供）
制图类		TK.DWG	统一的分图图则内容定位组成图框

3. 图形文件组成形式

总图类组成：外部引用（XREF）专项类、基础类；

专项类组成：外部引用（XREF）基础类。

基础类组成：保证地形图上地形地物的现时性和坐标的统一性。

制图类组成：内容组成定位图。

3.1 效果类

用于记载按控制性详细规划编制内容和深度规定应该表示的各项内容，包括三大部分。

3.2 地形图类

可以使用数字化的可编辑地形图或不可编辑的栅格图，但要求能够反映出现时性，并保证坐标系是天津市任意直角坐标系。

4. 制图分层标准

用于记载图形设计要素与非设计要素信息。

5. 分图图则

分图图则的文件名规定：***FT-XX（单元号）.DWG。

分图的制作：外部引用方式将总图引用到标准图框内，使用 modify->clip->xref 命令，将总图内要详细表达的地块无关部分剪切，以保持图面整洁。

控制性详细规划编制内容示意表

图形	区域位置图
	用地汇总表
	控制指标一览表
	图例及备注
签署栏　控制性详细规划项目名称	规划单元编号

制图分层要求一览表

标识符	层名	颜色	线型	制作要求	内容及备注
O	备用层	WHITE	CONTINOUSE		不允许占用
DK	地块界线	WHITE	CONTINOUSE	闭合 Pline	线宽 2
DKXX	地块信息	WHITE	CONTINOUSE	insert	地块号码和用地代码
DL	道　路	WHIT	CONTINOUSE	Pline	除道路中心线外的道路红线及分界线包括道路、立交、人行天桥
QWDT	区位底图	8	CONTINOUSE	Pline	路、河、山等
QWWZ	区位位置	RED	CONTINOUSE	Pline	规划范围图
QWZB	区位周边	BLUE	CONTINOUSE	Pline	周边情况
SCALE	比例尺和指北针	WHITE	CONTINOUSE	Pline	—
TEXT	数字、汉字标注	WHITE	CONTINOUSE	TEXT	用地构成表、经济技术指标
TK	图　框	WHITE	CONTINOUSE	insert	—
XJS	现状建设用地	9	CONTINOUSE	Pline	—
SGH	现已规划用地	254	DASHED2	Pline	粗框线表示
ZB	指　标		CONTINOUSE	TEXT	用地构成表、经济指标和备注
TC	填充地块颜色	见表 4.37		haTCH	所有用地的色块的填充
DIM-TR	建筑退线的尺寸标注	Red	Continuous	标注	—
GHHX	规划区界线	Blue	Divide	闭合多义线	线宽 5
JKK	禁止开口路段	253	Continuous	多义线	线宽 5
DLZX	道路中心线	Red	Dashdot	线	—
TRHX	建筑退线	Magenta	Dashed	线	—
DLDM	道路断面标示	White	Continuous	线	—
DKBH	地块编号	Cyan	Continuous	文字	—
DKXZ	地块性质	Yellow	Continuous	文字	—

标识符	层名	颜色	线型	制作要求	内容及备注
DLZB	道路坐标	Cyan	Continuous	文字	—
PT	配套设施	White	Continuous	—	查阅配套设施通用图形符号并将其放入地块
WALK	人行步道系统	9	Continuous	—	—
QWT	分图位置图	White	Continuous	—	—
ZJ—0	个人增加绘图辅助	—	—	—	作为规定以外方便不同人员使用的辅助图层

注：以上未注明者颜色和线形均采用 bylayer，线宽均采用 0。地块信息用以下图示形式表示。

地块编码
用地代码

5.1 建筑退线标注和道路断面尺寸标示均取整数（单位为"m"），道路坐标采用 1990 年天津市任意直角坐标系，小数取三位，整数位不得省略。

5.2 分图图则的输出为黑白图，打印之前可将除 JKK、WALK 二层关闭，将图的其他部分全部改变颜色为黑色，再打开上面两个层，而后进行打印。

5.3 备注一栏可用于记载地块道路断面形式或城市设计要求等。

各类用地填充要求一览表

用地类别	填充颜色／层	边界线型／颜色	制作要求
现状已建设用地	9/TC	CONTINOUS／黑色	Pline
现状已规划用地	9/TC	DASHED2／黑色	Pline
居住用地	2/TC	CONTINOUS／黑色	Pline
商业性公共设施用地	10/TC	CONTINOUS／黑色	Pline
公益性公共设施用地	30/TC	CONTINOUS／黑色	Pline
工业用地	24/TC	CONTINOUS／黑色	Pline
仓储用地	170/TC	CONTINOUS／黑色	Pline

用地类别	填充颜色／层	边界线型／颜色	制作要求
对外交通用地	150/TC	CONTINOUS／黑色	Pline
道路广场用地	253/TC	CONTINOUS／黑色	Pline
市政公用设施用地	150/TC	CONTINOUS／黑色	Pline
绿地	90/TC	CONTINOUS／黑色	Pline
特殊用地	143/TC	CONTINOUS／黑色	Pline
水域和其他用地	CYAN/TC	CONTINOUS／黑色	Pline

注：① 用地分类代码在 DKXX 层进行标注，标注点要落入到地块范围内。

② 地块填充采用 haTCH 方式，且在填充层进行填充，颜色满足上表。

③ 地块划分相互间的边界要相互搭接上。

④ 公益性公共设施包括行政办公用地、科研教育用地、文化设施用地、医疗卫生用地、普通体育设施用地、文物古迹用地、宗教和社会福利用地等。

后 记
Postscript

　　滨海新区控制性详细规划从编制到实施已近十年，回顾整个发展历程，离不开市委市政府、区委区政府的领导，社会各界及相关部门、单位的支持，在 2010 年 4 月批准执行控规全覆盖成果后，2010 年 5 月滨海新区政府及时出台了《滨海新区控制性详细规划调整管理暂行办法》。通过一年时间试行后，经过认真分析总结，不断完善，2011 年修订为《滨海新区控制性详细规划调整管理办法》，进一步提高规划管理的科学性，规范新区控规的调整和审批程序。在此基础上，为提高规划管理效能，科学统筹各控规单元的报审和批复，制定控规 CAD 和 GIS 数据建设流程，最终形成"一张图"的控规 GIS 成果数据，为规划管理工作中的规划审查、项目建设审批、规划评价提供了数据平台。为了及时把握新区控规工作的年度动态，确保新区又快又好发展，开展了滨海新区控制性详细规划的动态维护工作，每年进行数据的动态维护，并编制年度维护报告。

　　目前，仍在开展相关领域的专题研究工作，完善相应的标准、技术流程和管理措施，以期探索新的思路方法，更高效、科学地指导城市建设，针对下一步工作的开展，有以下几点思路。

1. 指标体系需要深入研究

　　滨海新区虽然实现了控规全覆盖，但新区各区域类型呈多样化，在常规指标体系的基础上需要针对区域的不同特色，对具体空间发展特点及开发建设需要进行深入研究，并在指标体系和编制内容上有所侧重。

2. 道路定线与控规紧密结合

　　在控规实施过程中，当道路定线无法落实原控规的道路红线时，经对该地区的现状情况、道路系统情况和交通需求等方面分析论证后，对原控规进行调整。道路定线是一项持续性工作，需实时更新控规成果。

3. 合理布设公益性设施

　　公益性设施的布设需要更加有弹性，以适应未来的发展变化需求，增强控规的适应性和灵活性。

4. 实现"规土合一"

以新颁布的《城市用地分类与规划建设用地标准》为基础，加强与土总规的衔接，充分发挥新区规划和国土体制合一的优势，以城乡统筹、区域协调、两规合一为原则，构成土地利用和城乡规划相互融合的规划体系，土地利用规划主要从规模上予以控制，城乡建设规划从空间上加以引导。

5. 强化、深化、简化核心控制内容

"强化"主要针对公共利益，希望控规中核心控制内容应该从严控制；"深化"指需要对控制的内容进一步细分明确，如配套设施级别、规模、控制要求等；"简化"是希望通过通俗易懂的表达方式展示给各阶层的规划管理者和实施者。

6. 加强城市设计的有效引导

在控制性详细规划阶段应加强城市设计，实现控制性

详细规划层面的多方案比较研究，包括地块开发强度、内部交通组织、绿带宽度等等，根据项目重点有所侧重，并将核心指标纳入控规，落实到相应的地块上进行控制，有效指导城市建设。

7. 设施配置与周边相结合

公共服务设施的配置要与行政区划及单元划分相结合，在满足方案本身的同时，考虑周边单元，避免配置不足或资源浪费。

控制性详细规划编制管理工作水平的高低，将直接影响到城市建设发展，期望通过对滨海新区控制性详细规划发展和实践的梳理和研究，探索出更加合理的道路，也希望得到社会各界有关人士的关注与指正。

图书在版编目（CIP）数据

法定蓝图：天津滨海新区控制性详细规划全覆盖 /
《天津滨海新区规划设计丛书》编委会编；霍兵主编
. 一 南京：江苏凤凰科学技术出版社 ,2017.3
（天津滨海新区规划设计丛书）
ISBN 978-7-5537-6832-8

Ⅰ . ①法… Ⅱ . ①天… ②霍… Ⅲ . ①城市规划－建
筑设计－研究－滨海新区 Ⅳ . ① TU984.221.3

中国版本图书馆 CIP 数据核字 (2016) 第 161910 号

法定蓝图 —— 天津滨海新区控制性详细规划全覆盖

编　　　者	《天津滨海新区规划设计丛书》编委会
主　　　编	霍　兵
项 目 策 划	凤凰空间/陈　景
责 任 编 辑	刘屹立
特 约 编 辑	林　溪

出 版 发 行	凤凰出版传媒股份有限公司 江苏凤凰科学技术出版社
出版社地址	南京市湖南路1号A楼，邮编：210009
出版社网址	http://www.pspress.cn
总 经 销	天津凤凰空间文化传媒有限公司
总经销网址	http://www.ifengspace.cn
经　　　销	全国新华书店
印　　　刷	上海雅昌艺术印刷有限公司

开　　　本	787 mm×1 092 mm　1 / 12
印　　　张	38
字　　　数	468 000
版　　　次	2017年3月第1版
印　　　次	2017年3月第1次印刷

标 准 书 号	ISBN 978-7-5537-6832-8
定　　　价	468.00元

图书如有印装质量问题，可随时向销售部调换（电话：022-87893668）。